山地城乡规划研究丛书

重庆市规划设计研究院
30周年院庆论文集

余颖　彭瑶玲　钱紫华　刘亚丽　等编

U0197423

中国建筑工业出版社

图书在版编目（CIP）数据

山·水·城——重庆市规划设计研究院30周年院庆
论文集／余颖等编．—北京：中国建筑工业出版社，
2014.8
　（山地城乡规划研究丛书）
　ISBN 978-7-112-17089-0

　Ⅰ.①山…　Ⅱ.①余…　Ⅲ.①城市规划—建筑设计—
文集　Ⅳ.①TU984-53

中国版本图书馆CIP数据核字（2014）第152331号

责任编辑：焦　扬　陆新之
书籍设计：锋尚制版
责任校对：姜小莲　关　健

山地城乡规划研究丛书

山·水·城——重庆市规划设计研究院30周年院庆论文集
余　颖　彭瑶玲　钱紫华　刘亚丽　等编

＊

中国建筑工业出版社出版、发行（北京西郊百万庄）
各地新华书店、建筑书店经销
北京锋尚制版有限公司制版
北京顺诚彩色印刷有限公司印刷

＊

开本：787×1092毫米　1/16　印张：27　字数：585千字
2014年8月第一版　2014年8月第一次印刷
定价：86.00元
ISBN 978-7-112-17089-0
（25865）

版权所有　翻印必究

《山地城乡规划研究丛书》编委会

序

  1984年，重庆市规划设计研究院正式成立。30年弹指一挥间，我院依托山地城乡规划领域不断发展壮大，在城乡规划和建设领域做出了大量卓有成效的工作。

  30年来，我院走过了极不平凡的发展道路，取得了众多辉煌的业绩：具备住房和城乡建设部首批认证的规划资质、建筑甲级资质，具有重庆市科研咨询甲级资质及市政行业（道路工程）设计、旅游规划、文物保护工程勘察设计乙级资质，拥有城乡规划方向国家第二家、中西部第一家的国家级博士后工作站；设立部门（包括公司、分院）18个，现有在岗员工340多名，其中专业技术人员290名，博士、硕士116名，教授级高工15名，高级工程师64名；拥有"新世纪百千万人才工程"国家级人选2名，国务院特殊津贴专家2名，重庆市学术和技术带头人1名，重庆市优秀专业技术人才1名；拥有国家注册规划师、国家一级注册建筑师、国家一级注册结构工程师及其他注册执业资格人员55人；业务涉及战略规划、区域规划、城市规划、村镇规划、旅游规划以及消防、交通、地下空间专项规划、建筑工程设计及市政工程设计等多个领域，市场范围在立足我市的基础上，已经遍布贵州、宁夏、四川、云南、湖北、山西、福建等省。

  重庆直辖和实施西部大开发以来，我院为推动城乡规划事业、助推重庆市城乡规划建设起到了重要的技术支撑作用，同时为重庆的城乡发展奉献了众多技术和科研优秀成果，实现了"优质、高效服务于社会"的宗旨。首先，发挥优势打造精品项目，树立山地规划品牌形象：我院已经完成千余项规划研究成果，百余项优秀项目获得省部级以上优秀规划设计奖，包括全国优秀工程勘察设计银奖1项，全国优秀城乡规划设计一等奖2项、二等奖8项、三等奖7项，另外有78个项目获得重庆市优秀规划设计一、二、三等奖。其次，努力提升科研水平，科研成果促生产同时，有效地提升山地城乡规划领域影响力，开创产学研一体化新格局：我院历年来共承担各类科研课题200余项，主持和参与编制了国家技术标准及规范、重庆市市级技术标准和规范规章20余项，获得国家科技进步二等奖、住房和城乡建设部华夏建设科学技术二等奖等省部级以上科研奖项9项。

  近年来，在理论探索和实践经验总结的基础上，我院数百篇优秀的学术论文在城乡规划界知名期刊脱颖而出，不仅涵盖了规划、建筑、经济、生态、环境、市政、信息等多个领域，而且主题新颖、内容丰富、立意深远。限于篇幅，我们从我院规划设计科研工作者于1984~2014年期间发表的近400篇优秀论文中精选了59篇编撰出版,内容涉及城市规划管理、城镇化与区域规划研究、城市总体规划与详细规划、城市设计、社区与小城镇规划、市政基础设施规划、城市安全与生态空间规划、城市规划信息化等多个方面,反映了我院规划科技人员扎实的理论功底和探索求真、一往无前的精神。

我院在山地城乡规划研究领域建树颇多,不仅培养出一大批山地城乡规划专家、科研工作者,而且对山地城乡规划与建设拥有独到的技术方法和工作理念。近几年,我院在山地城乡规划领域开展的一系列基础研究,获得了多项省级以上规划科技进步奖。相关研究集中在城乡统筹发展、资源环境分析、用地评价与布局、综合交通规划、历史文化保护、城乡安全保障与防灾等领域,为突出重庆自然山水特色、构建宜居宜业的美丽山水城市、促进人与自然和谐发展,提供了强有力的理论支撑和技术指导。

未来发展中,我院将持续发挥对全市规划建设强有力的技术支撑服务作用,创建"全国一流规划强院":一是"面向市场,做大做强,成为规划建设一体化的技术服务商";二是"面向政府和社会,做深做细,成为市委市府和社会的一流智库"。业务拓展依循"深耕主城、深挖区县、辐射西南、拓展全国"思路,覆盖策划、规划、建筑、市政工程、风景园林、旅游及决策咨询等城市经济社会发展的各个方面。

出版这本论文集,我感到由衷的欣慰和喜悦。我衷心希望本论文集能继续成为促进我院学术技术进步的平台,并不断夯实与超越,为在规划实践中攻坚克难,更好地服务于山水之城——重庆的可持续发展,提供宝贵的经验和崭新的思路!

是为序。

重庆市规划设计研究院院长

二〇一四年七月

目　录

专题一　城市规划管理　/11

重庆市城乡绿地保护规划立法的探索

——以《重庆市"四山"地区开发建设管制规定》为例 ………邱建林　卢　涛　罗杨杰　/12

提升城市品质　构建宜居重庆 ……………………………………………余　颖　宋　智　/19

坚持不懈追求，成就发展理想 ……………………………………………………覃继牧　/23

规划院管理与发展论坛 ……………………………………………………………霍开生　/25

重庆市构建国家中心城市的用地规划管理对策研究 ………………………曹春霞　曹　颖　/27

国内建筑工程规划管理的比较及对重庆的启示 ……………………丁湘城　彭瑶玲　孟　庆　/36

专题二　城镇化与区域规划研究　/43

重庆城镇系统和小城镇建设初探 …………………………………………………廖正福　/44

东西部地区城乡统筹规划模式思辨 ………………………………………钱紫华　何　波　/53

影响城乡规划适应性的文化基因和法理基础 ……………………………………孟　庆　/61

我国城市规划值得注意的几种倾向 ………………………………………………赵　苹　/70

产业转移与重庆市产业发展路径研究 ………………………曹力维　易　峥　何　波　/77

城乡统筹理念下的中国城乡规划编制改革

——探索、实践与启示 ………………………………王　芳　易　峥　钱紫华　/85

城市网络研究：由等级到网络 ………………………………冷炳荣　杨永春　谭一洺　/94

新时期重庆三峡库区城乡统筹发展的规划思考 …………………………周梦麒　邱　强　/107

城乡统筹规划在我国县级层面的改革实践 …………………蒋　林　王　芳　易　峥　曹力维　/112

城乡统筹条件下"四规叠合"初探

——以重庆市江北区"四规"叠合综合实施方案为例 ………………黄雪梅　易　峥　/120

专题三　城市总体规划与详细规划　/125

总体规划修改的制度化探索 …………………………………………………王　岳　罗江帆　/126

重庆组团式城市结构的演变和发展 ····································· 易 峥 /133

重庆都市区城市空间发展战略研究 ···························· 何 波 刘 利 黄文昌 /141

阴阳平衡 弹性发展——厦门市同安区中洲新城区概念规划 ························· 郑灵飞 /153

重庆市危旧房改造片区中城市遗产的保护与利用实践活动解析 ··· 杨 乐 辜 元 李 鹏 /161

优化空间结构创建绿色新城——重庆西部新城概念规划 ····················· 邓林玲 /169

《诗经·大雅·绵》中城市营建思想探析 ······························ 刘 敏 李先逵 /175

科学发展观背景下的重庆协同规划方法探讨 ························· 刘雅静 余 颖 /180

论历史建筑保护与利用的科学性与创新性

　　——从上海市朱家角古镇"水乐堂"谈起 ··················· 辜 元 姚轶峰 /195

宜居城市规划探讨 ·· 颜 毅 /206

重庆旧城改造模式探讨 ·· 邓 毅 /210

专题四 城市设计 /215

"重点受控"与"局部放任"——山地城市设计方法研究之一 ····················· 胡 纹 /216

现代城市设计的有益探索——以渝中半岛城市设计为例 ························ 余 军 /224

在探索与务实中创新——重庆市规划设计研究院城市设计项目综述 ············· 张 强 /230

从设计空间到设计机制——由城市设计实施评价看城市设计运行机制改革 ········· 罗江帆 /234

山地城市竖向轮廓风貌特色塑造研究——以重庆渝中半岛为例 ·············· 邱 强 /241

现代城市商务公园空间设计探索 ··· 郑洪武 /248

广场的秩序和情趣——重庆市人民广场空间环境设计 ······················· 曹春华 /257

康定情歌序曲 茶马古道新栈——康定东关茶马古道步行商业街设计 ·········· 张毅俊 /263

重庆南岸滨江地带城市设计要素分析 ······································· 李勇强 /267

专题五 社区与小城镇规划 /275

小议城镇风貌及地方特色 ··· 李世煜 /276

有机结合善于引导——对当前山地村镇规划若干问题的探讨 ················· 郭大忠 /280

探索促进社区关系的居住小区模式 ····································· 蒲蔚然 刘 骏 /285

基于人口老龄化趋势的居住区规划设计研究

　　——重庆市渝北区新牌坊地区居住区调研 ················· 黄文婷 魏皓严 /292

小城市公共空间系统的问题及建设方略 ····························· 代伟国 邢 忠 /303

专题六　市政基础设施规划　/311

城市消防规划及消防给水规划 ······· 罗　翔 /312

香港游憩步道规划设计对重庆的借鉴和启示 ······· 李小彤　王　芳　易　峥　尹　瑞 /317

试论重庆直辖市交通体系规划的几项策略 ······· 向旭东 /325

山地城市道路规划刍议 ······· 陈星斗 /329

山城步道——比简单走路更具内涵和意义的步行空间 ······· 张妹凝　余　军 /333

重庆市主城区泄洪通道系统规划思路初探 ······· 孙　黎 /346

城市规划中雨水利用的应用实例研究 ······· 吴君炜　刘　成　方　波 /353

市政工程规划管理技术规定的经验借鉴和启示 ······· 刘亚丽　彭瑶玲　孟　庆　丁湘城 /362

专题七　城市安全与生态空间规划　/373

城市绿色生态空间保护与管制的规划探索

　　——以《重庆市缙云山、中梁山、铜锣山、明月山管制分区规划》为例 ··· 彭瑶玲　邱　强 /374

生态修复工程与生态城市建设的模式选择 ······· 刘　俭 /383

山城风貌及其保护规划 ······· 彭远翔 /388

城乡规划的安全评价探讨 ······· 陈治刚 /392

农居环境的现状调研及变化趋势浅析 ······· 赵洪文　牟　峰　邓　磊　钱江林 /400

体育场周边景观与视线高度控制方法研究

　　——以重庆市袁家岗体育场为例 ······· 甘　朗　赵洪文　江　宁 /407

专题八　城市规划信息化　/411

可编程序计算器在结构计算中的应用 ······· 邬华清 /412

两种CAD协同设计模式的比较研究 ······· 李　乔　牟　峰 /418

多数据源城市规划信息的整合研究

　　——"重庆市市域重大基础设施现状整合信息系统"介绍 ··· 黄国玎　李　乔　谢宗阳 /422

真3维下的道路红线GIS ······· 江成云　李　乔　何　波 /428

专题一

城市规划管理

重庆市城乡绿地保护规划立法的探索
——以《重庆市"四山"地区开发建设管制规定》为例

邱建林　卢　涛　罗杨杰

（发表于《重庆山地城乡规划》，2007年第4期）

摘　要：通过对重庆市城乡绿地现状分析，针对城乡绿地保护所面临的过度开发问题，以《重庆市"四山"地区开发建设管制规定》为例，开展对城乡绿地保护规划立法的探讨，力图解决城乡绿地保护与地方经济发展、城乡规划建设中存在的矛盾问题，从而促进人与自然和谐及城乡经济社会的可持续发展。

关键词：城乡绿地；建设管制；保护立法

在重庆市制定城乡总体规划的过程中，首次进行了立法尝试，出台了《重庆市"四山"地区开发建设管制规定》。本文将以《重庆市"四山"地区开发建设管制规定》为例，探讨城乡绿地保护规划立法应当解决的问题和工作方法。

1. 重庆市"四山"地区管制立法的背景

1.1 城乡绿地的划定和"四山"地区分布

1.1.1 城乡绿地的划定

国务院今年批复同意的《重庆市城乡总体规划（2007—2020）》中划定了生态绿地和城市绿地，作为保障重庆生态环境良性发展的城乡绿地。近年来，随着重庆市经济社会的快速发展和城乡统筹发展、城市的扩张，重庆市城乡绿地保护的压力加大，在利益机制驱动下，城乡绿地内的开发建设显得有些盲目、规模过大，保护与建设失衡，城乡绿地遭到了严重的破坏，迫切需要采取有效措施对其开发建设实施科学地规划、管理和控制。

1.1.2 "四山"地区分布

重庆市范围内缙云山、中梁山、铜锣山、明月山山脉的森林密集地区需要生态恢复的区域都被划为城乡绿地，分布在都市区的北碚、沙坪坝、九龙坡、大渡口、渝北、江北、南岸、巴南等八个行政区以及周边江津、合川、长寿、璧山、垫江、梁平等六个区县，是保护的重点区域，我们称之为"四山"地区。"四山"地区是都市区重要的生态屏障和"绿色肺叶"，森林面积约1178平方公里，都市区范围内的森林、绿地资源绝大部分分布于此，拥有丰富的自然人文旅游资源。

1.2 "四山"地区规划与建设存在的主要问题

1.2.1 对"四山"地区在城乡规划建设中地位的认识不统一

保护好"四山"地区的生态环境是城乡可持续发展的重要保障，城乡规划应将"四山"地区的绿地保护放在城市建设的首要位置，但有的地方政府对生态保护的把握上尺度不一，将该地区的经济发展作为首要目标，力图增大规划建设用地规模，降低建设项目准入门槛，导致局部地区建设用地规模和建筑规模过大，影响生态环境和城乡景观，个别地区建设规模已经超越了"肺叶地区"的承载能力。

1.2.2 房地产开发建设和开山采石活动普遍，毁林占绿现象严重

大量的房地产开发建设，一方面使"四山"地区良好的森林植被资源遭到极大破坏，另一方面，大量增加了"四山"地区的常住人口，使"四山"地区面临更大的环境承载压力。而成规模的开山采石活动，使"四山"地区森林植被受到严重破坏，水土流失严重，部分山体土壤逐步石漠化，生态服务功能逐渐丧失。

1.2.3 各项规划之间衔接不够，有的专项规划不够科学

"四山"地区各项专业规划大多属于宏观层次的规划，尽管所有的规划都明确以保护资源、保护环境、合理开发利用为原则，但由于最终未落实到规划管理所依据的城市详细规划，使得保护要求不具体，操作性不强；同时，有关建设内容又不明确，对所确定的建设项目大都未限定具体的建设地点和建设规模，导致实施时随意性很大。并且，由于不同的规划划定的特殊区域在范围上存在交叉或重合，导致出现多头规划、多头审批的现象。由于不同的规划又各自确定了规划用地规模和建设规模，在叠加后使得总建设规模偏大。

1.2.4 盲目建设、无序建设情况较为突出，部门监管不力

一些建设单位或个人，受经济利益驱使，不按规定办理审批手续就开工建设，有的还位于自然保护区、风景名胜区等有关法律法规禁止建设的范围内，但是未能得到及时制止和查处。同时，农村村民无序建房的情况也较为严重，缺乏有效的监管。

1.2.5 工厂企业对生态环境的污染和破坏较大

"四山"地区污染企业主要是以四山资源为材料的建材企业（以石材及水泥为主），这类企业散布在四山之中，数量较多，污染较大，对"四山"地区森林植被、生态环境造成极大影响，严重影响了"城市肺叶"正常生态功能的发挥。

2. 重庆市"四山"地区保护规划立法的重点内容

2.1 体现"四山"地区在城市发展中的地位和作用

2006年7月，重庆市人民政府发布了暂停审批"四山"地区规划和建设工程的通告，在开展有关规划和建设项目清理工作的基础上，于2007年3月颁布施行了《重庆市"四山"地区开发建设管制规定》。立法中充分强调对绿地资源的保护和生态环境的改善，严格限制开发建设，突出"四山"地区作为"肺叶"在城乡规划与建设发展中的重要地位和作用，体现加强保护对城乡可持续发展的重要意义。

2.2 落实相关法律对城乡绿地保护的要求

《中华人民共和国城乡规划法》、《中华人民共和国土地管理法》、《中华人民共和国环境保护法》、《中华人民共和国森林法》等相关法律对城乡绿地保护都有相应的要求，如规定了应当注意保护和改善城市生态环境；禁止毁坏森林；严禁破坏具有代表性的各种类型的自然生态系统区域；禁止毁林开垦和毁林采石、采砂、采土以及其他毁林行为等。

2.3 以保护环境、兼顾经济发展为立法的指导思想，划分管制区域

立法既要切实保护"四山"地区的生态环境，同时也要兼顾"四山"地区的经济发展，不能因为实行开发建设管制而对所有开发建设活动一律禁止，因此，"四山"地区保护规划立法在结合现状情况及资源评定的基础上，将"四山"地区划分为禁建区、重点控建区和一般控建区，根据不同的管制内容和要求，对开发建设活动分别实行严格管制、重点管制和一般管制。

2.4 统一各类规划，确保各类规划的协调

"四山"地区中，曾经编制了各级自然保护区、风景名胜区、森林公园等不同类型的专项规划，各种形式的专项规划与城市总体规划、控制性详细规划的协调不够。针对这种状况，立法应当解决好规划统一性的问题。立法应当针对"四山"地区的建设管制需要，明确要制定一个特别针对"四山"地区实行建设管制的规划，该规划应根据立法划分禁建区、重点控建区和一般控建区的具体区域，并确立"四山"地区建设管制规划的法定地位，要求涉及禁建区、重点控建区和一般控建区内开发建设内容的各类城乡规划和专项规划，必须符合"四山"地区建设管制规划；不符合的应当及时调整，未调整的不得作为开发建设的依据。同时，还应编制重点控建区和一般控建区的控制性详细规划，作为具体建设项目审批的依据。

2.5   明确开发建设项目规划审批依据，防止越权审批

针对"四山"地区建设项目管理中存在着有的单位或部门建设项目规划审批依据上认识较为混乱、有意或无意越权审批现象时有发生等问题，立法中应明确，禁建区、重点控建区和一般控建区内的开发建设项目必须符合经依法批准的详细规划或村级规划；未批准详细规划或村级规划的地区不得批准任何开发建设项目，确定详细规划或村级规划是唯一的规划审批依据，解决了规划审批依据不统一的问题，才能有效杜绝有关部门利用专项规划越权审批。

2.6   提高"四山"地区开发的决策层级，严格审批建设项目

为加强对开发建设项目的管制，立法将"四山"地区开发建设项目的决策权上收到市政府。立法中明确了禁建区、重点控建区内的特殊建设项目，应当由市规划行政主管部门审查并报请市人民政府同意后，再依法办理有关规划审批和其他审批手续。如此规定，实际是将市或区县规划部门规划许可的决策权上收到市政府，设置更加严格的管理程序。市政府若同意项目实施，具体审批的主体仍然是规划部门，市政府的同意属于行政机关内部的审批程序，不改变主管部门的法定审批权限，不新增当事人的义务，因此并不违反法律规定。

2.7   明确区县政府责任，实行属地管辖

明确当地区县政府的责任，要求区县人民政府组织本级政府有关主管部门实施监督检查，一方面是强化区县政府的绿地保护意识，另一方面是发挥区县政府的组织协调作用，有效防止行政主管部门间相互推诿。同时，明确对"四山"地区实施属地管辖，有利于加强开发建设活动的监督检查，及时发现违法行为并及时查处。

2.8   强调行政主管部门应加强执法联动，形成执法合力

由于"四山"地区含风景名胜区、自然保护区、公园、林地等多种特殊区域，根据有关法律法规，规划、土地、林业、园林、环保、建设、水利等多个行政主管部门对"四山"地区内某一类违法行为都具有查处的职权，行政主管部门可能出现执法推诿的情况。因此，立法应当明确，有关部门应按照职责分工，对毁林、占绿、破坏生态环境、风景名胜资源等行为及时查处，并建立行政执法联动，实行案件移送制度。

2.9   制定城乡绿地永续保护利用的引导政策

从长远保护"四山"地区绿地的目标来看，对禁建区、重点控建区和一般控建区内一定时期内不能消除的破坏环境的行为，应当制定引导政策，引导现有严重污染环境的企业和严重影响自然景观的建（构）筑物和设施逐步关闭、拆除或搬迁至区域外。

3. 重庆市"四山"地区管制立法的工作方法

3.1 开展"四山"地区有关规划和建设工程的清理，奠定立法基础

在立法工作前期，对"四山"地区有关规划和建设工程进行了清理。对清理出的195项规划（总体规划、分区规划26项，详细规划28项，专业（专项）规划141项）分别提出了继续执行、继续进行审批、继续进行编制、重新进行调整的处置意见，解决了规划的统一协调问题；对清理出的在建、拟建的非村民自建自用房屋的建设项目371个，分别提出了继续进行建设、查处违法行为、继续进行审批、调整后再进行审批、终止审批的处置意见，解决了建设项目的历史遗留问题，既适当地控制了政府补偿的成本，又及时地扼制了"四山"地区开发建设的势头。同时，清理出在建、拟建的村民自建自用房屋325个，一定程度上掌握了"四山"地区村民自建自用房屋的情况。

通过对"四山"地区有关规划和建设工程的清理和处置，为"四山"地区绿地保护的立法工作奠定了基础，扫清了障碍，提高了立法的科学性和针对性，使立法与"四山"地区的现实情况能紧密结合起来。

3.2 编制"四山"地区管制分区规划，作为立法的配套文件

为了使立法规定禁建区、重点控建区和一般控建区具有操作性，在结合现状情况及资源评定的基础上，编制了《重庆市"四山"地区管制分区规划》作为立法的配套文件。该规划根据立法规定，将"四山"地区分为禁建区、重点控建区和一般控建区，确定四山建设管制区总面积2376.15平方公里，其中禁建区2242.487平方公里，重点控建区108.27平方公里，一般控建区25.393平方公里。该规划将作为今后"四山"地区编制控制性详细规划和村级规划的依据。规划编制结合"四山"地区有关规划及建设项目的清理情况，以街道（镇、乡）为单位，形成分图图则，促进规划管理，方便规划实施。

3.3 加强"四山"地区绿地保护宣传，倡导家园意识，推动绿地保护工作的公众参与

加强宣传教育，强调绿地保护的重要意义，让市民广泛了解绿地保护规划立法的主要内容及自身的权利和义务，提高市民对绿地保护的参与度。要做好绿地保护，建立和落实绿地保护的长效机制，广大市民的参与、维护和监督是必不可少的环节。

4. 重庆"四山"地区立法对城乡绿地保护的启示

4.1 提高对城乡绿地地位和作用的认识，是城乡绿地保护的重要前提

统一认识是实施城乡绿地保护的重要前提。应当明确城乡绿地在城乡规划中的重要地位和作用，形成城乡绿地保护的社会共识，使社会充分认识到目前城乡绿地保护的紧迫性，增强自身的责任感和使命感；充分认识到城乡绿地保护的重要性、长期性、艰巨性，牢固树立长期保护的意识。

4.2 管制规划是城乡绿地保护的必要基础

管制规划是城乡绿地保护的规划依据。管制规划将城乡绿地分为禁建区、重点控建区、一般控建区，并针对不同区域提出不同的管制要求，既符合城乡绿地保护的目的，又能兼顾经济发展，推进城市走可持续发展的道路。通过制定管制规划，一方面为城乡绿地保护和实施规划管理提供了规划依据，使城乡绿地保护具有科学性和可操作性，另一方面使城乡绿地保护的规划统一，更有利于实施城乡绿地保护。所以说管制规划是城乡绿地保护的必要基础。

4.3 法规建设是城乡绿地保护的主要手段

通过规划立法保护城乡绿地，能从政策高度确保城乡绿地保护的优先地位，兼顾经济发展。从法律上确定了城乡绿地保护的范围、措施、开发建设管制要求、管理依据、管理程序、部门职责等。城乡绿地立法为切实保护城乡绿地确立了长效机制。通过立法，使城乡绿地的保护机制和措施法定化、规范化，并具有强制力，增强了实施保护的力度，是城乡绿地保护的主要手段。

4.4 综合执法是城乡绿地保护的切实保障

长期以来，城乡绿地上违法建设行为屡禁不止，与行政主管部门执法不力有关系，究其主要原因，还是由于城乡绿地一般包含风景名胜区、自然保护区、公园、林地等多种特殊区域，一个毁林占绿的违法建设行为，常常可能同时违反多部法律，多个行政主管部门都有权进行查处，因而造成行政主管部门之间互相推诿。因此，要切实保护城乡绿地，必须要做到及时发现违法建设并及时查处，这就必须要杜绝行政主管部门之间的相互推诿，推行综合执法是最有效的解决方法。建立行政执法联动、综合执法制度，建立联动执法机制，形成行政主管部门执法合力，是加强监督处罚力度的关键，是实现城乡绿地保护的切实保障。

4.5 制定相应措施是城乡绿地保护的必由之路

从长远保护城乡绿地的目标来看，应当研究和制定相应的配套保护措施，如合理解决城乡

绿地居民的生计问题，逐步实施生态移民；对城乡绿地保护区内严重污染环境的企业和严重影响自然景观的建（构）筑物和设施制定相应的引导政策，使之逐步关闭、拆除或搬迁至区域外。只有实事求是地解决好城乡绿地保护区内现有居民和企业的生存和生计问题，缓解社会矛盾，才能顺利实现城乡绿地的保护。

4.6　信息化管理是城乡绿地保护的有效措施

要实现城乡绿地管理的科学性，必须要运用高科技手段，逐步建立"四山"建设管制区地理空间数据库，构建集现状、规划及建设信息一体化的管理平台，利用卫星影像数据解译，对规划实施情况进行实时跟踪、监督和评价。因此，信息化管理为城乡绿地保护规划管理提供了重要的技术支撑，是实现科学管理的保障，是保护城乡绿地的重要途径。

作者简介

邱建林　　（1956–　），男，重庆市规划局副局长，高级规划师，原重庆市规划设计研究院副院长

卢　涛　　（1974–　），男，重庆市规划局总规处副处长，注册城市规划师。

罗杨杰　　（1978–　），女，重庆市规划局干部。

提升城市品质　构建宜居重庆

余　颖　宋　智

（发表于《城市规划》，2010年第1期）

摘　要：近年来，随着城乡规划的加速实施，重庆各项城市建设成效显著。但与此同时，由于城市发展速度的加快，城市规划建设中也产生了许多问题。为把重庆构建成宜居城市，规划需要进行体系变革，从各层面落实宜居建设要求；同时统筹兼顾，协调推进"五大重庆"的联动规划工作；并设立城区宜居示范点，制定具体规划措施。

关键词：重庆；宜居城市；统筹协调；规划对策

1. 引言

2008年7月，重庆市市委三届三次全委会提出建设"宜居重庆"等新目标新追求，对全面提升重庆市城市环境和形象，增强城市综合竞争力产生了重大影响。建设宜居重庆，规划必须先行。重庆市规划局紧紧围绕建设宜居重庆这一课题，以发放问卷，实地走访普通家庭，考察城市建设现状等方式开展调研，获取了大量的一手资料；同时，通过对近年来规划许可情况的全面分析，占有了较为丰富的统计数据，这些都为从规划视角破解建设宜居重庆难题奠定了基础。

宜居城市是一个较为宽泛的概念，目前国内外学术界对其内涵和要素有着不同的界定和认识。结合重庆市发展现状，本文所指的"宜居重庆"概念，侧重于重庆市市民居住方面的问题，本文研究的重点，也主要在居住密度，居住配套设施以及市民出行交通等与居住最为密切的几个方面。为建设"宜居重庆"，重庆市规划局先后开展了"重庆市主城区低收入群体居住用地规划研究"、"重庆市主城区公共服务设施便利度研究"等系列子课题研究，力求找准建设"宜居重庆"的关键所在，有针对性地提出规划对策建议，为相关决策提供参考。

2. 重庆市建设宜居城市的问题分析

通过实地调研和规划数据分析，笔者认为重庆市在建设宜居城市过程中存在的问题主要体现在以下几个方面。

2.1 城市中心地区部分建设用地开发强度较高

由于受重庆典型的山地地形条件以及城市建设历史因素的影响，重庆城市建设用地呈现向心集聚态势，城市中心地区部分建设用地开发强度及建设密度相对较高，对居住环境和空间品质造成一定影响。

2.2 城市公园绿地总量虽然较多，但分布尚不均衡

重庆市主城区拥有缙云山、中梁山、铜锣山以及明月山四条山脉，是市民传统的休闲去处，但重庆市城市绿地分布与自然地形有着密切的联系，在城市组团隔离带和山水边缘绿地分布较为集中，而在城市中心区的部分地区绿地布局的均衡性还有待加强。

2.3 公共服务设施类型发展不平衡

当前重庆市主城区居民对公共服务设施最满意的是教育设施，超过半数的被调查者认为教育设施在公共服务设施体系中相对较完善，而行政管理与社区服务设施，文化体育设施，医疗卫生设施，社会保障与福利设施等建设情况不太理想。在对文化体育设施的调查中，社区文化体育设施缺乏问题尤为突出。

3. 建设宜居重庆的规划对策建议

宜居重庆建设是一项系统工程，要把宜居的理念落到实处，需要有一系列的规划制度设计、项目安排和示范试点的建设。针对当前重庆市在建设宜居重庆过程中存在的主要问题和薄弱环节，我们建议主要从以下几方面着力加强和完善。

3.1 推进规划体系变革，全面落实宜居重庆建设要求

目前城乡规划的层级体系主要包括总体规划和详细规划两个层次。对于总体规划层级而言，它主要解决城市发展方向，城市规模和城市空间布局等宏观方面的城市问题，但量化的宜居城市建设指标。如容积率，建筑密度等，无法在总规中直接体现；在详细规划层面，现有的控制性详细规划，缺乏对不同区域的环境容量特征的科学分析。在实际操作中面对市场经济的不确定性，容易碰到阻碍。因此，有必要加快规划编制和管理体系改革，以科学引导重庆市向着宜居方向发展。

3.1.1 在控制性详细规划层面建立更为有效的技术与管理机制

按照分层落实城乡总体规划控制要求的总体思路，细化原来一步到位式的控制性详细规划，将其划分为标准分区和地块两个层次，逐级落实宜居城市建设的各项要求，更好地控制从

城市容量到城市环境细节建设的各个层面的内容，使城市达到较为理想的宜居条件。

具体来说，首先是提炼标准分区中的刚性内容严格管控。即对建设总量，道路交通市政基础设施，公共服务设施（含绿地系统），城市安全设施等内容进行刚性控制，同时对土地的一级开发提供规划条件。对标准分区确定的片区容积率，建筑密度，绿地、开敞空间系统等部分进行层层细化，以此提升城市人居环境。

其次是加强地块层面控制性详细规划管理。该部分内容重点是应对经济社会中不确定因素的需求。在上层次刚性内容和一系列控制性详细规划管理办法、技术规定的指导下，在充分考虑土地使用现状、土地权属、开发时序和建设实际的基础上，为规划管理提供直接依据。

3.1.2　创造性地构建协调推进"五大重庆"联动的空间规划平台

"宜居重庆"与"森林重庆"、"畅通重庆"、"健康重庆"、"平安重庆"的建设相辅相成，必须统筹考虑，综合协调。应在初步建立宜居建设指标体系和专项建设项目库的背景下，建立"五大重庆"联动的统一空间规划平台，将"五大重庆"建设涉及的居住、交通、医疗保健、各类安全设施等内容统筹安排，并把各项指标和项目库内容分解落实到控制性详细规划中，切实起到指导"宜居重庆"规划建设实施的作用。

3.2　重点开展一批规划编制项目，扩展城市空间，完善城市功能

3.2.1　组织编制《重庆都市区空间发展战略规划》

该规划将按照国际化大都市，国家中心城市和城乡统筹直辖市的定位，通过充分提高山地城市土地利用效率，合理安排和统计区域性基础设施，尝试用地只征不转、统筹安排城乡建设用地等创新编制方法，对城乡总体规划中的城市空间结构、交通设施布局、产业布局、重点片区功能发展、生态与环境等方面内容进行深化完善，拓展城乡空间，建立城乡体系，指导中心城区及其卫星城镇发展，实现资源有效扩大配置，推进城市功能和空间品质的提升。

3.2.2　开展系列专项规划编制工作

一是完善城市住房保障体系规划。可建立经济适用房土地储备和供应机制。政府主管部门通过收购储存一部分土地，或以法律手段将闲置土地依法收回，以及在旧城改造过程中开辟新的经济适用房用地等措施进行土地储备，同时对低收入群体的住房用地，采取行政划拨优先供应土地的方式，免除各种行政事业收费，降低经济适用房的开发价格，以此推进住房保障体系的建设。

二是开展城市开敞空间规划。充分利用多中心、组团式空间布局优势，对都市区范围内的城市公共活动空间和公园绿地进行规划建设，开展城市广场专项规划，森林城市规划、城市游园系统规划等，从整体上构筑城市的"区域生态走廊"。结合目前两江四岸城市设计，分标段进行不同区域的城市规划设计，针对不同自然和人文景观特色，把两江四岸沿线规划建设成为老

百姓喜欢的公共开放休闲带，在两江四岸用地条件可能的情况下尽量规划布置城市绿化广场，将最美丽的山水资源提供给市民共享。

三是推进城市公共服务设施规划。建立和完善市、区、社区三级城市公共服务设施规划体系，深化和细化公共服务设施的规划内容和服务项目。重点推进文化体育设施、医疗设施、社会保障与福利设施等专项设施规划，注重并完善设施的体系化建设和配套建设。

四是加快城市交通体系规划。坚持公交优先的原则，加快推进轨道各条线路和配套站点等附属工程规划建设，加快换乘枢纽和公交站场规划，建设高标准、高质量的交通换乘枢纽，实现轨道、地面公交等多种方式的换乘，引导市民出行方式向公共交通转换。顺应重庆特殊地形，充分利用现状已有的步行通道，加快山地步行系统规划，建立人车分离的交通系统，形成重庆特殊的步行风景线。

3.3　积极推进规划试点，为宜居重庆建设提供经验借鉴

3.3.1　开展新的规划技术标准和管理规范试点

结合国家和重庆市相关的指标体系建设内容，在目前《重庆市城乡规划条例》、《重庆市规划管理技术规定》以及镇、乡、村等规划设计导则的制定过程中，将宜居城市建设的有关要求纳入其中，总结制定新的规划技术标准和管理规范，并在一定区域内试点推行。

3.3.2　选择重庆市具有一定环境优势的区域进行规划实施试点

明确该区域为实现宜居目标应实施的工程项目，将该区域率先建成重庆市宜居示范城区，为其他城区建设起到借鉴示范作用。按照上述思路，可以考虑选择重庆市北碚区、重庆大学城、两江新区等作为重庆市宜居示范城区试点。

作者简介

余　颖　（1972-　），男，博士，重庆市规划设计研究院院长，正高级工程师，注册城市规划师。

宋　智　（1974-　），男，博士，重庆市规划研究中心研究三部部长。

坚持不懈追求，成就发展理想

覃继牧

（发表于《规划师》，2004年第9期）

1. 回顾发展历程

　　重庆市规划设计研究院是建设部首批认证的甲级规划设计研究院之一，于1984年在原市规划局规划设计室的基础上组建而成。在重庆市规划局的领导下，重庆市规划设计研究院历经二十年的磨炼，从无到有，从弱到强，目前，已发展成为具有甲级城市规划、甲级建筑设计、甲级工程咨询、乙级市政工程设计、乙级旅游规划等从业资质，以城市规划与研究、建筑工程设计、市政工程设计、小城镇规划、风景名胜区规划和旅游规划、城市消防规划和综合交通规划等为主业的，拥有大批杰出技术人才和完备的现代化技术装备的技术密集型综合性规划设计研究院。

2. 完善队伍建设

　　事业凝聚团队精神，奉献铸成优良院风，实践培育突出人才，市场练就诚信品质。重庆市规划设计研究院二十年来的队伍培育和组织建设为其取得社会技术声誉、优秀的规划业绩和突出的经济效益提供了可靠的保障。全院现设有含城市规划、城市设计、风景园林、交通规划等专业人才的3个综合规划设计所，以及建筑设计公司、信息工程所、规划研究工作室和厦门分院共7个专业技术部门，93%的正式员工为专业技术人员，其中教授级高级工程师6人，高级工程师24人，工程师38人，占技术人员中的58%，20多名员工拥有博士、硕士学位，拥有国家注册规划师、注册建筑师、注册结构师、注册工程咨询师的员工共计40名。有相当一批高级技术人员已成为重庆市和全国相关专业领域内的专家，并向社会和重庆市规划局推荐技术型领导干部24名。经过二十年的发展和积累，今天的重庆市规划设计研究院已拥有了一支老中青相结合、各专业人才齐全、技术力量雄厚的规划专业队伍，具备了承担各类大中型重要城市规划编制任务和与国外规划设计机构进行国际合作的能力。

3. 奉献技术精品

重庆市规划设计研究院二十年来一直坚持着以城市规划设计与研究为主业的方向，特别是在重庆市直辖后，其规划设计技术成果在规模效益和技术质量上都有了质的飞跃，在西部地区规划界具有显著地位。重庆市规划设计研究院编制了一大批优秀的规划设计成果，并积极参与了国家、省、市专业技术规范编制及城市建设发展重大决策和研究，尤以城市设计、城市控制性详细规划和城市消防规划等专业见长，以山地城市规划和城市设计最具特色。二十年来共有49项优秀规划设计项目在历年国家、省、市级规划设计评选中获奖。其中，"重庆市人民广场规划设计""重庆市城市总体规划""重庆市城镇体系规划""重庆渝中半岛城市设计""重庆市杨家坪中心步行商业区规划"分别获得建设部1998、2000、2001、2003年优秀规划设计二等奖；"重庆市渝中区七星岗至较场口地区控制性详细规划""海口市城市消防总体规划"和"重庆市消防规划"获1998年建设部优秀规划设计三等奖；"聂荣臻元帅陈列馆设计"获重庆市2001年优秀建筑设计一等奖和2002年建设部优秀建筑设计三等奖。多年来，重庆市规划设计研究院为重庆城市建设和经济社会的发展奉献了众多技术和科研优秀成果，实现了"优质、高效服务社会"的宗旨。

4. 追求理想未来

党的十六届三中全会提出，"要树立和落实全面协调、可持续的科学发展观，实现经济社会更快、更好、更协调的发展，努力做到城乡、区域、经济社会、人与自然及国内发展和对外开放的协调发展"。科学发展观为规划工作开拓了新的境界，明确了新的指导思想。重庆市规划设计研究院将以二十年的光辉成就作为新的起点，坚持以科学发展观为指导，以"不断提高诚信进取的形象品质和奉献优秀的规划设计"为持续追求的目标，进一步解放思想，创新机制，锐意进取，励精图治，通过跨越性发展，实现将重庆市规划设计研究院发展成为管理水平一流、技术质量一流、人才队伍一流、社会信誉一流的城市规划设计机构的宏伟理想，为重庆市的城乡建设发展和城市规划事业做出新的贡献。

作者简介

覃继牧 （1953–　），男，原重庆市规划设计研究院院长，正高级工程师，享受国务院特殊津贴专家。

规划院管理与发展论坛

霍开生

（发表于《规划师》，2008年第1期）

摘　要：由中国城市规划协会主办，广州市城市规划局、广州市城市规划勘测设计研究院承办，广东省城市规划协会、广州市城市规划协会协办的"2007全国规划院院民会议"在广州召开。此次会议以"学习贯彻《城乡规划法》，深化规划改革，加强自律建设，推进行业发展"为主题。会议针对新的发展形势下，规划院如何加强管理、共谋发展等与会代表共同关注的问题进行深入而有益的探讨，并对部分2005年度部级优秀城市规划设计项目进行点评。会议期间我院（重庆市规划设计研究院）党委书记霍开生作重要讲话。

关键词：城乡规划法；规划院；管理

1. 坚持对生产经营、技术质量、业务管理"三统一"

为应对城乡规划发展和市场形势的变化，重庆市规划设计研究院的做法是：坚持对生产经营、技术质量、业务管理"三统一"的管理原则，坚定不移地坚持"不打折扣、不讲价钱、优质高效完成指令性任务"的思想和工作部署，根据指令任务急、重、难、新的特点，统一调整配置人员，明确分管院领导职责，加强组织协调和保障工作，建立定期专项督办制度，保证按时按质完成任务，提供优质服务。从市场经营性收益中拿出部分经费作为指令性任务的补贴，激励职工的积极性，有效促进指令性任务的完成进度和质量。

2. 重决策制度建设

坚持"党委集体领导下的院长分工负责制"，坚持院党委会、院务会和职工代表大会对重大问题集体决策的制度，建立院务公开制度，广泛听取职工意见和建议，实现科学、民主、集体决策；注重服务思想和作风建设，开展"政风行风民主评议"、"治理商业贿赂"等专项学习整改活动，整顿行业思想作风和加强职业道德教育，建立向政府和服务对象征求意见的回访制度，强化自身以生产项目为主要载体的服务工作的自律监督机制，增强职工队伍的危机意识、服务意识、责任意识，提高服务质量；注重机制改革工作，紧紧围绕"立足本土，优质完成指令性任务"的根本职责，确定"三统一"的基本经营管理模式和"稳步、渐进、全面配套推进"的改革思路，进行配套改革。例如，加强干部队伍和所（室）领导班子建设，实施部门主管竞聘和部门副职由主管提名的提名选拔制度改革；实施全员聘用合同制和"双向选择、自由组合"的部门人员组合制度改革；继续推行以岗位职责、岗位能力和岗位绩效为核心的岗位等级设置的定岗定级用人制度改革；实施院、所两级产值管理改革、设计和研究职能相对分离的机构设置改革、"绿色通道项目"技术质量管理改革等。

3. 强化从业自律

强化从业自律，抵制明显违反相关重大法规仍要求出技术成果、在禁建地上规划城市建设用地、超出行业指导价格签署合同等不合理的行为。

作者简介

霍开生 （1954– ），男，原重庆市规划设计研究院党委书记。

重庆市构建国家中心城市的用地规划管理对策研究

曹春霞　曹　颖

（发表于《城市发展研究》，2013年第1期）

摘　要： 对我国北京、上海、天津、广州、重庆五个国家中心城市近年来的城市用地增长、用地规划和相应管理模式进行对比分析，归纳了国家中心城市用地规划发展的先进经验，并充分结合重庆市城乡发展实际，提出了在用地规划和相关技术方法创新方面的对策及建议，为重庆市构建国家中心城市提供有益的借鉴。

关键词： 国家中心城市；用地规划；重庆

1. 重庆市构建国家中心城市的内涵

当前国家的空间发展格局正在从"沿海带动"向"沿海与内陆联动发展"转变，在国家住房和城乡建设部组织编制的新版《全国城镇体系规划》中，首次明确提出建设全国五大国家中心城市，即北京、天津、上海、广州、重庆。"国家中心城市"是位于全国城市体系结构最顶端的城市，是国家的金融、贸易、管理、文化中心和交通枢纽，也是发展外向型经济和推动国际文化交流的对外门户。作为沿海与内陆联动的关键支点，中西部地区唯一的直辖市，重庆承担着构建国家中心城市，肩负着带动长江上游地区、辐射中西部，推动国家空间统筹和发展转型，走向全面繁荣的重要使命。

与这种形势相适应的是：一系列支持重庆发展的重要政策密集出台，如《重庆市城乡统筹改革试验方案》（国办函〔2009〕47号）、《国务院关于推进重庆市统筹城乡改革和发展的若干意见》（国发〔2009〕3号）等；一系列促进重庆市大发展的标志性举措相继落实，如统筹城乡发展的综合改革试验区、内陆保税港区、综合保税区及两江新区的成立。在这种背景下，重庆要想实现国家中心城市建设的目标，必须经由空间脱胎换骨的转型来支撑，其目标应瞄准成为"国家的空间支点、改革开放先锋城市、国家的经济中心和国际的开放门户"。

城市发展方式需要在经济发展方式加快转变的基础上才能有效转变，在一定时期内，城镇外延扩大仍然是现实国情，对于重庆这样欠发达的中西部城市而言，要承担起辐射带动中西部地区发展的重任，必须强化中心职能，构筑与国家中心城市地位相匹配，具有高度弹性和承载力的城市空间结构。其核心任务有两项：一是要为千万级规模特大城市综合功能形成，做好战略性、前瞻性安排；二是通过"调控增量空间、优化存量空间"，逐步完善城市功能、品质与布局结构。

2. 五大国家中心城市用地情况比较

2.1 五大中心城市用地规划基本情况比较

研究以北京、上海、天津、广州、重庆五个国家中心城市在用地及其规划管理方面的创新工作与方法为重点，分析的重点包括现行城市总体规划的相关指标、现状建设用地的实施情况、相关的用地规划管理措施等，梳理学习借鉴要点，提炼五大城市在用地及城市规划中的亮点与精彩之处。由于重庆市特殊的省域架构问题，考虑到可比性问题，研究中主要将重庆市主城区（5473平方公里）与其他四个国家中心城市进行对比分析。

表1　五大国家中心城市现行总体规划（不含在编）基本情况对比

城市性质		人口（万人）		建设用地（平方公里）		2020年人均建设用地（平方米）
		现状基准年	2020年	现状基准年	2020年	
北京	国家首都，全国的政治中心、文化中心，世界著名古都和现代国际城市	1456	1800	1150	1650	105
天津	环渤海地区的经济中心，要逐步建设成为国际港口城市、北方经济中心和生态城市	1023.7	1350	1061	1450	120
上海	我国重要的经济中心和航运中心，国家历史文化名城，并将逐步建成社会主义现代化国际大都市，国际经济、金融、贸易、航运中心之一	1415	1600	—	1500	75
广州	国家中心城市，国际商贸城市和文化名城，广东省省会	1053.2	1300	1392	1651	127
重庆	我国重要的中心城市，国家历史文化名城，长江上游地区的经济中心，国家重要的现代制造业基地，西南地区综合交通枢纽	市域（3169），主城区（645）	市域（3250），主城区（1240）	市域（805），主城区（465）	市域（2006），主城区（1188）	市域（88），主城区（99）

注：（1）本表格中的数据为已批（不含在编）的各城市的总体规划中的相关数据；
　　（2）现状基准年分别为北京2003年、天津2005年、上海1998年、广州2007年、重庆2005年；
　　（3）上海2020年人均建设用地为中心城指标。

2.2 其他四个国家中心城市用地规划对重庆的主要借鉴

对比表明，其他四个国家中心城市在以下用地规划方面的先进经验值得重庆学习：一是强化区域视角，几个国家中心城市都强调从大区域出发谋求自身的发展；二是城乡统筹，实现高品质的都市化城乡体系；三是明确城市发展主导方向，变"分散用力"为"单一合力"；四是推动新区建设，通过新区建设拉开城市框架，实现跨越发展；五是拓展与提升并重，在拓展城市空间的同时挖潜现状存量，优化存量建设空间；六是充分利用好城市战略性空间，为城市长远目标留足空间；七是重视新城的支撑体系构建，形成网络化的捷运交通系统；八是大型项目（如保税港区）与城市有机联动发展，引导城市空间合力布局；九是重视旧城改造和传统地区的保护，系统渐进地疏导旧城高密度的城市人口，保护核心地区的传统风貌。

表2　其他四个国家中心城市用地规划的主要经验总结

北京	上海	天津	广州
强调城市规模的适度与弹性；突出京津冀区域协调发展；城市空间由单中心转向外围新城发展；突出历史文化名城保护；构建层次清晰的城市中心体系	统筹城市空间层次；城郊并进，增强城乡整体综合竞争力；突出沿江发展空间；着力改善优化城市环境；突出历史文化保护；凸显轨道交通系统等基础设施建设；通过保税港区带动产业发展	凸显滨海新区辐射带动作用；构建相对超前的基础设施框架；强调塑造城市生态空间格局；规划建设北方航运中心；突出文化名城保护	谋划区域发展战略；凸显绿色增长和人文战略的核心作用；落实国家中心城市和广东省会的核心职能；加强近中期阶段性战略及实施体制机制研究；通过亚运会推动城市整体发展

3. 重庆市用地规划中存在的主要问题

从五大城市数据的直接对比中，可以得出重庆市在用地规划方面存在以下主要问题：

3.1　城乡统筹任务艰巨，主城区需要进一步做强做大

大城市、大农村、大库区、大山区、多民族地区是重庆市的基本市情。重庆当前的"小中心、弱腹地"的特点与国家中心城市的要求不相匹配，辐射和带动能力还有待加强。与国家赋予重庆的国家重要中心城市的建设目标仍然存在一定的差距，影响统筹协调发展的总体格局。

一是就现状实施来看，主城区总体实力依旧不强，小马拉大车的整体格局没有产生实质性的改变。2011年重庆主城区现状建成区面积573平方公里，现状常住人口772万人，距"1200平方公里、1200万人口"的国家中心城市目标还有相当大的距离，距离北京（现状建成区1150平方公里、1687万人口）、上海（现状建成区1550平方公里、2056万人口）、广州（现状建成区1035平方公里、1270万人口）则差距更大。

表3　五大中心城市城市人口及用地规模对比表

城市	北京	上海	广州	天津	重庆主城区
行政区面积（万平方公里）	1.64	0.63	0.74	1.19	0.55
行政区常住人口（万人）	1687	2056	1270	1034	772
中心城区常住人口（万人）	1171	700	772	630	661
现状建成区建设用地（平方公里）	1150	1550	1035	—	573
中心城区现状建设面积（平方公里）	770	885	803	530	484
规划城市总人口（万人）	1800	1600	1620	1210	1240
规划中心城区人口（万人）	850	800	1020	810	700
规划城市建设用地（平方公里）	1650	1500	1772	1450	1158
规划中心城区建设用地（平方公里）	778	600	1060	734	520

注：根据《中国城市建设统计年鉴》及各城市最新的总体规划整理，其中现状数据为2011年，规划数据
为2020年，人口现状为六普统计数据，广州的规划数据为在编的总体规划数据。

　　二是从规划人均建设用地指标来看，重庆市与其他中心城市之间还存在一定差距。重庆市
2011版总规确定的人均建设用地为市域88平方米/人、主城区99平方米/人、中心城区80平方米/
人，相比其他中心城市如北京（全市人均105平方米/人，中心城92平方米/人）、上海（全市人均
121平方米/人，中心城区75平方米/人）、天津（全市人均120平方米/人，中心城区和滨海新区92
平方米/人）、广州（市域120平方米/人、中心城区104平方米/人）明显偏低。

表4　五个国家中心城市规划人均建设用地指标对比（单位：平方米）

城市	重庆	北京	上海	天津	广州
市域人均城镇建设用地	88	105	121	120	120
中心城区人均城市建设用地	80	92	75	92	104

注：以上数据为已批的总体规划数据，其中重庆市主城区人均城镇建设用地为99平方米/人。

3.2　中心城区密度依旧较高，旧城有待疏解

　　中心城区人口需进行疏解，功能布局有待进一步优化。重庆市主城区地处山地区域，城市
建设强度远远高于平原城市。现状主要城市功能和人口都集中在中心城区的旧城区，造成人口
高度密集。目前，内环以内220平方千米的用地上承载了420万人，人口密度相当高，渝中区尤
为明显，承担了主城区4%的新增人口，2011年其人口密度高达36000人/平方千米。同时，随着
重庆经济的持续发展、生态移民的持续推进、公租房的持续建设，主城区还会进一步吸引大量
人口进入，人口集聚的趋势仍会不断强化。这种高强度的开发态势，造成了中心城区环境质量
下降、城市空间压抑等问题，并对周边地区环境产生了不利的影响，迫切需要改善旧城区的人

居环境，向外围新拓展区域进行人口与功能的有机疏解。

人口的高强度分布已成为制约重庆构建国家中心城市、提升城市形象的重要因素。

图1　重庆主城区2011年人口密度分布图

表5　国内外部分城市建设的毛容积率比较

城市	纽约 （曼哈顿）	东京都	北京 （中心城）	上海 （中心城）	深圳 （特区内）	重庆 （中心城区）
年份（年）	2005	2002	2004	2004	2001	2008
城市建设用地（平方千米）	87.5	591	770	678	133.4	320
城市总建筑量（亿平方米）	1.19	5.67	4.65	5.93	1.305	3.27
城市毛容积率	1.36	0.96	0.60	0.87	0.98	1.02

注：资料来源于《重庆市城乡总体规划（2007-2020年）实施评估报告》。

3.3　公共服务设施用地指标偏低，国家级职能还需强化

重庆虽然已经具备国家中心城市的基本职能，但在国家级职能方面，相较于北京的国家政治中心职能、上海的国家经济中心职能、天津的北方经济中心而言，优势尚不明显，尚待培育强化。尤其是在国家级重大公共项目落实及用地预留上存在较大的缺口，其中，表现明显的就是公共服务设施指标偏低。从现状的实施情况来看，与国内主要城市2011年的情况对比，重庆主城区的人均公共设施用地面积约9平方米，远远低于其他四个国家中心城市的现状人均水平。随着国家重要中心城市地位的确立以及战略地位的提升，重庆应承担更多的国家级综合服务职能，而现行总规对重庆承办大型国际赛事和活动的用地考虑不足，缺乏战略性预留。为实现国发〔2009〕3号文提出的目标，提高公共服务能力，加快公共服务设施建设是关键。

4.　重庆市构建国家中心城市在用地规划及管理方面的对策与建议

面对新的国家要求，需要进一步认识重庆在国家战略格局中的重要地位，科学审视内外环境的变化对城市发展带来的影响与机遇。以统筹城乡改革和国家中心城市建设为主线，提速落实"314"总体部署。根据统筹城乡综合配套改革试验的要求，加强重点领域和关键环节的先行先试，尽快在城乡规划、产业布局、基础设施建设、公共服务一体化等方面取得突破，在加强城乡规划建设的创新与实践方面提出适合重庆市的发展模式。就用地规划及其管理方面而言，建议在以下五个方面开展深入研究，并逐步予以落实。

4.1　构建与国家中心城市匹配的城镇空间格局

重庆作为新时期国家对外开放与制度改革的热点地区，担负着为中国经济发展探索新路径、为内陆经济发展提供示范的历史使命。重庆要想强化作为国家中心城市的引领辐射带动作用，提升在西部地区的首位度，增强在西部地区乃至全国的城市影响力和辐射力，首先必须立足于区域的视野，构建与国家中心城市职能相匹配的市域城镇体系框架。以主城区为核心、以

一小时经济圈为重点，构筑重庆大都市区，同时以渝东北地区、渝东南地区为补充，依托长江经济廊道形成"一圈两翼"的总体空间架构，构建"特大城市—中等城市—小城市—小城镇"圈层状的城镇群框架，形成大中小城市相互协调、联动发展的整体格局。

4.2 强化中心城市功能载体和支撑能力

拓展城市腹地，拉大城市架构，强化国家中心城市的支撑能力，做大规模是城市增强聚集力和辐射力的有效途径。目前，重庆主城发展已全面进入建设"1200万人口、1200平方公里"国家中心城市的"二环时代"。坚持"一城五片、多中心组团式"的空间结构，采取"北拓东跨"、"西进南优"的空间拓展战略，带动二环沿线地区的全面发展，形成内陆开放高地的大都市格局。

4.3 强化景观塑造，打造"江山美玉"之都

加强景观生态建设，延续多中心组团式的城市格局。在城市生态环境保护上，根据不同的生态保护要求划分城市发展区和生态发展区。生态发展区以生态保养为重点，作为城市发展

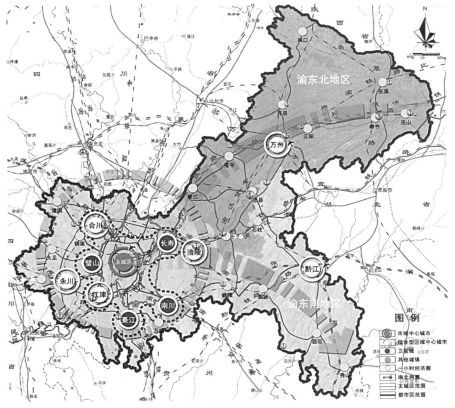

图2　重庆市空间布局

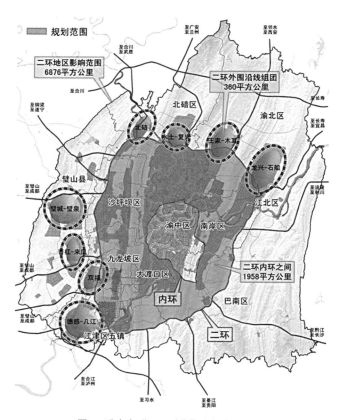

图3 重庆市"二环时代"空间布局规划

的生态基底，城市发展区以城市功能为重点，依据发展条件的不同再细分为若干城市功能区，在城市功能区之间结合山水廊道和郊野公园规划若干生态功能区，构建江山入城的山水城市格局。打造疏密相间的宜居空间，彰显重庆的山水园林城市的风貌与特色。

4.4 弹性控制建设用地布局，创新用地管理模式

建立适合重庆市情、统筹城乡发展的土地使用制度，对建设用地布局进行科学合理的调控，同时，积极探索城乡建设用地增减挂钩实践。实行建设用地总量控制，区域内统筹布局的创新模式。探索在规划城镇建设用地总量平衡的情况下，形成建设用地在区县之间、远郊区县与主城区之间合理统筹调控的工作机制，保障资源的有效配置。从而有利于经济互补，突出各自的发展重点和发展特色，促进各区协调发展，统筹协调各类资源、各类空间的配置和安排。

4.5 加强城市规划的灵活性，合理处理实施的刚性和弹性

有效实施城市规划的重要一环就是要使城市发展纳入规划用地，并符合用地布局的要求，以发挥规划的引导和调控作用。但城市也是一个动态的系统，现实中确实存在受发展快慢不

同、城市发展机遇不可预测性等因素影响，城市发展可能突破规划建设用地边界。应考虑总规实施中规划的弹性和应急性，这也是落实"正确处理需要和可能、局部和整体、当前和长远、城市和农村、发展和保护的关系"的重要手段之一。因此，在坚持刚性的同时，特别要把握好规划管理的弹性，增加用地管理的灵活性。

参考文献

［1］重庆市规划局. 重庆市城乡总体规划（2007-2020年）实施评估报告［R］. 2010.

［2］重庆市规划局. 重庆市城乡总体规划（2007-2020年）强制性内容修改论证报告［R］. 2010.

［3］重庆市发展与改革委员会，重庆市规划设计研究院. 重庆市主城区二环区域发展研究［R］. 2010.

［4］重庆市规划局. 重庆市主城区空间发展战略规划［R］. 2011.

［5］张瑞平. 城市总体规划与土地利用总体规划的协调发展研究［D］. 兰州大学，2006.

［6］朱才斌. 城市总体规划与土地利用总体规划的协调机制［J］. 城市规划汇刊，1999（4）：10-13.

作者简介

曹春霞　（1978-　），男，硕士，重庆市规划设计研究院城乡发展战略研究所副所长，高级工程师，注册城市规划师。

曹　颖　（1982-　），女，硕士，重庆市城市规划学会，编辑。

国内建筑工程规划管理的比较及对重庆的启示

丁湘城　彭瑶玲　孟　庆

（发表于《规划师》，2008年第9期）

摘　要： 建筑工程规划管理在《城市规划管理技术规定》（下文简称《技术规定》）中具有重要的作用，是指导城市开发建设的主要依据。本文综合比较国内主要城市《技术规定》中的建筑工程规划管理内容，并根据重庆市上版《技术规定》的实施效果，就加强建筑工程规划管理内容方面，有针对性地提出建议，力求为我市修编《技术规定》提供参考性意见。

关键词： 建筑工程；规划管理；技术规定

1. 引言

　　《技术规定》在我国许多城市是实施日常城市规划管理的主要依据，在城市规划管理工作中发挥了重要作用，为城市建设和社会发展作出了显著的贡献。随着对城市空间环境、城市功能效率和可持续发展水平的日益重视，以及《技术规定》的上位法律依据——《中华人民共和国城乡规划法》修订并实施，需要对我市《技术规定》进行修订。本文对上海、天津和广州等城市的建筑工程规划管理内容在内容框架、建筑间距、建筑物退让、建筑物的高度和景观控制、停车位配建和地下空间等方面展开比较和分析，在此基础上，对我市《技术规定》中的建筑工程规划管理的修编提供经验借鉴。

2. 建筑工程规划管理内容的比较分析

2.1 内容框架

　　建筑工程规划管理的内容有所扩展。传统的建筑工程规划管理内容一般均包括了建筑间距、建筑物退让、建筑物高度控制和停车位配建四部分。各地结合自身实际进行了改革，如上海、青岛和陕西等省市在《规划管理技术规定》中增加了城市地下空间开发、景观控制、建筑基地的绿地划分等内容，并且在建筑间距、退让等规定方面，表述更加详尽、严谨；在具体的实施中也更加便于操作。

2.2　建筑间距

建筑间距主要调整的是建筑之间的关系，它是以《中华人民共和国物权法》第八十九条："建造建筑物，不得违反国家有关工程建设标准，妨碍相邻建筑物的通风、采光和日照"所规定的物权的"相邻关系"为法理基础的。在城市建筑密集区，合理的间距控制对保障建筑特别是住宅的日照、采光、通风、私密等卫生要求和防灾、环保和交通组织要求具有重要意义。

2.2.1　重视高层建筑与周边建筑的间距控制

重庆地处山地，人多地少，高层建筑多，高层住宅多，开敞空间少。随着人们对人居环境质量提升的需求日益高涨，合理调节高层建筑特别是高层住宅之间的间距关系，对建设宜居城市至关重要。目前全国各城市高层建筑之间的间距控制有两种形式。一是在不同的建筑面宽形式下规定一个固定值，如重庆旧区为24米、新区为28米，另一种是首先规定一个最小间距值（居住24～30米，非居住建筑13～21米），并随着建筑高度的增高，要求间距在此基础上按比例增大，后退间距比例居住建筑一般为0.4H～0.5H，非居住建筑为0.3H～0.4H，如成都、上海等。成都与重庆属于同一纬度地区，气候、气象条件基本相同，成都的经验有一定借鉴意义。杭州专门规定了"高层建筑高度综合影响系数"，对高层建筑进行限制。

2.2.2　重视朝向、区位和建筑类别等因素在确定相邻建筑物间距中的作用

天津和重庆等城市是以旧城改造区和规划新区为标准，按建筑类别规定相邻建筑物的间距；而上海等市在确定相邻建筑物的间距时，是以道路环线为界线，根据不同的建筑朝向、建筑类别等因素确定间距标准。

2.2.3　细化了相邻住宅建筑的临界角度

相邻住宅建筑既非平行也非垂直布置时，各城市《规划管理技术规定》对其建筑间距的规定，大致可以分为两类：一类是以某个角度为临界角度（一般是45度），大于临界角度时按垂直关系控制，小于临界角度时按平行关系控制；另一类，相邻住宅建筑以30度和60度为临界角度，并分别对三个区间进行间距的控制。

2.2.4　重视日照间距标准体系在建筑间距控制中的作用，明确提出建筑物的间距应满足冬至日满窗日照的有效时间的最小值

一般认为，日照因素是决定建筑间距的重要因素。在建筑物间距中，大多城市都根据所处地理位置、气候状况，制定日照间距标准，明确各类建筑物间距满足冬至日满窗日照的有效时间的最小值。如上海市、陕西省、青岛市、杭州市等省市明确规定了低层、多层和高层居住建筑物间的间距、居住建筑物与非居住建筑物的间距，特别强调医院病房楼、休（疗）养院住宿楼、幼儿园、托儿所和大中小学教学楼等公共建筑物与相邻建筑的间距，应保证被遮挡的建筑冬至日满窗日照的最小有效时间。

2.3 建筑物退让

2.3.1 细化建筑物沿城市道路（红线）退让距离的分类，增加了可操作性

重庆市《技术规定》的建筑物退让主要明确了临街建筑在道路红线的基础上进行退让，而且按照临支道、临次干道和临主干道的标准进行退让，其退让距离明显偏小，仅局限于临街与主、次干道和支道平行布置的板式建筑和点式建筑的离界距离的规定。上海有针对性地规定了建筑物界外是居住建筑、公共绿地和地下建筑物等离界距离，并且明确规定沿城市高架道路两侧新建、改建、扩建居住建筑，道路交叉口四周的建筑物后退道路规划红线的距离。

2.3.2 根据道路宽度、建筑高度、建筑类别以及不同路段和交叉口等来分类确定高层建筑城市道路退让距离

高层建筑对塑造城市街景轮廓至关重要，高层建筑后退道路红线的距离偏小，易造成大尺度的高层建筑激增并引起环境的恶化，如对道路两边的城市街区的日照、通风、交通、景观、防灾避难及其小气候造成负面影响。

相比而言，上海市对高层建筑退让距离控制更严格，退让标准更高，综合考虑了高层建筑的建筑高度、道路等级、新旧区（以浦西环线为界线）等因素。以临支道（宽≤16米）60米的高层居住建筑为例，重庆市的退让距离要求不小于3米，而上海市要求不小于8米；以临主干道（宽≥32米）100米的高层建筑为例，重庆市的退让距离不小于7米，而上海市要求不小于15米。案例分析显示，重庆对高层建筑后退城市道路规划红线控制较宽松，两高层住宅临16米支路时的控制间距为22米，低于上海街区内同样高度的住宅间距24米和30米。

2.3.3 注重对山体、河道以及公共绿地等离界距离退让

国内许多城市对山体、河道以及公共绿地等退让控制几乎是空白，这样往往造成建筑开发商对临近山体、河流、公共绿地等地段的过度开发，对沿山、沿江、沿公共绿地景观造成不良视觉的影响。但也有一些城市明确规定了沿河道、公共绿地等退让距离，对重庆有一定借鉴意义，如上海明确规定后退河道规划蓝线的距离最小不得小于6米，明确规定界外是公共绿地的退让。同时，杭州市和成都市等城市对建、构筑物后退城市公共绿地边界的距离也进行了明确规定。

2.4 建筑物的高度和景观控制

2.4.1 控制建筑物高度时，各城市越来越注重对各类建筑物的分类

一般是对净空限制、文物保护单位、建筑保护地段、风景名胜区以及沿城市道路两侧等特定区域进行高度控制。另外，上海市对沿城市道路两侧新建、改建建筑物的控制高度，对沿路一般建筑物与高层组合建筑进行高度控制，并辅以详细的图示说明（具体参看2003版《上海市

城市规划管理技术（土地使用 建筑管理）》）。如厦门规定建筑高度在100米以上的超高层居住建筑，在100米建筑高度的基础上，高度每增高5米，间距增加不小于1米；超过150米高度的其间距按150米高度标准控制。

2.4.2　对各类建筑物层高的控制越来越细化，并对超过标准层高的建筑的容积率规定折算系数

天津、成都、宁波等城市对各类建筑物层高均制定了细化限制性规定，并且规定了相应折算系数。在逻辑表述上更为严谨，更便于管理上的操作。例如，在对天津市的层高控制中，分别明确了各类建筑的标准层高，对超过层高的建筑，给出了容积率的折算系数表。

2.4.3　重视沿路、沿河湖水系及风景区周围建筑细节及环境景观的控制

国内许多旅游城市对建筑屋顶形式以及城市雕塑、户外广告、电线、围墙、空调等环境设施的设置进行了规范，这对我市城市景观环境管理有很好的借鉴作用。如上海市规定新建多、低层住宅宜采用坡顶屋面；新建住宅实行架空线入地敷设、围墙透空透绿、空调器外机及附属设施统一设置；推行水、电、燃气数据户外或远程采集。成都市规定除安全、保密等有特殊要求的项目外，项目建设用地与规划道路、河道的分隔应采用透空栏杆（围墙）、绿篱、绿化、水景等形式，严禁采用实体围墙分隔；青岛市规定滨海岸线范围内新建建筑的体量、形式、色彩等要与滨海自然环境及周围建筑物相协调，并不应遮挡原有建筑物的景观。其建筑物平面对角线长度一般不得大于35米；厦门市规定对城市干道两侧建筑景观须符合以下要求：

（1）沿城市主干路、临水及临公共绿地界面的阳台宜进行封闭设计；

（2）独立设置的配变电室、泵房需根据消防、噪音、间距等规定进行布置，其外部形象应与周围景观环境相协调，进出线路应埋入地下；

（3）沿街建筑立面上设置烟囱、空调室外机等设施时，应对上述设施进行隐蔽或美化；

（4）在城市规划区内临街面一般不得修建围墙。因特殊要求需修建围墙或临时围墙的，需向市规划部门报批。围墙形式为透空式，高度不宜超过1.6米。

2.5　停车位配建

以建筑面积和户数为依据规定居住建筑的停车位配建标准，根据非居住建筑的建筑类别来制定相应停车配建标准。居住建筑的停车位配建标准制定可以分为两类，一类是以建筑面积为依据来确定停车位标准，如重庆市居住建筑每300平方米至少设置1个停车位，青岛市规定居住建筑每100平方米至少设置0.5～1.0个停车位；另一类是以户数和每户建筑面积为依据综合制定配建停车位标准，如上海市、成都市和厦门市（具体参看表1）。

表1　成都市居住建筑配套设置机动车、非机动车指标

每户建筑面积A（平方米）	机动车（辆/每户）	自行车（辆/每户）
别　墅	≥2.0	—
A≥180	1.5	1
90＜A＜180	0.7	1
60＜A＜90	0.5	1.5
A＜60	0.3	1.5
经济适用房、农迁房、拆迁安置房	0.3	1.5

资料来源：2005年版《成都市城市规划管理技术规定》

　　非居住建筑停车位配建标准也可分为两类，一类是按照建筑面积配建停车位，如重庆市规定公共建筑每200平方米至少设置1个停车位；另一类是把非居住建筑细化为旅馆、办公、商业、餐饮、娱乐、市场、博物馆、图书馆、旅游区、城市公园、展览馆、医院、体育馆、影剧院、交通建筑、学校等类别，根据不同建筑类别分别制定相应的停车位配建标准。

　　另外，许多城市为节约地面资源，均制定了地下停车位的配建政策措施，如厦门市鼓励地下停车，要求室外停车位的数量不得高于核定配建停车位数的20%。成都市住宅用地配套停车场（库）须采用地下停车库，地面可布置有少量临时停车位，但不计入配套停车数量。上述城市建筑停车配建的方法和标准值得我市借鉴。

2.6　地下空间

　　按建筑埋深明确地下建（构）筑物离界间距。各省市《技术规定》的地下建（构）筑物的离界间距差异比较大。大体可以分为两类，一类是明确了地下建（构）筑物的离界间距不准超越建筑红线，与用地边线的距离，必须满足安全的要求不得小于最小距离，如重庆市和江苏省等省市。另一类是明确了地下建筑物的离界间距，不小于地下建筑物深度（自室外地面至地下建筑物底板的底部的距离）的倍数；在满足安全的前提下，确定一个最小值，如上海、厦门和陕西省等省市。

　　另外，一些如宁波和天津等城市开始重视对村庄建设的规划管理，他们对村庄建设进行了专章规定，明确了农村建筑物间距、建筑容量以及建筑退让等内容。同时，上海和天津等城市对于建筑间距、建筑物退让以及建筑物的高度和景观控制的相关条文，越来越注重通过图表进行辅助说明。

3.　对我市修编《技术规定》中的建筑工程规划管理内容的启示

　　综合比较国内主要城市的建筑工程规划管理内容，我市在修编新版《技术规定》时，需要在以下几个方面进一步强化建筑工程规划管理内容。

3.1　以调整居住建筑物间距为重点，改善居住环境卫生和安全条件。在确定建筑间距时，重视日照分析，明确提出建筑物的间距满足冬至日满窗日照的有效时间的最小值；重视朝向、区位和建筑类别等因素在确定相邻建筑物的间距中的作用。

3.2　细化高层建筑条文内容。高层建筑是一座城市有机组成部分，是城市形象的重要构成要素。细化高层建筑与周边建筑物的退让距离及离界距离控制，使高层建筑在城市各构成要素之间形成有机协调的比例关系。

3.3　增加沿河湖岸线、山岩崖线的退让规定。针对我市是山地城市以及有长达三百多公里滨水岸线的情况，应该强化岸线及山崖线的建设管理规定。

3.4　增加村庄建筑管理内容。在城乡统筹的背景下，应增加农村村庄建设建筑管理内容，规范农房建设。

3.5　加强城市环境景观的控制。重视沿城市道路、沿河湖水系和风景区周围建筑的景观控制，强调与周边环境整体性。同时，对城市雕塑和户外广告进行特定要求和说明。

3.6　明确社会停车场选址、停车场用地标准、道路外的公共停车场、机动车停车场出入口的设置等内容，并增加非机动车辆的停车场配建。

3.7　明确高层建筑的道路退让时，细化与道路宽度、建筑高度和建筑类别的不同规定。

4. 制定建筑工程规划管理的建议

《技术规定》是城市规划建设行政主管部门进行城市规划管理的最有效的技术性保障措施，是进行规范化城市规划管理的必备手段。从某种程度上看，是体现一个城市规划管理水平的标志。建筑工程规划管理在《技术规定》中占有重要的作用，通过对建筑间距、建筑物退让、建筑物的高度和景观控制、停车位配建和地下空间等方面控制来规范城市建设，因此，加强建筑工程规划管理内容对规划实践具有重要的现实意义。

4.1　以城市实际情况为出发点，明确定位层次

鉴于国内各城市的《技术规定》对建筑工程规划管理在框架结构、控制深度以及严格程度等方面存在较大的差异，因此，在修编新版《技术规定》时，根据上版《技术规定》的实施情况明确定位层次。结合城市自身的城市发展、开发建设特点，根据城市的自身情况清楚、准确地划分各控制区域、各控制类别以及各项分类，以便于管理的实施。特别是《中华人民共和国城乡规划法》颁布实施以及重庆市成为全国统筹城乡综合配套改革试验区后，建筑工程规划管理内容特点要与自身规划管理部门、规划管理体系相协调，要充分考虑到与技术规定配合管理的技术依据的不同深度和特点，以求制定的技术内容在深度、广度上的适宜。

4.2　以实施效果为修订导向，注重刚性和弹性相结合

在城市开发建设中，面临着众多的可预期和不可预期的因素中，实施效果是检验技术规定成功与否的最好标准。因此，在技术规定实施过程中，针对众多的不确定性因素，制定建筑工程规划管理在基于刚性的基础上，更应注重弹性控制，这样能更好地提高技术规定的适用性。例如，开发控制指标往往是在现有控制数值的上下允许一定的浮动，这有利于操作管理过程中的不确定性。

4.3　以公平公正为价值标准，注重表述严谨

建筑工程规划管理是通过建筑物退让、间距等方式控制建筑物建设来达到良好的城市环境和城市景观，因此，一定要做到在表述上的规范、清晰，力求做到图文并茂，增加可读性和易懂性，并避免开发建设所带来的消极外部效应，避免削弱规划所倡导的整体性、公共性、公平性。通过加强对开发建设地段的外部效应分析以及公众有效参与，制定相宜的技术规定内容来减少消极的外部效应。

参考文献

［1］曹珠朵. 城市规划管理技术规定的编制与实施［J］. 规划师. 2007（12）.

［2］苏东宾，聂志勇. 浅谈如何通过建筑物高度控制来形成良好的城市景观［J］. 国际城市规划，2007（2）.

［3］周建军，王静，张明是. 城市规划管理机制创新的思考和实践——以上海市宝山区为例［C］. 中国城市规划年会论文集. 2004

［4］耿慧志，张晨杰. 城市规划管理技术规定的比较分析——以上海、深圳为例. 中国城市规划年会论文集［C］. 2006.

作者简介

丁湘城　（1978-　），男，博士，重庆市江津区规划局副局长，原重庆市规划设计研究院城乡发展战略研究所高级工程师。

彭瑶玲　（1963-　），女，硕士，重庆市规划设计研究院总规划师，正高级工程师，享受国务院特殊津贴专家。

孟　庆　（1967-　），男，硕士，重庆市规划设计研究院城乡发展战略研究所副所长，注册城市规划师。

专题二
城镇化与区域规划研究

重庆城镇系统和小城镇建设初探

廖正福

（发表于《重庆城市科学》，1984年第2期）

党的十一届三中全会以来，各项经济政策逐步落实，农村面貌发生了很大变化，商品生产有一定发展，农民生活有了改善。中央八四年一号文件下达后，更出现了新的局面。生产繁荣，对城镇建设提出了新的要求，促使城镇较快地发展。中央领导同志指出：发展专业户，小城镇是个大政策，其意义不亚于责任制。小城镇建设提上了议事日程，引起了人们普遍的关注。

城镇是经济和社会发展的产物，其存在和发展不是孤立的。要建设好小城镇，不能就城镇论城镇，必须从宏观角度，即一定区域范围进行综合考察，研究城镇与经济、城镇与城镇间的内在联系，探索其规律性。城镇系统（也称为城镇体系）问题，即是城镇相互间的关系问题，与城镇建设和区域经济发展息息相关，一些兄弟城市和地区已着手这方面的研究。本文拟结合我市的具体情况，就重庆城镇系统和小城镇建设的有关问题作一初步探讨，希望能起到抛砖引玉的作用。

1.　重庆小城镇概况

重庆行政辖区现有九个区十二个县，面积22341平方公里。城市母城（即城市建成区）范围外有乡以上的场镇789个，其中建制镇44个，城镇人口65万人左右，约占全市非农业人口的21.4%；另有一定数量的工矿区和工业点。上述场镇、工矿区和工业点可统称为小城镇。

（1）重庆小城镇目前大致分为两种类型。一种是工业城镇，另一类是农业城镇。工业城镇的特点：城镇范围内和附近地区有一定数量的工业（包括交通设施，下同），工业发展对城镇有较大的直接影响，城镇为工业服务，也为农业服务；农业城镇的特点是：城镇范围内及附近工业较少，城镇主要受农村经济发展的影响，并主要为农业服务。

按照服务范围的大小，农业城镇包括：县城——为全县服务，主要受县农村经济发展的影响；县辖区所在地的城镇——为全区服务，受区经济发展影响；乡所在地的城镇——为全乡服务，受乡经济发展影响。工业城镇包括：市辖区所在地的城镇——为全区工农业生产服务，主要受工业发展的影响；工矿区——工业较集中，有一定规模，如川维，打通，主要为工业服务，也为农村服务；工业点——规模较小，一个工厂或几个厂一点，为工业也为农业服务，工业仍是城镇发展的主导因素。

工业城镇和农业城镇不是固定不变的，随着经济的发展，特别是农村商品生产的发展，许多农业城镇将向工业城镇过渡和转化，现有的一些县城、县辖区、乡所在地的城镇，工业已具有一定规模，成为影响城镇发展的主导因素，如长寿县城，就应视为工业城镇。

（2）由于经济发展和历史的原因，不少小城镇建立了一定的物质基础，在国民经济发展中发挥了一定的作用。但是多年来，由于种种原因，小城镇建设没有引起人们应有的重视，存在许多亟待研究和解决的问题：

①小城镇发展方向不明确，缺乏统一规划和布局，城镇建设杂乱无章。一些城镇对所处的环境条件、优势劣势不了解，随意发展工业，乱建乱占，造成很多后遗症和不应有的损失。

②许多小城镇（尤其工矿区）布局不合理，架子拉得太大，没有集中紧凑发展。西南铝加工厂几个主要车间相距三至四公里，职工生活区分散在七个居民点上，彼此相距也是几公里，生产管理、衔接和居民生活十分不便。

③城镇基础设施缺乏，市政公用设施和公共服务设施不配套。许多小城镇没有供水、排水设施，街道破烂，没有农贸场地，以街代市，普遍存在过境道路穿越城镇的问题。

④城镇管理体制不健全，没有必需的管理机构和人员，城镇发展和建设处于放任自流的状态。

⑤小城镇发展还缺乏建设资金，缺乏鼓励单位和居民到小城镇的相应政策等等。因此，目前大多数小城镇建设得不好，影响生产和职工生活。

2. 建立有机联系的城镇网络系统

城镇是互相联系的。城镇与周围地区、城镇之间有着相互依存、互相促进的关系，任何城镇都存在一定的网络系统之中。不同规模、不同类型的城镇在广阔的空间范围内形成密切联系的城镇网络系统，影响着城乡经济的发展。但是，长期以来这一问题并未为人们所认识和重视，未能很好发挥城镇网络系统的作用；而网络系统也未很好建立起来，以致小城镇发展往往带有很大的盲目性，城镇潜力和优势不能充分发挥。为了适应经济发展的新形势，使小城镇建设走上科学的、健康的轨道，必须认真研究合理的城镇网络关系，建立以母城为核心的城镇网络系统。

一九八三年六月，国务院在审批重庆城市总体规划时要求："重庆市行政区域扩大八县一区后，应结合城市经济管理体制和以重庆为中心的经济区规划，抓紧做好整个辖区的城镇系统规划，合理布置生产力，促进城乡经济发展。"我们应按照上述精神，积极做好这一工作。

3. 城镇分级和城镇系统的组成

根据城镇现状和发展条件，及其在经济发展中的地位和作用，城镇划分为不同的级别。重庆母城为第一级，母城以外的城镇（无论工业城镇或农业城镇）分为四级。第二级是卫星城，有一定工业基础，是周围地区的经济、文化或政治中心，带动周围城镇和地区经济的发展。第三级是县城（包括市辖远郊区县所在地城镇），县城是全县的政治、经济、文化中心，是联系母城和下级城镇及广大农村的枢纽，对带动和促进全县经济和社会发展起着重要作用。第四级是中心场镇，是一定区域政治、经济、科技文化中心，具有较完善的公共服务设施，一般是县辖区的所在地。另有一种工业镇（即工矿区），有一定的人口规模，市政公用设施和公共服务设施配套较齐全，在城镇系统中相当于中心场镇的作用。第五级是一般场镇，通常是乡和公社所在地，具有为当地居民和农村服务的最基本的生活服务设施，是农村物资交流的集散地。散布在农村地区，有一定规模和设施的工业点，具有相当于一般场镇的地位和作用。

重庆城镇系统即由母城、卫星城、县城（包括市辖远郊区县所在地城镇）、中心场镇（包括工业镇）、一般场镇（包括工业点）组成（见表1）。

表1 重庆城镇系统组成表

序号	1	2	3	4	5
城镇分级	一级城镇	二级城镇	三级城镇	四级城镇	五级城镇
城镇名称	母城	卫星城	县城	中心场镇	一般场镇
备注	城市建成区范围		包括市辖远郊区县所在地城镇	县辖区所在地，包括工业镇	乡和公社所在地，包括工业点

4. 重庆城镇系统的结构特点

重庆城镇系统是以母城为核心，卫星城、县城为骨干，中心场镇和所联系的一般场镇为基本单元的互为依托、有机联系的星座式结构体系（图1）。

一般场镇是最初级的城镇，是城乡联系的基础，一般场镇依托中心场镇，多个一般场镇围绕一个中心场镇，形成城镇群有机单元；城镇群有机单元依托卫星城和县城，多个城镇群有机单元围绕一个卫星城或县城，形成具有一定独立性的城镇群体；城镇群体依托母城，组成重庆城镇系统。这种大中小城镇互相依托，形成一个有机统一体的结构形态，与太阳系各种行星及其卫星运行的相互关系十分相似，所以称为星座式结构体系。

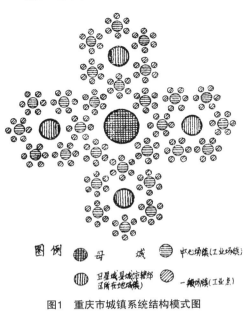

图1　重庆市城镇系统结构模式图

5. 有关问题概述

5.1　城镇分级的依据

城镇划分为五级，主要考虑了以下因素：第一是现状条件，母城以及县城、中心场镇和一般场镇，其人口规模、影响和服务范围，一般情况下都存在着明显的差异，层次分明，明确分级后更为系统化、规律化。第二是历史条件，各级城镇的职能作用和相互关系，尤其是许多老场镇，是随着长期经济发展历史形成的。大足县龙水镇现有1.17万人，是以小五金生产为特点的中心场镇。小五金生产始于晚唐时期，历史悠久，声誉卓著，产品畅销全国21个省市，同时带动了周围城镇和农村手工业的发展，龙水镇成为小五金的生产和销售中心。第三，城镇分级基本上与行政管理体制相结合，使城镇既能发挥经济职能作用，又能发挥行政管理上的职能作用，有利于经济的进一步发展。第四，重庆除母城外，各级城镇规模都很小。如县城，一般一二万人，多则六七万人，很少超过十万人，母城与其他各级城镇间规模相差很大。根据国内外城市及经济发达地区的经验和国家有关要求，设置了具一定规模的卫星城，使各级城镇间形成较合理的梯级层次，城镇系统更臻完善。

5.2　关于卫星城

国务院国发［1980］299号文件要求："在特大城市和大城市周围有计划地建设卫星城。"

重庆是一个特大城市，建设一些卫星城是十分必要的。卫星城对人口可以起到疏散和截流的作用。一些新建的大中型工业项目可以安排到卫星城去，避免人口向母城集中；不适宜在母城，需迁出的工业和企业，也可放到卫星城（包括其他小城镇）以疏散母城人口。

卫星城一般应是工业城镇，以发展工业为主，并有较好的水、电、交通、用地等条件。卫星城要有合适的规模，能提供多种就业机会，因而设置较完整的大型的公共服务设施，减少对母城的依赖。国外卫星城人口规模一般达到25～40万人，根据重庆的情况可考虑10～20万人。目前长寿、西彭、合川、鱼咀等城镇可选择作卫星城。

长寿县城紧靠长江，在重庆下游77公里（水路），现有人口6.8万（包括川维厂），可建成以化工和轻工业为主的卫星城。西彭城镇距市中区52公里，位于长江上游，靠近长江和成渝铁路，现有人口1.3万，是以有色金属材料加工为主的卫星城。合川县城合阳镇位于嘉陵江及其支流渠江、涪江的交汇口，在重庆上游90公里，现有6.3万人，是重庆与川北地区联系的交通要冲和物资集散地，可建成以轻纺和农副产品加工为主的卫星城。江北县鱼咀紧靠长江，在重庆下游27公里（水路），现有0.3万人，目前工业较少，可建设成以轻工业和化学工业为主的卫星城。

5.3 关于中心场镇

中心场镇一般是县辖区所在地，但也不局限于此。县辖区范围较大时，有的乡所在地的场镇由于地理位置、交通条件等各种原因，规模和所联系、服务的范围比一般场镇大，有人称为"联社中心"，亦应视为中心场镇。如前所述，具有一定规模的工业镇也属中心场镇。中心场镇和各级城镇一样，其联系和服务范围不受行政界线的限制。合川县太和镇居合川、铜梁、潼南三县交界处，是三县十个邻近公社，直径约40华里范围内的农村贸易中心，素有"小合川"之称；綦江赶水镇、荣昌吴家镇、江津白沙镇等均有类似情况。

中心场镇是城镇系统基本有机单元的核心，对城镇系统的建立和县、区经济发展有很大影响。白沙镇八二年工业总产值占全县工业产值的15%，工商利润和税收占全县12%，商业及产品等营业额占全县的40%以上。据省内一些县调查，中心场镇所聚居的城镇人口、工业产值、税收额约占全县的80%左右。所以中心场镇的合理布局和发展应摆在十分突出的地位，应是城镇系统和小城镇建设的重点。

5.4 其他有关问题

有少数中心场镇和一般场镇，靠近母城、卫星城或县城，直接依托上述城镇，不采取逐级依托的形式，这是特殊情况，特殊对待。有的乡和公社或紧靠县城，与县城连接在一起；或与区公所、建制镇同在一场镇上；或与工业镇、工业点在一起，等等；均不构成单独的场镇。

各中心场镇所联系的一般场镇数目不尽相同，因此以中心场镇为核心的城镇群有机单元的规模是不平衡的，服务范围也不相同。关于母城以外各级城镇的合理规模（人口规模），需在进一步研究的基础上确定。

我国北方和某些南方地区（尤其平原地区）农村居民习惯集中居住，因此形成许多不同规模的自然村，亦即居民点。多数南方地区，主要是丘陵地区和山区，农村居民一般都分散居住，很少形成集中的居民点，重庆地区农村亦属于这种情况。随着经济发展和土地合理开发利用，重庆农村也可能形成相对集中并具一定规模的居民点，这些居民点依托一般场镇，形成城镇系统的有机组成部分。这一问题有待进一步研究。

6. 城镇系统与重庆经济和社会发展的关系

一般情况下城镇是各级行政领导机关所在地，是一定地区的领导和指挥中心；工业交通、商业服务、仓储等设施都集中在城镇，因此城镇是生产、流通中心和生活服务中心；情报、通信、科技、金融设施也集中在城镇，所以城镇是科技中心、信息中心和金融中心；城镇也是文化、教育和娱乐中心。城镇系统的合理建设和发展，在国民经济发展中具有十分重要的意义和作用。

第一，根据中央的部署和要求，重庆正在进行经济体制综合改革试点，逐步建立以重庆为中心的经济区，形成多层次的经济网络。如前述，城镇是一定地区的经济中心、文化中心或行政中心，是经济进一步发展的基础和前进基地。城镇系统是分布在广大地区的城镇网，各级城镇是区域工业网络的集聚点，是交通网络和商品流通网络的连接点，是科技服务网络、信息网络等各种网络的交接点。城镇系统的建立和发展，是经济网络形成和发展的具体体现，是建立重庆经济区的重要条件之一。

第二，重庆已实行市领导县的体制，这是行政管理体制的重大变革，也是城乡关系的重大变革。其目的是要以经济发达的城市为中心，以广大农村为基础，使城乡密切结合，互相依存，互相支援，促进城乡经济、文化事业共同发展。各级城镇分布在广大的农村地区，城市的工业产品、科学技术、信息等通过城镇系统送往农村，农村生产的农副产品和各种土特产品通过城镇系统送到城市，城镇系统把城乡连接成一个统一体。所以城镇系统是城乡互相支援、互相联系的纽带和桥梁。

第三，农业生产责任制的落实以及八四年中央一号文件精神的贯彻，农村发生了历史性的变革，正在从自给半自给经济向专业化、商品化、现代化转化，促进了分工分业的发展，将有大量的农村人口，即"剩余劳动力"从农业中分离出来，进入城市，转入其他行业。随着科学技术发展，生产力进一步提高，农村剩余劳动力还会增多，将有40%的人离开土地进入城市，这就是"城市化"的必然趋势。

有关部门预计，我市农村将有约160万人分离出来，如何安排这样大量的剩余劳动力？一种办法是集中到大城市，一种办法是在农村就地就近安排，离土不离乡。前种办法与国家确定的"控制大城市规模"的建设方针是相违背的，我们必须采取第二种办法，走出一条中国式"城市化"的道路。城镇系统第二级以下的城镇，特别是遍布农村的第四、五级城镇，就是接纳剩余劳动力的恰当场所。

第四，建立重庆城镇系统，有利于认真贯彻我市总体规划确定的"控制市区规模合理发展卫星城，积极建设小城镇"的方针。城镇系统阐明了城镇间的内在联系和发展规律，明确了各级城镇的职能分工，为城镇的合理发展指明了方向，使小城镇建设走上健康轨道，同时有利于改善母城的布局，有利于控制母城的人口规模。各种问题能从全系统范围求得平衡，使各级城镇共同得到发展。

第五，在农村建设星罗棋布、欣欣向荣的城镇网络，实现乡村"城镇化"，对促进商品生产发展，使农村经济发展水平、人民生活水平不断提高，逐步缩小城市与乡村之间的差别，乃至实现共产主义的长远目标，都将发挥重要作用，所以城镇系统的合理发展，既具有重要的现实意义，又具有深远的历史意义。

7. 建设城镇系统和小城镇需采取的措施

7.1　确定城镇级别，明确城镇的职能

城镇系统中，母城、县城和市辖区所在城镇目前是清楚的；卫星城和中心场镇则需要进一步确定；卫星城和中心场镇明确后一般场镇也就清楚了。对需确定级别的城镇，要组织专门力量进行调查分析，逐个落实。

在确定级别的基础上，各级城镇要根据自然环境、发展历史和现有基础等条件，确定其性质和发展方向，扬长避短，发挥优势，形成各具特色的城镇。这样将有利于母城和整个城镇系统工业及各项设施的合理布局和调整。

7.2　发展城镇经济，增强小城镇的经济实力

经济是城镇建设和发展的基础，工业发展是经济增长和城镇发展的重要条件。人们常说：无工不富。加快小城镇建设的步伐，必须发展城镇工业。

八四年中央一号文件指出：现有社队企业是农村经济的重要支柱；农村工业适当集中于集镇……使集镇逐步建设成为农村区域性的经济文化中心。所以社队工业是小城镇工业的重要组成部分，应当积极发展。母城要通过联合、协作、加工订货、产品扩散等各种形式扶持小城

镇工业。母城工业应利用技术、装备、管理等方面的优势向高、精、尖、新、洁（即高级、精密、尖端、新产品新品种、污染小）方向发展，将初加工、劳动密集型的一般工业扩散到小城镇去，不断提高小城镇的生产能力和水平，逐步形成以母城为核心的多层次的工业网络。

搞活商品流通渠道，既有利于农村商品生产发展，也有利于城镇经济发展。"赶场"（北方称赶圩、赶集），是农村交换产品、促进流通的一种传统方式，应予以积极引导和支持。目前有的地方一些城镇赶场的问题尚未解决，如潼南县56个公社（乡）还有26个不赶场，占公社总数的46.4%（《重庆日报》，19840321）；巴县84个公社，有17个赶场，占20.2%，其他区县不同程度存在这一问题。除少数离县城和中心场镇很近，不形成独立场镇的公社外，其余场镇原则上都应恢复或开始赶场，暂时条件不成熟的，应积极创造条件，逐步进行。

7.3　放宽、落实各项政策，鼓励工业和各种企事业单位到小城镇定点建设

要制定各种优惠政策，对到小城镇的单位，征用土地、建设标准、税收等等，凡可能的都给以比母城较优惠的条件；对职工住房、医疗、工资福利、副食供应、商品供应、子女就业、就学等等给以较优厚的待遇。同时要加强小城镇基础设施和各项服务设施的配套建设，提高服务质量，缩小小城镇与母城的差距，增强小城镇的吸引力。

长期以来由于政策不落实及各种原因，小城镇建设落后，各方面条件太差，单位和职工纷纷要求迁离，向区（县）所在地和母城靠拢。据了解，近年来先后已有仪表材料研究所等四个单位分别从三花石、澄江、歇马场和文星场迁到北碚朝阳地区（有的正在搬迁），一机部第三设计院已决定从歇马场迁到城市核心地区的石桥铺。目前这一趋势有增无减，还有许多企业纷纷要求向重庆城市核心地区迁移，不仅影响母城规模的控制，对于小城镇的发展无疑也是十分不利的。

7.4　加强小城镇的建设管理工作，建立健全管理机构

各级镇城应设立一支具有一定素养的规划和建设管理队伍，把各级城镇规划好、管理好。

为了有利于小城镇建设和经济发展，应考虑扩大设镇建制的范围，放宽设镇建制的限制。中心场镇都应设镇建制，一般场镇凡有条件的也应设镇建制。同时调整城镇管理体制，区、乡、镇在同一地的，区、乡与镇合并，并进行以镇带乡、带村的试点；扩大镇的自主权，在行政、经济、财务等各方面给镇以适当的权力，打破目前机构重叠、条块分割、各自为政的状况。

进一步解决小城镇的建设资金问题，市府领导同志在今年全市农村工作会议上的讲话中提出了五个资金渠道，即各级财政划出一定比例、乡镇提留的农贸市场税款、市场管理费的部分资金、城镇房屋建设收取的各项配套费、城镇征收的公用事业附加费等；同时指出，可从社队企业利润中提适当比例用于集镇建设，各单位也可集资搞公用设施建设，为解决小镇建设资金

指明了方向。

　　农村商品生产的发展，专业户、重点户手中拥有不少资金，可考虑把这些资金动员起来建设小城镇，要允许国内外、省内外、县（区）内外个人或合伙兴办各种公共服务事业，据悉有的华侨亲属愿出资在小城镇建设电影院，我们应予欢迎。

作者简介

廖正福　　　（1943–　），男，原重庆市规划设计研究院院长，正高级工程师，享受国务院特殊津贴专家。

东西部地区城乡统筹规划模式思辨

钱紫华　何　波

（发表于《城市发展研究》，2009年第3期）

摘　要： 以正在推进城乡总体规划的重庆各区县为西部地区代表，通过与东部部分典型地区已开展的相关工作进行对比，试图揭示我国东西部地区不同的城乡统筹规划模式。城乡统筹规划编制的开展，首先要应对规划体制分割的问题，这也是东西部的共性问题；而城乡统筹中的实际发展问题，则属于东西部的差异性问题。西部地区城乡统筹规划在借鉴东部地区经验的同时，要采取"城乡协调"的模式，以寻求规划城乡的全覆盖、相关规划的衔接整合和规划对主要问题的应对。

关键词： 城乡统筹；规划模式；东西部地区

1. 引言：从重庆往东看

自2007年7月国务院同意重庆市设立全国统筹城乡综合配套改革试验区以来，重庆市规划系统一直将城乡统筹作为当前的工作重点。重庆市在推动城乡统筹试点的同时，在部分试点区县尝试编制"区县城乡总体规划"。所谓的"城乡总体规划"，实际上与国内部分东部发达地区已经开展的"城乡统筹规划"、"城乡一体化规划"等规划编制相类似。

在行文过程中，为了避免相关术语的缠绕不清，本文统一使用"城乡统筹规划"。文中以正在推进城乡总体规划的重庆各区县为西部地区代表，通过与东部部分典型地区（比如浙江嘉兴、浙江温岭、江苏常熟、广东中山等）已开展的相关规划工作进行对比讨论，试图揭示我国东西部地区不同的城乡统筹规划模式。

2. 东西共性：规划体制的分割问题

城乡统筹规划的编制开展，首先不可回避就是要应对规划体制分割的问题。我国现行规划体制的分割，主要是由当前的行政体制管理造成的，这种分割广泛地存在于东西部地区，主要表征为城乡分割、行政分割和部门分割三种[1-3]。

2.1 城乡分割

在我国最新的《城乡规划法》实施之前，城市和农村地区的规划编制依据主要以《城市规划法》和《村庄和集镇规划建设管理条例》二者为主。根据《城市规划法》，"城市规划只在规划区内有效"，割裂了城乡统筹发展，规划普遍存在重城轻乡的问题，规划更多的是应对城镇，农村地区仅仅作为城市的相关背景被涉及，缺少对村镇规划的指导，难以适应城乡统筹发展的需要。在重庆市，规划和建设等管理部门则按《重庆市城市规划管理条例》和《重庆市村镇规划建设管理条例》分别进行城与乡的规划管理，进一步加剧了城乡二元分割。

2.2 行政分割

从建设部门内部编制的规划来看，由于不同规划覆盖的行政或地域范围的差异，容易形成不同层面间规划的矛盾。比如，区县一级要编制城市规划，建制镇要编制镇规划，集镇和村庄也要编制村镇规划，再加上各类园区规划等，极容易造成不同规划间的矛盾。

我国规划管理体制的复杂性，则使不同行政主体的管理权限一直处于被严重肢解、分割的状态。根据现行的管理体制，规划部门属于"块块"，上级规划部门对下级规划部门缺乏指导和监督的手段，这就直接造成了各级行政主体之间规划不衔接、功能不协调的现象。

2.3 部门分割

我国现有的各专业部门规划名目繁多，各专业部门都在做自己的规划，目前由法律授权编制的各类规划多达83种。各类规划的出发点都不尽相同，这些规划层次关系混乱，规划目标各不相同，彼此缺乏衔接与协调，从而出现众多矛盾和问题；规划各自为政，多头管理，使规划管理处于混乱状态。从重庆主城的1000多平方公里的"三山"地区实际规划与管理来看，4个区县政府10个市级部门共编制各类规划195项，但"三山"绿地居然未能得到有效保护，违法建设项目多达141个。

3. 东西异性：城乡统筹中的实际发展问题

城乡统筹发展是当前东部地区和西部地区共同需要应对的，即城乡发展的二元性问题。尽管总体表述似乎可以一致，但如果投影到土地、人口（城镇化）、产业、环境、公共服务设施等要素上去，东西部地区主要问题的差异则一目了然，具体如图1所示。

3.1 城乡土地资源问题

土地资源是城乡发展最重要的承载之一，土地利用不集约是当前东西部地区城乡统筹发展

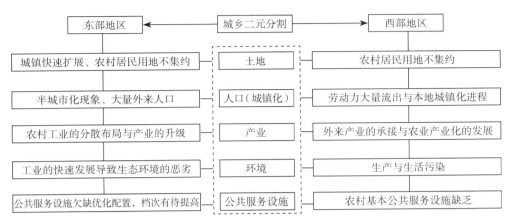

图1　东西部地区城乡发展中二元分割的主要问题

亟须解决的问题。

　　从东部地区来看，土地资源问题主要体现在两方面。一方面是城镇建设用地加速扩展，城乡空间利用矛盾突出[1]。在浙江嘉兴，其城镇建设用地扩展动力主要来自于农村工业产业的迅速崛起，其直接后果是农村地区开发强度明显增强，非农用地规模迅速扩大。另一方面，农村居民点存在"贪大求宽"的土地浪费现象。根据调研，嘉兴农村住宅户均建筑面积多在200m²以上，人均住房面积达60m²多，人均用地指标也远远高于城市。

　　以重庆为代表的西部地区，限于经济发展水平，城镇建设扩展程度还远未达到东部地区那般显著。从一般的区县来看，更为显著的还是农村居民点用地浪费的问题。以重庆市江津区为例[4]，该区2004年人均、户均建设用地均偏高，分别在170~240m²和490~700m²之间变化，农村居民点面积占城乡建设用地的85.11%，农村居民点用地浪费较嘉兴更为显著。

3.2　城乡人口与城镇化问题

　　由于经济发展水平的巨大差异，东部地区已成为我国人口的主要流入地。受"离土不离乡"的城市化政策影响，东部包括长江三角洲、珠江三角洲等地的发达农村地区，普遍发育和形成了一种"半城市化现象"。这种现象的特征是当地就业构成的非农化水平已相当高，但人口在空间上的集聚程度仍比较低，呈现出"村村像城镇、镇镇像农村"的区域景观[5-6]。

　　在西部地区，尽管劳动力外出务工经商可以在一定程度上缓解人地矛盾，但同时也为本地的城镇化建设带来了负面影响。据统计，重庆市2007年有700万在外务工人员，很多已成为各行业的熟练技工，但作为劳务输出地，重庆却陷入"技工荒"。据重庆市工商联调研显示，目前重庆二、三产业普遍缺乏熟练工、技术工，如轻纺行业技工缺口达4~5万人，一些新兴行业如电子、模具等技术工人缺口更大[7]。同时，在农村，大量青壮年劳动力外出务工，在一定程度上削弱了本地城镇化和农业发展的后劲。

3.3 城乡产业发展问题

在东部地区，城乡统筹规划首先要应对产业分散化布局的问题。东部地区企业沿交通线分散在各镇、村的现象较为严重，尤其是接近城区、镇区的公路两侧，呈现出"村村冒烟"的分布趋势[1, 8]。其次，规划还要应对产业升级的问题。东部诸多地区的农村社区中小型企业占有较大比例，但因其设备简陋，科技水平较低，不利于组织大量生产，经济效益较低[9]。

在西部地区，外来产业的承接和本地农业产业化发展成为城乡统筹规划中要注重应对的问题。从重庆的各区县来看，承接的产业来自于两方面：一方面，重庆主城区的部分企业开始向外围区县转移[10]；另一方面，东部地区的劳动、资源密集型产业也开始快速地向重庆转移，重庆璧山县"西部鞋都"的快速发展，正是受惠于此。与此同时，重庆区县农业产业化整体滞后，也是城乡统筹规划亟须应对的。

3.4 城乡生态环境保护问题

东部地区的城乡生态环境问题，很大程度上是快速的工业化发展引起的。一方面，各级工业星罗棋布、布局混乱，工业布局的分散及有限的基础设施水平加大了污染治理的难度；另一方面，镇、村级建设各自为政，城镇建设用地不断蚕食耕地与林地，逐步降低生态用地系数指标。

西部地区的城乡生态污染问题，往往是生产与生活并发引起的。从重庆各区县来看，工业污染防治措施远远落后于工业发展进程；农业经营粗放、开垦过度导致了水土流失现象，农业面源污染也较为显著。此外，小城镇和农村生活垃圾处理严重不规范，基本是处于自生自灭的无组织状态，极大影响了周边和自身的生活环境。

3.5 城乡公共服务设施建设问题

尽管东部地区众多城镇在空间上已出现连绵化趋势，但各城镇在建设公共服务设施时仍"各行其是"，区域内尚未形成高效统一的设施体系。经济高速发展的同时，相关设施建设的混乱导致了城乡基础设施难以共享，城市基础设施重复建设浪费土地，乡村基础设施利用效率低下。从嘉兴来看，农村往往会自行建设相关设施，造成无序和浪费，而且其建设水平难以适应农村快速发展的需要，使得农村环境进一步恶化[11]。

相对于东部地区而言，西部地区的农村地区连基本的公共服务设施建设尚存在较大欠缺。2007年7月在重庆市域区县开展的农村公共服务设施抽样调查显示，目前通自来水的行政村只占到了总数的48%，只有13%的行政村拥有垃圾转运站，建有村小学的行政村比例为38%，建有计划生育站和卫生所的行政村比例则只有40%和63%。

4. 东部地区"城乡一体"的规划模式与经验

4.1 "城乡一体"的规划模式

鉴于生产力较为发达，东部地区基本选择了"城乡一体"的规划模式。这种规划模式要求尽可能地实现城市与乡村的结合，以城带乡，以乡补城，互为资源，互为市场，互为环境，达到城乡之间社会、经济、空间及生态的高度融合[8]。

4.2 "城乡一体"的规划经验

20世纪90年代中期，东部地区较多城市比如浙江温岭、江苏张家港、广东南海已经开始尝试城乡统筹规划的编制工作。浙江省温岭市城乡统筹规划开展较早，且延续性强，具有很好的代表性，本文选取其作为东部地区的代表，对其规划的具体编制进行阐述；另外，通过综合东部地区诸多规划中好的经验，对城乡统筹发展问题的应对予以阐述。

4.2.1 规划的编制

东部地区早在20世纪90年代就开始了城乡统筹规划的编制。以浙江省温岭市为例，其早在1995年就委托南京大学编制完成了《温岭市市域规划》，其后分别于1998年、1999年编制完成《温岭市城乡一体化规划》和《温岭市城镇体系规划》。这可以算作是温岭市第一次尝试城乡统筹规划的编制。

2001年，温岭市编制新一轮的《温岭市城市总体规划（2001—2020年）》；这之后，2004年温岭市再次尝试研究和编制城乡统筹发展规划。至2007年9月，浙江省政府批准了《温岭市域总体规划》，这是我国第一个批准实施的县市级市域总体规划。

《温岭市域总体规划》在实施过程中尝试实现与国民经济和社会发展规划、土地利用总体规划的最大衔接。温岭市政府明确提出，通过"优化主体功能区规划、生态环境功能区规划，实现与市域总体规划相协调；合理修编土地利用总体规划，科学划定基本农田保护区和确定建设用地指标，确保在建设用地规模和布局上与市域总体规划相统一"[12]。通过《温岭市域总体规划》的编制，温岭市政府试图"努力实现规划一张图、建设一盘棋、管理一张网"。

4.2.2 规划对实际问题的应对

在土地资源方面，部分东部地区的规划采取了先做"减法"的思路：在明确非建设用地的规模及分布的前提下，统筹安排市域建设用地[1]。同时，全区域通过居住空间的高度集中，促进农民生产生活方式的转化。

在强调本地农民向城镇转化的同时，部分东部地区的规划对外来人口给予充分的重视。规划中根据相关预测积极研究外来人口的居住模式及对城镇建设用地的需求，并规划建设集中的外来人口生活区[9]。

产业发展方面（主要针对工业发展），将原有工业分为永久性设施工业与临时性设施工业两种，相应地作搬迁、就地治理、按门类重组等处理[9]。同时，在工业布局方面提出逐步取消被撤并乡镇的工业园区，将原有的工业企业逐步集中到高级别的工业园区中[8]。

生态环境方面，通过城乡空间管制区划，科学确定对维护区域生态环境功能具有重要意义的三类区域，即禁止建设区、控制建设区和适宜建设区[8、9、13]。

在公共服务设施方面，规划统筹建设城乡交通、市政、教育文化等各项基础设施，实现区域共享文明生活方式；通过区域整体协调和区域共享原则，实现基础设施的最优配置[13-14]。

5. 西部地区的思考和探索

5.1 适合西部的规划模式："城乡协调"

对比东西部地区当前城乡统筹发展的问题，主要差异在于：产业、公共服务设施方面，东部地区更多地需要从"有"走向"更优"，西部地区则是从"无或者欠缺"走向"有"；土地资源、人口、环境方面的问题，东部地区主要是因为经济（主要是工业）高度快速的发展而造成的，西部地区更多的是低层面发展引起的低层面问题。因此，除少数城市发达地区外，西部大部分地区的城乡统筹规划，需要采取与东部地区不同的规划模式：即"城乡协调"的规划模式。

东部地区采取"城乡一体"的规划模式，更多是要实现城乡统筹发展问题的"完全解决"；而对于广大的西部地区而言，采取"城乡协调"的规划模式，更多的是要实现城乡统筹发展问题从"缓和、预防性的解决"逐渐走向"完全解决"。

5.2 "城乡协调"的规划探索

西部地区城乡统筹规划的编制相对要滞后于东部地区，这里以重庆市各区县城乡统筹规划的试点工作为例来探讨"城乡协调"的规划探索。

5.2.1 规划的编制

目前，重庆市各区县城乡统筹规划的编制，首先是实现了城乡建设部门内部自身规划的衔接与整合，主要采取"城市总体规划+城镇体系规划+新农村总体规划→城乡总体规划"的模式。这种模式不是对已有规划的推倒重来，而是对相关成果的发展延伸与适当完善。

另外，重庆市还提出了"三规合一"的工作思路。"三规合一"的目的并不是试图以城乡统筹规划取代其他规划，也不是试图实现"规划合成一张图"，而主要强调国民经济与社会发展规划、土地利用规划和城乡统筹规划三个规划在内容上的协调统一，即统一规划目标、统一空间管制、统一空间数据。当然，"三规合一"还包含了与其他各项专业规划的衔接。

5.2.2　规划对实际问题的应对

在重庆区县的城乡统筹规划中，一方面强调了城镇用地的集约合理布局，另一方面通过中心村新型社区的规划布局，来引导农村居民集中居住、高效用地。

在人口与城镇化方面，重庆市部分区县将会出现常住人口持续下降的问题。相关规划内容更多地体现了规划作为公共管理的政策工具，提出在鼓励部分外出人口在务工地就地安置的同时，也鼓励部分外出人口回乡创业、带动和促进本地经济的发展。

对于产业的发展，重庆市区县的城乡统筹规划既对外部产业转移的承接预留了可能性，同时也注重分析自身产业的基础与发展可能。产业规划方面既注重重点发展、集中布局，也注重城乡协调、农业产业化和现代化，尤其是特色产业的发展。

关于生态环境的保护，重庆市区县的城乡统筹规划编制了次区域管制图则。次区域图则详细地明确各类型生态保护用地（主要是山体、水域、林地、农田等）范围，明确了各类型生态用地的保护重点。

在公共服务设施方面，重庆市区县的城乡统筹规划主要体现了"将公共服务设施向农村延伸"的思想。一方面，规划布局采取了公共服务设施向中心村集中的思路；同时，规划强调了"基本的公共服务体系"，即重点保障路、水、电、燃料、环卫以及教育、医疗、文体设施等公共用品的全覆盖。

6.　结论

城乡统筹是当前我国发展重点解决的问题，城乡规划在城乡统筹的实施进程中占据重要地位。我国东部地区对于城乡统筹规划的编制进行了一些有效的探索，但鉴于东西部之间存在的差距、东西部城乡统筹问题的差异，西部地区城乡统筹规划在借鉴东部地区经验的同时，还需要依据自身的实际情况与条件，探索一条适合自己的道路。

与东部"城乡一体化"模式不一样，西部大部分地区还需要强调"城乡协调"模式。在这种思路的指导下，西部地区要根据自身实际，寻求对城乡规划全覆盖、相关规划衔接与整合等主要问题的应对。

参考文献

［1］罗永联，万鹏. 嘉兴地区城乡统筹与市域规划研究——以嘉兴地区为例［J］. 城市规划学刊，2006（3）：22-28.

［2］彭远翔. 以城乡规划促城乡统筹发展［J］. 重庆建筑，2007（9）：5-6.

［3］万鹏，沈箐. 快速城市化地区城乡统筹规划所面临的问题和建议——以嘉兴地区为

例［J］. 现代城市研究，2006（1）：49–53.

［4］刘雪，刁承泰，张景芬，等. 农村居民点空间分布与土地整理研究——以重庆江津市
　　为例［J］. 安徽农业科学，2006，34（12）：2834–2836.

［5］郑艳婷，刘盛和，陈田. 试论半城市化现象及其特征——以广东省东莞市为例［J］.
　　地理研究，2003，22（6）：760–768.

［6］刘盛和，叶舜赞，杜红亮，陆翔兴. 半城市化地区形成的动力机制与发展前景初
　　探——以浙江省绍兴县为例［J］. 地理研究，2005，24（4）：601–610.

［7］何清平. 700万人外出务工引发技工荒 重庆引导其回流［EB/OL］. 华龙网，2007–09–14.
　　http://cqtoday.cqnews.net/system/2007/09/14/000894382.shtml.

［8］陈小卉，徐逸伦. 一元模式:快速城市化地区城乡空间统筹规划——以江苏省常熟市为
　　例［J］. 城市规划，2005，29（1）：73–78.

［9］周榕，文国玮，刘淑英. 城乡一体规划的新探索——中山市小榄镇总体规划［J］. 规
　　划师，2003，19（11）：50–54.

［10］张文忠，樊杰，杨晓光. 重庆市区企业的扩散及与库区企业空间整合模式［J］. 地理
　　研究，2002，21（1）：107–114.

［11］葛广宇，朱喜钢，马国强. 区域和城乡统筹视角下的基础设施建设规划［J］. 华中科
　　技大学学报（城市科学版），2006，23（2）：87–90.

［12］温岭市人民政府关于加快推进市域总体规划实施的若干意见［R］. 温岭市人民政府
　　办公室，2007–9–13.

［13］董金柱，戴慎志. 快速城市化地区城乡空间统筹规划方法探索［C］. 中国城市规划
　　学会，规划50年——2006年中国城市规划年会论文集:小城镇规划建设［A］. 北京:中
　　国建筑工业出版社，2006.

［14］朱磊. 城乡一体化理论及规划实践——以浙江省温岭市为例［J］. 经济地理，2000，20
　　（3）：44–48.

作者简介

钱紫华　　（1980–　）, 男，博士，重庆市规划设计研究院城乡发展战略研究所所长，高
　　　　　　级工程师。

何　波　　（1971–　）, 男，硕士，重庆市规划设计研究院副总工程师，正高级工程师。

影响城乡规划适应性的文化基因和法理基础

孟 庆

（发表于《城市规划》，2011年第1期）

摘 要：通过分析影响城乡规划适应性的文化基因，在提出"城乡规划成果的部分内容具有'社会契约'特征"理论假设的基础上，通过分析"社会契约"的相关概念和与城乡规划相关的特征，寻找城乡规划要具备社会契约特征还存在的差距，提出了增加城乡规划社会契约特征的几点建议：1、将体现超阶层的"普遍意志"作为规划工作的基本出发点；2、对规划编制成果应该根据效力进行分级表述；3、规划编制应体现"超契约性规范"的价值要求；4、通过精确性和可度量性反映规划的社会契约特征；5、将"最不利人群"的利益保障纳入规划视野；6、对公共空间品质的管治和维护将成为体现规划"社会契约"特征的重点；7、以规划禁止性内容为重点，制定有"社会契约"特征的空间约束条款。

关键词：城乡规划；社会契约；适应性；文化基因；普遍意志；超契约性规范

随着国家法制化进程的推进，城乡规划面临全新的法制环境，各地规划部门大都面临上级领导、社会公众以及纪检监察部门的审视眼光，如：是否自由裁量权过大？是否存在官僚主义和本本主义以及不正当的利益输送？等。城乡规划的适应性建设面临前所未有的拷问。笔者认为必须深入挖掘影响规划适应性的文化基因和提高适应性的法理基础，才能从根本上解决规划的适应性问题。

1. 相关研究的现状和问题

1.1 基础理论研究缺乏

城乡规划适应性建设在业内已非常重视，上上下下都进行了不断的探索。建设部原部长汪光焘提出改进城乡规划工作，提高规划的适应性"不是一个技术问题，而是一个理论基点问题"。重庆大学赵万民教授提出建立我国西南山地城市规划适应性理论研究体系的框架（2008）。武汉市城市规划设计研究院陈玮博士对城市空间建构的适应性进行了深入研究（2009）。住房和城乡建设部仇保兴副部长提出"引入概念性规划手段，提高城市规划方案的预测能力"。笔者在2008年提出应该建立"由城乡规划法规体系、城乡规划技术标准体系和城乡规划编制成果体系构成的稳定的'金三角'的依据框架"，提高城乡规划的适应性。

综上所述，目前城乡规划适应性建设只有一些框架性和目标性的论述，缺乏系统深入的理论性研究成果。

1.2 实践性成果丰富

南京市规划局周岚、何流等提出"特定意图区"的规划编制和管理理念，建立了"6211"[①]等重要强制性内容体系，将主要行政资源集中于特定意图区等刚性管理对象，基本适应了城市快速发展的要求。杭州市城市规划设计研究院汤海孺认为"结构性"、"行为性"、"结果性的不确定因素"，使规划的适应性存在问题，认为"规划是制定规则而不是预设结果"[②]。武汉市城市规划设计研究院于一丁、胡跃平认为应该通过"完善用地适建的分级要求"，"提高控规的适应性"。中国城市规划设计研究院蔡震（2006）提出"规划单元控制"概念，认为应该采取一种自上而下的分层控制、层层落实的方式，落实规划指标，实施总量控制、特色控制、弹性控制、动态控制以及规划管理的实施操作。大连理工大学梁江等（2006）认为"密路网—小街廓—均质地块"是未来城市中心区土地规划模式的发展趋势，应保障各地块享有趋于平等的建设条件。重庆市在2010年1月颁布实施的《城乡规划条例》中强调规划强制性内容和技术性内容在管理中的不同，以提高规划的适应性。

从上述可见，规划适应性建设的实践成果是非常丰富的。从现实中反映的问题看，适应性问题更集中地体现在缺乏根基和原则地适应城市发展的眼前需求，缺乏具有普遍共识反映城市长远意志的现实约束手段。

2. 规划人被植入"谋划"的文化基因

2.1 "谋划"意识已深入中国文化人的潜意识

《论语》曾子曰："吾日三省吾身，为人谋而不忠乎。"子曰："巧言乱德。小不忍，则乱大谋。"子曰："不在其位，不谋其政。"这些古代先贤都认为，以"谋"体现"忠"，以"谋划"水平的高低体现个人价值。于是，"以成败论英雄"成为很多人衡量一切的标准。其影响是许多城市三年到五年就要开展一轮战略规划，换一届市长就要论证一次城市定位。

---

① 周岚，何流.中国城市规划的挑战和改革——探索国家规划体系下的地方特色之路.规划研究，2005（3）。
② 参见：参考文献7。

2.2　"谋划"意识乃生存之道，非发展之道

"黑猫白猫论"和"摸石头论"都是特殊时期为了提高生存能力而提出的适用而高效的社会主义建设理论。在基本生存问题已解决的今天，如何科学地长远地发展，规划如何反映"科学发展观"的要求，如何体现基本的社会共识和价值取向，减少发展成本，是规划人需要思考的问题。以"随机应变"、"奇谋巧思"定规划方案的时代将逐渐远去。大部分的城市将由加速发展期向稳定发展期过渡，以解决现实发展问题的"谋划"规划将逐步让位于体现更多共识的结构性规划、立法性规划；城市政府开始有时间、有财力、有必要对城市发展的制约因素、长远目标和稳定架构进行研究和探讨，通过必要的立法论证程序，形成共识，固定下来，框定城市的长远发展结构。

2.3　"谋划"意识使规划管理成为高危的领域

由于许多规划成果是出于解决现实问题的"谋划"规划，其制定、研究和审查过程围绕某种现实目的，常为体现高效而简单粗放，带有很强的现实谋划特征。当时过境迁之后，改与不改都成为规划管理者的自由裁量权范畴，有的城市在较短时间完成控规全覆盖后，控规修改的权力高度集中，导致影响空间资源转移的决策中，公共权力出现私有化，产生违法的利益输送。

"谋划"意识使得规划长期以来成为反映主政者发展意图的工具，规划的适应性缺乏适当根基，规划要么随意更改，要么调整困难，没有处在一个合适的基础上。如何破解"谋划"意识对规划人的负面影响，建立更加适应社会需求的规划适宜性建设理论，打牢规划行业的立业根基，笔者认为借鉴西方意识形态中对"契约"意识的重视，或许是有益的。

2.4　"谋划"意识与"契约"意识的差别

由于东西方文化的差别，国人的文化基因中更多是"三十六计"等"谋划"意识，缺乏"契约"意识的熏陶。"谋划"意识追求"变"，而"契约"意识追求"稳"。从历史来看，"契约"意识更符合市场经济的原则，能够增加社会的可预见性，使得人们能够更准确地了解自己行为的后果，增强自我约束的力度，更有利于和谐稳定的社会关系建设，减少社会管理和商品交易的成本。

3.　寻找城乡规划适应性建设的法理基础

如何解决规划缺乏根基和原则性地适应城市发展的眼前需求问题，笔者认为应该为规划寻求法理基础，解决为什么大家都应该自觉执行规划的问题。

3.1　理论假设

笔者针对规划的适应性建设问题提出一个理论假设：**城乡规划成果的部分内容应该具备"社会契约"特征**。在空间资源利用过程中，城乡规划成果包含着对社会成员个人权力和意愿的限制，其中包含的强制性内容，具有"普遍意志"的特征。为什么这样说？让我们先去了解一下"社会契约"的相关概念。

3.2　有关"社会契约"的相关概念

3.2.1　"契约"的定义

《辞海》对"契约"的解释是"证明出卖、租赁等关系的文书"，也就是对某种关系以文书方式进行证明。

美国《第二次契约法重述》中下了一个经典性的定义："所谓契约，是一个或一组承诺，法律对于契约的不履行给予救济或者在一定的意义上承认契约的履行为义务。"在这里"契约"概念的基础是承诺———一种对未来自我行为或权利约束的意识表示行为。美国的契约专家麦克尼尔认为："契约必然具有关于未来的合意的性质，从社会学的角度来看，所谓契约，不过是有关规划将来交换的过程的当事人之间的各种关系和过程。"[①]

相对而言，"契约"在西方的落脚点在"承诺"、"义务"、"关系和过程"，而在我国的落脚点在"关系的文书"，体现出明显的东西方差异。

3.2.2　"社会契约"的定义

法国的著名思想家让·雅克·卢梭在《社会契约论》中，对社会契约的定义为："我们每个人都把自己的人身和全部力量共同置于普遍意志的最高领导之下，我们接收每个成员进入集体，作为整体不可分割的一部分。"[②]这里所说的"普遍意志"是经过一定程序由社会成员共同认可的行为规范。社会契约是一种关系性契约，涉及一部分人和另一部分人的关系，是不同利益和阶层间协调和平衡的结果。

3.2.3　"法律"的定义

《辞海》对法律的定义是"由立法机关制定、国家政权保证执行的行为规则。法律体现统治阶级的意志，是阶级专政的工具"。可以看出法律更多体现出规则性和工具性。

3.2.4　规划"政策属性"的解读

计划经济是以集中决策为主进行资源分配的经济，市场经济是以分散决策为主分配资源的经济，市场的价值核心是对物权即人权的尊重，让市场主体有机会创造和保护自己获得的资源。"规

---

① 参见：参考文献［11］第Ⅱ页。

② 参见：参考文献［12］第12页。

划"是"计划"转向市场、适应市场的产物，是对未来城市空间资源的规则性和通则性引导，而不是"计划"的直接安排与规定，应更多地强调规则的制定，具体项目的规划总图设计应纳入工程设计的范畴，是在规划指导下的项目设计，"规划"是规范市场机制在调节城乡空间资源过程中的规则，"规划"的规则属性或者说公共政策属性，是"规划"得以产生发展并将继续存在的基础。

《辞海》对"政策"的解释是"国家或政党为实现一定时期的路线而制定的行为准则"。代表着主导阶级或阶层的利益与意志，以权威形式标准化地规定在一定的历史时期内的行动原则、完成的明确任务、实行的工作方式、采取的一般步骤和具体措施。规划具有公共政策属性在规划业界已初步达成共识。

3.2.5　为什么选择"社会契约"

从几个概念的内涵看，"契约"强调的是当事人的承诺关系，"法律"和"政策"强调的是阶级工具，"社会契约"强调的是阶层间利益的协调和平衡。明显可以看出，"社会契约"反映了更基本的社会价值取向、更多人的利益保障，具有理想主义的色彩，而不是强调牺牲一部分人的利益来保障另一部分人的利益；更符合和谐社会建设与全面协调和可持续的发展观的要求，更符合城市规划行业追求公共利益最大化的价值目标。

但是，规划成果是否具有社会契约属性，在多大程度上能够体现社会共同价值和"普遍意志"？规划成果要转变成为约定俗成的规则，成为共同的社会契约，对规划编制者和规划管理者提出了更高更长远的要求，要达到这样的目标，还有很长的路要走。

笔者认为，上述概念间的关系可看成是"目标"和"手段"的关系，即："规划"的"社会契约"属性是目标，"规划"的"政策"和"法律"属性是手段。因此，应该将城市规划成果中具有"社会契约"特征的部分内容尽可能转化为"政策"和"法律"工具来保障规划的实施（图1）。

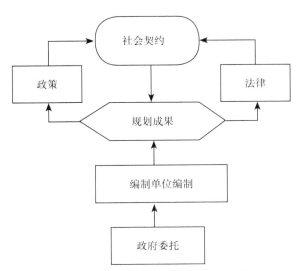

图1　规划、政策、法律和社会契约的关系示意

3.3 与规划相关的"社会契约"特征

3.3.1 具有"法律对于契约的不履行给予救济"的特征

在社会契约的执行过程中，如果契约参与方不认真履行契约，具有国家强制力的法律将对社会契约的不履行给予救济，保护因不履行契约而受到损失一方的利益。近年来，我们可以看到许多因随意调整规划而受到法律追究的案例。

3.3.2 存在"超契约性规范"的特征

契约的订立不是双方随意进行的，存在限制双方意志表述的社会价值规范的约束，其中主要包括"分配的正义、程序性正义、自由、平等以及人的尊严"、公共利益的维护等。

3.3.3 精确性与可度量性特征

契约涉及的交换对象，应该是可以进行度量和计算的，应该具有一定的精确性，社会契约的内容不应该仅仅是一些原则，应该具有客观的尺度进行度量。

3.3.4 应满足"最大最小化"标准

按照20世纪西方哲学的领军人物约翰·罗尔斯的观点，作为社会契约所反映的普遍意志，在客观存在的不平等面前，应该符合"最大化平均功利"和对"最为不利的群体"的"损失"最小化的标准。也就是社会契约的形成和修改应充分考虑最不利群体的利益。

3.3.5 部分具有原初状态特征

原初状态是社会契约形成的理想状态，原初状态是指"每个人都被剥夺了某些在道德上无关的信息"，参与决策的人们没有阶级、地位、自然禀赋、能力、目标和兴趣的差别，处于相似的地位，具有同样的推理方式，在这种状态下达成的社会契约"都是全体一致"。

3.3.6 契约执行具有过程弹性特征

契约法学界普遍认同的麦克尼尔命题是"契约不是一锤子买卖，而是经历一段时期的过程"，"与其将一切进行一次性处理，不如把重要的条款委诸交涉，同时容许多种方式的履行并依次达成合意更有利于当事人"。由此可以看出，契约的执行过程具有不断达成新的合意、不断执行新的合意的过程弹性特征。

4. 规划要成为社会契约存在的差距

从"城乡规划成果的部分内容具有'社会契约'特征"的理论假设出发，笔者认为规划行业应该对照社会契约的相关特征，提升对城乡规划的认识。

4.1 将体现超阶层的"普遍意志"作为规划工作的基本出发点

"规划"不仅仅是技术、手段和政策，更是促进社会发展，反映社会价值取向，追求长远目标和全体市民共同空间利益的行动纲领。在普遍存在资本强势主导空间发展的现实状态下，仅仅凭借规划师的良知开展工作是不够的，好在《城乡规划法》已经前瞻性地规定了规划各阶段成果的公示、公告要求："第二十六条 城乡规划报送审批前，组织编制机关应当依法将城乡规划草案予以公告，并采取论证会、听证会或者其他方式征求专家和公众的意见。公告的时间不得少于三十日。""第五十条……听取利害关系人的意见。"

现实的情况是公众参与的积极性有待提高，弱势群体表达意见的渠道和话语权都缺乏保障，规划师和决策机构对公众意见的重视程度不够。公民参与规划编制过程是规划成为社会契约的重要条件，在方案编制过程中要体现公众意志，反映市民意愿，引导市民参与城市空间决策过程，通过必要的公示和征求意见程序，将空间利益矛盾减少在规划方案阶段。同时，公众参与的过程也是一个集思广益的过程，是规划人员的专业理想与大众理想对接的过程。这也从一个侧面反映了规划部分具有"社会契约"的"原初状态特征"，参与编制的各方没有具体的利益诉求。

4.2 对规划编制成果应该根据效力进行分级表述

现在规划成果一般以文本、说明书和图纸的方式进行成果表达，不能满足规划成果应该具备的社会契约和政策等多重属性的需要。对规划成果进行分效力表达，符合传统技术特征的内容可以按照现有的形式表达，依据技术标准和规范的效力实施；符合政策属性的内容应表达为相应的管理规定等规范性文件，依据政策效力实施；符合社会契约特征的内容，应该以"法案"或立法条文的形式反映，通过法律救济的效力实施。由此可形成多层次的规划成果。

同时，应该对不同的规划效力进行分类，区分政策性规划和项目性、实施性规划。控制性详细规划以上层次的规划应该为政策性规划，修建性详细规划应该为实施性规划。

4.3 规划编制应体现"超契约性规范"的价值要求

规划编制过程中不能仅仅反映委托方的价值选择，作为包含社会契约内容的规划成果，应该反映普适的价值观，包括"分配的正义、程序性正义、自由、平等以及人的尊严"、公共利益的维护等。《城乡规划法》体现了这些要求，如强调控规修改的程序性正义的要求，为利益受损或反对修改的成员提供了解和申述的机会等。

4.4 重视规划成果精确性和可度量性

规划上升为社会契约的内容部分不能仅仅反映一些原则和普适性的一般规定，应该具有可度量的内容，即具体的数据性的要求，特别是在空间使用强度上的规定，应该具体而明确。例如对于日照时间和间距的控制要求，就是一种可度量性较强的具有社会契约特征的规定。

对于没有采用日照时间控制间距的城市，如重庆市，应该结合城市形态分区，规定不同区位用地的上限容积率，保障基本的城市宜居水平。

一些反映公共利益需要的内容，在满足精确性和可度量性特征的条件下，应该主动履行立法程序，如绿线规划中关于公共绿地部分的规划成果，在面积和范围都已明确的情况下，将绿线规划成果中的公园数量、名单、面积、范围和控制要求等内容通过立法程序进行法律条文化的规定，是完全可行的。

4.5　将"最不利人群"的利益保障纳入规划视野

规划成果作为特定空间范围的行为规范，其执行过程会存在有利人群和不利人群的区分。传统规划理念对此的考虑较少，常常忽视最不利人群的空间需求。例如在号称亚洲第一湾的三亚市亚龙湾，许多沙滩都成为私人领地，拒绝公众享用，大量游客被集中在很小的公共沙滩范围内，而且还被要求收费管理。这样的规划是明显不符合"最大最小化"标准的。城市规划编制过程中应该有意识地研究"最不利人群"的空间需求，将具有重要景观资源的地区作为公共空间进行严格控制，方便最不利人群的使用。在修建性详细规划中应将部分优质的景观资源留给部分小户型住户使用。

4.6　对公共空间品质的管治和维护将成为体现规划"社会契约"特征的重点

公共空间作为公共产品是应该由政府提供的。香港人的生活质量的差距远不如他们的收入差距那样大，因为政府提供了充足而完善的公共物品，体育场馆设施、文化设施、城市公园、海滩、广场等比比皆是，而且基本不收门票，让贫穷的人和富裕的人都可方便地享用，自由地进出，成为社会和谐的重要物质空间保障和载体。我国内地目前城乡公共空间的保障主要通过六线控制方式进行，具体为道路红线、绿化绿线、河道蓝线、文物紫线、电力黑线、轨道交通橙线；文、教、卫、体等公共设施空间的保障，需要政府财政的全力支持。要保障公共空间的数量和品质，除了早划定、早征用外，在进行公共设施用地规划调整时，应该预先设置较高的规划调整门槛，并且进行公示，征求市民意见，增加规划调整的程序性难度。

4.7　以规划禁止性内容为重点，制定有"社会契约"特征的空间约束条款

在新的法制环境下，城乡规划工作面临新的法制边界，对物权的尊重，成为该边界的底线。在尊重物权就是尊重基本人权的新原则下，城乡规划如何平等地保护国家、集体和个人的物权，成为必须面对的问题；如何划定公共物权边界，保障公共空间品质成为城乡规划的重点内容。将破坏公共空间品质的建设行为纳入法律禁止性条文，同时，按照法律不禁止就应该许可的原则，完善地方性规划法规体系建设。笔者认为，规划在保障公共空间时应该明确表述怎么做，而在规定出让用地使用时应更多表述禁止做什么，应区别性地提出规划要求，以禁止性条文为重点体现规划的社会契约特征。

5. 结 语

    城乡规划的适应性建设是一项长期而艰难的工作，需要以科学发展观为指导，为城乡规划寻求更坚实的法理基础。中国社会的发展已经经历了从阶级契约到阶层间契约的转变，未来将进入追求超阶级和阶层的社会契约发展阶段。正如汪中求先生提到的"所有社会进步的运动，都是一个'从身份到契约'的运动"[1]，契约精神从本质上说就是一种尊重规则和重视共识的意识。规划编制的过程从某种意义上说就是空间规则制定的过程。本文对规划的社会契约特征的探讨，希望能够有助于加深规划业者对规划属性的认识。但是，社会契约的"过程弹性"和"原初状态"等特征对规划的影响还有待进一步研究。

参考文献

    [1] 汪光焘. 认真研究改进城乡规划工作[J]. 城市规划，2004（11）.

    [2] 仇保兴. 城市经营、管治和城市规划的变革[J]. 城市规划，2004（2）.

    [3] 仇保兴. 国外城市化的主要教训[J]. 城市规划，2004（5）.

    [4] 张更立. 变革中的香港市区重建政策——新思维、新趋向及新挑战[J]. 城市规划，2005（6）.

    [5] 余建忠. 政府职能转变与城乡规划公共属性回归——谈城乡规划面临的挑战与改革[J]. 规划研究，2006（6）.

    [6] 陈玮. 现代城市空间建构的适应性理论研究[M]. 北京：中国建筑工业出版社，2009.

    [7] 汤海孺. 不确定性视角下的规划失效与改进研究（上）[J]. 杭州规划，2006（2）.

    [8] 郑正，扈媛. 试论我国城市土地使用兼容性规划与管理的完善[J]. 城市规划汇刊，2001（3）.

    [9] 于一丁，胡跃平. 控制性详细规划控制方法与指标体系研究[J]. 城市规划，2006（5）.

    [10] 汪中求. 契约精神[M]. 北京：新世界出版社，2009.

    [11] 麦克尼尔. 新社会契约论[M]. 北京：中国政法大学出版社，2004.

    [12] 卢梭. 社会契约论[M]. 西安：陕西人民出版社，2005.

    [13] 罗尔斯 J，等. 主张最大最小化标准的几个理由[M]//包利民. 当代社会契约论. 南京：江苏人民出版社，2007：15-19.

作者简介

    孟 庆   （1967- ），男，硕士，重庆市规划设计研究院城乡发展战略研究所副所长，注册城市规划师。

---

① 参见：参考文献[10]。

我国城市规划值得注意的几种倾向

赵　蒂

（发表于《城市规划》，2007年第9期）

摘　要：城市规划的权力主义倾向、简单工程技术化倾向和市场化倾向，对我国和谐城市建设的影响不容忽视。今天，我国许多城市在发展过程中无法体现其固有的价值观和人文关怀，既丧失城市的独特魅力，抹杀城市的个性，形成千篇一律的城市面貌；更逐渐远离了城市作为每个公民文明、自由、平等生活环境的本义。

关键词：权力主义；简单工程技术化；市场化；城市规划

2003年，我国人均国民生产总值超过1000美元，初步达到了小康社会的目标。中国共产党继在党的"十六大"提出建设全面小康社会、加速推进城市化发展战略后，最近又提出了建设"和谐社会"的宏伟目标。从世界发展的经验来看，当一个国家的人均国民生产总值超过1000美元，就意味着正处于一个发展道路选择的"十字路口"：是选择可持续发展道路、建立和谐社会，还是选择"拉丁模式"[1]？城市，作为我国经济和社会发展的载体，要担负起建设全面"小康社会"的历史重任，也同样面临着艰难的历史选择。

2004年初，北京市交通管理部门首次承认首都交通规划的失败是造成城市交通不畅的主要原因[2]。北京作为我国的首都，半个世纪的发展结果却成了"集中体现了20世纪建筑和城市发展种种过失"的"混合体"[3]，这不得不说是令人十分沮丧的事实。当今北京所出现的种种城市问题，实际上就像一面镜子，折射出我国城市规划[4]所面临的历史困境。特别是在我国建设和谐城市的进程中，城市规划所体现出的"权力主义"倾向、简单工程技术化倾向和市场化倾向，都是非常值得警惕的。

1. 城市规划的"权力主义"倾向

城市规划的"权力主义"倾向，也就是平常所说的"长官意志"和"部门意志"。

长期以来，"长官意志"和"部门意志"所构成的"权力主义"对城市规划的公正性的影响不容忽视，特别是在我国社会全面转型时期，缺乏约束的"权力主义"极其容易导致个人对权力的崇拜，过分强调个人权力的无限作用，容易形成新的"集权主义"。不论是城市规划的"集权主义"倾向、还是"权力主义"倾向，从本质上讲，都是封建思想的残余；从根源上讲，是因为个人或部门的自由裁量权过大，其后果是将少数人的意志强加于大多数人，必然发生少数人侵占大多数人公民权益的现象，形成新的城市腐败。虽然我国国家宪法赋予人民具有管理国家的权利和义务，然而，由于宪政上关于人民如何行使权力还是一片空白，现行的《城市规划法》也没有涉及规划权力与社会公正，因此，"权力主义"也就有了生存的空间。所以说，城市规划如何体现社会公正，还将是一个漫长的过程，某些城市借城市规划之名强拆民宅、侵占老百姓利益的事件层出不穷也就不足为奇了。

建设和谐城市、完善和谐规划，必须警惕"权力主义"倾向。"唯长官意志论"长期以来成为城市规划的主要动力，尽管我国处于伟大的变革时期，然而政治性的因素不断地影响着城市规划的方向，基于此，我国的城市规划师们宁愿从事低风险毫无创造性的工作也不愿意去思考去解决城市真正所需要解决的问题，所以即使是在这样难得的历史机遇之中，城市规划也未能尽自己的历史责任，相反却沦为为领导服务的简单工具。城市规划紧跟长官意志，不可避免地追求功利性和短期效益，很难保证城市的长远利益和可持续发展，其后果既可能浪费社会公共财富、也会导致对公共资源的破坏和对社会公正的损害。首都交通规划失败的背后，实际上就是城市规划的失败。众所周知，北京是历史古城，具有举世罕见的人文景观，但从今天来看，纵然还有故宫等历史遗存，然而作为历史古都，已经有些名不符实了，因为现在的北京，其城市历史与现实已经截然分离、毫不相干，历史已经逐渐远离普通老百姓的生活而成为城市中的摆设和装饰。北京所面临的历史困境一定程度上也是我国城市规划的一面镜子：从建国初期对古城保护的"梁陈方案"⑤的不置可否到今天"大粪蛋"⑥不合时宜地出现在天安门广场附近。为什么在不断总结历史经验的同时又在不断地重复同样的错误呢？

近年来"权力主义"也有着分化的迹象。一方面，随着公共权力的私有化倾向的加剧，政治精英、财富精英和知识精英由于共同利益的结合，"权力主义"也不断向着"权贵主义"发展，这是十分危险的。缺乏独立精神的知识精英对权贵的迎合，其对公民权益的侵害更具隐蔽性和欺骗性。在整个社会疯狂逐利的时代，城市正是这样的中心舞台，各种利益的交织与冲突的激烈程度超过历史上任何时期，这对于处在急剧变革时期的社会来讲毫不足奇，然而奇怪的是，今天似乎房地产商成了城市规划的主角、为人们创造着明天的生活，而不少地方政府和知识精英心甘情愿地沦为他们的帮凶，城市改造本来的市场行为却带着地方政府的身影；不少专家学者甚至政府官员也加入到为房地产商鼓噪的行列之中，看看报纸上连篇累牍的广告式的宣传，这一切不是为了逐利是什么⑦！在当今我国，政府是作为社会秩序维护者的角色，而知识分子却是整个社会道德最后的守望者，然而，政府官员和专家学者为财富而献媚，摧毁的不仅是公正的社会秩序，而且是关乎整个国家、整个民族赖以生存的价值体系。在今天"权贵主义"大行其道的时候，城市规划似乎很难独善其身，城市规划不仅要为领导服务，而且也要为房地产商服务，城市规划极有可能成为少数人对社会财富进行分配和再分配的工具和手段；另一方面，随着社会经济的发展和全民自我意识的觉醒，"公民意识"也逐渐在城市规划中活跃起来，已经成为影响我国城市规划的一支重要的力量[8]。

2. 城市规划的简单工程技术化倾向

城市规划仅仅是工程与技术，还是其他？似乎目前还没有正确的认识。很多人可能觉得一个城市建了几个重点工程，如以前修大马路、修大广场到现在修步行街，旧房子拆了建新楼，就是城市规划搞得好。认为城市规划的主要工作就是搞形象工程、搞旧城改造似乎成了共识。所以，不少城市在城市建设过程中，为了建设一条笔直的道路，不惜毁坏自然地貌和历史文化遗存；另一方面，不断拓宽道路红线、到处修高架立交来解决城市交通拥堵也是经常可以看到的事实，似乎汽车才是城市规划的标准和尺度。然而，尽管不少地方对城市道路建设的投入越来越大，效果却并不明显。为什么不少城市的道路越拓越宽，却越来越拥挤？为什么很多工作看起来是对的而效果却适得其反呢？实际上，这正是将城市规划简单工程技术化最明显的例子。如果用"陷阱理论"来解释是再明白不过了：城市中的一条道路的通行状况并非取决于这条道路的线形和宽度，而是周边地区甚至整个城市交通流量的分配，当城市的某一地区所有道路的宽度差不多时，这一地区的所有道路的交通流量都是比较平均的；而如果只拓宽其中一条道路，那么这条较宽的道路如同"陷阱"一样吸引了周边更多的交通流量，从而造成了比其他道路更拥堵的现象。很多城市都喜欢把中心区的道路规划得很宽，看起来气派似乎又可以解决交通问题，但结果却不尽如人意就是这个道理。所以说北京长安街的拥堵，绝不是在长安街上拓宽道路修立交所能够解决的。相反，按照"陷阱理论"的原理，如果将长安街车道变窄反而能解决拥堵现象，这无疑会令那些崇尚工程技术来简单解决城市问题的人们大跌眼镜。

城市规划绝不仅仅是简单的工程与技术，而是以实现社会正义为基本目标。因此，城市规划应包含两个基本层面：一是它的公正性，即必须对公共资源更公正和更有效地进行分配；一是它的技术性，即通过一定的技术手段来实现规划的目标。必须注意的是，城市规划的技术性并非只简单指工程技术手段，而且也包含为实现社会公正所采取的对策和措施。以人为本，是科学发展观的核心，也是实现建设和谐社会目标的根本所在。城市规划应当是公平、公正地对城市资源进行有效的分配，是城市最重要的公共政策之一而不是单单做一些建设工程。换句话说，城市规划既然作为引导城市发展的公共政策，就必须是长期的、具有控制作用的、行之有效的运行机制和监督工具，这绝不是简单的工程技术手段所能达到的表面的目标。然而，实际的情况却相反，城市规划在政治权力结构中的弱势必然导致它更多地注重工程技术层面。长此以往，自然难于脱离从技术到工程再回到技术的怪圈；而城市规划追随"长官意志"所出现的

"城市快餐"效应，则加剧了城市规划的历史困境。尽管我国的现代化进程在不断加快，然而，对城市这个复杂而又矛盾的综合体本身及其发展规律的认识仍然是一个渐进的过程，哪里是简单的、量化的技术手段一朝一夕就能够解决的呢。

　　城市规划还应当具有更重要的历史责任，这也是目前所欠缺的。具体而言就是既要从公共政策上、也要从技术上来保护好城市的历史文化，实现城市文明的延续。因为只有保护好城市的历史和文化，才能创造新的文化和历史。长期以来，简单工程技术化倾向一直是我国城市规划的主流意识，它的最大危害就是抹杀了城市的个性，这也是造成今天城市面貌的千篇一律的主要原因之一。城市规划简单技术化的根源在于我国目前的城市规划管理的一整套制度（即现有的城市规划管理的技术规定）使得城市与建筑的自我更新成为不可能，因为建立在"通风采光权"基础之上的、不分彼此的一致性的城市规划与管理的相关技术规定是反历史反文化的，造就了我国现代城市冷漠的尺度；而我国现行的土地政策，从根本上将传统城市的自我更新机制之路变为历史，因为一个城市的历史是一种不断更新的、延续的过程，建筑和城市因为成千上万居住使用者的不同需求而变得丰富多彩，传统城市的土地私有则使得城市的不断演变和自我更新成为可能，而土地的国有和出让体制从制度上限制了城市传统的自我更新之路。因此，多种制度下的城市更新，从客观上鼓励了大规模的成片改造，其结果不仅破坏了城市固有的传统肌理，毁灭了传统城市文化；也使得大多数城市居民不能按照自己的生活习惯、经济能力和实际需求来塑造自己的居所，形成新的社会问题。所以说，现在的城市取决于政府和房地产开发商而不是城市历史的创造者——城市居民，城市更多的只是一种产品而不是文化，今天的城市不分彼此的一致自然是理所当然了；从另一个角度来看，城市没有高低之分，如果城市有差别的话，那必然是生活在城市的人们所创造的文化差异，这恰恰是城市的魅力所在。令人遗憾的是，今天城市规划所做的一切，似乎都是为了消灭这种差异。

　　当前，不少地方政府热衷于城市规划的社会招标，我国的城市规划工作已经成为连外国人都十分垂涎的新兴市场。将城市规划简单地看成技术工作而热衷于社会招标，恰恰是与城市规划作为公共产品的公正性与长远性目标相违背的。显然，政府应当是主导城市规划从编制到实施的主角，然而现有规划编制工作的市场化运作，承担规划设计的单位主业的多元化和复杂性甚至其能力都有可能会导致公众对其作为城市规划公共产品编制身份的质疑，因为规划一个重要前提就是它可能涉及对城市公共利益的公平、合理和有效的分配，需要的是一种公正、公平的机制，所制定的长远政策和目标才可能实现。即使是在一个规划过程中，决策本身也不应该受到局部利益的干扰，其结果才能保证对所有人拥有相等的知情权，然而在"市场"中一些人总能清楚规划过程甚至影响规划决策，这就必然会对其他人的利益构成损害。与此同时，正是由于长期市场化的运作结果，设计单位为提高效率而实行的企业化管理，使得城市规划等同于工程设计项目，这也是促使城市规划的简单工程技术化倾向的一个重要原因。

3. 城市规划的市场化倾向

　　城市规划的市场化倾向一个不容忽视的主要表现，就是我国城市规划编制部门特别是传统的规划编制部门——规划设计院的企业化的实质[⑨]。不可否认的是，规划设计院是随着城市规划的发展逐渐从政府的规划技术部门剥离出来的，到今天，规划设计单位的企业化已是十分普遍的现实。这一过程本身显示了长期以来一直把城市规划看作简单工程技术工作的认识误区，所以才有了规划设计院今天的模糊定位和明天的改制。企业是以追求利润的最大化为目标，它所关心的是效率，必然生产标准化的产品。城市不仅是社会和经济活动的场所，而且更是历史和文化的载体，城市规划是公共产品，但绝不是简单技术产品。城市规划不仅是作为城市公共资源分配的一个过程，而且作为城市文化的保护者、创造者，企业是无法承担这样的公共责任和历史责任的，因为作为企业是以营利为目的，特别是企业对产品的一致性要求恰恰是与城市极具地域特色的历史文化内涵所背道而驰的，当今我国城市不分彼此的一致就是最好的脚注。更进一步来看，规划设计院也好、规划设计公司也好，不仅他们自身的价值观千差万别，而且他们对利益的追求必然会与城市固有的价值观相冲突。所以说，城市规划的市场化倾向毫无疑问会影响城市规划作为公共产品的公平与公正，更遑论对历史与文化等城市本身内涵的继承与发扬了。

　　值得注意的是，规划设计院的企业化倾向并非规划院内在动力使然，而是我国目前城市规划体制改革的需要。现有的规划编制体制主体——规划设计院的传统模式对于适应当今社会和城市的快速发展虽然存在着这样那样的问题，然而不可否认的是，这种模式从历史来看对我国城市发展的贡献是不可磨灭的，即使是在目前的环境条件下也基本能够适应城市发展的需要，并且也是各地政府依赖的主要城市规划力量。从目前的"规划设计市场"来看，绝大部分的规划设计人才还是由规划院长期积累的技术力量流失到社会上换了一个"马甲"而已，而不是在"市场化"的改革中凭空冒出来的。换一句话说，目前城市规划的"市场化"进程充其量只是将规划设计"正规军""化整为零"而已，这也是为什么各地的"规划游击队"如雨后春笋却良莠不齐的实质。放着现有的"正规军"不用，而是寄希望于"打一枪换一个地方"的"游击队式"的市场化，这难道是城市重要的公共政策长期可以依赖、值得信赖的队伍么？这不是本末倒置是什么！如果一厢情愿地希望目前散兵游勇式的规划市场通过市场的力量长期整合后形成一个新的规划模式或者体制，恐怕极不现实，不单是时间耗不起，改革成本也是承担不起的。值得注意的是，在还没有建立起一整套完善的、并且与市场经济相适应的城市规划体制的情况下，如果不遗余力地将我国历史积累的主要规划力量和财富——规划设计院推向市场，盲目地搞"一刀切"式的改制，只能加剧城市规划改革的社会成本。改革的目的是要将事情办好而不是更坏，从我国教育、医疗卫生等公共部门产业化、市场化的运行效果来看，不可避免地会出现地方政府由于追求效率而忽视公平的现象，从而导致政府最基本的社会责任和义务被边缘化，引发诸多社会问题；其次，像某些领域所谓"推倒重来"式的改革，既是对历史的不负责任，也是对现在、对将来的不负责任。实践已经证明：公共领域的完全市场化是行不通的，完全靠企业的自我道德约束来达到社会公正性的要求是靠不住的，从这一意义上讲，我国城市规划体制的改革势在必行，而不仅仅是规划设计院的简单改制。

城市规划宏观指导层面上体现长官意志、微观技术层面上的简单工程化和规划编制的市场化倾向，更深层次上还是缺乏对城市本身发展规律及其价值的发现和塑造，致使今天的城市无法体现其固有的价值观和人文关怀，从而丧失城市的独特魅力，出现种种城市病也就不足为奇。和谐城市是城市发展的长远目标，城市化发展战略也意味着将有更多的人口进入城市。然而，从我国城市发展的状况来看，伴随着城市规模的不断扩张，城市发展也愈来愈显露出了它非人性的一面：城市发展速度的不断加快而导致城市环境越来越恶劣，城市房价飞涨、贫富两极分化严重，城市社会矛盾恶化、阶层对立在不断加剧等等，这些现象已经表明城市逐渐在远离作为每个公民文明、自由、平等生活的场所的本义，那么，大力发展城市、推动城市化还有什么意义呢？在我国迈向真正"和谐社会"的历史进程中，城市将担负起比以往更重要的角色，但是，如果明天的城市似乎还没有进入到它的兴盛期就直接进入了它的衰退期，那恐怕是谁也不愿看到的事实。

注释

①20世纪智利、阿根廷等不少拉丁美洲国家在人均国民生产总值超过1000美元以后，国家的经济发展长期处于停滞和徘徊阶段，社会发生剧烈动荡，社会各阶层对立严重、矛盾激化，有的学者将这种发展历程和现象总结为"拉丁模式"。

②http://www.people.com.cn/GB/jingji/1038/2317488.html。

③见方可《不要让"文化的北京"失落成"文盲的北京"》（《时代建筑》2000年第3期）。

④所谓城市规划，目前似乎还没有确切的定义，据《辞海》（上海辞书出版社，第一分册，第271页，2001）的解释是"城镇各项建设发展的综合性规划。包括：拟定城镇发展的性质、人口规模和用地范围；研究工业、居住、道路、广场、交通运输、公用设施和文教、环境卫生、商业、服务设施以及园林绿化等的建设规模、标准和布局；进行城镇经济建设的规划设计，使城镇建设发展经济、合理，创造有利于生产、方便生活的物质和社会环境。是城镇建设的依据。编制城市规划一般可分为城市总体规划和城市详细规划两个阶段。"也有学者认为城市规划应当包括城市规划的编制、城市规划与建设的管理、城市搞活教育与科研（马武定，2005）。很明显，这些说法实际上都没有认识到城市规划的本质在于城市规划必须实现社会正义，这正是当今我们这样急剧发展的国家所十分欠缺的。于2006年4月1日实施的新的《城市规划编制办法》第三条指出：城市规划是政府调控城市空间资源、指导城乡发展与建设、维护社会公平、保障公共安全和公众利益的重要公共政策之一。笔者认为，这种提法是目前为止有关"城市规划"最为准确的解释。

　　⑤ 1950年2月，新中国成立之初的大规模建设即将全面展开，梁思成和陈占祥先生一起提出了《关于中央人民政府中心区位置的建议》，建议中提出保护北京古城的双中心方案（见《梁思成文集（四）》，中国建筑工程出版社，1986）。在建议中，梁先生很有预见地提出单中心的北京可能出现的交通拥堵等等问题今天一一被言中。诸如此类的种种例子我们不难看到，城市规划如果不能体现长官意志，就会被权力所排斥，这加速了我国知识分子的分化：一方面使得具有良知的知识分子处于两难的境地，另一方面也使得学术偏离了自身的独立性立场，成为为"长官"服务的附庸。为什么我们的城市规划理论长期裹足不前，这恐怕是一个很重要的因素。

　　⑥ 英国《建筑评论》曾讥讽安德鲁的国家大剧院方案像一个"粪蛋"。

　　⑦ 城市的稀缺资源为少数人所独占独享，无法为公共服务，已经是我们今天在很多城市习以为常的现象。本来，开发商的本性是逐利的无可厚非，但是，如果城市的明天任由开发商为我们摆布却是很值得忧虑的，不仅是因为开发的可能性已经成为城市规划的动力，而且在于城市不断地被大拆大建所造成社会财富的巨大浪费，巴斯夏的"破窗理论"深刻地揭露了这一现象背后所隐藏的本质（见《财产·法律与政府》，弗雷德里克·巴斯夏，贵州人民出版社，2003），姑且不论现在流行的一些西方古典与现代的大杂烩式的城市风格在不远的将来极有可能沦为建筑垃圾。更有甚者，不少地方政府为了所谓的"城市形象"而强力推行大规模旧城拆迁，既毁灭了不可再生的城市文脉，也由于补偿不公致使大量城市原住民变成城市贫民，引发新的社会问题。

　　⑧ 从建国初期梁思成为代表的老一辈知识分子对北京城市建设与古城保护的种种呼吁到今天不少专家学者对北京"国家大剧院"的不同意见，反映了自由知识分子的历史责任感，也使我们看到知识分子在我国社会主义建设的进程中希望通过自己的学识和声望来影响政府决策的努力。

　　⑨ 长期以来，我国承担城市规划主要工作的规划设计院等同于一般工程设计的"设计院模式"一直沿袭至今。目前国内绝大多数的规划设计院仍然是事业单位编制、企业化管理这样的独特模式，即既有城市规划的政府性行为、也在"市场"中找"业务"。企业化使得规划设计单位工作重点已经从单一的城市规划转向多元化和复杂化，从表面上看其组织结构已经不具备承担公共行为的能力；加上国家的某些部门在对城市规划究竟是政府职能还是市场行为这一点的认识仍然是模糊的，由此推动现有的规划设计单位像其他专业设计院"一刀切"式的改制，其结果可能导致几十年积累的城市规划历史经验与财富毁于一旦。在其他诸如建筑、市政等工程设计院彻底改制，但后果并非所愿的今天，尽管某些部门在对规划设计院进行改制的呼声不绝于耳，然而进展缓慢，这多少也反映了我们对城市规划不同于一般工程设计的特殊性的困惑。

作者简介

　　赵　苇　　（1966－　），男，重庆市规划设计研究院副总工程师，正高级工程师。

产业转移与重庆市产业发展路径研究①

曹力维　易　峥　何　波

（发表于《城市规划》，2010年2月）

摘　要： 近年来，国际产业开始出现产业链高端向我国延伸的趋势。而东部地区在经过十几年的飞速发展以后，人地关系矛盾日益突出，用地十分紧张，部分产业已开始向中西部梯度转移。面对国内外产业转移，重庆作为我国内陆承东启西的枢纽地区，将获得巨大的发展机遇。本课题的目的是通过研究产业转移的规律以及动力机制，在城乡统筹的大背景下，通过政策引导投资实现资本、技术、劳动力等生产要素的跨地区、跨城乡流动，使得生产要素重新组合形成新的生产能力和产业规模，提升重庆市整体经济竞争力，实现城乡经济社会的统筹、协调发展。

关键词： 产业转移；产业承接；重庆市

21世纪伊始，由于知识经济兴起及迅速发展，国际产业分工格局再次发生变化。发达国家向中国转移装备制造、高科技产业、精细化工等行业，而中国沿海相对发达地区也将劳动密集型等产业向内陆地区转移。近年，随着国际国内经济格局的变化，外来产业对西部城市产业发展影响加大。为搜集实证研究的资料，项目组特向重庆市48个特色工业园区发放46份调研问卷，通过对调研问卷的整理分析，得出2000～2008年重庆市域外产业入驻新特征。本文最后针对重庆市角色定位，提出了在产业转移承接中重庆经济发展的几点思考。

1. 本次产业转移的动因

本次产业转移的发生因素及承接区位选择受到国际经济环境变化的巨大影响。第一，人民币的不断升值以及美国引发的国际金融危机导致我国沿海地区以出口为导向的经济受到巨大冲击。第二，我国也在自发调整经济发展战略，如出口退税率下调及新《劳动合同法》颁布实施都标志着我国正在由"鼓励出口"的外向型经济向"扩大内需"的内向型经济转变。第三，重庆内外环境的不断优化，充分体现了国家经济战略的意图。2007年胡锦涛总书记首先提出了重

---

① 2008年重庆市软科学计划项目，（项目编号：CSTC，2008CE9109）.

庆市未来发展的"314"战略部署；2008年底，我国首个内陆保税港区在重庆设立；2009年初，国务院出台《国务院关于推进重庆统筹城乡改革发展若干意见》（国发〔2009〕3号）。以上文件表明国家对重庆市战略定位有了新的认识，对重庆市经济发展提出了新的要求，并为保障经济增长提供了基础条件。因此，重庆已完全具备吸引、承接国际产业转移的优势条件。

2. 市域外产业转移特征

2.1 一小时经济圈远郊区县是承接市域外企业入驻的重点地区

根据"重庆市特色工业园区调研问卷"数据，按企业入驻地分，近90%的外来企业投资一小时经济圈地区，其中都市区占32%；渝东南地区仅有1%；渝东北占10%。

2.2 向重庆市转移的行业在空间上呈现差异

第一，转移的行业集中在劳动密集型产业和资本密集型产业。这几个行业承接的企业数量占总量的60%（见表1）。

表1　重庆市承接区外产业情况（2000～2008年）

承接区外产业类型	承接企业数量（单位：个）
食品制造及农副产品加工业	20
金属冶炼和压延业	7
通讯器材、计算机及其他电子设备制造	27
新能源制造业	2
建材、塑料、橡胶等非金属制品业	34
电器机械及装备制造业	50
金属制品业	20
化学原料及化学制品制造业	12
医药	7
纺织、服装及鞋帽制造业	23
造纸及纸制品业	6
印刷业和记录媒介的复制	1
仪器仪表制造业	1
文教体育用品制造业	1
废弃资源和废旧材料回收加工业	3
电力、燃气及水的生产和供应业	4
房地产	4
物流、仓储	5
信息咨询业	2

注：根据"重庆市特色工业园区调研问卷"资料统计整理。

第二，都市区吸引了现代服务业和高新技术产业（包括通讯器材、计算机及其他电子设备制造、新能源制造业、交通运输设备制造、金属制品业、物流、信息咨询、科技研发等第三产业），一小时经济圈远郊区县吸引机械装备等资本技术密集型行业（机械设备制造业、金属及非金属材料制造业、化工及造纸业），两翼地区主要吸引了农矿资源加工业（农副产品加工等涉农产业、建材制造业及纺织服装业）（见表2）。

表2　按地区划分的外来企业行业归属情况（2000～2008年）（单位：个）

行业部门	都市区	一小时经济圈远郊区县	渝东北	渝东南	总计
食品制造及农副产品加工业	2	14	4		20
金属冶炼和压延业	1	7			8
通讯器材、计算机及其他电子设备制造	11	15			26
新能源制造业	2				2
建材、塑料、橡胶等非金属制品业	6	24	4		34
电器机械及装备制造业	17	31	2	1	51
金属制品业	10	7	3		20
化学原料及化学制品制造业	2	8	1	1	12
医药	1	5	1		7
纺织、服装及鞋帽制造业	7	10	6		23
造纸及纸制品业		5	0	1	6
印刷业和记录媒介的复制		1			1
仪器仪表制造业		1			1
文教体育用品制造业		1			1
废弃资源和废旧材料回收加工业	1	2			3
电力、燃气及水的生产和供应业	1	2			3
房地产		4			4
物流、仓储	3	2			5
信息咨询业	1	1			2
总计	65	140	21	3	229

注：根据"重庆市特色工业园区调研问卷"资料统计整理。其中有近100家企业没有具体数据，故该表没有统计。

　　第三，外来企业入驻的重点地区是一小时经济圈远郊区县地区。根据调研数据，61%的企业入驻一小时经济圈远郊区县，29%的企业入驻都市区，仅有10%的企业入驻两翼地区。

2.3　转移企业向交通干线密布强化了产业走廊线形放射布局的特征

　　随着对外通道的修建与完善，工业园区向重要交通通道布局越来越明显。现状工业园区仅有13%不沿主要的对外交通通道，其他园区沿长江黄金水道、渝宜高速公路、成渝高速公路、渝黔高速、渝怀铁路、渝利铁路分布。因此，大量企业向此类工业园区的转移更固化了线形特征。

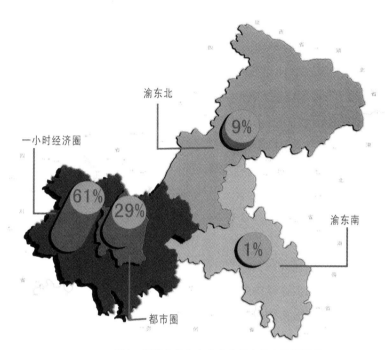

图1 重庆市外来企业在空间上分布比例情况

注：2000～2008年调研数据。

图2 重庆市工业园区与重要对外通道关系图

2.4　产业转移以扩张性转移方式为主

为什么是扩张性而不是衰退性整体搬迁的产业转移，我们有以下几个依据：

（1）政策引导。总部经济是东部沿海产业升级主要方向，地方政府只鼓励落后产业向外进行扩张性转移。根据国家发展改革委等六部门发布《加强东西互动，深入推进西部大开发意见》的内容，东西部合作鼓励采用开拓市场，扩大"销地产"规模的方式。

（2）市场表现。从近期入驻重庆市企业来看，主要以设置产业链下游生产企业为主。如制造业有万向集团的汽车零部件制造项目、风电轴承项目、中船重工集团重型锻压项目、浙江龙胜薄板项目、德国巴斯夫公司MDI一体化项目、美国霍尼韦尔几内酰胺项目、安徽海螺集团新型干法水泥项目等，服务业有惠普、IBM、NTT DATA、印度山澜集团等在重庆设立基地。

2.5　工业和现代服务业转移伴生，尤其是房地产业和金融业发展迅速

2000～2007年，第二、三产业吸引的累计FDI占全部累计金额的99%。作为我国的制造业基地，工业对外资的吸引一直保持平稳的增速。而到2005年后外商对第三产业的投资超过第二产业，尤其是2000年后开放的金融业以及房地产业成为外资追逐的焦点。新兴的服务外包等中高端服务业也随着经济一体化开始向重庆市转移。这种产业转移模式与以前的产业转移不同，不是遵循大部分工业部门完成转移后才出现现代服务业的转移。这种同时转移的现象与重庆市经济基础、国际经济一体化进程等因素有关。

表3　重庆市产业部门外商直接投资情况（万美元）

指标	2000	2001	2002	2003	2004	2005	2006	2007	累计投资
第一产业	377	1223	209	55	67	175	456	624	2809
第二产业	16168	70634	19080	13897	22424	15698	31043	33581	206358
其中：工业	15232	68940	14899	12305	22379	15733	30710	33081	202905
第三产业	7891	45228	8800	17160	18071	35702	38096	74329	237331
交通运输、仓储及邮电通讯业	1485	4908	66	461	142	324	669	2105	8675
信息传输、计算机服务和软件业					183	155	299	93	730
批发、零售和住宿、餐饮业	897	10145	903	936	270	1066	1919	4065	19376
金融业				3385		1000	9793	2424	16602
房地产业	2904	21744	6354	9659	14591	31298	23262	63358	170266
租赁和商务服务业	2495	6828	1240	1879	2509	1643	1472	535	16116

注：累计投资为1998年开始统计的累计数值。
资料来源：重庆市统计年鉴（2001～2008年）

3. 本次产业转移与重庆市承接的博弈

3.1 面临区域外激烈竞争——参与竞争、分工协作

作为长江上游经济中心、全国重要的制造业基地、"长江上游地区综合交通枢纽和国际贸易大通道"，重庆市在吸引企业入驻发展方面有得天独厚的优势，但同时也面临着区域外城市（地区）的有力竞争。不仅是中部的城市、东南亚地区，西部地区成都、西安等省会城市也带来巨大的竞争压力。但是我们清楚地看到，这些地区（城市）有着不同的基础和投资环境。面对竞争，我们认为应该勇于参与，找到自己的比较优势，在全球产业链中起到核心作用。从重庆在我国和世界经济格局中的优劣势分析来看，重庆市适合构建以国内市场为主的内向型经济并辅以出口贸易为主的外向型经济结构，形成全国制造业中心、西部金融创新中心和中国内陆出口贸易中心。

表4　全球产业重点承接地优劣势比较

地区	优　势	产业发展导向
中部地区	承东启西、连南通北的区位，全国交通枢纽；靠近东部，物流优势明显；劳动力成本平均比东部低1/2以上；全国最重要的粮食生产基地、食品加工基地、能源基地、原材料基地和装备制造业基地；2006年商务部出台《提高吸收外资水平促进中部崛起的指导意见》	适合承接东部出口加工贸易业及以国内市场为主的内向型产业
西部地区	靠近东南亚，市场腹地广；能源、矿藏资源丰富；劳动力成本平均比东部低1/2以上；优势产业：能源及化学工业、矿藏资源开采、加工、农副产品加工、装备制造业、高技术产业、旅游文化；2001年实施《西部大开发若干政策措施》、《西部大开发"十一五"规划》、2006年商务部力推的"万商西进"措施	适合发展以国内市场为主的内向型经济及出口东南亚、南亚的中高端加工贸易
东南亚地区	位置优越，港口众多；劳动力成本、土地成本、原材料成本低于中国内陆地区；投资的税收优惠较多，投资手续也大为简化，且无欧盟和美国反倾销的压力；有更大的生态缓冲空间	适合发展全球出口加工贸易业

表5　西部地区中心城市优劣势比较

地区	优　势
重庆	定位：我国重要的中心城市之一，国家历史文化名城，长江上游地区经济中心，国家重要的现代制造业基地，西南地区综合交通枢纽、西南出海通道； 政策：全国统筹城乡综合配套改革试验区、内陆保税港区； 区位：我国内陆综合交通枢纽之一、腹地广阔、水陆空交通便捷； 产业优势：全国国防工业及装备制造业基地、能源化工； 生产要素价格：2006年职工平均工资19215元；工业用地价格为10万/亩～50万/亩
成都	定位：四川省省会、西南地区重要的中心城市、（西部金融后台服务中心）； 政策：全国统筹城乡综合配套改革试验区； 区位：连接西亚欧大陆桥头堡、西部市场的重要通道； 产业：电子信息、航空航天业、金融服务、轻工、旅游等； 生产要素：2006年职工平均工资22563元；城区工业用地价为25万/亩～71.6万/亩

续表

地区	优　势
西安	定位：陕西省省会、国家重要的科研、教育和工业基地、我国西部地区重要的中心城市、国家历史文化名城； 区位：西北综合交通枢纽、新亚欧大陆桥中国段陇海兰新经济带枢纽； 产业：高新技术产业、国防工业、装备制造业； 生产要素：2006年职工平均工资20476元；开发区工业用地地价为16万/亩～37万/亩

3.2　低端污染型企业大举内迁与环保的博弈——生态优先、严格筛选

东部沿海外迁企业中纺织、化工、陶瓷等劳动密集型、高污染、高耗能企业是转移的首要目标。从广东省产业转移布局意见来看，这类行业均禁止在广东省发展。由此导致这类行业只有两个出路：一是升级；二是迁往内地。从现状情况来看，生产转移入内地的企业行为较多。

作为长江上游地区，重庆市环境污染问题仍然突出。如水资源压力大，城区大气污染仍然严重（全市14个区县的空气环境质量属中度污染），生态破坏尚未得到有效抑制。而同时，重庆市又承担着长江上游生态保护和水源保护的重大责任。因此，对于迁移产业应以生态保护为原则进行严格的筛选。

3.3　被动接受区外产业容易造成"出口飞地"——关联产业、引导升级

重庆市本就是我国的老工业基地，工业基础雄厚，定位为全国制造业中心，正向长江上游经济中心努力。如不加选择地被动接受区外的产业转移，容易造成本地产业与外来产业的脱节，一是不能利用区外资金带动本地产业的升级创新；二是外来新产业不能很好找到配套产业而无根植性和可持续性。因此，在承接区外产业转移的同时要以重庆市发展定位及优势产业为基础，引进重点产业及关联产业发展。

3.4　扩张型产业转移缺乏创新动力——后发优势、吸引高层

虽然处于内陆地区，吸收的国际创新经验较少，但是重庆市培育了较强的自主创新能力。根据国家科技部政策法规司与体制改革司组织编写的《中国区域创新能力报告》，2005年重庆区域创新能力综合排名全国第十，连续两年位居西部之首，其中企业创新能力全国第八，知识获取能力全国第九。"重庆造"汽车、摩托车产品遍布全国各地，并大量出口意大利、法国等国家。

扩张型产业转移主要是转移企业的生产部门，而企业的研发与管理核心并不随生产部门同时转移。大量的转移生产企业将强化重庆市模仿能力，而弱化、挤压创新能力或投入。我们如何发挥后发优势，避免转型带来的负面效应，继续强化重庆市自主创新的优势，这就需要我们创造有利于发展总部经济的环境，吸引产业链高端部门进入重庆，提升产业的创新能力，实现经济的可持续发展。

3.5 低成本扩张可能导致盲目区位选择，市域内产业空间同构恶化——引导进入，优化布局

扩张型产业转移的目的是寻求更大的市场，赚取更丰厚的利润。生产成本过高是其转移的重要原因，不能满足企业扩张的需求。因此，当重庆市各地区为吸引企业入驻，以强行压低生产要素供给价格时，很可能导致企业偏离合适的配套产业群而选择低成本地区进行投资，造成关联企业分散、地区竞争恶化。因此，要预先制定相应的产业规划，引导关联企业集聚，形成特色产业群。

4. 总结

以上仅对市域外产业向重庆市转移现象进行了分析。作为拥有8.24万平方千米的省域构架，重庆市域内存在的梯度差异也将会导致产业在市域内转移流动。根据研究，我们认为市域外产业向重庆市转移的趋势将持续增强，一圈仍将是吸引投资的重点，也是未来几年产业集聚和扩散重点发生地。根据经验总结以及重庆市经济发展趋势，重庆市一小时经济圈在2020年左右将会发生较大规模的产业转移。渝东北条件较好的地区是本次产业转移首选的承接地；其次，是向相邻地区以及东南亚地区的转移；渝东南地区由于建设条件以及产业发展的特色性，建议重点承接一圈资金、技术、管理等软条件投入，不承接大规模产业生产功能。

参考文献

［1］何星明，蒋寒迪，袁春惠. 产业区域转移的理论来源［J］. 企业经济，2004（9）.

［2］李红，戴鸿，卢晓勇. "长珠闽"对江西产业转移的动因分析［J］. 技术经济，2005（9）.

［3］陈秀山，孙久文. 中国区域经济问题研究［M］. 北京：商务印书馆，2005.

［4］卢根鑫. 国际产业转移论［M］. 上海：上海人民出版社，1997.

作者简介

曹力维　（1981– ），女，硕士，重庆市规划设计研究院城乡发展战略研究所，高级工程师。

易　峥　（1973– ），女，博士，重庆市规划设计研究院副总工程师，正高级工程师。

何　波　（1971– ），男，硕士，重庆市规划设计研究院副总工程师，正高级工程师。

城乡统筹理念下的中国城乡规划编制改革
——探索、实践与启示

王　芳　易　峥　钱紫华

（发表于《规划师》，2012年第3期）

摘　要：《城乡规划法》出台以前，"一法一条例"指导着我国的城乡规划编制及管理，城乡二元分治明显。20世纪80年代起我国沿海地区开始探索促进城乡统筹的规划编制改革路径，20世纪90年代进入相对深入的探索阶段。21世纪以来，促进城乡统筹的规划编制改革进入实践阶段。本文在回溯我国城乡规划编制改革的历程基础上，选取国内具有典型意义的6个城市，研究其在促进城乡统筹规划编制改革方面的成功经验，重点是城乡规划编制体系变革、城乡规划编制内容创新、城乡规划编制方法改进等三个方面，希冀给我国持续深入开展的城乡统筹规划编制改革以启示。

关键词：城乡统筹；城乡规划编制；改革

1. 前言

　　由于长期以来客观存在的城乡二元环境，我国的城乡规划长期处于"城乡二元分治"格局中。在《城乡规划法》出台以前，"一法（《城市规划法》）一条例（《村庄和集镇规划建设管理条例》）"分别指导着城市和乡村规划，形成城乡规划编制的二元格局：城区是规划重点，内容侧重于城市的性质、规模、空间布局、发展方向等，就"城市"论"城市"，既缺乏区域视野，也不考虑农村地区的规划建设问题；乡村规划制定滞后，无序建设和浪费土地现象严重，部分乡村规划没有体现农村特点，难以满足农村生产和生活的需求；物质性规划倾向性明显，大多规划实质上强调城市建设和布局，对经济、社会文化、生态等方面体现不够。

　　针对传统城乡规划编制中的二元格局，我国自20世纪80年代就开始探索促进城乡统筹的规划编制改革路径，20世纪90年代进入相对深入的探索阶段。21世纪以来，城乡规划编制改革进入实践阶段，尤其是《城乡规划法》出台之后，各城市在促进城乡统筹的规划编制体系、编制内容、编制方法上都有诸多创新。本文对促进城乡统筹的规划编制探索路径进行回溯，对具有典型意义的城市在城乡规划编制改革方面的实践进行分析，以启示不断深入开展的城乡规划编制改革。

2. 城乡规划编制改革的探索

2.1 20 世纪 80 年代：概念的提出

1983年，苏南地区最早开始使用"城乡一体化"的概念；1984年，上海市制定了全国第一个城市经济发展战略，正式提出了"城乡通开"、"城乡一体"概念。该阶段的规划试图解决乡村工业化带来的城乡联系加强和矛盾凸显等问题。但规划编制仅仅局限在城市建成区范围内，没有将乡村纳入规划范畴；城乡规划工作仅是对国外相关经验和理论的介绍和引进，实质上的突破较少。

2.2 20 世纪 90 年代：相对深入的探索

这个阶段的城乡统筹规划编制主要是为解决乡村工业化发展带来的城乡土地利用、环境污染、基础设施等方面的问题；探索主要集中在经济较发达的长三角、珠三角等地区。较典型的规划有《南海市城乡一体化规划（1995—2010）》、《深圳市城市总体规划（1996—2010）》、《温岭市城乡一体化规划（1998—2010）》、《江宁县县域规划（1999—2010）》、厦门1992年的极限规划等。《南海市城乡一体化规划（1995—2010）》将全行政辖区作为规划对象，确定了全区及各乡、镇发展的目标、模式；强调了全区用地的控制，不仅明确了建设区，而且明确了非建设区；还强调城市规划充分与各镇、各行业规划、周边地区的规划进行充分衔接。《深圳市城市总体规划（1996—2010）》在规划管制上覆盖全市用地，把建设用地和非建设用地同时纳入规划管制；摈弃了"中心市区总体规划+市域城镇体系规划"的传统二元模式，把特区内外的城市建设用地放在同一层面进行全面研究和规划；统一了城乡建设标准，促进特区内外功能的融合，逐步引导城市建设资源的最佳配置；并探索了城市总体规划与土地利用总体规划有机融合的路径。

总的来说，该阶段规划是以城乡统筹或城乡一体化为目标，规划在名称、编制目标、内容、深度、技术方法等方面均不相同。基本思路是"问题导向"，有的是针对"自下而上"发展产生的问题来开展规划编制；有的是对区域内发展进行战略性控制和调整。规划编制已经开始应对部门分割的问题。但规划编制的出发点依然是城市。

3. 城乡规划编制改革的实践

2002年中共十六大提出"统筹城乡"的概念，推动了各地因地制宜地开展"城乡统筹"的工作，作为龙头的城乡规划编制也进入广泛的实践阶段。通过对重庆、浙江、海南、上海、成都、武汉6个典型省市进行研究，促进城乡统筹的规划编制改革重点集中在规划编制体系改革、规划编制内容创新、规划编制方法改进等三个方面。

3.1　城乡规划编制体系的改革实践

根据"一法一条例"管理文件，2008年以前我国形成城市和乡村有差别的规划编制体系（图1）。《城乡规划法》确定了城镇体系、城市、镇、乡、村五级和总体规划、详细规划两阶段的城乡规划体系（图2），将乡村纳入法定规划编制体系内。

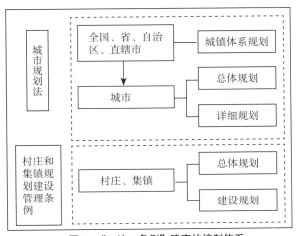

图1　"一法一条例"确定的编制体系　　　　图2　《城乡规划法》确定的规划编制体系

在《城乡规划法》确定的规划编制体系基础上，各个城市因地制宜对规划编制体系进行改革，主要有以下五种方式（图3）。

3.1.1　在全域层面增加"城乡总体规划"

重庆、海南两个省市在全域层面增加"城乡总体规划"这一新类型规划。城乡总体规划主要确定全域重大基础设施与社会服务设施布局，建设用地规模及人口规模，划定空间管制分区，确定专项规划，产业及城乡空间发展结构与布局。

3.1.2　增加次区域规划

浙江、重庆等地强化次区域规划，将其作为承上启下的规划层级强化规划指导。浙江省编制了《浙中城镇群规划》，另外"环杭州湾地区"、"温台地区"、"金衢丽（浙中）地区"三大城镇群编制了空间战略规划。重庆在城乡总体规划指导下分别编制了"一小时经济圈"、"渝东北"、"渝东南"地区城乡总体规划，对区域内城乡发展提出更详细的指导。

3.1.3　强化县（市）域总体规划

部分城市将县（市）域作为城乡统筹规划的突破口，强化县（市）域规划的指导。浙江在国家法定规划编制体系序列基础上增加了"县（市）域总体规划"这一规划层级，其内容包括：县（市）域城镇体系规划、县人民政府所在地镇（或者中心城区）的总体规划或者不设区的市城市总体规划的内容；2006年浙江省出台《县市域总体规划编制导则》，对县市域总体规划的编制提出具体的指导意见。重庆远郊区县编制"区县城乡总体规划"，对全辖区进行统筹布局。成都除城区外各区县编制"县域总体规划"，在其指导下单独编制"县城总体规划"。

3.1.4　根据城市需要编制分区规划、单元规划等

上海行政辖区内大体可以分为三类空间：中心城区、郊区和特定地区。在全市城市总体规划指导下，这三类空间建立相应的规划编制体系。中心城区规划编制体系为：分区规划——单元规划——详细规划。郊区的规划编制体系为：郊区区县总体规划——新城、新市镇总体规划——详细规划——村庄规划。特定区域则根据相应的城乡规划编制单元规划和控制性详细规划。另外，武汉、重庆也通过编制分区规划对中心城区各分区进行规划指导。

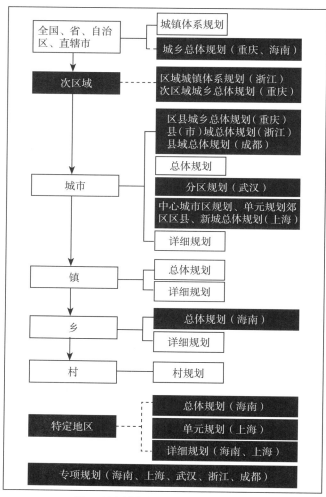

图3　地方城乡规划编制体系改革方式

3.1.5　细化乡、村规划的编制内容

海南省强化乡规划的指导，明确乡规划应包含乡总体规划和详细规划。

重庆市的规划体系中还包括除主城区外的区县新农村总体规划和市域新农村总体规划。

3.2   城乡规划编制内容的改革实践

3.2.1   城乡总体规划层面

城乡总体规划重点对全行政辖区空间进行统筹布局，突出"城乡统筹、全域覆盖"的特点。就编制内容而言，《重庆城乡总体规划》将重庆全市域纳入规划范围，包含"市域城镇体系规划"和"都市区城市总体规划"两个层次的内容，不仅对都市区进行规划，还对各区县以及农村地区都提出发展指引，是全国第一个城乡总体规划。《海南城乡总体规划》在全国首先引入"主体功能区"的概念，打破行政区划，划分为7个主体功能区，规划在基础设施、产业发展、空间管制等方面均进行城乡统筹布局。

3.2.2   次区域规划层面

次区域作为过渡层次，具有承上启下的重要意义，重点通过"细化上位规划、指导下位规划"来实现城乡统筹。

以《重庆渝东北城乡总体规划》为例，该规划在全市城乡总规指导下对重庆市渝东北片区的空间管制、产业布局、基础设施等进行细化，提出渝东北片区各城市发展指引，包括城市发展战略定位、发展规模、空间发展战略方向、产业发展战略导向、战略性交通等设施及通道建设、重大市政基础设施、区域生态保护、区域历史文化保护、跨区域协调发展战略等。并对区域内的小城镇和农村提出分类指导的发展指引。

3.2.3   市域规划层面

市域城乡统筹规划的主要内容是确定城乡建设用地、城乡发展空间、城乡基础设施布局等方面。

"全域成都"规划打破了行政区界，统筹区域发展，按照"全域成都"的理念，将成都市行政区域范围内1.24万平方公里作为一个完整意义上的整体，统一规划，科学布局。全域成都的目的就是实现规划"满覆盖"，旨在使成都全境内的每一块土地都能有相应的、可操作实施的规划作为指导，扫清用地间的规划盲区。在全域成都规划的指导下，未来成都既不是以中心城区为圆心向四周"摊大饼"的均质发展，也不是星罗棋布的分散发展，而是以交通网络连接的城镇走廊（密集发展区）与乡村协调同步发展。在集中发展的同时，将规划认为应予保护的不发展空间留住守好。乡村地区，除根据规划形成一定数量的农村新型社区（中心村）外，将是建设行为受到严格制约的自然开敞生态空间。

3.2.4   县（市）域规划层面

县（市）域规划一方面整合原城镇体系规划和中心城区规划的内容；另一方面对乡、村地区的规划更加深入和详细。

为指导县（市）域规划，浙江省出台了《浙江省县（市）域总体规划编制导则》，对县（市）域规划的编制内容、原则和要求均进行了指引。从该规划导则来看，主要从三个方面体现了城乡统筹的理念：一是县（市）域规划要包含县（市）域空间总体布局规划和中心城区规划两个层次，使得中心城区和与全市域的空间布局能充分协调；二是在市域城乡空间结构中，构建中心城区—中心镇——般镇—集镇—中心村—基层村六级居住体系，在县（市）域层面就能实现对乡村的规划指引；三是导则明确要求编制促进地方与区域、城规与其他规划之间互相协调的相关内容。

3.2.5 村镇规划层面

村镇规划面向农村的建设，规划内容非常丰富和详尽，针对不同农村地区提出具有明确指导意见的规划措施，强调建设和实施的指导性和操作性。

如《重庆市村规划编制办法》将村规划编制分为三个层次：村域规划、集中居民点详细规划、村级社会公共服务中心与典型居民设计要求。《浙江省村庄规划编制导则》基于浙江省"自下而上"村庄规划编制实践基础上，通过该导则进行"自上而下"的指导。在规划内容上，该导则强化了村庄规划分类指导，细化规划标准，如对新建（迁建）、改造（整治）两类村庄规划制定不同的规划重点；在成果表达上要求有规划总平面，并标明规划建筑的位置和范围；编制竖向规划、景观规划、道路和工程管网规划、主要建筑的设计方案以及重点新建、整治地段或节点的规划设计平面图、立面图，进行工程量及投资估算，可直接指导工程施工。成都市《村镇规划建设技术导则》对镇和村规划内容进行了详细规定，如镇规划融镇域总体规划、城镇建设规划和建筑设计三位一体，更贴近于实施管理；新农村建设规划包含建设规划和建筑设计两个层面等。

3.3 城乡规划编制方法的改革实践

3.3.1 弹性规划

弹性规划强调在重要环节如城市人口规模预测、城市用地布局规划以及城市发展政策等方面，对不可预测因素进行更多考虑和多方案比较，制定弹性规划方案，以适应社会经济发展的需要。

3.3.2 无限框架，有限利用

该方法的出发点认为：规划编制的基础是保证城市环境和生态安全格局，规划方案编制之前应首先考察区域的生态本底条件，划定禁止建设区、适宜建设区和控制建设区，特别是对保护的内容列入禁止建设区。在此基础上提出远景的城乡空间结构，勾画城市能承载的理想空间布局。

3.3.3 多规协调

为发挥规划的龙头指导作用，促进城乡规划与其他规划的协调，重庆开展城市规划、土地利用规划、经济和社会发展规划、环境保护规划相协调的"四规叠合"规划试点；上海开展城市规划与土地利用规划相互协调的"两规合一"；成都市在规划编制中将国土确定的土地总量指标与可流转的集体建设用地指标落到规划图上，坚持城乡一盘棋；浙江在《导则》中明确提出城市规划建设用地应明确与耕地、建设用地之间的关系，实现城市规划与土地利用规划之间的相互协调。

3.3.4 "自下而上"与"自上而下"相结合

浙江在村庄层面开展了广泛的规划编制实践，通过"自下而上"的方式在《导则》中予以确认，再通过《导则》实现"自上而下"的统筹指导，既保证了统一指挥，统筹布局，也符合规划的客观现实性。

成都市城乡统筹虽源于市场需求、地方自发推进，但市政府及时以行政指导鼓励推进地方城乡统筹及规划编制工作，并通过总结"自下而上"的规划编制经验及方法，再采用"自上而下"的行政措施在全市稳步推广应用。

3.4 小结

从各城市在促进城乡统筹的规划编制改革的实践来看，改革的重点和特色主要在以下方面。就规划编制体系而言，一方面增加省域城乡总体规划、次区域总体规划、县市域总体规划序列，实现对全域、次区域、县市的总体指导，其中县（市）域作为统筹城乡规划的重要突破口；另一方面规划体系延伸至乡和村庄，并对乡和村规划的内容进行了较详细研究。从规划编制内容来看，重点从城乡空间规划编制全覆盖、城乡空间管制全覆盖、城乡基础设施全覆盖、强化规划协调等方面进行城乡统筹。从规划编制方法来看，"弹性规划"，"无限框架、有限利用"，"多规协调"，以及上、下位规划之间的统筹衔接等都是较好的规划编制方法。

4. 启示

4.1 县（市）可以作为城乡规划编制改革的核心层面

县（市）层级作为对上承接全域和次区域、对下指导乡镇和村庄的行政层级，起着承上启下的连接作用，是从宏观到微观层面充分体现城乡统筹理念的层级；其次规划编制中所存在的部门分割问题在这一层级体现得最明显，因此也是能充分探索促进部门协调的行政层级。

4.2 确定各层级规划编制内容创新重点

省域层面和次区域（城市群）层面，以"区域统筹"和"城乡统筹"理念并重，区域统筹是要深入分析全区域资源环境承载能力和发展条件的基础上，调整产业布局和城镇结构，构建适宜的区域发展格局；城乡统筹则是在区域发展格局制定的基础上，明确不同次区域层面城乡统筹的发展重点与战略，指导全域新农村的建设。

市、县域层面，是城乡统筹理念融入现行城乡规划编制的重点。一方面要承接上位规划，对产业布局、重大交通设施、重大市政公用设施等方面内容进行强化，来反馈并落实上一层面制定的区域协调内容；另一方面要对接相关规划，与经济社会发展规划、土地利用规划积极衔接，制定好全域的空间管制规划，为城乡居民点发展预留好适宜的空间，制定全域的空间管制；同时还要指导下位规划，明确空间布局与规模，"点"、"面"结合，以"面"表达中心城区、组团（重点镇）用地，以点表达一般镇以及大规模的农村集中居民点，并通过"规划指引"，明确组团（重点镇）、一般镇、农村集中居民点的发展规模与布局方向。

村规划的编制，宜积极倡导多元化编制，体现不同地域的特色。细化村域规划和村建设规划两部分内容，采取图文并茂、通俗易懂的编制方式，通过村域（宏观）—村详细规划（中观）—重要建筑设计指引（微观）三方面来指导村规划建设，突出建设实施可操作。

4.3 建立综合协调性规划平台

在实现了"以规划为龙头"的部分东部地区，倡导以城乡规划为主导建立规划对接平台，实现与国民经济和社会发展规划、土地利用总体规划的最大衔接。在广大的中西部地区，更为现实的是构建以城乡规划、经济社会发展规划、土地利用规划三大综合性规划为主的对接平台。

参考文献

［1］汪光焘. 贯彻落实科学发展观改进城乡规划编制［J］. 城市规划，2004，28（10）.

［2］胡滨. 薛晖，曾九利，何旻. 成都城乡统筹规划编制的理念、实践及经验启示［J］. 规划师，2009，8.

［3］赵钢. 朱直君. 成都城乡统筹规划与实践［J］. 城市规划学刊，2009（6）.

［4］陈小卉. 城乡空间统筹规划探索——以江苏省镇村布局规划为例［C］. 2005城市规划年会论文集.

［5］仇保兴. 城乡统筹规划的原则方法和途径——在城乡统筹规划高层论坛上的讲话［J］. 城市规划，2005，29（10）.

［6］孙娟. 城乡统筹规划实践探索及其启发［C］. 2007中国城市规划年会论文集.

［7］成受明，程新良. 城乡统筹规划研究［J］. 现代城市研究，2005（7）.

［8］张伟，徐海贤. 县（市）域城乡统筹规划的实施方案探讨［J］. 城市规划，2005（11）.

［9］张京祥，陆枭麟. 协奏还是变奏：对当前城乡统筹规划实践的检讨［J］. 国际城市规划，2010（25）.

［10］赵英丽. 城乡统筹规划的理论基础与内容分析［J］. 城市规划学刊 2006（1）.

作者简介

王　芳　（1983– ），女，硕士，重庆市规划设计研究院城乡发展战略研究所，高级工
程师。

易　峥　（1973– ），女，博士，重庆市规划设计研究院副总工程师，正高级工程师。

钱紫华　（1980– ），男，博士，重庆市规划设计研究院城乡发展战略研究所所长，高
级工程师。

城市网络研究：由等级到网络*

冷炳荣　杨永春　谭一洺

（发表于《国际城市规划》，2014年第1期）

摘　要：本文从城市等级到城市网络转化的研究视角，在文献回顾的基础上，对城市网络研究的转变模式、网络结构特征、单个城市与网络的关系等方面进行了探讨。研究认为：（1）从城市单体来看，可从城市等级的中心性与城市网络的节点性组成四象限的角度分析城市的特性并对城市进行归类；（2）从城市联系通道来看，城市等级到城市网络经过了单向与非对称、通道少到双向、通道多样化的转变，作者从联系方向、联系主体、联系大小、联系空间、联系途径等方面进行了对比研究；（3）从城市外部联系的角度探讨了城市网络中的点、线、网络群体结构的结构特征；（4）结合城市网络特征，单个城市与城市网络的基本关系可从节点、关系通道、联系强弱、聚类特征、抗风险性等方面进行分析。

关键词：城市等级；城市网络；城市节点；城市联系

　　随着全球一体化进程的加速推进，地方化和全球化的相互作用越来越强烈。城市作为全球或地方活动最重要的载体，在这种背景下呈现出一系列的新变化，如要素流动性加快、空间结构更为扁平、城市间的联系更为多样等。对于城市与城市之间的研究，采用等级体系的基本理论和规模分布的基本方法，已不能适应新时代城市间联系问题的基本要求。这种不适应主要表现在：（1）全球化下的城市已经超越了地方空间的概念，主要原因是，全球生产的分工与合作导致城市联系越来越频繁，城镇体系也由原来的封闭系统走向开放系统；（2）距离衰减要素对城市间联系的作用减弱，基于距离特征的等级体系正在逐步弱化；（3）文化、制度、社会关系等软要素具有文化内敛性，需要关注这些软要素对城市联系所产生的影响等。

　　因此，在进行城市体系研究时，需要尝试性地进行一些突破，进而弥补新时期传统理论与研究方法的缺陷。本文从城市等级到城市网络研究转化的视角，在文献回顾的基础上，对城市网络研究的转变模式、网络结构特征、单个城市与网络的关系等方面进行了研究，从网络研究的视角给予了全新的认识与思考。

*　国家自然科学基金项目（41171143）

1. 相关研究回顾

德国地理学家克里斯泰勒（1933年）和经济学家廖什（1941年）采用逻辑演绎的方法提出了中心地蜂窝状的等级控制模型，影响深远。中心地理论产生于德国，其他西方国家盛行在20世纪50、60年代[1]。该理论在城镇研究与实践工作中得到了广泛运用，如聚落地理和零售业布局领域。聚落地理研究方面，如美国著名城市历史地理学家斯金纳（Skinner）1964年对中国四川地区乡村市场周期活动的研究[2]，在零售业方面的研究成果集中在城市内部空间结构上。然而，现实的城镇体系既不像斯金纳研究的四川乡村，也不像等级分布的零售市场，无法用严密的等级体系给予解释，特别是多中心区域的出现，导致研究理论正在逐步深化，主要研究进展分国际、国内两个层次。

1.1 国际研究进展

1990年代以来，对多中心地区的研究成果越来越多，如荷兰的兰斯塔德地区（The Randstad）、意大利的北部地区（Northern Italy）、日本的关西地区等[3-6]，Urban Studies（2001年4月）还曾出专辑专门探讨多中心地区的发展问题。在这些多中心地区，城市等级理论显然无法适应，学者们开始寻求新的理论辅助或者替代城市等级理论来解释新的现象①。

卡马尼（Camagni R）对意大利北部地区的研究较为有名。研究通过对企业网络空间组织的分析，提出了五种形式：传统工业区和技术产业区的跨地域网络组织（特别是高水平功能的跨地域，如信息中心、金融活动中心、企业总部等）、围绕大型企业并高度连接于地方的网络组织、大型企业在地方上去垂直分工的网络组织（如制造上的协议合作）、自下而上的地方生产系统与工业城市的网络组织以及地方专业化的网络组织（生产同一产品的小企业之间通过网络优势获取正的外部性）。卡马尼认为城市网络是指，专业化中心之间由于水平与非等级关系所形成的系统，该关系系统可以从互补（complementarity）、垂直的融合和协同（synergy）、协作关系中获得正的外部性优势。卡马尼将网络划分为三种类型：（1）等级网络（hierarchical network），在乡村地区、行政部门的地域组织、大企业的外包地区较为常见；（2）互补网络（complementarity network），由于专业化分工导致功能差异而形成的相互依赖；（3）协作网络（synergy network），功能相似的中心通过协作获取网络外部性。协作网络又分为两种：一是高等级中心，属于世界范围内经济活动连接的信息网络节点，如总部功能、金融活动、高水平服务业密集的世界城市；二是低等级中心，属于专业化地区，该地区生产或提供功能极为相似的产品或服务，通过规模

---

① 笔者在此不讨论是否需要研究范式的转变问题，即是否需要采用"网络范式"或是"关系范式"来代替空间等级的范式，笔者认为二者从解释实际现象来看，应该是相辅相成的，泰勒（Taylor P J）也是这样的观点。

经济占据全球网络的重要位置[3, 4]。

巴滕（Batten D F）在分析中心地体系和网络体系时提出，中心地理论采用的是规模—等级分布体系，城市流动在体系中是单向不对称的，通过规模经济与市场需求塑造城市等级体系；而城市网络更强调城市在网络中的连接特性，也即规模大不一定意味着在城市网络中的地位重要，很多中小城市因某项职能突出也能占据重要的地位（如门户城市、交通枢纽城市、信息交换节点城市）[5]。二者关系可归纳总结为表1。

表1 中心地体系与网络体系的比较

	中心地体系	网络体系
主体	中心	节点
制约因素	受规模限制	不受规模限制，受集聚能力限制
职能分配	倾向于首位城市，职能替代竞争	倾向于职能分工与互补
产品与服务	区域间同质性产品与服务	全球一体化的异质性产品与服务
联系	垂直、单向、等级	垂直与横向、双向、网络
成本	运输成本	信息成本
竞争	依赖成本的价格差异	依赖服务的品质差异

资料来源：转引自参考文献［7］

尼因曼（Nijman）认为城市等级的高低并不能代表城市的重要地位。比如迈阿密市在美国的国家城市体系中等级性较低，远不如纽约、洛杉矶、芝加哥，但却在全球城市体系中有着重要作用，特别是对于拉丁美洲而言，有拉丁美洲的"首都"之称。由于迈阿密的旅游知名度，其在世界城市网络中联系广泛[8]。

著名学者霍尔（Hall P）认为，现实的城市体系并非按中心地模式组织起来的，比如郊区化和边缘城市。郊区化的出现使得人口向大都市区的边缘城镇迁移而并非相反；边缘城市的出现，是由于某项功能处于区域或全球的领先位置或者城市规划进行强有力干预的结果（如利用绿地环绕主城区政策使该出现重要城镇的地区并没有出现）[9]。

萨森（Sassen）认为，"经济活动的控制活力已经从生产地区转变到集金融与其他高级专业化部门为一体的服务业地区"[10]，服务业经济的流动性大大增强，城市之间的连接距离扩大明显。信息技术和面对面交流对于多中心地区（城市）的联系与信息交换同等重要。近年来，以霍尔为首的POLYNET小组从公司网络、电信联系网络角度研究了欧洲典型的城市区域规划与发展问题，取得了较好的研究成果[11]。

迈耶尔什（Meijers E）认为，城市网络最初开始于关于"分散城市"的探讨，再到戈特曼（Gottmann）对大都市地区的研究，最后研究热点集中在多中心地区[6]。迈耶尔什认同卡马尼关于互补网络导致城市相互联系的观点，也认可普雷德（Allan Pred）关于城市之间的功能差异导致互补与合作的理论分析[12]。迈耶尔什以荷兰的高等职业教育和专业医院为例，阐述了城市之间的功能分工与差异性，认为多中心区域的城市之间的合作与互补导致了水平与非等级关系不同于中心地模型的等级与重力引力关系①（表2）。

表2　由等级到网络的主要转变内容

	等级	网络
空间尺度	空间尺度固定	空间尺度变化
经济功能	由空间尺度引起的经济功能和空间尺度是连接关系	空间尺度上的经济功能是变量的集合
城市人口	城市人口在空间分布上的均质性	城市人口在空间分布上的异质性
连接关系	在不同空间尺度上的城市之间仅仅是垂直关系	城市之间有垂直关系和水平关系

资料来源：转引自参考文献［6］，作者翻译整理

　　泰勒（Taylor P J）从中心地等级体系的空间适应范围，将其分为乡村和国家两个层面[12]。乡村研究方面，认为克里斯泰勒选择乡村密集分布的德国南部地区作为研究对象，等级体系明显，适合用中心地理论解释；国家研究方面，研究认为在国家行政范围内运用城市等级体系进行研究较为合适②。泰勒作为1990年代至今世界城市研究著名的学者之一，认为中心地理论是关于划分城市与腹地（urban place and hinterland）的空间组织理论，在全球尺度上无法解释世界城市的联系组织特征。为此，泰勒提出了"乡镇性"（town-ness）和"城市性"（city-ness）的概念。"乡镇性"适合用中心地理论来解释，而"城市性"则适合采用中心流理论（central flow theory）来解释城市之间长距离、跨区域的人口、信息、资金、思想、商品等互动关系，并认为经济的快速发展主要来自于"城市性"，通过获取外部机会实现城市经济新一轮的快速增长[13]。

　　尼尔（Neal Z P）认为城市功能等级体系应该从空间等级转向关系等级，通常前者采用的是"等级—规模"规律，城市规模越大（城市人口或经济总量），城市的等级地位越高，也即城市中心性越强，但是处于空间中心的大城市由于缺乏关系，影响力会越来越小；相反，处于关系中心的城市正逐步上升。针对空间与关系的转向，尼尔提出了城市发展的三种等级通道模式（hierarchical trajectories）：（1）首位城市模式（the primate city）：城市等级高，城市联系广泛；（2）"离线"大都市模式（the offline metropolis）：城市规模大（不论经济或是人口），但跨区域联系缺乏，城市日渐衰落，如底特律；（3）"有线"小镇模式（the wired town）：城市规模小，但通过功能互补的方式，是交通网络或是交流网络（通信网络、信息交换网络）的重要节点，占据网络结构的重要位置，城市地位逐步提升[14]。

---

① 重力引力关系是指城市之间联系满足距离衰减规律，距离越远城市间联系越少。

② 笔者并不完全同意作者的观点，如荷兰的兰斯塔德地区，虽同属于荷兰的管辖范围但阿姆斯特丹、鹿特丹、海牙和乌德勒支之间分工合作密切，共同组成了世界范围内有影响力的区域，然而城市等级体系在这种地区并不适合运用。

1.2 国内研究进展

国内方面，从信息技术和电信发展对传统空间影响的角度研究城市体系结构的变化较为多见。沈丽珍强调流动空间和传统的地方空间重新整合，连接性弱化物理邻近性，关系论更新区位论，城市体系上为从区中心到向网络的转变[7]。甄峰等对工业时代和信息时代区域结构要素进行了对比，从点、线、面三个方面进行了阐述[15]。巴恩斯、路紫通过研究电信（赛博空间）对传统空间的影响将研究观点划分为极大影响论者、微弱影响论者、适度影响论者三种[16]。

国内对于城市网络研究，特别是在城市实证研究方面有了一定的发展，也已认识到城市关系对于城市发展的重要性。这些研究着手收集城市关系数据以探讨城市体系的空间组织问题，主要集中在航空结构网络[17-20]、铁路网[21]、互联网[22,23]、物流企业网络[24]、信件流[25]、企业连锁研究[26-29]、企业生产网络[30]、城市创新合作网络[31]、城市经济网络[32]等方面。另外，借鉴世界网络研究方法分析城镇体系在国内才刚刚起步，杨永春、冷炳荣等对世界城市网络理论与方法进行了评述，总结了对城市体系研究的主要启示[33]。从研究地域的实证上，分为长江三角洲地区和成渝地区：（1）张晓明、汪淳借鉴泰勒等人对世界城市网络研究方法，收集长江三角洲地区高级生产者服务业的企业总部与各类分支结构等信息（区域性总部、次区域调配中心、办事处等），阐述了长三角城市之间的关联[27]；唐子来、赵渺希利用万方企业库跨国公司企业分支机构数据得出，上海作为长三角地区的"门户城市"，发挥向外连接全球城市和向内辐射区域腹地的"两个扇面"作用[28]。（2）在西部城市联系最为密集的成渝地区，谭一洺等采用类似的方法分析了成渝地区城市的生产服务业企业联系网络，从另一个测度分析成渝地区多个城市的经济联系网络状况[29]。

2. 由等级到网络的转变

2.1 城市特性：从中心性到节点性的转变

传统的城市等级理论强调城市在城镇体系中的位次关系，也即城市在城镇体系中的中心性地位。研究方法上，采用的指标较为单一，普遍采用"位序—规模法则"（rank—size rule）的分析方法[1,34-36]，得出的是等级控制的金字塔结构，以及城市联系的层次递减特征。

城市网络研究强调的是由城市的中心性（Centrality）到城市节点性（Nodality）的转化抑或是二者的结合。城市在外部连接过程中占据的位置很大程度上决定了城市在城市网络中所处的地位，比如某城市作为两个区域中城市物质联系、人流聚散、信息交换的枢纽（就像尼因曼阐述迈阿密对北美和拉丁美洲的作用一样），虽然中心性不高但节点性重要。

中心性和节点性的关系可表示为四种形式（图1）：（1）中心性高，节点性强：此类城市一般城市规模大，和其他重要城市联系紧密，位于城市网络的核心区段，城市的影响力大，世界城市或全球城市属于此类型，类似于尼尔提出的首位城市的观点；（2）中心性高，节点性弱：城市规模大，城市发展主要依靠内部体系，主要表现为世界制造业集中的城市，如底特律和转型前的德国鲁尔地区，容易受到"强关系的弱势"规律的制约[37]，由于产业发展的演进，这类城市容易走下坡路，类似于尼尔提出的"离线"城市的观点；（3）中心性低，节点性强：处于某类枢纽（航空、铁路、高速公路、港口、信息中心等）的门户位置，虽然城市规模不大，但是对外连接方便，城市系统开放，城市产业体系与外界联系强，城市发展上升空间较大，但容易受到技术革命的影响；（4）中心性低，节点性弱：城市等级低，城市系统不够开放，这类城市发展后劲不足，发展前景不容乐观。

图1　城市的中心性与节点性

2.2　联系通道：从单向与非对称、通道少到双向、通道多样化的转变

中心地理论是关于蜂窝状的组织联系系统，距离衰减特性明显，从高等级中心到低等级中心的联系是单向、非对称的。但是，在城市网络系统中，城市联系方向是以枢纽节点为中心的双向流动，若考虑中介节点的作用，则会呈现"条条道路通罗马"的多向流动情景（表3）。从联系主体来看，中心地体系下的经济联系被认为是在行政辖属关系上的上下级政府间的指令传导，然而在经济一体化趋势强化的背景下，网络体系下的联系主体是企业。再者，网络体系下的城市联系途径将在地面交通的基础上形成以资金流动、电信空间、网上商务、航空网络等新型方式和地面交通方式相融合的连接形式，而且联系总量将前所未有地扩大，联系多样化程度也将大大地增强。由于资本流和电话信息流与地理空间距离关系不密切，距离因素对网络体系中的城市联系制约作用将大大下降。

表3　中心地体系和网络体系的联系通道对比

	中心地体系	网络体系
联系方向	由中心性高到低的等级联系 特点：单向，非对称	以枢纽节点为中心的网络多向流动 特点：两点直接联系是双向的；若考虑节点的中介作用则是多向的
联系主体	政府	企业
联系大小	联系量较小	联系量较大
联系空间	空间跨度小 特点：距离衰减明显	空间跨度大 特点：距离衰减制约减弱
联系途径	以地面交通（铁路、公路）为主的联系方式 特点：较为单一	银行间的资金流动、网络商务活动、电信途径、知识与创新的快速传递、航空网络以及地面交通 特点：多样化、快速化

3.　城市网络的结构特征

　　网络结构特征是网络研究的重要内容之一，一般而言网络结构特征可从网络的点、线以及群体特征等进行分析。沈丽珍认为网络节点有大都市区、城市群、大都市带、全球城市等四种类型，网络连接线有物流、人流、信息流、资金流、技术流等五种形式[7]。点与线组合而成的网络也是多种多样的，如陈才（1991年）将交通网络划分为放射状网络、放射环状网络、扇形网络、轴带网络、过境网络、环状网络、一字型网络等七种类型[7]。

　　下面将从城市网络的点、线、网络群体结构分析城市网络的结构特征：

　　（1）城市节点。按照节点是否参与了网络的构建，划分为孤立节点和连接节点；按照节点在整体网络中的作用，划分为枢纽节点（中心节点或集散节点）、半边缘节点、边缘节点；按照节点在局部网络中（三个节点构成关系）的作用，划分为具有"结构洞"性质的节点和结构对等的节点①；按照节点在网络联系强度中的集聚程度，划分为高强度节点、中强度节点、低强度节点；按照信息的发送与接收的传承关系，划分为孤立点、发送点、接受点和传递点。

　　（2）城市联系线。按照连接线的类型，划分为物流、人流、信息流、资金流、技术流；按照两两节点之间的到达关系，从整体网络考虑划分为骨干线、支线、"桥"；按照连接线是否带有方向性，划分为无向线和有向线；按照连接强度，划分为高强度线、中强度线、低强度线；按照是否依赖空间距离，划分为实空间线和虚空间线。

　　（3）网络群体结构特征。按照整体网络连接特征，划分为无标度网络（BA网络）、小世界

---

　　①　结构洞和结构对等性分析是来自社会学领域的术语。结构洞是指，若对于三个行动者 A、B、C 来说，如果 A 和 B 有关联，B 和 C 有关联，而 A 和 C 无关系的话，我们就称在 A 和 C 之间存在一个结构洞；结构对等性是指，若行动者 A 和 B 在社会关系网络中占有相同的社会位置，也即扮演的社会角色是相同的，就可认为 A 和 B 存在结构对等性。

网络（SW网络）、随机网络[①]；按照局部网络，划分为星状网络、环状网络及介于星状和环状的中间网络。

整体网络由于节点之间连接关系的密切程度可以划分为不同的子群（Subgroup）（或称为社区、模块），用来分析城市网络体系的联系层次性（哪些城市处于城市联系网络的核心位置、边缘位置、门户位置）。

网络中关系的两种形式：（1）"弱关系的力量"（the strength of weak ties），是由格兰诺维特（Granovetter M S）提出来，认为有些连接线虽然在两点之间联系很微弱，但是对于整个网络的连通性具有重要的作用，如果这种弱关系不存在的话，很有可能将整个网络断开成几个互不相连的成分，因此称之为"弱关系的力量"[38]；（2）"强关系的劣势"，是"弱关系的力量"的对立面，组织内部的充分连接容易形成信息的共享与成员之间的互信，但是内部过于集聚导致组织中的成员对外联系缺乏，组织无法获得外界的风险与信息，导致组织行动的"失灵"[37, 39]。

4. 城市与网络的关系探讨

某个城市的发展不可能脱离整个城市发展环境（城市体系或城市网络），解释这一现象的主要理论有区际分工理论、集聚与扩散机制、空间相互作用理论、中心外围理论、卫星城理论、生态位理论等。

对于城市与城镇体系的关系探讨出现了新的研究视角。张京祥等从大都市和周边小城镇发展关系出发，提出了在大都市周边形成"大都市区阴影区"与"大都市阴影效应"的概念[40]，前者被认为是城市网络中的中小城市存在发展瓶颈的一个例证。史密斯（Smith）借助了行动者网络理论中的"不变流动者"（immutable mobiles）概念（如正式文本、人工制造品、资金、人口等），认为"不变流动者"是城市与网络之间联系与互动的根源[41]。比弗斯托克（Beaverstock）以74家跨国生产性服务业在全球263个城市的等级分布情况，得出以伦敦为中心的55个世界城市联系圈层组织特征（图2），这是全球城市体系下以某个城市为中心的网络组织方式[42]。另外，尼因曼教授对迈阿密和全球城市联系的研究、泰勒对城市性与乡镇性的研究、尼尔对三种城市联系在城市网络中的演化趋势研究，都是从城市与网络的关系角度探讨城市的发展问题，前文

---

① 无标度网络（BA 网络）来自物理学复杂网络领域，小世界网络（SW 网络）最初来自心理学领域，随机网络最初发源于数学图论研究中，三种网络是目前常常用到的网络类型，现已逐渐渗透到社会学科的各个领域。无标度网络是指网络的节点连接数目符合幂次分布，呈典型的右偏态状，随着网络规模增大（节点数量的增加），新增节点与已存在节点的连接满足择优连接特征（新增节点偏向与连接数最大的节点发生连接），现实网络中表现为"富者越富、穷者越穷"的"马太效应"；小世界网络是指虽然网络规模很大，但仍然可以通过很短的路径达到网络的任何节点，并不矛盾的是网络表现出高聚类性质，即节点的邻居之间也偏向于发生连接，这跟 1967 年心理学家米尔格拉姆（Milgram S）发表的论文《小世界问题》中"六度隔离"实验结论相一致，在后续的网络研究中称之为"小世界"网络；随机网络是指，节点与节点之间的连接是随机的，网络的节点连接符合泊松分布，从概率分布上看呈钟形状。

已有过论述，在此不再赘述。

结合城市网络特征，单个城市与城市网络的基本关系可从节点、关系通道、联系强弱、聚类特征、抗风险性角度进行分析（图3）：

第一，城市处于网络中的什么位置？到底是网络的控制中心、中转枢纽、"桥头堡"与"结构洞"哪种类型的节点上，城市的节点特性某种程度上说明了该城市的发展潜力。

第二，关系通道类型。两两城市间的连接在整个网络中是属于大多数连接的"必经之路"（中介作用），还是可以绕道而行（边缘节点与连接），不同类型的连接方式决定了该城市在网

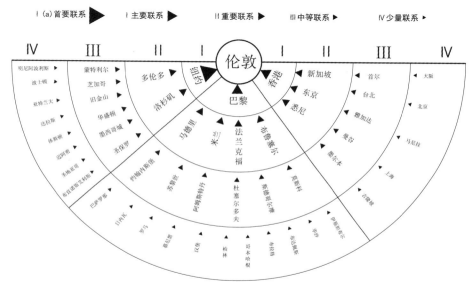

图2　伦敦与其他城市联系组织图
资料来源：参考文献［41］

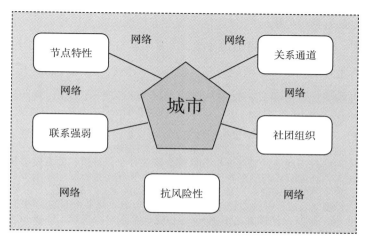

图3　城市与网络嵌入关系概念示意

络中的各类信息控制能力。

第三，网络联系的强弱。从网络运量的角度，与该城市的连接是属于"弱关系的力量"抑或是"强关系的劣势"，可以在一定程度上说明城市连接的外向性特征及其重要作用。

第四，网络社团组织。城市在整个网络中的聚类社团组织特性，一是所处的社团处于整体网络中的位置，社团处于网络的中心或是边缘对社团中的城市有重要影响；二是城市在社团中的位置，该城市处于社团对外的窗口、社团的控制中心抑或是一般型城市？

第五，抗风险性。当网络受外界干扰冲击时（金融风暴、产业转移、政策环境等），城市抵抗风险的能力以及受到影响时状态恢复的能力等。

5.　结语

（1）城市等级到城市网络的研究转变。传统上认为中心地理论较好地解释了城市间的关系问题，"位序—规模"分布的研究方法可以较好地阐述城市体系的等级关系，然而在新时期出现新特征的情况下，原有的理论已无法解释城市网络联系活动加强、联系通道增加、联系的非等级性等问题，从地域空间上目前出现的多中心区域更是无法用等级性理论来解答。针对这些问题，已有学者对它进行了理论的突破与改进，文中已作了相关梳理。通过梳理与评述，得出从城市等级到城市网络存在城市特性和联系通道两个层面的转变，城市特性层面表现为由中心性到节点性的转变，联系通道层面表现为由单向与非对称、通道少到双向、通道多样性的转变。（2）城市网络的结构特征。网络是一个由点和线组成的系统，从城市外部联系的角度对城市网络中的点、线、网络群体结构进行划分，有助于了解城市网络的结构特征。（3）城市与网络的关系探讨。结合城市网络特征，单个城市通过城市节点、关系通道、联系强弱、聚类特征、抗风险性等方面嵌入在城市网络中，城市与网络的关系需要抓住这些方面进行分析，调控城市在网络中的位置就是城市与区域规划的重要运用领域。

由城市等级到城市网络的研究范式转变，是一个重大的研究课题，需要进行多方面的研究创新。研究的网络理论、网络内容、网络方法以及网络构成的数据来源等方面都需进行全方位的解构与重构，进一步加强研究与探索。

参考文献

［1］ 许学强,周一星,宁越敏. 城市地理学［M］. 北京: 高等教育出版社，2005.

［2］ Skinner G. W. Marketing and Social Structure in Rural China: Part Ⅰ［J］. The Journal of Asian Studies，1964，24（1）: 3–43.

［3］ Camagni R，Salone C. Network Urban Structures in Northern Italy: Elements for a

Theoretical Framework ［J］. Urban Studies, 1993, 30（6）: 1053−1064.

［4］Camagni R, Diappi L, Stabilini S. City networks in the Lombardy region: an analysis in terms of communication flows ［J］. FLUX, 1994, 15: 37−50.

［5］Batten D F. Network Cities: Creative Urban Agglomerations for the 21st Century ［J］. Urban Studies, 1995, 32（2）: 313−327.

［6］Meijers E. FROM Central Place to Network Model: Theory and Evidence of a Paradigm Change ［J］. Tijdschrift voor economische en sociale geografie, 2007, 98（2）: 245−259.

［7］沈丽珍. 流动空间 ［M］. 南京: 东南大学出版社, 2010.

［8］Nijman J. BREAKING THE RULES: MIAMI IN THE URBAN HIERARCHY ［J］. Urban Geography, 1996, 17（1）: 5−22.

［9］Hall P. Christaller for a Global Age: Redrawing the Urban Hierarchy ［EB/OL］. 2001−10−15, ［2012−3−10］. http://www.lboro.ac.uk/gawc/rb/rb59.html.

［10］Sassen S. The Global City: New York, London, Tokyo ［M］.Princeton: Princeton University Press, 1991.

［11］Hall P, Pain K. 多中心大都市——来自欧洲巨型城市区域的经验 ［M］. 北京: 中国建筑工业出版社, 2010.

［12］Pred A. City−Systems in Advanced Economies ［M］.London: Hutchinson, 1977.

［13］Taylor P J, M.Hoyler, Verbruggen R. External Urban Relational Process: Introducing Central Flow Theory to Complement Central Place Theory ［J］. Urban Studies, 2010, 47（13）: 2803 - 2818.

［14］Neal Z P. From Central Places to Network Bases: The Emergence of a New Urban Hierarchy, 1900 - 2000 ［J/OL］. City and Community, 2011, 10, ［2012−3−10］. http://www.lboro.ac.uk/gawc/rb/rb267.html.

［15］甄峰, 曹小曙, 姚亦锋. 信息时代区域空间结构构成要素分析. 人文地理 ［J］, 2004, 19（5）: 40−45.

［16］巴凯斯 H, 路紫. 从地理空间到地理网络空间的变化趋势——兼论西方学者关于电信对地区影响的研究. 地理学报 ［J］, 2000(01): 104−111.

［17］周一星, 胡智勇. 从航空运输看中国城市体系的空间网络结构. 地理研究 ［J］, 2002,（03）: 276−286.

［18］金凤君, 王成金. 轴−辐射服理念下的中国航空网络模式构筑. 地理研究 ［J］, 2005, 24（05）: 774−784.

［19］薛俊菲. 基于航空网络的中国城市体系等级结构与分布格局. 地理研究 ［J］, 2008, 27（01）: 23−33.

［20］王娇娥，莫辉辉，等．中国航空网络空间结构的复杂性．地理学报［J］，2009，64（8）：899-910.

［21］王成金．1950年代以来中国铁路物流的交流格局及演变特征．地理科学进展［J］，2008，27（1）：46-55.

［22］汪明峰．浮现中的网络城市的网络——互联网对全球城市体系的影响．城市规划［J］，2004，28（8）：26-32.

［23］汪明锋，宁越敏．城市的网络优势——中国互联网骨干网络结构与节点可达性分析［J］．地理研究，2006，25（2）：193-203.

［24］王成金．中国物流企业的空间组织网络［J］．地理学报，2008b，63（2）：135-146.

［25］周一星，张莉．改革开放条件下的中国城市经济区［J］．地理学报，2003，58（2）：271-284.

［26］张闯，孟韬．中国城市间流通网络及其层级结构——基于中国连锁企业百强店铺分布的网络分析［J］．财经问题研究，2007，（5）：34-41.

［27］张晓明，汪淳．长江三角洲巨型城市区城镇格局分析——高级生产者服务业视角［J］．城市与区域研究，2008，1（2）：43-64.

［28］唐子来，赵渺希．经济全球化视角下长三角区域的城市体系演化：关联网络和价值区段的分析方法［J］．城市规划学刊，2010，No.186（01）：29-34.

［29］谭一洺，杨永春，冷炳荣．基于高级生产者服务业视角的成渝地区城市网络体系研究［J］．地理科学进展，2011，30（6）：724-732.

［30］李健，宁越敏，汪明峰．计算机产业全球生产网络分析——兼论其在中国大陆的发展［J］．地理学报，2008，63（4）：437-448.

［31］吕拉昌，李勇．基于城市创新职能的中国创新城市空间体系［J］．地理学报，2010，65（02）：177-190.

［32］冷炳荣，杨永春，李英杰，赵四东．中国城市经济网络结构空间特征及其复杂性分析［J］．地理学报，2011，66（2）：199-211.

［33］杨永春，冷炳荣，谭一洺，李甜甜．世界城市网络研究理论与方法及其对城市体系研究的启示［J］．地理研究，2011，30（6）：1009-1020.

［34］Gabaix X. Zipf's Law for Cities: An Explanation［J］. The Quarterly Journal of Economics，1999，114（3）：739-767.

［35］Batty M. Hierarchy in Cities and City Systems［M］. in Pumain D（eds.）Hierarchy in Natural and Social Sciences. Kluwer Academic Publishers，2005.

［36］李震，杨永春．基于GDP规模分布的中国城市等级变化研究——等级结构扁平化抑或

是等级性加强［J］. 城市规划，2010，34（4）：27-31.

［37］Essletzbichler J，Rigby D L. Exploring evolutionary economic geographies［J］. Journal of Economic Geography，2007，7（5）：549-571.

［38］Granovetter M S. The Strength of Weak Ties［J］. The American Journal of Sociology，1973，78（6）：1360-1378.

［39］Flache A，Macy M W. The Weakness of Strong Ties: Collective Action Failure in a Highly Cohesive Group. 1997. ftp://hive.soc.cornell.edu/mwm14/webpage/WEAKNESS.PDF

［40］张京祥，庄林德. 大都市阴影区演化机理及对策研究［J］. 南京大学学报（自然版），2000，36（6）：87-92.

［41］Smith R G. World city actor-networks［J］. Progress in Human Geography，2003，27（1）：25-44.

［42］Beaverstock J V，Smith R G. World-City Network: A New Metageography［J］. Annals of the Association of American Geographers，2000，90（1）：123-134.

作者简介

冷炳荣　　（1986-　），男，硕士，重庆市规划设计研究院城乡发展战略研究所，工程师。

杨永春　　（1969-　），男，博士，兰州大学资源环境学院及教育部西部环境重点实验室，教授，博士生导师。

谭一洺　　（1987-　），男，博士研究生，北京大学城市与环境学院。

新时期重庆三峡库区城乡统筹发展的规划思考

周梦麒　邱　强

（发表于《重庆建筑》，2009年第8期）

摘　要：直辖十年，重庆提出了新的"一圈两翼"空间发展战略，并在2007年6月经国务院批准成为"统筹城乡综合配套改革试验区"。重庆三峡库区，在历经三峡工程开工以来的十多年建设后，又站在了新的发展起点上。文章在分析重庆三峡库区内涵变化的基础上，着眼于"一圈两翼"和"城乡统筹"发展战略，分析了重庆三峡库区在直辖十年后所面临的新的功能定位和新的发展态势，提出了重庆三峡库区城乡统筹发展的几点规划思考意见。

关键词：直辖十年；重庆三峡库区；一圈两翼；城乡统筹

1. 引言

　　三峡工程是集防洪、发电、航运、供水综合效益为一体的巨系统工程。为有利于三峡工程建设和库区移民的统一规划、安排和管理，1997年3月八届全国人大五次会议批准设立重庆直辖市。经过直辖十年的发展，重庆已初步完成中央交办的四件大事，奠定了加快发展的坚实基础。2007年3月8日，胡锦涛总书记作出重要指示："重庆要加快建设成为西部地区的重要增长极、长江上游地区的经济中心、城乡统筹发展的直辖市，在西部地区率先实现全面建设小康社会。"2007年6月7日，经国务院同意，国家发展和改革委员会正式批准重庆市为全国统筹城乡综合配套改革试验区。为创新发展思路，探索一条适合重庆城乡统筹综合配套改革试验区的科学发展之路，重庆市提出了"一圈两翼"空间发展战略：以都市区为中心的一小时经济圈，带动以万州为中心的渝东北地区和以黔江为中心的渝东南地区发展。"一圈两翼"空间发展战略和城乡统筹发展战略的实施，使重庆三峡库区在地域环境、发展战略、产业选择、空间布局等方面都将面临新的发展机遇与挑战，因此，有必要对重庆三峡库区发展作出新的思考。

2. 重庆三峡库区范围的界定与发展现状

2.1　重庆三峡库区范围的界定

　　传统意义上的重庆三峡库区是指重庆市域范围内因三峡工程175米蓄水淹没所涉及的地域以

及工程需要移民安置的范围，具体涉及巫山、巫溪、奉节、云阳、开县、万州、忠县、石柱、丰都、涪陵、武隆、长寿、江北、巴南14个区县。"十五"初期，依据重庆市各地区的自然及经济地理特征和经济社会发展现状，遵循劳动地域分工和区域经济发展的客观规律，提出建设都市发达经济圈、渝西经济走廊、三峡库区生态经济区三大经济区，其中三峡库区生态经济区为沿三峡库区、渝万高速公路、渝怀铁路分布的万州、涪陵、黔江、长寿、梁平、城口、丰都、垫江、武隆、忠县、开县、云阳、奉节、巫山、巫溪、石柱、秀山、酉阳、彭水19个区县。"十一五"规划，针对三峡库区生态经济区内渝东北、渝东南工作重点的差异性，提出了"按三大经济区构建区域经济体系，按四大工作板块实行分类指导"的非均衡协调发展战略，将三峡库区生态经济区进一步划分为渝东北、渝东南两大板块。直辖十年，根据"一圈两翼"空间发展战略，形成以万州为核心，包括丰都、忠县、开县、云阳、奉节、巫山、巫溪等8个传统三峡库区沿江城镇及垫江、梁平、城口3个三峡库区腹地城镇的11个区县的渝东北经济板块，形成了以带动三峡库区城乡统筹发展为核心内容的新三峡库区内涵。

2.2 重庆三峡库区发展现状

渝东北地区面积达3.39万平方公里，2005年常住人口达852.38万人。受区域自然地理环境及历史因素影响，经济社会发展相对滞缓，人地矛盾突出，生态环境保护形势严峻等主要问题。

2.2.1 经济社会发展现状

总体而言，渝东北地区经济社会发展处于西部地区平均水平，在重庆市处于"一圈两翼"三大经济区的中下水平。2005年，渝东北地区生产总值518亿元，仅占全市的16.71%，人均地区生产总值5668元，约为全市平均水平的一半。受资源、环境等条件的制约，渝东北地区第二、三产业发展相对缓慢，产业结构呈"二、三、一"特征，处于工业化中期阶段，第三产业发展水平较低。

表1 重庆市"一圈两翼"三大经济区生产总值（单位：万元）

地区 \ 年份	2003	2004	2005	2006（1-9月）
全市	22728200	26928100	30704900	23206400
一小时经济圈	17564240	21815155	23865538	18397540
渝东北地区	3853069	4510254	5183651	3963941
渝东南地区	1310891	602691	1655711	844919

2.2.2 人口分布现状

2005年渝东北地区常住人口达852.38万人，人口密度为251人/平方公里，人地矛盾突出。同时，2005年渝东北地区城镇人口仅占三大地区城镇人口的27%左右，农业人口占有相当大比重，农村劳动力过剩，农村劳动力转移压力大。

表2　重庆市人口分布表

行政辖区	2005总人口（万人）		2005年城镇化率（%）	2005城镇人口（万人）
	2005（常住人口）	2005（户籍人口）		
全市	2798.00	3169.15	45.22	1265.90
一小时经济圈	1661.38	1778.70	58.36	969.64
渝东北地区	852.38	1046.94	28.10	239.15
渝东南地区	284.24	343.51	20.09	57.11

2.2.3　城镇分布现状

渝东北地区城镇分布主要沿长江及渝宜高速公路东西向带状延伸，南北腹地受交通因素制约不发达，总体上还处在"以线串点"城镇体系初级状态。具体而言，受地理因素影响，城镇分布以云阳、开县为界西密东疏；区域发展极万州首位度偏低，区域辐射带动作用不明显；除长江、渝宜高速公路外，尚缺乏与之平行或交叉的其他发展辅轴；城镇等级规模不合理，城镇体系不完善。

2.2.4　生态环境现状

随着渝东北地区人类活动强度的增强，尤其是城镇化水平的逐渐提高，产业规模的不断扩大，库区生态环境压力不断增大。

3.　重庆三峡库区发展的重新认知

3.1　重庆三峡库区新的功能定位

"一圈两翼"发展战略形成了包括原来都市发达经济圈、渝西经济走廊和涪陵、长寿共23个区县的"1小时经济圈"，带动以万州为中心的库区和以黔江为中心的渝东南少数民族地区共同发展的"一圈两翼"协调发展格局。

由此，重庆三峡库区有了新的定位，即渝东北地区的发展要以"1小时经济圈"的建设为核心，以城乡统筹发展为主线，建设成为长江上游特色经济走廊、长江三峡国际黄金旅游带和长江流域重要生态屏障三大功能定位。

3.2　重庆三峡库区当前主要发展态势

3.2.1　库区产业"空心化"总体有所好转，但产业结构存在一定程度雷同

受三峡工程长期议而不决的影响，三峡库区一方面缺乏国家应有的建设投资；另一方面企业依靠自身积累资金扩大生产规模也受到严格限制，使得库区产业在三峡工程建设前极度落后。开工建设后，受前期移民搬迁和城镇迁建因素影响，库区大量企业关停并破产。在二期移民搬迁基本完成后，由于缺乏影响力大、关联度强的主导产业的支撑，库区产业"空心化"问题日渐突出。2003年重庆市委、市政府出台了《重庆市三峡库区全面建设小康社会总体发展规

划纲要》，在《纲要》的指导下，一大批基础设施项目、特色产业项目、生态环境保护和建设项目以及社会事业项目相继在库区投入建设，库区各区县均建立起了较为完整的产业结构，经济实力有所提高，但由于处于同样的发展背景、发展环境，加之资源禀赋差异不大，库区各区县间产业结构存在一定程度的雷同现象。

3.2.2 库区资源"单向流动"态势显著，但"相向运动"逐步呈现

按照非均衡协调发展理论，加以都市区及"一小时经济圈"具有良好的发展本底条件，在"八小时重庆"以时间换空间使区县与都市区通勤交通时间大大缩减的情况下，发达地区对欠发达地区的资源吸聚效应，已在都市区与库区区县之间上演。《重庆日报》2007年7月30日消息，从1998年到2004年，三峡库区资金外流量约为448亿元，相当于万州2004年GDP总额的4倍，巫山县同年度GDP总额的23倍。三峡库区与都市区之间已经形成了明显的库区优势资源向都市区"单向流动"的特征。

同时，受都市区产业结构调整和区域交通条件改善的影响，目前也已出现了都市区投资资金流向库区区县的态势。库区优势资源向都市区的"单向流动"已逐步向库区区县与都市区"相向运动"转变。

3.2.3 库区城镇"卫星城市"特征越发明显

在区域交通条件不断改善的情况下，库区购物、休闲、教育、医疗以及人才在更多流向都市区的同时，另一显著的特征就是更多的库区人选择了工作在区县、家居在都市的生活方式，越来越多的区县购房资金正巨量涌入都市区楼市，库区城镇有中国特色的"卫星城市"特征越发明显。

4. 重庆三峡库区城乡统筹发展的几点思考

"实施大城市带大农村战略，统筹推进'一圈两翼'的城镇化，增强城市对农村、'一圈'对'两翼'的辐射带动力……"2007年5月，重庆市第三次党代会提出的"一圈两翼"和统筹城乡发展战略，为三峡库区改变单一的吸聚被动局面提供了机遇与可能。立足于重庆三峡库区发展的自然本底条件和发展现状，针对当前重庆三峡库区新的功能定位和发展态势，库区城乡统筹发展应着重从以下几点做出思考：

4.1 统筹渝东北地区与一小时经济圈的区域协调发展

三峡库区自然地理环境恶劣，人多地少是库区最大的区情，也是制约库区发展的最大难题。加强库区城乡统筹发展，首先要统筹渝东北地区与一小时经济圈的区域协调发展，对库区人口容量与环境承载力做出评价和判断，切实明确库区所能够承载的人口最大阀值，向"一小时经济圈"疏解人口，减轻库区发展压力。

4.2 合理划分生态功能区和经济功能区

三峡库区的形成，改变了区域原有的生态环境各生态因素之间的既有互适性平衡。在库区面临城乡统筹发展的宏观形势下，应首先寻求库区生态环境容量的限制与生态环境的平衡点，通过生态环境的适宜性分析，计算不同区域的环境承载力，划分不同的生态功能区，在此基础上结合区域生态资源特征，进行合理的经济区划，为库区内部非均衡发展奠定坚实的生态基础。

4.3 库区产业错位选择，大力发展都市配套服务产业

在库区资源与都市资源"相向运动"初现端倪后，库区产业发展应充分抓住"一圈两翼"发展战略的实施，系统研究都市区产业结构缺口，针对都市区的经济特征和产业形态，明确库区在重庆市经济发展中的地位、角色，形成与都市区资源优势互补、产业互动的良好态势。战略定位上，区县产业发展应以区域资源特征为基础，大力发展旅游服务业、特色生态农业以及特色劳动密集型产业，实施错位发展，以期在为都市区服务的同时打造自己的经济增长点。

4.4 强化万州发展极核，完善城乡体系结构

在市域实施"一圈两翼"非均衡发展战略的基础上，库区自身也应按照增长极核理论，大力发展万州作为三峡库区的发展增长极，将优势资源集中向万州集聚，刺激万州迅速发展。在此基础上，以长江及渝宜高速公路为发展主轴，以南北向高速公路连接道为发展辅轴，以各区县县城所在地为二级发展极，以重点小城镇为三级发展极，构建以区域经济区划为基础，以长江及渝宜高速公路为发展主轴，以南北向其余高速公路连接道为发展辅轴，以万州为发展极核，以各区县县城所在地为二级发展极的网络状城镇体系结构，带动库区持续发展。

参考文献

［1］ 赵万民. 三峡工程与人居环境建设［M］. 北京：中国建筑工业出版社，1999.

［2］ 重庆市规划设计研究院. 渝东北地区城乡总体规划［Z］，2007.

［3］ 重庆市规划设计研究院. 重庆一小时经济圈规划［Z］，2007.

作者简介

周梦麒　（1974– ），男，重庆市规划设计研究院规划编制研究所所长，高级工程师。

邱　强　（1975– ），男，硕士，重庆市规划设计研究院规划编制研究所副所长，高级工程师，注册城市规划师。

城乡统筹规划在我国县级层面的改革实践①

蒋 林 王 芳 易 峥 曹力维

（发表于《重庆建筑》，2013年第9期）

摘 要： 县作为城乡联系紧密的基层行政单元，应作为推动城乡统筹规划改革的关键平台。本文以县（含县级市）为对象研究了我国东西部地区多个省市推动的城乡统筹规划改革，总结其实践特点和存在问题，认为县级层面应当作为城乡统筹改革的突破口，在规划编制体系上应承上启下；在规划编制内容上应强化空间管制和指引；在规划管理体制上重点应在多部门统一职能和多个规划相互协调。县级层面的改革，其经验可在全国分区域推广，其行动也会推动业内的广泛讨论并推进上层次制度的修改。

关键词： 城乡统筹规划；县；规划改革

1. 前言

县是我国现行行政体制下的基层行政单位，是落实国家政策的基本单元。从历史演变来看，县建制相对固定，很少改变；从地域大小上看，县级行政区（包含与县行政等级相同的县级市及部分与县行政体系相似的地级市，下同）多在1000～2000平方公里左右，既有城，也含乡，城乡之间有紧密的政治、经济和社会联系；从规划体系和管理上看，县既具备相对独立的规划管理权限，又具有比较适中的管理范围。这些特性决定了县应当成为推进城乡统筹规划改革的关键平台，可实现县域城乡规划全覆盖。

2. 规划编制体系的改革实践

国家尚未出台《城乡规划编制办法》以代替现行《城市规划编制办法》，因此全国范围内的规划编制体系并未在县进行全面改革，仍按照城市分为总体规划和详细规划两大类。但部分省市在《城乡规划法》基础上，已在县级城乡统筹规划编制体系改革上走在前列，主要做法是增加能覆盖全域、统筹城乡的规划类型，可分三种方式（图1）。

---

① 住房和城乡建设部2011年软科学研究项目：城乡统筹视野下城乡规划的改革研究（2011–R2–7）。

图1 县域层面改革的规划编制类型与全国层面对比

2.1 创新指导县（市）全域层面的规划类型

重庆市要求下辖区县编制"区县城乡总体规划"覆盖区县全域，编制内容与"县域城镇体系规划"相近，实质上是对原"县域城镇体系规划"做了创新，增加不少城乡统筹规划内容。陕西省在县层面增加"城乡一体化建设规划"，层级上介于区域性城镇体系规划和市（县）城市总体规划之间，类似原市（县）城镇体系规划；根据2009年6月省内下发《城乡一体化建设规划编制办法（试行）》，其内容也与原市、县城镇体系规划相差不大。因此重庆和陕西均是在原城镇体系规划基础上进行不同程度创新，实现城乡统筹规划。

成都市有所不同，其"县规划"含"县域城乡总体规划"和"县城总体规划"，其中"县域城乡总体规划"是在"全域成都规划"指导下将城乡空间规划的主要控制要素汇集在一起，进行"一张图管总"和规划统筹，对上延续了"全域成都规划"的辖区满覆盖思想，对下指导城乡空间的利用和管控。

2.2 以体现城乡统筹性质的规划融合原体系规划和城市总体规划

浙江省新设"县域总体规划"层级，包括县域城镇体系规划、县政府所在地镇（或中心城区）的总体规划或者不设区的市城市总体规划，将整个县级行政区划为城市规划区。该规划一方面融合县域城镇体系规划和县城总体规划的内容，一方面对行政辖区满覆盖，并对乡村规划内容有所涉及。

2.3 编制体现城乡统筹性质的专项规划

2010年《江苏省政府办公厅关于加强城乡统筹规划工作的通知》要求，正在修编县总体规划的地方，要同步编制城乡统筹规划，纳入县总体规划一并报批；已完成县总体规划编制的地方，规划部门要依据县总体规划组织编制城乡统筹专项规划。从上述要求看，江苏省将"城乡统筹规划"认定为专项规划，既可单独编制也可作为总体规划的一部分，但更强调城乡统筹内容。

3. 规划编制内容的改革实践

2006年建设部印发《县域村镇体系规划编制暂行办法》（建规〔2006〕183号）替代2000年下发的《县域城镇体系规划编制要点（试行）》，将县域规划从城镇扩展至村，虽体现了城乡统筹规划和管理的思想，但依然只是"点"规划（确定城镇空间、等级规模），缺乏对乡村"面"的考虑；只有城镇的规划内容而缺乏对乡村的关注。县域城乡统筹规划的主要任务就是全域覆盖规划指导和管理部门间协调衔接，因此各地规划编制内容主要按此思路改革，其中以浙江等省市实践最为系统和深入，体现在三个方面。

3.1　强调与土地利用总体规划的全面衔接

县域城乡总体规划要在空间上落实各项指标，就必须与其他规划衔接关键指标，尤其是要与控制土地要素的土地利用总体规划（下简称"土规"）之间全面衔接。浙江省《缙云县县域总体规划（2006–2020）》对此进行了创新，专题研究了与土规衔接的指标和方法，提出了"六大衔接"：①基础工作衔接（基础数据、基础图件、用地分类等）；②主要经济社会发展目标衔接。③建设用地规模衔接，即按确定的城乡建设用地控制规模，确保耕地保有量和基本农田保护任务，加强资源承载能力、环境容量研究，根据土地供应能力、耕地占补平衡能力来统筹安排规划期内城乡建设用地，特别是城镇建设用地规模；④城镇建设用地空间布局衔接；⑤规划建设时序衔接；⑥实施措施衔接，采用"四步走"的具体操作方式确保规模和空间布局的一致性（图2）。

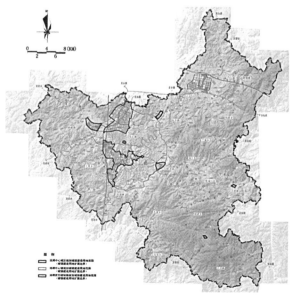

图2　缙云县"两规"衔接图1

3.2　强化对镇乡规划的统筹指引

县是目前进行镇、乡、村规划指引的较好层级单元，不仅可促进省市镇乡村规划指引的落实，又可对具体镇乡村规划关键要素进行统筹考虑。例如，成都市《双流县县域总体规划》在城镇规模等级结构上分为新城、重点镇、新市镇、一般镇、农村新型社区、林盘6个层级。在建设用地规模预测和分配上，既考虑传统的有用地指标的建设用地，也考虑可流转的集体建设用地，各分区和各镇用地规模及范围要根据总规用地规模、土规用地指标、可流转集体建设用地指标统筹协调确定。规划制定的新农村规划指引，包括社区聚居人口、人均建设用地、保留林盘的选择、公共服务设施、市政道路设施布局、发展模式等（图3），为农村发展提供了具体有效的导向目标。

3.3　建立全域空间管制体系

浙江省《诸暨市域总体规划（2006–2020）》（图4）将市域土地划分为9大类用地（城镇建设用地、村庄建设用地、独立工矿用地、基础设施用地、风景旅游用地、发展备用地、农业保护用地、生态用地、水源保护用地），分别与土规以及交通、电力、环保、农林等部门专项规划衔接，并按部门职责提出可有效实施的管制措施。在划定适建、限建、禁建三大类空间的基础上，针对各类用地的特点建立"点、线、面"结合的空间管制体系，"面"上控制城镇建设用地增长边界，明确耕地、林地、风景名胜区等保护范围；"线"上控制生态廊道与各类基础设施廊道；"点"上控制历史街区、水源保护地等。通过全域空间管制区的建立和与部门职责相符的管

图3　缙云县"两规"衔接图2　　　　　　　　　图4　诸暨市城乡用地空间管制图

制措施，县域规划可得到有效实施，实现县域内城乡资源的统筹利用。

4. 规划管理的改革实践

城乡统筹规划改革最终要依靠规划管理来实现，各省市在规划管理方面的改革大多从法制建设、机构建设以及实施保障制度建设等方面进行。

4.1 出台相应管理条例

在对规划编制体系和编制内容进行改革的同时，部分省市出台相应的规划编制导则，以完善和规范规划编制。东部如浙江省，2006年颁布了《浙江省县市域总体规划编制导则（试行）》，省内部分地区还根据该导则，出台了适合地域要求的规定（如《台州市县市域分区规划编制导则（试行）》）。西部地区如重庆市，2007年编制完成了《重庆市远郊区县城乡总体规划编制导则》等（表1）。

表1 各省市制定的县（市）层面规划管理文件一览表

序号	规划管理文件名称	颁布时间
1	浙江省县市域总体规划编制导则（试行）	2006年
2	重庆市远郊区县城乡总体规划编制导则	2007年
3	成都市区（市）县县域总体规划编制办法	2007年
4	陕西省城乡一体化建设规划编制办法	2009年
5	山东省城乡统筹建设规划编制审批办法（草稿）	2009年
6	江苏省城乡统筹规划编制要点	2010年
7	河北省县（市）域城乡总体规划编制导则（试行）	2011年

4.2 机构建设的改革创新

在机构建设改革创新上，各省市均有自身特色，但广东省在这方面走在全国前列。

佛山于2011年将国土资源局、城乡规划局合并为国土资源和城乡规划局，承担了国土和城乡规划相关的规划编制和管理工作，包括土地利用总体规划、土地利用年度计划、市域城镇体系规划、城市（镇）总体规划、专项规划、详细规划（含村规划）等；规划编制的职能均集中于内设的综合规划管理科，真正实现一个部门管理，实现国土和规划的无缝衔接。相比之下，上海尽管成立了规划和国土资源管理局，但国土资源和城乡规划的编制和管理仍分设两个处室，并未真正整合。

云浮市迈出了更大的改革步伐。2010年其在广东省率先将三大规划以及其他行业发展规划的编制职责整合为"市规划编制委员会"一个部门负责，试图实现"一张图纸"治理城市；同时赋予该编委会组织编制和审查全市各部门的专项规划，并监督实施的职责。这一整合并非"多规合一"，而是由一个部门统一协调衔接国民经济与社会发展规划（期限5年）、土地利用总体规划（期限一般10年）、城乡规划（期限一般20年）及各行业规划之间的发展目标、重要控制指标和近期重大行动计划。经过几年实际运作，有效避免了各部门规划"交叉扯皮"的现象，基本实现了以规划引领发展的初衷，对云浮市资源环境的保护利用和城乡区域统筹发展产生了积极影响。

此外，为了解决规划权力过于集中且缺乏有效监督以及执行不力等问题，云浮市还成立了由市长任主任的规划审批委员会，就规划建设的重大事项进行审查并提出决策意见。规划审批委员会下设环境艺术委员会和规划监督监察委员会。其中，规划监督监察委员会受规划审批委员会委托，就各项规划实施情况进行监督检查。通过合理配置和运用编制权、决策权、执行权、监督权，进一步从制度上保障了"多规"之间的有效衔接。

4.3　实施保障机制的改革

仍以云浮为例，该市在整合制定《云浮市统筹发展规划》的基础上，还研究建立了包括财政、组织、考核等相应的规划实施保障机制。例如，针对规划确定的"重点城市化地区、工业化促进地区、特色农业地区、生态与林业协调发展区"等四种功能区域，为相关实施主体（即镇和街道）制定了专门的绩效考核办法。具体规定了重点城市化地区侧重于考核经济发展和功能优化，工业化促进地区侧重于考核工业产值的增长，特色农业地区侧重于考核农业产业化经营水平，生态与林业协调发展区侧重于生态公益林建设、水源保护等，并明确了具体考核标准。以"功能发挥好、考核得分高"的原则，体现权责利相一致的机制，调动不同地区科学发展的积极性。正是这种"规划落地、责任到人"的保障机制，使规划实施得到了有效保证，促进了该市经济社会的发展和人居环境的改善。

5.　思考与总结

5.1　对县规划存在问题的反思

县级层面是城乡统筹从战略走向实施的关键环节，城乡统筹改革在这一环节既要落实上层次提出的规划项目，又要实现县域全覆盖，并为下层级的规划编制和实施提供依据，增强规划的可实施性和可操作性。

就国家层面而言，县规划是缺失的。现行城乡规划编制体系中，县级政府编制的规划只是县城所在地镇的总体规划，仅将县域城镇体系规划作为县城总体规划的组成部分，且县域城镇体系规划的法定地位并未得到保证。广东、浙江、重庆、成都、陕西等地将县域全覆盖的规划作为城乡统筹改革的突破口就是很好的实践，但目前这些规划名称不统一，且有突破国家法定规划体系的迹象；或为了兼顾国家法定规划编制体系和地方实际需求，将县域规划穿插在国家法定规划体系中，造成地方规划体系内容复杂，规划重叠。

　　县规划的实际效用在不同地方也有明显差异。个别地方规划的作用非常明显，如广东省云浮市（在下辖各县编制"县域主体功能扩展规划"），其特点就是规划的目的、定位都非常明确，在解决规划的综合和统筹功能的同时，还配套设置了规划实施的机制，将此作为规划的重要内容，并因此保障了规划的落实。之所以做到这些，最根本的原因是当地决策机构真正认识到规划对统筹城乡发展的重要性而采取了强力的行政推动。但这种政治精英推动的做法有较强的人治色彩，易随领导职务的变动而变化。大部分推行编制县总体规划的地区，并没有像云浮那样正确认识县总体规划的重要作用，县里要么缺乏编制的积极性，要么编制以后很难实施。显然，从全国范围而言，还缺乏从制度层面来系统设计和规定县总体规划的内容、调控对象以及调控手段。正是这种缺失或缺位，使得城乡规划在县级行政区域这个城乡统筹的重要单元少有作为。

5.2　县级层面城乡统筹规划的改革建议

　　要在县（市）这一层级真正实现城乡统筹规划，必须构建规划编制事权与行政管理事权范围一致的全域规划体系，增加编制县（市）域规划。一方面，可参照浙江的做法，对县级规划体系进行彻底改革，在县域层面只编制县域总体规划，内容为县域城乡总体规划、县人民政府所在地镇（或者中心城区）的总体规划或者不设区的市城市总体规划，不再单独编制县城总体规划，以县域城乡总体规划替代县域村镇体系规划。县域规划应着眼于项目落地和实施指导，并为下层级规划编制和实施提供依据。另一方面，为增强规划的可操作性和实施效果，县域规划应将"多规协调"，特别是与土地利用总体规划的协调衔接作为重点，切实落实城乡各种功能空间。县级市及较小规模的地级市建议参照县域总体规划编制，同样将"多规协调"作为工作重点。

5.3　结语

　　各省市以城乡统筹理念对县级行政区层面的规划改革进行了多方面探索。规划编制体系方面，有增加指导县全域层面的规划类型，有以体现城乡统筹性质的规划融合原体系规划和城市总体规划的规划类型，也有将城乡统筹规划作为一种专项规划的规划类型；规划编制内容方面，强调了与土地利用总体规划的全面衔接、强化镇乡规划统筹指引、建立全域空间管制体系3个方面；规划管理方面，主要从出台相应管理条例、改革机构、创新落实保障机制等方面进行改革。这些改革为我国基层行政区推动城乡规划改革奠定了良好的实践基础。

　　近年来各地的改革经验，应当以何种形式在全国范围内推广，如何推动上层设计如何因势利导进行修改，还需要业内的广泛讨论和实践。但地方取得实效的改革成果，可先在周边分区域、分阶段推广，并听取意见，及时改进。下层次的先行改革最终将有力促进上层制度的修改。

参考文献

［1］中华人民共和国住房和城乡建设部. 中华人民共和国城乡规划法［Z］. 北京：法律出版社，2008.

［2］中华人民共和国建设部. 中华人民共和国城市规划法［Z］. 中华人民共和国国务院，1989.

［3］重庆市规划局. 重庆市城乡规划条例［Z］. 重庆市人民政府，2009.

［4］浙江省住房和城乡建设厅. 浙江省城乡规划条例［Z］. 浙江省人民政府，2010.

［5］江苏省住房和城乡建设厅. 江苏省城乡规划条例［Z］. 江苏省人民政府，2010.

［6］陕西省住房和城乡建设厅. 陕西省城乡规划条例［Z］. 陕西省人民政府，2009.

［7］成都市规划管理局. 成都市城乡规划条例［Z］. 成都市人民政府，2009.

［8］胡滨，薛晖，曾九利，何旻. 成都城乡统筹规划编制的理念、实践及经验启示［J］. 规划师，2009（8）.

［9］陕西省住房和城乡建设厅. 陕西省城乡一体化建设规划编制办法（试行）［Z］. 陕西省住房和城乡建设厅，2009.

［10］云浮市人民政府办公室. 关于印发云浮市规划编制委员会主要职责内设机构和人员编制规定的通知（云府办（2010）108号）［Z］. 云浮市人民政府办公室，2010.

［11］浙江省城乡规划设计研究院. 缙云县县域总体规划（2006–2020）［Z］. 缙云县人民政府，2009.

［12］浙江省城乡规划设计研究院. 诸暨市域总体规划（2005—2020）［Z］. 诸暨市人民政府，2007.

［13］成都市规划设计研究院. 双流县域总体规划（2007–2020）［Z］. 双流县人民政府，2006.

作者简介

蒋　林　（1981–　），男，硕士，重庆市规划设计研究院城市发展战略研究所，高级工程师。

王　芳　（1983–　），女，硕士，重庆市规划设计研究院城市发展战略研究所，高级工程师。

易　峥　（1973–　），女，博士，重庆市规划设计研究院副总工程师，正高级工程师。

曹力维　（1981–　），女，硕士，重庆市规划设计研究院城市发展战略研究所，高级工程师。

城乡统筹条件下"四规叠合"初探
——以重庆市江北区"四规"叠合综合实施方案为例

黄雪梅　易　峥

（发表于《中国城市经济》，2010年第8期）

摘　要：随着我国中国特色社会主义事业不断向纵深推进，现行规划体制已越来越不适应各项工作的需要，迫切需要对其进行改革完善，"四规"叠合正是这一背景下的探索。本文以重庆市江北区"四规"叠合综合实施方案为例，对规划方法、规划思路进行了有益的探索。

关键词：四规叠合；对策

1.　前言

《城乡规划法》的正式施行，放大了原有城市的视野，从整个城乡统筹范围去考虑和布局规划，按照目前的行政管理体制，以空间资源配置为目的的规划主要有国民经济和社会发展规划、土地利用总体规划、城乡总体规划和环境保护规划四大类。

改革和完善现行的规划工作，最理想的方案是促进规划一体化，建立城乡统筹、上下衔接、层次分明、定位清晰、协调统一的规划体系。但是，在现有的法律法规、行政体制和工作框架下，比较适宜的选择是采取"四规叠合"的工作方式，探索性地解决现行规划工作中存在的问题，这也是推进城乡统筹、促进空间协调和可持续发展的有效手段。

重庆市在获批全国统筹城乡综合配套改革实验区后，2008年初，开始"四规叠合"的探索：将产业发展规划、城乡总体规划、土地利用总体规划和生态环境保护规划进行叠合，统筹考虑。这一做法，具有开拓性的意义。

2.　"四规叠合"的问题与难点

2007年底，重庆市江北区率先开展了"四规叠合"的试点工作。江北区属重庆主城区之一，总面积220.77km^2，下辖9个街道、3个镇，现状建成区面积39.87km^2；全区总人口67.36万，城镇化率93%。

"四规叠合"是一项探索性的工作，这项工作面临诸多方面的问题。

2.1 明确 "四规叠合" 方案的核心内容

四类规划分属不同领域，各成体系，规划内容各有侧重。例如生态维护区的标准不一样；国土规划与城乡规划二者在技术上存在一定的分歧，如在规划范围、规划期限、用地指标控制以及用地分类等方面，均存在不完全可比的问题；同时在某些原则性问题上也存在分歧。因此明确"叠合"方案的核心内容，统筹各类规划空间是叠合过程中面临的首要问题。

2.2 确定"四规叠合"的方式与方法

由于各个规划使用的基础资料、技术软件等都不一样，例如国土规划主要采用GIS软件，而城乡规划采用CAD等软件，环境保护规划与经济发展规划在空间上以示意为主；而且由于技术人员对软件的技术掌握的程度不一样，相互之间的技术转换比较困难，还有各个规划的编制时间、编制范围等不一样，那么各个要素反映到空间上后，其吻合度不高，误差较大。因此在"叠合"时，应采取何种方式进行"叠合"是叠合过程中面临的一大问题。

2.3 建立"四规叠合"的协调机制

由于各个规划本身存在矛盾，那么如何协调和解决这种矛盾是叠合过程中面临的重要问题之一。作为区县层面的"叠合规划"，既要符合市里总的要求，又要协调区县层面的各种规划，那么建立强有力的协调机制是十分必需的。如没有部门来牵头进行协调一致，就很难实现预期目标。

3. "四规叠合"规划初探

3.1 确定规划核心内容

四类规划分属不同领域，规划内容各有侧重，但规划核心基本要素要保持协调一致，在共同发展战略下，统一经济社会发展目标，统一发展极限控制，统一生产力布局。

综合实施方案在选取核心要素时，以空间布局为载体，融合经济社会发展规划关于主体功能区划、经济社会发展总体目标、人口规模、产业发展和布局、重大项目建设等方面的内容，城市总体规划关于城镇村建设用地规模及空间布局、城镇村空间结构、适建、限建和禁建区划定方面的内容，土地利用总体规划关于耕地保有量和基本农田保有量及其空间布局、建设用地量等方面的内容，环境保护规划关于环境功能区划、节能减排指标等方面的内容。

表1　规划协调与综合的核心内容和空间控制要素表

	需协调的核心内容	空间控制要素
国民经济与社会发展规划	主体功能区划，社会经济发展目标，产业空间布局，重点项目	空间开发强度、性质、规模
城乡总体规划	城镇村建设用地规模及空间布局，城镇村空间结构，适建、限建和禁建区划定	空间开发强度、性质、规模、方向
土地利用总体规划	耕地保有量和基本农田保有量及其空间布局，建设用地量	空间开发强度、规模
生态环境保护规划	环境功能区划，节能减排指标	空间开发性质、强度

3.2　规划思路

3.2.1　同时编制四个规划和叠合规划

"四规叠合"综合实施方案总体上不改变现有国民经济和社会发展规划、城乡总体规划、土地利用总体规划、环境保护规划等四大规划体系的编制方式和程序，按照"功能定位导向、相互衔接编制、要素协调一致、综合集成实施"的思路进行。

四类规划仍然由区县发展改革部门、城市规划管理部门、国土管理部门、环保管理部门分别牵头编制，叠合规划由区县发展改革部门牵头编制。

3.2.2　建立规划编制的衔接协调机制，相互参与规划论证

规划一开始就成立了"四规叠合"工作协调小组，协调小组定期召开协调会议，协调解决规划编制中的重大问题。在规划编制过程中，边协调边反馈，将市、区（县）两级政府及相关部门、相关规划的编制单位协商和沟通的结果反馈到自己的部门和规划中。

通过与区各部门、市级各部门进行协调，使得规划的编制过程成为规划共识的形成过程。根据"主动沟通、多方协调"的工作思路，进行了实地考察和补充调研，阶段工作成果征求市区各部门意见，使规划更加符合实际，为功能分区、土地资源利用、城镇与产业布局、空间管制等规划内容多方认同奠定了重要基础。

3.2.3　建立统一的技术平台，各个规划在此平台下细化

各个规划运用统一的基础资料，在叠合规划确定的发展目标、功能分区、生态控制区的框架下，进一步细化本专业的核心内容。

4.　结语

"四规叠合"是一项探索性的工作，各级政府也一直试图通过某种方式来探讨解决规划实施过程中遇到的问题，规划不仅面临的是技术层面的问题，更是各种制度的变革。

国内外的许多经验表明，城乡规划一体化是促进城乡经济社会发展一体化的强大动力。据

不完全统计，我国目前由法律授权编制的各类政府规划多达83种，由于各级各类规划之间协调机制不健全，统筹合力没有形成，造成部门分割现象严重、规划管理十分混乱、规划的执行力有限等诸多问题。迫切需要对其进行改革完善，建立一套上下衔接、层次分明、完整统一的规划体系。

将四个规划叠合在一起，最大优势便是考虑到社会活动中的方方面面，同时协调区域内的发展空间，避免以后出现'规划打架'的情况。重庆市"四规叠合"的做法，有助于凝聚发展动力，突破城乡二元化困境，强化统筹协调，提高规划的执行力。

参考文献

［1］ 重庆市规划设计研究院. 重庆市江北区"四规"叠合综合实施方案［R］. 2008.

［2］ 广东省城乡规划设计研究院. 重庆市江北区分区规划［R］. 2008.

［3］ 重庆大学. 重庆市江北区"四规叠合"环境保护规划［R］. 2008.

［4］ 江北区发改委. 江北区新时期发展战略及产业规划［R］. 2008.

作者简介

黄雪梅　　（1972–　），女，硕士，重庆市规划设计研究院两江分院副院长，高级工程师。

易　峥　　（1973–　），女，博士，重庆市规划设计研究院副总工程师，正高级工程师。

专题三
城市总体规划与详细规划

总体规划修改的制度化探索

王　岳　罗江帆
（发表于《上海城市规划》，2013年第3期）

摘　要：传统基于技术理性的蓝图式总体规划难以适应经济社会快速发展的要求，《重庆市城乡总体规划（2007-2020年）》（2011年修订）探索实践了城乡规划法和《城市总体规划修改工作规则》规定的修改程序。增强总体规划的适应性，需要建立动态完善总体规划的机制、加强多层级多部门的协调合作、空间与政策并重，加强对城市宏观发展趋势的把握。

关键词：总体规划修改；适应性动态完善机制；协作；政策

1．蓝图之惑：总体规划的适应性难题

一直以来，总体规划在规划管理中一直扮演着"根本大法"和"终极蓝图"的角色，为城市和区域的健康有序发展起到了重要的指导作用。城市发展需要总体规划的引领，但当城市发展与重大项目、重大事件选址发生矛盾时，总体规划的科学性、前瞻性则常常受到质疑。造成这一困境的直接原因在于，脱胎于传统计划经济模式、采取自上而下途径编制的蓝图式规划难以应对市场经济条件下的不确定性；编制时间长达数年的总体规划难以适应快速城市化时期的现实需求。

从认识论的角度来看，传统的总体规划假设城市发展是可预知的、可预控的，因此人们有能力运用所知的规划原理和技术手段，引导城市向理想状态发展[1]。然而，当前总体规划的尴尬处境却表明，技术理性下产生的终极蓝图难以应对城市这一复杂巨系统的发展变化。仇保兴博士[2]从新理性主义的角度认识城市规划，认为城市发展过程中，连续性与非连续性并存、确定性与非确定性并存、可分性与不可分性并存、可预见性与不可预见性并存，因此需要对城市规划的实施进行过程约束，提高城市规划对未来发展机遇和干扰的适应能力。

近年来，各地在增强总体规划适应性方面做出了大量探索，动态实施总体规划，以协作规划替代"技治主义"[3]、以动态实施替代终极蓝图，逐渐成为各方的共识。总体规划编制只是总体规划实施的重要环节之一，需要建立依法规范、可动态优化的总体规划实施机制来应对实施过程中重大不确定因素带来的挑战，而这一机制则需要涵盖实施监控、定期评估、研究深

化、修改维护等关键环节，并且打破传统总体规划的技术型封闭式状态，引入多利益相关方的参与，形成多部门开放式的总体规划运行格局[4-6]。

2. 解困之门：总体规划修改的相关规定

针对总体规划实施中的现实困境，新的《城乡规划法》增加了"城乡规划的修改"一章，规定了总体规划修改的五种情形，包括"上级人民政府制定的城乡规划发生变更，提出修改规划要求的；行政区划调整确需修改规划的；因国务院批准重大建设工程确需修改规划的；经评估确需修改规划的；城乡规划的审批机关认为应当修改规划的其他情形"，并严格规范了城乡规划修改的组织和审批程序。2010年，国务院办公厅印发了《城市总体规划修改工作规则》（以下简称《规则》）。《规则》要求，拟修改总体规划的城市，应对原规划的实施情况进行评估，深入分析论证修改的必要性,提出拟修改的主要内容，涉及修改强制性内容的，应就其必要性和可行性编制专题论证报告。规则还规定了总体规划的强制性内容和修改城市总体规划的相关程序。以上法律、政策的颁布既维护了总体规划的严肃性、权威性，又规范了总体规划的修改，标志着总体规划修改作为动态实施总体规划的一部分，获得了法定依据，有利于增强规划弹性，动态适应城市的快速变化[7]。

3. 探索之路：重庆市城乡总体规划修改的制度化实践

《重庆市城乡总体规划（2011年修订）》（以下简称"总体规划修改"）是全国第一个按照《城乡规划法》和《规则》规定的修改程序编制并获得国务院批复的总体规划，在组织方式、审批程序、编制方法等方面进行了大量实践，是依法将总体规划修改工作制度化的有益探索。与修编相比，本次修改仅对原总体规划中不适应的内容进行修改，维护了总体规划的严肃性和权威性，增强其适应性，编制和审批时间大大缩短，涉及内容重点突出，成果表达形式也充分体现了修订版的特点，文本条文区别原文、新增和修改的内容，对应增加了条文修改说明。

3.1 总体规划修改的原因

2007年经国务院批准实施的总体规划对重庆市经济社会全面协调和可持续发展发挥了重要的指导作用。近年来，党中央、国务院对重庆的发展做出了一系列重大战略部署：《国务院关于推进重庆市统筹城乡改革和发展的若干意见》（国发〔2009〕3号）赋予了重庆在全国及区域发展中诸多重要的职能与定位；国务院相继批准在重庆设立目前在国内唯一拥有"水港+空港"的两路寸滩保税港区和我国面积最大的综合保税区——西永综合保税区，成为建设内陆开放高地的重要平台；2010年5月，国务院批复同意设立重庆两江新区，建设内陆重要的先进制造业基地和现代服务业基地、长江上游金融中心和创新中心、内陆开放的重要门户、科学发展的示范窗口。为保障落实国家战略，促进重庆持续快速健康发展，国务院要求重庆加快完善总体规划，并要求把握规划的战略性、前瞻性，修改工作重点围绕两江新区和西永综合保税区展开，引导城市空间有序发展。

3.2 总体规划修改的过程

总体规划修改严格遵守《城乡规划法》和《规则》的相关程序要求，突出了"政府组织、专家领衔、部门合作、公众参与、科学决策"的特点，落实国家战略、优化功能布局、做好山水文章、传承历史文脉。按照《规则》要求，从2009年8月起，组织编制了总体规划的实施评估报告。此后，由于实施评估报告建议对原总体规划的强制性内容进行修改，又编制了强制性内容修改论证报告，重点针对修改用地规模等强制性内容的必要性、可行性进行论证。2010年7月，住房和城乡建设部组织的部际联席会原则同意修改总体规划后，总体规划修改工作正式启动，先后通过了市级部门审查、规委会专家和全国专家咨询、市政府常务会审查、市人大常委会审议，并向社会公示规划方案。2011年初，总体规划修改先后通过了全国专家审查会和部际联席会的审查，并于10月15日得到国务院批复。

图1 总体规划修改方案市内专家咨询会

图2 总体规划修改方案向社会公示

本次总体规划修改从正式启动到获批，历时16个月，和动辄数年的总体规划编制相比，编制周期大大缩短，规划时效性大大增强，有力地支撑了两江新区、西永综合保税区及其周边配套产业用地的发展，充分体现了当前重庆市构建国家中心城市，走民生导向的城乡统筹之路，加快城市转型的发展方向。能够在较短时间内高效完成总体规划修改工作，一是得益于长期以来坚持完善的总体规划动态维护机制，二是得益于强有力的组织工作和多层级多部门的协调合作。

3.3 总体规划修改的特点

3.3.1 从终极蓝图到动态完善机制

自2007年总体规划获批以来，重庆市规划局开展了一系列总体规划维护工作，主要包括实施监控、定期评估和研究深化等。实施监控方面，每年通过卫星遥感技术对主城区城市建设态势进行量化统计分析，建立规划电子信息平台，每季度盘点发布规划许可的统计信息。定期评估方面，每年度发布城市规划发展报告，按照国家要求开展总体规划实施评估工作，从用地布局、三峡移民、重大设施、历史文化名城及风景名胜区保护、综合防灾减灾、实施机制等方面对总体规划的实施情况进行全面系统的评估。研究深化方面，先后开展了都市区空间发展战略研究、综合交通发展战略研究、土地与水资源承载力研究等数十项研究工作，深入研究设立西永综合保税区和两江新区对城市人口分布、产业集聚、用地布局和空间结构、基础设施等方面带来的深远影响；积极编制《成渝城镇群协调发展规划》、《两江新区总体规划》和一系列专项规划，为总体规划修改进行了充分的技术储备。本次总体规划修改完成后，又有序开展了分区规划、组团规划、21个大型聚居区规划、控制性详细规划、小城镇规划、功能区规划等系列对总体规划的深化细化工作。

3.3.2 从技术规划到协作规划

总体规划修改政策性、综合性很强，涉及多层级、多部门的协调与合作。为此，市政府成立了由分管副市长任组长，规划、国土、发展改革、环保等部门参加的领导小组，先后召开了数十次专题协调会。总体规划与国土部门的土地利用规划同步编制、同步报批，在用地分类、统计口径方面运用GIS技术协调一致。与环境保护部门一起，编写了环境影响评价专章，对总体规划修改的用地布局方案进行了环境合理性综合论证，将环评专章提出的规划优化建议和环境影响减缓措施即时反馈回总体规划修改方案中。与发展改革部门密切协作，规划"三基地四港区"和"5＋4"对外战略通道，形成"一江两翼三洋"国际贸易大通道；加强区域合作，确保电力、燃气等城市能源供给来源可靠。与各市政管线部门配合，合理确定设施规模、优化水电气环卫等市政设施布局，落实用地。

3.3.3 从物质规划到空间与政策并重

总体规划修改过程充满了诸多未来不确定因素的影响，然而规划把握当前重庆正处于城市转型期的经济社会发展要求，把握走民生导向的城乡统筹发展之路的基本方向，将这些要求和方向作为本次修改的重大条件确定下来，空间形态与政策措施并重，主要体现在引领城市转型发展和民生导向的城乡统筹方面。

（1）引领城市转型发展

重庆市当前处于关键的转型时期，城市从区域性中心城市向国家中心城市转变，从老工业基地向现代服务业基地转变，城市发展则从外延式扩张转变为内涵式发展。总体规划修改主要从以下几个方面来引领这一转型过程。一是通过补充城市职能，引导城市功能向金融商贸、科技创新、文化信息、物流和旅游等方向转变。二是按照国家中心城市的标准，显著增加公共设施用地比重，特别是增加生产性服务业用地，优化城市中心体系，预留城市未来重大事件用地。三是将两江新区和西永综合保税区作为城市转型的重要引擎，在两江新区新规划龙盛片区和水土片区，承载国家级战略性新兴产业项目和科技研发功能；依托江北国际机场门户，增加悦来两江国际商务中心，与江北嘴金融中心一起，承担金融、会展等高端生产性服务业功能；围绕西永综合保税区，整合周边物流、教育科研资源，发展电子信息产业，形成重庆的第一支柱产业。四是依托多条干线铁路和长江黄金水道，构建连接中亚经济圈、东北亚经济圈、东盟经济区、国内重要经济区以及东部出海口的对外战略通道，显著改变内陆地区长期以来过分依赖沿海口岸的区位劣势，将对外开放的腹地转变为前沿。五是挖掘旧城潜力，集约利用土地，改造建设城市中心和副中心；结合"退二进三"实现"棕地"的再利用，主要用于城市的公共设施建设；改造危旧房、棚户区和城中村，为市民提供良好的宜居环境。

图3　主城区建设用地规划图

（2）体现民生导向的城乡统筹发展

近年来，重庆市在统筹城乡发展方面先行先试，出台了一系列政策措施缩小城乡差距，促进城乡融合。总体规划修改将相关政策纳入，进一步地充实完善了原总体规划中的城乡统筹内容。一是全面提高城镇化质量，注重缩小常住城镇化率和户籍城镇化率的差距，提出"积极稳妥推进户籍管理制度改革，有序引导符合条件的农村剩余劳动力向城镇转移"，增加城市公共设施用地，优化设施布局，实现农民工同工同权，能够享受到城市的就业、社保、住房、教育、医疗等基本权益。二是按照"低端有保障，中端有市场，高端有约束"的原则，建立面向社会不同收入阶层的住房供给体系，重点加强以公共租赁住房为主的保障性住房建设，有望解决上百万低收入群众的住房问题。三是提高城乡公共服务水平。显著提高主城区公共设施用地的比例，结合山地城市"多中心组团式"的特点和21个大型聚居区的布局，形成不同层次，服务周到、覆盖全民的公共服务体系，缩小民生差距；完善了新农村公共服务设施标准和集中居民点建设要求，有助于实现城乡基本公共服务均等化。四是切实落实市域"一圈两翼"发展战略，在市域内调整城镇人口规模，优化城镇体系布局，强调从渝东北库区和渝东南山区疏解人口，调整产业发展方向，保护三峡库区生态环境。五是强化市域城乡之间的交通联系，通过增加高速公路和铁路，调整优化省道网布局，实现普通国省道二级及以上公路比重达到80%以上，缩短偏远地区与主城区和区域性中心城市的时空距离；全面提高农村公路服务能力，要求实现"90%的行政村通畅"的目标，促进城乡要素流动。

4. 结语

《重庆市城乡总体规划（2011年修订）》是第一个按修改程序编制并获得经国务院批复的总体规划，在全国范围内具有一定的先行先试意义，通过修改，总体规划的适应性得到了显著增强。从先行先试的意义上讲，本次总体规划修改有三方面的借鉴意义。一是总体规划修改只是实施总体规划的一部分，是重要环节而不是目的，着眼点应该放在如何构建常态化动态完善总体规划的实施机制上，通过实施监控—定期评估—研究深化—修改维护等关键环节，不断深化完善总体规划，将静态蓝图转变为基于未来发展框架的实施机制和公共政策。二是总体规划作为政策性、综合性最强的城乡规划，需要多层次、多部门的协调与合作，需要抓住主要矛盾，在不同的利益相关方之间进行沟通协调，用复杂的交往理性替代单纯的技术理性。三是总体规划的编制实施时刻面临不确定性的挑战，但这并不意味着总体规划要放弃对未来发展趋势的预测与把握，相反更加需要从具体项目落地中解放出来，深入领会国家战略，牢牢把握城市发展的总体方向，成为空间与政策并重的法定规划。

参考文献

［1］杨保军. 直面现实的变革之途——探讨近期建设规划的理论与实践意义［J］. 城市规划，2003（3）.

［2］仇保兴. 复杂科学与城市规划变革［J］. 城市规划，2009（4）.

［3］陈锋. 城市规划理想主义和理性主义之辨［J］. 城市规划，2007（2）.

［4］杨保军，周岚，尹海林等.总体规划修编与近期建设规划［J］. 城市规划，2005（11）.

［5］曹传新，董黎明，官大雨.当前我国城市总体规划编制体制改革探索——由渐变到裂变的构思［J］. 城市规划，2005（10）.

［6］柳意云，阎小培. 转型时期城市总体规划的思考［J］. 城市规划，2004（11）.

［7］刘泉，仇保兴. 解读《城乡规划法》［J］. 中华建设，2008（2）.

作者简介

王　岳　　（1973– ），男，重庆市规划局副局长，高级工程师，原重庆市规划设计研究院规划二所副所长。

罗江帆　　（1975– ），男，重庆市规划设计研究院规划二所所长，高级工程师。

重庆组团式城市结构的演变和发展

易　峥

（发表于《规划师》，2004年第9期）

摘　要：重庆市历次城市规划证明，"多中心、组团式"的布局结构是符合重庆市情的理想的规划结构，也是重庆城市的唯一选择。在未来的城市发展和城市规划中，应主动地维护和发展这种城市布局模式。

关键词：重庆；组团；城市结构

组团是一种紧靠成组的聚落布局形式[1]。在国内的城市规划中"组团"常常被用于描述城市形态结构。"组团"一词最早的来源虽无从考证，但业内人士基本认同其来源于形态类型分析法。组团型城市形态被描述为城市建成区由两个以上相对独立的主体团块和若干个基本团块组成，由于受较大河流或其他地形等自然环境条件的影响，城市用地被分隔成几个有一定规模的分区团块，团块有各自的中心和道路系统，团块之间有一定的空间距离，但由较便捷的联系性通道将之联结成为一个城市实体。组团式结构一直被城市规划界认同为一种较为理想的城市结构，既有较高效率，又可保持良好自然生态环境。在将"组团"一词用于城市结构的描述后，规划者又赋予其功能学上的意义，并带有一定的理想色彩，如《重庆市总体规划（1996—2020）》就以河流、绿化和山体分隔组团，希望规划的组团既保持相对独立，又彼此联系，每个组团内的工作、生活用地大体能做到就地平衡。近年来，"组团"一词越来越频繁地出现在城市规划文件中，与此同时"组团"的定义被模糊化，有的组团类似于片区，有的类似于城镇，有的只是单一的功能区。

重庆被认为是典型的组团结构城市，本文试图通过研究重庆城市结构中组团和组团式布局的演变及发展趋势，分析组团的发展动态，以探索重庆这个特大城市的合理形态结构。

1. 组团及组团式结构的产生与演变

1.1　组团及组团式结构形成的原因

1.1.1　独特的城市用地条件

重庆市区复杂的地形地貌是组团式城市形态形成的根本原因。重庆市区位于川东平行岭谷区，华蓥山的多条余脉从北至南嵌入城市，长江和嘉陵江自西向东切割山脉而过，江河和山脉成为城市发展的天然屏障，阻隔和弱化了城市内部各聚居点的联系，这些聚居点在江边渡口、河谷阶地、山脉前缘环抱成团，各自发展起一套以商品交换为主的初级城市功能。

1.1.2　特殊的城市发展历程

组团作为重庆城市形态单元，具有显著的历史继承性。自古以来，重庆城的主体位于长江和嘉陵江交汇的渝中半岛滨江地带。1876 年开埠以后，城市伴随近代工业的发展，借舟楫之便跨越两江，又随着交通方式由水运向公路演变，逐步向西扩展。在城市从沿江向内陆发展的过程中，突遇抗战，国民政府迁都重庆，致使人口激增（抗战胜利时达到125 万人），城市迅速扩张（城市建成区由战前的12 km² 扩大到战后的45 km²），特别是1939 年日军大轰炸之后，机关、学校和工厂等纷纷向四郊疏散，在沿江及成渝公路、川黔公路沿线分散布局。抗战时期城市的跃进式突变型发展构建了现代重庆城市的骨架，奠定了"大分散、小集中"的组团格局。

1.1.3　产业结构与社会生活的影响

以工业为主体的经济结构和单位制工作生活方式进一步固化了组团式城市形态。重庆是西南地区发展近代工业较早的城市，抗战时期内迁重庆的工业占到国统区工业的1/3，奠定了重庆现代工业的基础，新中国成立后重庆作为全国三线建设的重点城市，大批工业型组团迅速成长。工业分散布局在沿江和对外交通线上，形成一批工业区和卫星城镇。由于强调城市的生产性，住宅仅作为工厂的配套设施就近建设，由此形成了相对独立的生产和生活片区，再一次强化了组团式的城市结构。

1.2　城市组团及组团式布局的演变

1.2.1　组团的跳跃式扩展与渐进式扩展

纵观近现代重庆城市形态演变历程，组团及组团式布局结构呈现出跳跃式扩展（发展组团期）和渐进式扩展（充实组团期）不断交替演化的特点。伴随城市规模的扩大，城市结构被不断放大，组团数量、规模和功能也不断变化，组团性质逐渐由传统聚居点转变为生产生活区，有的已类似于功能较完善的城市（图1）。

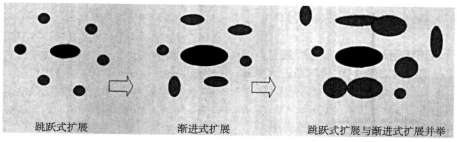

跳跃式扩展　　　　　渐进式扩展　　　　跳跃式扩展与渐进式扩展并举

图1　重庆城市组团的演变

从开埠至抗战为跳跃式扩展期，也是组团式城市布局形成时期，城市沿江河、交通干线等伸展轴扩展，在相对有利的地段或传统场镇基础上发展出城市组团。20世纪50至80年代，是组团的渐进式扩展期，主要表现为组团功能逐步完善、部分组团合并、组团规模扩大。进入20世纪90年代，特别是20世纪90年代后期，组团表现为跳跃式扩展与渐进式扩展并举，由中梁山和铜锣山构成的东、西屏障和由长江、嘉陵江构成的两江屏障被大规模突破，城市沿对外交通干线快速伸展，两山外围地区的小城镇正在变成城市的新组团，两山以内核心区的组团则不断充实、扩大和部分合并（图2）。

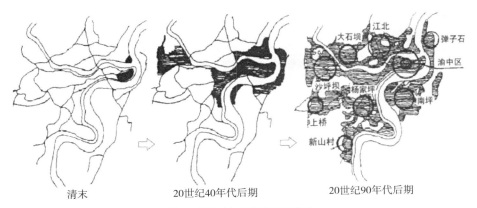

清末   20世纪40年代后期   20世纪90年代后期

图2 重庆城市用地发展示意图

1.2.2 近年来组团及组团式布局的变化及原因

近年来组团和组团布局主要表现为：①组团规模扩大，界限不断变化。②核心区内组团之间粘连趋势明显，组团隔离绿地受到侵蚀。例如，观音桥组团和大石坝组团之间原有的绿地农田等基本消失，形态已粘连在一起，相对独立的功能亦难以保持。③核心区内组团就地平衡生产生活的功能弱化。例如，就近生产生活的工业型组团随着主体企业的搬迁而瓦解。④组团功能迅速变化，组团中心得到强化。⑤组团之间的通勤量增加。2002年重庆市主城区综合交通规划中的交通调查结果显示，居民出行在空间分布上已由以东西向客流为主转变为以南北向客流为主，最大流向为江北区—渝中半岛—南岸区，这说明跨越两江的通勤量增长迅速。⑥组团式城市结构的范围扩展，核心区以外的小城镇正在成为新的城市组团，如西永大学城、茶园工业区。⑦城市新拓展地区出现了以北部新区为代表的无中心、非组团式沿交通干线蔓延的趋势。

引发近年来组团和组团布局变化的主要原因包括：①交通发展。交通基础设施超前发展，打破了山脉和江河造成的城市交通"瓶颈"。以桥梁建设为例，重庆的桥梁数量的增加（从重庆直辖以前的十年一座桥变为现在的一年一座桥或一年两座桥），加上2002年实施的路桥收费制度改革，消除了城市组团的距离感，使城市居民的出行更加便捷。加上小汽车的普及和公共交通的发展，扩大了人们的活动半径，使人们主观上对组团就地平衡工作和生活的需求下降。②单位制生活的瓦解。传统的由单位安排生产与生活的社会组织形式减少了居民的流动，随着市场经济的发展，自主择业和在国有体制外单位就业人数的增多，加上福利分房制度的取消（1998年），就近生产生活的方式基本瓦解，使得人们跨越组团的工作、生活行为日益频繁。③产业结构和产业布局调整。随着城市核心区工业加快向外围地区转移，产业结构逐步由"二三一"向"三二一"转移，一些组团的功能也向第三产业、居住转化。④人口持续向核心区内集聚，导致组团扩张。由于经济发展和城市化进程加快，城市外来人口增长迅速，人口规模较快增长迫使现有组团规模扩张。⑤组团隔离带保护乏力。规划中对组团隔离带缺乏强制性保护措施，致使组团就地扩张，隔离绿地受到侵占。⑥对新拓展区的开发模式未加引导。城市新拓展区依托交通干线发展起来，一开始就带有机动化时代的特色，由于未对发展模式进行科学引导致使其呈蔓延式发展。

2. 历次城市总体规划中的城市结构

2.1 陪都十年计划

由重庆陪都建设计划委员会于1946年4月完成的现代重庆的第一个城市规划——《陪都十年建设计划草案》，提出了疏散市区人口，降低人口密度，发展卫星城镇的设想，在渝中半岛以外规划了弹子石、沙坪坝、铜元局等12个卫星市，香国寺、杨家坪、新桥等18个卫星镇和五里店、歇台子、九龙坡等12个预备卫星市镇（表1，图3）。

表1 重庆市历次城市总体规划范围及城市结构一览表

名称	规划范围（km²）	城市结构
1946年陪都十年计划	300.00	中心城+12个卫星+18个卫星镇+18个预备卫星市镇
1960年重庆市初步规划	2861.37	母城9个工业片区+外围4个卫星城
重庆市城市总体规划（1981–2000）	9848.00	母城14个规划单元（片区）+外围3个卫星城+2个小城镇+2个工业点
重庆市城市总体规划（1996–2020）	2500.00	主城12个组团+外围11个组团

注：母城指东自真武山、西至歌乐山下，北自双碑、寸滩一线，南到人和场、苦竹坝一线。主城指东起铜锣山，西至中梁山，北起井口、人和、唐家沱，南至小南海、钓鱼嘴、道角。主城外围指东起迎龙、南彭、西至缙云山、白市驿，北起北碚、两路、鱼嘴，南至南彭、一品的都市圈内主城以外区域。

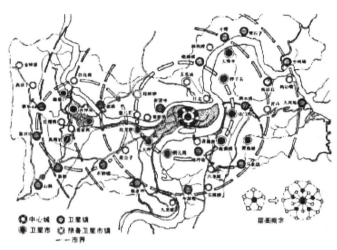

图3　陪都十年计划卫星城镇分布示意图

2.2　重庆城市初步规划

1960 年编制完成的新中国成立后重庆的第一个城市总体规划《重庆城市初步规划》，继续采用"大分散、小集中、梅花点状"的布局原则，强调将工业在更大范围内分散，规划了市中区、大杨区、大渡口区、中梁山区、江北工业区、弹子石工业区、李家沱—道角工业区等9个片区，在外围规划了北碚、歇马、西彭和南桐4个卫星城（图4）。

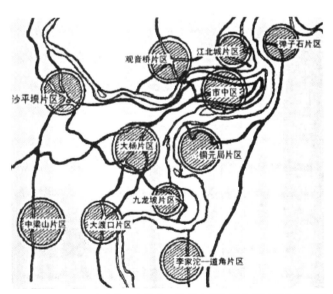

图4　重庆母城"大分散、小集中、梅花点状"城市用地形态示意图

2.3　重庆市城市总体规划（1981–2000）

1983 年获国务院批准的《重庆市城市总体规划（1981–2000）》首次提出母城采用有机松散、

分片集中的"多中心、组团式"城市结构,将母城划分为市中区、大石坝、观音桥、上新街、南坪、大坪、沙坪坝、双碑、新桥、石桥铺、李家沱、杨家坪、中梁山、大渡口共14个规划单元(片区);提出每个片区既有劳动岗位,又有相应的居住区和公共服务设施,大多数居民可用步行方式上班和进行文化活动,做到就近生产,就近生活,尽可能减少客运交通流;各片区以江面、绿地、荒坡陡坎和农地隔开,避免连成一片,使绿地入城市,以分散热岛,改善环境;除市中区外,片区人口规模为5.5万~23万;片区建设尽量集中紧凑,配置较完善的市政公用设施和公共建筑系统,形成1~2个能够体现城市面貌的片区中心;设置了观音桥、南坪、沙坪坝和石桥铺4个地区级中心,以疏散市中区的压力。另外在重庆市域其他地区规划了长寿、北碚和西彭3个卫星城,鱼嘴和两路口两个小城镇,以及唐家沱和歌乐场两个工业点(图5)。

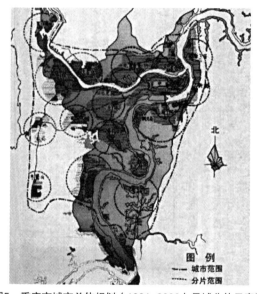

图5 重庆市城市总体规划(1981–2000)母城分片示意图

2.4 重庆市城市总体规划(1996–2020)

1998年国务院批准的《重庆市城市总体规划(1996–2020)》继续沿用"多中心、组团式"的布局结构,在主城(大于过去的母城)内规划了渝中、大杨石、大渡口、中梁山、沙坪坝、双碑、大石坝、观音桥、唐家沱、弹子石、南坪和李家沱共12个组团;提出组团与组团之间以河流、绿化和山体相分隔,既相对独立,又彼此联系,使每个组团内的工作、生活用地大体做到就地平衡;提出要进一步强化城市多级中心的结构体系,设立观音桥、南坪、沙坪坝和大杨石4个城市副中心,强调每个组团应完善组团中心和社区中心;突破了中梁山和铜锣山两山屏障,在主城外围地区规划了鱼嘴、长生、界石、一品、北碚、西永、白市驿、西彭、鱼洞、蔡家和两路共11个组团,作为与主城密切联系的独立新城,是主城用地结构的延伸和发展(图6)。

图6 重庆市城市总体规划（1996-2020）用地布局图

3. 结论与讨论

3.1 多中心组团式结构是重庆市的唯一选择

组团式布局之于重庆，是特定用地条件和特定发展模式下的必然结果。随着城市向更大规模发展，组团和组团式布局虽然发生了变化，但这种结构依然显著，组团式生活模式依旧存在。2002年重庆市主城区综合交通规划中交通调查结果显示，步行占居民出行方式的63%。对于重庆这个地势起伏、用地受到限制、建设成本高、路网密度差和生态环境较脆弱的城市，组团式结构有序地组织了生产与生活，符合城市功能混合布局的思路；强化了步行，有利于减少通勤，缓和交通；保护了生态环境，塑造了多样化的城市空间，是城市与环境相互融合的良好模式；有利于强化组团中心，疏解城市中心压力。在重庆市的历次城市规划中，多中心组团式结构一直被认可为一种适合市情的理想规划结构。在未来的城市发展和城市规划中，仍然必须坚持这种布局模式。

3.2 对重庆组团式城市布局规划的思考

重庆城市发展过程中面临着许多新的问题，诸如小汽车时代的迅速降临、城市建设能力的大幅度提高、大量农村转移人口涌入城市、就业结构和就业形式的变化，以及人们对更高品质生活环境的追求，都会对城市组团和组团式布局带来较大的影响。完全依靠自然地形来维持组团式布局的理想模式受到挑战，因此规划工作者必须认真思索如何更主动地维护和发展组团式布局结构。笔者认为，维护和发展组团式布局结构应注意以下几点：①组团的划分宜采用更大、更难逾越的地形地貌单元或强制性保护区域、特殊保护区域作为界线，同时要考虑居民出行方向、社会经济联系方向及组团功能特征。②组团规模不宜过小，应按小城市或中等城市而非居民点来规划组团，只有提倡组团多功能混合开发，才可能充分发挥组团平衡生产生活的作用。从国外新城建设的经验来看，能够实现自我平衡的新城规模都在30万人左右。我们应该在实践中不断寻找适合各种城市功能发挥的组团规模。③给予组团隔离带的规划和管理足够的刚性，严格防止组团无序蔓延。④强化组团中心的服务功能和组团内部的向心发展，使组团中心周围保持较高密度的开发。⑤通过交通需求管理，引导组团集中紧凑发展，减少组团向传统中心区的集聚。⑥通过城市功能调整，疏散城市人口，分解城市功能，充分发挥外围组团的反磁力作用。⑦"组团"一词的含混使用，组团规模的扩大及其功能的复杂化，给定义"组团"带来困扰。可以考虑在原有定义的基础上，增加强调组团中心和组团内部的向心集聚发展的内容。

注释

1 Clustered: The layout of features, especially settlements, close together in a group.

参考文献

［1］Mayhew·S. 牛津地理学词典［M］. 上海：上海外语教育出版社，2001.

［2］邹德慈. 城市规划导论［M］. 北京：中国建筑工业出版社，2002.

［3］重庆市主城区综合交通规划办公室. 重庆市主城区综合交通规划（2002-2020）［Z］. 2004.

［4］重庆市城市总体规划领导小组办公室，重庆市规划局. 重庆市城市总体规划（1982-2000）［Z］. 1982.

［5］重庆市城市总体规划修编办公室，重庆市规划设计研究院. 重庆市城市总体规划（1996-2020）［Z］. 1998.

［6］重庆市规划信息服务中心. 紧凑的重庆：都市与绿市——重庆都市区城市用地发展态势研究［R］. 2004.

［7］张尚武，王雅娟. 大城市地区的新城发展战略及其空间形态［J］. 城市规划汇刊，2000,（6）.

作者简介

易　峥　（1973-　），女，博士，重庆市规划设计研究院副总工程师，正高级工程师。

重庆都市区城市空间发展战略研究

何　波　刘　利　黄文昌

（发表于《城市规划》，2009年第11期）

摘　要： 重庆都市区是山水特色突出的"多中心、组团式"城市。目前重庆正处于新的历史发展时期，国家及重庆市对都市区发展提出了新的要求。都市区正处于工业化中期向工业化后期发展的阶段，人口和产业呈集聚发展的态势，城市发展对城市空间产生了新的需求，而另一方面都市区内适宜城市建设用地有限，城市发展面临人多地少的矛盾，城市发展需要制定新的城市空间发展战略。本文基于对都市区城市发展空间的上述认识，在对都市区城市空间发展的背景与特点进行深入分析基础上，明确了城市空间在战略的基本思路，提出了都市区的城市发展方向、城市空间布局与结构的规划要点。

关键词： 重庆都市区；空间发展战略；研究

1.　重庆都市区空间发展背景分析

重庆都市区作为一个高度城市化的地区，其发展在面临新的发展机遇的同时也身陷许多困境。

1.1　新的发展战略对重庆都市区提出了新的发展要求

从国家发展战略看，全球化时代来临，区域一体化的趋势越来越显著。从全国区域发展看，长三角、珠三角都有对本区域发展起着巨大作用的中心城市，在西部地区迫切需要一个对周边地区有强大辐射带动作用的中心城市。重庆是我国西部地区唯一具有水、陆、空综合交通体系的城市，是我国六大老工业基地之一和重要的军工基地之一，有着较好的工业基础和科技人才储备，重庆还是西南地区最大的工商业城市，自古以来就是长江上游和川东地区最繁华的贸易中心，经过直辖十年的发展，基本具备建成中心城市的基础和条件，应当承担起服务区域经济发展的重任。2007年3月8日，胡锦涛总书记对重庆发展提出了新的要求：把重庆加快建成西部地区的重要增长极，长江上游地区的经济中心，城乡统筹发展的直辖市，在西部地区率先实现全面建设小康社会的目标。因此，新的发展时期，国家对重庆寄予厚望，这也势必要求把作为长江上游地区经济中心、我国重要的中心城市之一的重庆都市区树立更高的发展目标，承担更多的发展任务。

　　从重庆发展战略看，重庆具有典型的城乡二元结构，城乡差距大，区域发展不平衡，资源节约与环境保护任务繁重，集合和叠加了我国东北现象和西部现象，具有我国很多地区的特点尤其是中西部省区相似的基本特点，是我国基本国情的一个缩影。同时，重庆作为直辖市，又具有中等省的构架和欠发达省的特征。重庆市区域差异巨大，三峡库区和东南部少数民族地区多高山峡谷，地貌较为复杂，经济、社会基础薄弱，生态环境脆弱，资源承载力有限，不适宜开展大规模的城镇建设。而以都市区为中心，汽车通勤距离1小时左右的地区，地形以丘陵、低山为主，相对平坦，经济相对发达，是市域内资源环境承载能力最强、规模集聚效益最显著、一体化发展条件最优越的区域。由此，重庆市确定了全市"一圈两翼"的区域空间发展战略（图1）："一圈"即以都市区为核心，包括渝西城镇密集区的"一小时经济圈"；"两翼"以万州为核心，包括三峡库区各主要区县的"渝东北地区"；以黔江为核心，包括渝东南各少数民族区县的"渝东南地区"。总体思路是以统筹城乡协调发展为主线，实施"一圈两翼"战略布局，通过做大做强以都市区为极核的一小时经济圈，带动以万州为中心的渝东北地区和以黔江为中心的渝东南少数民族地区"两翼"共同发展，逐步缩小市域内的城乡差距和区域差距，形成大城市带大农村的整体推进格局。重庆"一圈两翼"发展战略的实施，必然要求重庆都市区在区域产业发展、吸纳两翼剩余劳动力、公共服务等方面发挥极其重要的带动作用。

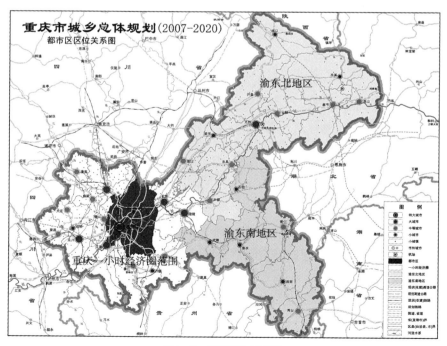

图1 "一圈两翼"示意图

1.2 三峡库区生态环境保护对重庆都市区提出了更高的要求

三峡库区是关系到长江流域生态安全的全国性生态屏障地区，是重庆市向全国人民提供的公共生态产品。但目前三峡库区的生态安全正面临着巨大的"人地关系"矛盾所带来的挑战。一方面，三峡地区生态环境非常脆弱，自然条件不适宜大规模的城镇发展和集聚太多的人口；另一方面，三峡库区目前人口过多，产业发展基础和条件差，产业空心化问题严峻，社会问题突出。2006年三峡库区重庆段人口达1390万人，人口密度是全国平均水平的2倍，是全国同类型山地丘陵地区的4倍以上，人均耕地不足0.8亩。长期以来这一区域社会经济发展处于全市最低水平。实践证明，三峡库区的发展，必须转变思路，依托重庆市域的整体发展，从根本上解决库区的人口、产业和环境保护问题。

重庆都市区地处长江三峡库区库尾，对三峡库区生态环境保护有举足轻重的作用。随着三峡水库的蓄水，水速减缓，库区水环境容量和泥沙搬运能力将降低，城市生活污染、工业污染、农村面源污染呈上升趋势，饮用水和航运安全将受到威胁，都市区水环境问题会更加突出。城市各项建设加速，伴随无序拓展，生态环境保护面临的压力日益增大。

1.3 城市空间面临发展需求与供给之间的矛盾更加突出

重庆都市区正处于工业化中期向工业化后期发展的阶段，在这一时期产业和人口呈集聚发展的态势，产业集聚将会带动大量外来人口的进入和现有农村人口向城市的转移。2006年，重庆市域常住人口少于户籍人口约380万，而都市区常住人口超过户籍人口60万人，都市区整体人口呈较快上升趋势，都市区是重庆市流动人口最集中的区域，占全市6.64%的面积集聚了全市近60%的流动人口，其中80%以上的流动人口集聚在主城区，流动人口增长较快，1990年以来年均增长率约为18%，常住流入人口占常住户籍人口的比重由1990年的4%上升到2000年的29%。由于重庆市十分突出的城乡二元结构和区域经济发展的非均衡性在短时期内难以改变，大量富余劳动力向经济最发达的都市区流动的动力巨大而持久。同时，重庆的直辖和人民生活水平的提高，使人们对城市的功能和形象有了更高的要求，对城市的功能由满足基本生活需要向小康的需要转变，更加注重人居环境质量，而这些需求在规划上最终将表现为对用地的需求，也就是说社会经济的发展对城市空间在质和量上都产生了新的需求，而另一方面，适宜城市建设的用地有限，城市空间的发展面临人多地少的矛盾，在城市发展过程中这一矛盾还将进一步凸显。因此，重庆都市区城市空间的发展既要考虑社会经济发展对城市建设用地的客观需要，又要考虑城市生态环境保护与建设需要。

对重庆都市区而言，新的时代背景使得重庆都市区只有加快发展步伐，确定未来城市发展目标，制定切合实际的城市空间发展战略，引导都市区城市空间的持续发展。

2. 重庆都市区空间发展的特点与问题

　　重庆都市区是市域中心城市，包含渝中区、大渡口区、江北区、南岸区、沙坪坝区、九龙坡区、北碚区、渝北区、巴南区九个行政区全部辖区范围，总面积5473平方公里。都市区是全市经济最发达、城镇化水平最高的区域，2006年总人口645万人，城镇人口556万人，城镇化水平86.2%，地区生产总值1501.2亿元，比上年增长12.2%。都市区以占全市6.6%的土地面积、约20%的人口实现了全市43%左右的GDP份额，2005年人均GDP达23274元，接近我国东部12省市的平均水平（图2）。

图2　主城区土地利用现状图

2.1　山水特色突出的"多中心，组团式"城市

　　复杂的地形地貌是组团式城市形态形成的根本原因。重庆都市区地处长江与嘉陵江的交汇处，在地貌单元上属于川东平行岭谷区，华蓥山的多条余脉从北至南嵌入城市，长江和嘉陵江自西向东切割山脉而过（图3），江河和山脉成为城市发展的天然屏障，阻隔和弱化了城市内部各聚居点的联系，这些聚居点在江边渡口、河谷阶地、山脉前缘环抱成团，各自发展起一套以商品交换为主的初级城市功能，这些点逐步演变成为城市组团，形成了都市区现在"多中心，

组团式"的城市格局。山水格局对重庆城市的景观形象和城市特色也产生着广泛而深刻的影响，塑造了重庆独具特色的山水城市景观。

图3　重庆都市区地形模拟图

2.2　城市空间快速扩张

受国家西部大开发战略政策、三峡工程建设和直辖效应的推动，都市区社会经济有了长足发展，城镇化进程加快，人口规模迅速扩大，城市空间空间拓展速度较快，城市组团发展迅速，外围组团和一些小城镇发展非常活跃。

1994年至2006年，重庆市主城区城市建设面积由175.8km²拓展到363km²，城市建设用地增长速度都在7%以上。在发展的空间上，北向发展态势强劲，随着过江桥梁、穿山隧道的修建，向东、向西两个方向上的扩张速度加快，呈现跨越中梁山、铜锣山向东、西两翼发展的趋势（图4）。

2.3　空间资源有限，中心城区人口密度过大

重庆都市区是山地城市，土地资源的不可再生性和地貌类型的复杂多样性导致城市空间利用受到制约。通过对都市区城市建设的土地适宜性分析，适宜建设用地分布在缙云山、中梁山、明月山、铜锣山和东温泉山之间海拔500米以下的宽缓丘陵地带，面积为1398km²，占都市

区总面积的25%（图5）。目前都市区建成区面积仅460平方公里，已开发的空间资源有限，导致重庆都市区中心城区人口密度过大。2005年底，按国际常规计算城市人口密度，即用城镇建设用地面积而非城市总面积计算人口密度，中梁山与铜锣山之间600平方公里范围内的城市中心地区（实际城镇建设用地约323平方公里）的人口密度约16000人/平方公里，人均建设用地仅70.3平方米/人。

 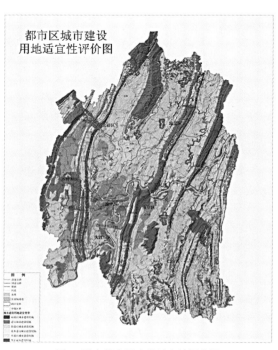

图4　主城区1994年土地利用现状　　　　图5　重庆都市区土地适宜性评价图

2.4　城乡之间差距明显

城市用地主要集中分布在两山（中梁山、铜锣山）之间，两山以外分布较散。除北碚、两路、鱼洞和西彭、陈家桥等个别工矿镇外，其他城镇规模较小，用地主要为居住用地。城乡之间差距明显，外围三区（北碚区、渝北区和巴南区）水平明显低于主城五区。

3. 重庆都市区空间发展的战略思路

3.1　继续发挥都市区的集聚效益和辐射作用

突出都市区在长江上游经济带和西部地区的核心地位，大力发展会展、物流、金融、中介、研发、设计等生产性服务业，积极承接全球服务业的转移，发展服务业外包基地；重点发展电子信息、生物工程、环保工程、新材料、机电一体化等高新技术产业和高端制造业；大力发挥在科教文化、零售商业、都市旅游、医疗卫生等社会性服务业方面的优势，通过培育创新基地，发展服务贸易，完善综合功能，优化人居环境不断提升核心竞争力，把"一心"提升成为西部地区的产业创新基地和现代服务业基地。

为此，应要根据社会经济发展和城镇化进程对城市空间的需求，合理、有序地安排城市建设用地。要针对都市区目前处于超常规发展的实际情况和未来发展态势，充分研究和预测，考虑城市空间布局上的多种可能性以及设施安排的充分性，为城市发展和大型项目留有余地，在一定程度上保持规划的弹性。

3.2　加快推进都市区城乡一体化进程

构筑都市区城乡一体、协调发展的格局，加快城镇化进程，缩小城乡差异；加强郊区小城镇建设，提升小城镇对郊区的辐射带动作用和服务功能，形成聚集效应，促进土地集约利用；保护郊区生态环境，改善人居环境质量。

实施以主城、中心镇为主体的城镇化战略，城市空间布局与产业结构调整相适应，逐步形成分工合理、高效有序的网络状城镇空间结构。采取行政区划调整、镇变街道等行政建制调整措施，重点发展条件较好中心镇，完善小城镇的基础设施和公共服务设施，改善小城镇面貌，增强小城镇吸引辐射功能，引导农村居民向小城镇集中，加速农村地区城镇化。加强新农村建设，改善生态环境，实现城乡公共服务均等化。

3.3　合理构筑城市空间，坚持集约用地

根据都市区经济社会发展需求，以资源环境容量为约束条件，合理拓展城市发展空间。在城市发展过程中，要继续保持"多中心、组团式"的空间发展模式。组团式布局之于重庆，是特定用地条件和特定发展模式下的必然结果，随着城市向更大规模发展，组团和组团式布局虽然发展了变化，但这种结构依然显著，组团式生活模式依旧存在。2002年重庆市主城区综合交通规划中交通调查结果就显示步行占居民出行方式的63%。对于重庆这个地势起伏、用地受到限制、建设成本高、路网密度差和生态环境较脆弱的城市，组团式结构有序地组织了生产与生活，符合城市功能混合布局的思路；强化了步行，有利于减少通勤，缓和交通；保护了生态环境，塑造了多样化的城市空间，是城市与环境相互融合的良好模式；还有利于强化组团中心，疏解城市中心压力。在重庆市的历次城市规划中，多中心组团式结构一直被认可为一种适合市情的理想规划结构。在未来的城市发展和城市规划中，仍然必须坚持这种布局模式。随着社会经济的发展，组团中心服务范围扩大，组团空间也随之扩大，应对组团空间重新界定，适当扩大和合并组团，使之与现有社会经济条件相适应。同时，随着主城区"退二进三"工作的进行，将部分组团由生产型向生活型转变。

确立"生态优先"的观念，城市建设由开发引导型转变为资源保护型。保护和建立多样化的生态环境系统，维护和强化整合山水格局的连续性和自然性。建设都市区森林生态大屏障，设立自然保护区、湿地保护区、风景名胜区、森林公园、郊野公园、水源涵养区与保护区、绿色廊道，将长江、嘉陵江及其支流、湿地、山岭山脊、交通轴线等外围大片绿地与城区内的绿地、绿岛串联起来，形成都市区内外之间和组团之间融合的网络型开放式复合生态系统，促进都市区环境与经济的协调发展。将城市建设活动控制在城市建设空间之中，严格控制和保护非建设空间，明确对各种不可再生资源的强制性保护。

都市区城市用地要以紧凑的方式进行布局和发展。通过相对集中的混合土地利用，增加土地使用效率，促使人口和经济的集中，保持公共服务设施系统的活力，有助于城市交通问题的解决和增强经济社会发展的可持续性。在保持城市用地空间高度集中的同时，保持非建设空间，在都市区范围内表现为串珠式的跳跃型空间发展，在城市内部表现为建成区与森林、绿化、农田等生态绿地间隔镶嵌的空间机理。严格控制城市用地无序蔓延，同时改善空间环境。

3.4　高效利用战略空间资源

在全球化和信息化时代，识别和利用好具有全球和区域意义的战略空间资源，以此作为支撑重庆成为西部地区国际化先导的节点区域。在"一心"中，空港、河港、CBD及其周边地区、高新技术产业基地、制造业技术深化基地等是重要的战略空间资源。对于战略性资源，必须重点培育和提升其价值，不能被低端的功能所占用，应设定产业门槛，最大限度发挥有限土地资源的效益。

（1）CBD与高端服务业：积极吸引国内外企业在CBD地区设立地区总部、研发中心、采购中心、培训中心等，大力培育生产性服务业，建设服务业外包基地，有序承接国际现代服务业转移。

（2）空港与临空产业：在空港周边的渝北、江北、北碚、北部新区等布局主要为航线和航空直接服务的产业，对空港有需求的高附加值的制造业，商务活动以及相关服务产业。

（3）河港与临港产业：借助寸滩港、果园港，利用内河运输、铁路运输、公路运输和航空运输等多种运输手段的合理配置，建设西部最大的物流服务平台，在寸滩、鱼嘴、茶园等地布局物流园区、批发中心、出口加工和汽车制造业等。

（4）大学城与高新技术产业：发挥西永、北碚的科研教育资源优势，建设"西部硅谷"——创新基地，发展软件研发、芯片制造、生物医药、高科技农业等，形成产学研互动的高新技术产业基地。

（5）老工业区与制造业技术深化基地：发挥九龙坡、大渡口等老工业区的制造业优势，建立制造业技术深化基地，提升和深化制造业功能，建成长江—成渝经济带的制造业产业技术高地；同时，加强工业生产的第三产业化，包括发展生产性服务业、加强工业遗产保护和再利用、开展工业旅游等。

3.5 加强人口引导

积极引导人口合理分布，人口分布与城市定位相适应，与片区组团式的城市结构相适应，与城市功能布局调整相适应，与生态环境优化目标相适应。

发挥都市区作为市域中心城市的作用，创造更多就业岗位，提高都市区对于人口的吸纳能力，缓解两翼人口发展与生态环境保护之间的压力。

通过调整城市功能和旧城更新，疏解中心城区人口，重点降低人口密度，加强公共服务设施建设，改善人居环境。

引导人口向主城新拓展地区集聚，通过城市功能布局调整，大力发展产业，创造就业机会，加强基础设施和公共设施的建设，以高品质的人居环境来吸引人口集聚。通过城市区域不同的开发强度控制措施引导人口相对集中分布，提高公共设施和基础设施的利用效率，避免低密度蔓延发展，减少人口增长对环境的破坏。组团隔离地带等非城市建设区域内的人口尽可能迁出，严格控制人口增长。

3.6 要加强交通对城市发展方向的适应与引导

交通网络结构要与城市功能布局相适应，加强交通的服务功能，同时要加强交通对城市空间发展的导向作用。交通干线沿线是城市用地生长的最佳区位，它是影响城市空间形态演变的重要因素。在都市区鼓励面向公共交通的土地开发，鼓励高强度综合利用交通节点的城市用地布局方式。公共交通导向应以公共交通站点为中心，在周围设置商业、公建、公共开敞空间、商务设施等，形成城市结点，在核心外围布置居住用地。通过在公共交通站点周围形成高强度、综合的土地开发利用和步行设计，做到步行15分钟内即可到达区域中心，减少人们对小汽车交通的依赖。

3.7 采取有机疏散的形式，进行旧城更新和新区拓展

基于有机疏散的原理，将不同功能用地进行有组织的分别集中和分散安排，强调以片区为格局有机地组织城市人口和功能，在都市区形成多个规模不等但功能相对完善的城市，着力在新拓展地区构筑改变现状城市空间结构的"反磁力"体系，有机分散和疏解中心城区的职能，容纳经济社会发展的新增职能，新拓展区将形成相对集约的发展态势。将旧城更新与新区拓展结合起来，以新区拓展带动旧城更新，改变旧城不合理的用地布局，降低旧城密度，改善旧城

环境，完善城市功能。城市新区或组团建设必须达到一定规模，才能使城市基础设施形成良好的投入产出循环，支撑公共服务体系和公共交通体系（如轨道交通），吸引人口聚集，使城市运行成本实现最优化。新区或组团最小规模应不低于30万人，有条件的区域规模应达到50万人以上。城市空间发展应依托现有条件，根据优先顺序集中力量建设，避免全面铺开。

4. 重庆都市区城市空间发展的规划对策

4.1 明确城市发展方向

都市区主要城市建成区基本位于都市区范围的中部，城市未来将由中部向外围区域拓展，除南向拓展受到地形制约之外，城市用地向北部、跨越中梁山向西部及跨越铜锣山向东部发展的制约条件较小，是城市拓展的主要方向。

4.2 确定城市空间布局

都市区城镇空间分为两个层次，主城和外围小城镇（图6）。主城为集中进行城市建设的区域，范围主要为外环线以内区域，结合镇一级行政区划界线共同划定，面积为2737平方公里。主城以外的区域为小城镇发展区，共2736平方公里，城市建设以小城镇建设为主，包括6个中心镇和33个一般镇。该区域以生态保护为主，通过划定生态农业区、郊野公园、风景名胜区、自然保护区等，构筑环主城的外围生态空间。

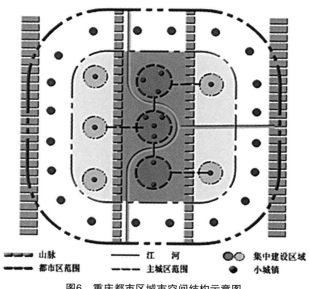

图6 重庆都市区城市空间结构示意图

4.3 确定城市空间结构

都市区的城市空间结构为"一城五片、多中心组团式"（图7）。

图7 主城区空间布局结构图

"一城"即主城。

"五片"指按"两江四山"的山水格局，将主城分为五大片区，各片区在空间上相对独立。片区具有相当人口规模、城市功能齐全、设施完善，居住和就业平衡，具有中心集聚力和自我生长力，是一个相对完整和独立的城市。各片区人口规模不低于100万，包含若干组团，组团为城市功能相对完善，紧凑发展的城市建设区域，组团之间为公园绿地、郊野公园、农田、大型交通设施等。

"多中心"指城市中心和多个城市副中心。由一个城市中心（CBD），沙坪坝、观音桥、杨家坪、南坪等四个老城市副中心，西永和茶园等两个新规划城市副中心组成。

"组团"指片区内由于地形地貌条件或其他因素分割，相对独立的城市建设区域。主城划分为16个组团和6个独立功能区。功能区为用地独立，以居住、都市旅游、交通、仓储等单一功能为主的城市建设区域。

参考文献

［1］ 重庆市规划局. 重庆市城市总体规划［R］. 2007.

［2］ 重庆市规划局. 重庆一小时经济圈规划［R］. 2007.

［3］中共重庆市委. 发挥直辖优势 实现科学发展——新阶段重庆发展战略综合研究报告
　　　［R］. 2007.

［4］重庆市规划局. 紧凑的重庆：都市与绿市——重庆都市区城市用地发展态势研究
　　　［R］. 2004.

作者简介

何　波　　（1971– 　），男，硕士，重庆市规划设计研究院副总工程师，正高级工程师。

刘　利　　（1969– 　），男，重庆市规划设计研究院副院长，正高级工程师。

黄文昌　　（1975– 　），男，硕士，重庆市规划设计研究院经营办主任，高级工程师。

阴阳平衡 弹性发展
——厦门市同安区中洲新城区概念规划

郑灵飞

（发表于《规划师》，2005年第1期）

摘　要： 厦门市同安区中洲新城区概念规划运用《易经》的生态优选思想，在生态模型上构筑规划模型，提出具有自我修复功能的弹性城市新区开发模式，并采用棋盘式路网和"模块制"来划分土地，力求在弹性的开发中达到平衡发展，实现社会效益与经济效益的双赢。

关键词： 生态模型；弹性开发模式；土地模块制

　　厦门市同安区位于厦门北部，三面环山，南面临海。同安五代即建县治，经济文化开发较早，有着发展农、林、牧、渔、盐等产业的丰富资源。而今，古老的同安正在向现代化蜕变，遇到了前所未有的发展机遇。海湾型城市发展战略的推进，厦门市行政区划的调整，让人们把目光从厦门本岛投向周边地区，给同安城区带来了新一轮的建设热潮，同安将成为海湾型城市的新兴产业区和生态型新城。为实现上述发展目标，同安区委、区政府决定以中洲新城区为建设重点，加快建设步伐，并委托同安区规划局以概念规划竞赛的形式向国内部分知名规划设计单位和机构征集关于中洲新城区的开发方案。

1. 区位与现状条件分析

1.1 区位分析

　　同安地处"闽南金三角"漳泉通道的中间点，是进入厦门的重要节点，具有特殊的区位优势。未来同安将要形成3个城市发展带，中洲新城区恰好位于两条发展带的交点上，既是同安城区向东、向南发展的起步地段，又是同安城区的东南门户。同时，中洲新城区紧靠福建省沿海综合交通走廊，并有规划的市级轨道交通通过，具有极佳的交通优势（图1）。

图1　微观区域位置

1.2 规划范围

规划区北起324国道，南至新同集路延伸段，东至下溪头村东侧高压走廊，西至同安区商会西侧规划道路，总面积为8.95 km²。

1.3 环境特征分析

规划区为平原地带，以农田、蔬菜地为主。南北走向的东、西溪水域在该区内汇合后又分流成浔江、瑶江，将陆域划分为三大片区。两江分流形成的岛屿被称为中洲岛，现状为大片防护绿地。中洲岛东侧陆域以蔬菜用地为主，内有较多的灌溉渠，其中以高压走廊下方的灌溉渠的水量最大。中洲岛西侧用地较窄长，并且已有一定的建设量。规划区拥有多种水体和较长的岸线，有利于形成以水为特色的城市景观，但因为地势较低，属泄洪区，所以规划在技术上要解决防洪排涝的难题（图2）。

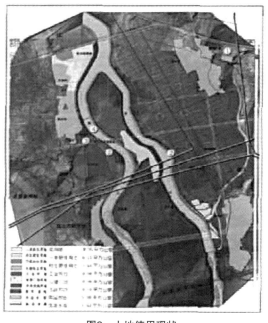

图2 土地使用现状

2. 规划定位

（1）发展定位：展现21世纪同安城市新形象，建立集文化艺术、娱乐度假、商务办公和居住休闲为一体的城市副中心和综合新城。

（2）功能选择：建立以生态、滨水环境为基础的休闲度假中心；以滨河为特色的文化艺术长廊；以运动、健康为主题的高品质智能居住社区；现代化商务办公和高新产业研发区。

3. 规划理念

（1）山水相生，阴阳平衡。城北的两山风景区已形成，城南的两江景观资源有待开发。因此，规划应开发中洲岛和两江沿岸景观，形成"山水相生，阴阳平衡"的景观格局（图3）。

（2）虚实相生，天地人和。如果说中洲岛和两江是入城市的生态绿洲，那么中洲新城就像入大自然的城市。二者形成了"虚实相生，天地人和"的布局结构（图4）。

（3）刚柔相济，弹性发展。城市发展应在政府调控的基础上顺应市场运行规律，实现土地开发"刚柔相济，弹性发展"的运作模式。

图3　山水相生

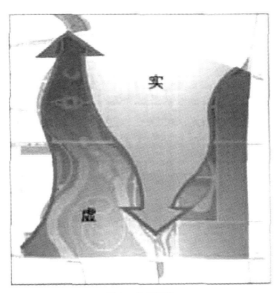

图4　虚实相生

4. 规划特色

4.1　生态优选的弹性规划布局

4.1.1　以生态模型构筑规划模型

规划用地的自然生态环境良好，水网密布。东、西溪在此分流成浔江、瑶江，在区域内自北向南呈"人"字形穿过。用地西侧灌溉渠由东北往西南与浔江又构成一个反向的"人"字形水系。两江相夹的中洲岛绿化植被茂密，在两江的环绕下如入城市的生态绿楔。"人"字形的水系与绿楔构成了独特的生态模型（图5）。

规划充分尊重大自然形成的生态模型，把中洲岛定义为"新城的绿核"。岛上建设应遵循"保护环境，生态优化"的原则，为城市提供休闲、度假和户外娱乐的场所。规划在两江沿岸预留80～100m不等的绿带，以保护水体，同时也为市民创造滨水休闲空间。规划将灌溉渠疏浚、

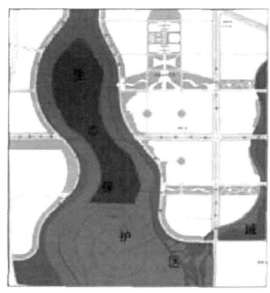

图5　生态保护区域

扩大，作为防洪渠，保留浔江西侧的湿地作为滞洪区。保护了以上水体、湿地、绿地，便是保存了完整的生态模型，其他剩余用地即可作为城市建设用地。在此模型下建设起来的新城仿佛是从自然中生长出来的，可达到与生态环境完美的融合。城市楔（实）与生态楔（虚）相互环抱，形态犹如《易经》中的阴阳太极图，构成了"虚实相生，天地人和"的规划模型，对生态模型的保护亦与《易经》中"自然风水优选"的理念相吻合。

4.1.2　具有自我修复功能的弹性开发模式

在生态模型上构筑而成的规划模型，为中洲新城奠定了"天地人和"的发展基础，决定了该区域高品质的发展潜力。同时，作为同安区向东、向南发展带的起点，该区域将发挥很强的带动作用。因此，在当前这个一切以市场为先导的开发时代，选择合理的开发模式是十分重要的。一次性的静态规划不可能确定最终的开发内容。中洲新城的建设将随着同安区的经济形势、城市格局的变化而变化，除了基本路网格局、生态绿地、重要公共设施及整体空间形态相对确定外，许多因素都将发生变化，甚至用地标准和建设规模也会变化。因此，为了让规划融入市场运作过程，并在政府控制监管之下获得社会效益与经济效益的双赢，在弹性开发中达到平衡发展，规划引入了具有自我修复功能的弹性开发模式。正如凯文·林奇所说："没有人凭空创造，但是我们应该在不同的典范之间保持弹性。"

弹性规划的原则即是在规划中能肯定的则肯定，不能肯定的则留有充分发展变化的余地。在此原则下，规划将用地划分成刚性用地、刚弹性用地和弹性用地。刚性用地是在规划中明确了使用性质的用地，如中洲绿岛、水体、湿地及保护绿带都被划定为刚性用地，对它们进行强制性保护，不能改作他用。刚弹性用地是指在某个刚性前提下，使用性质具有一定兼容性的用地。规划中的"城市副中心区"即是刚弹性用地，规划限制与副中心区定位无关的项目进入，而与之相适应的项目可在规划引导下由市场来自由选择。简而言之，即是在刚性原则下的弹性选择。弹性用地指的是弹性发展区。管理部门可运用地价调控的手段，根据城市发展状况，遵循经济规律，根据市场运作的情况来决定土地的使用性质。规划设立了5个弹性发展区，其土地使用性质可随着刚性区的建设进程和市场状况加以调整，根据使用密度或时序的变化来选择成为开放空间、住宅用地、商业用地或办公用地等任何一种，具有很好的兼容性和可修复性，能起到确保地区平衡发展并调控市场需求的作用（图6，图7）。

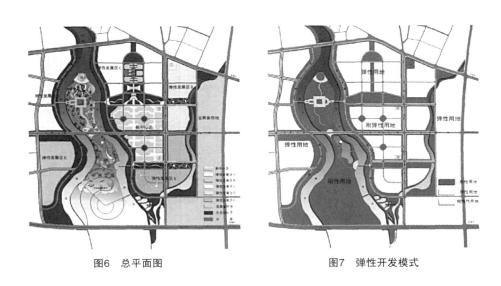

图6　总平面图　　　　　　　　　　　　图7　弹性开发模式

4.1.3　土地"模块制"——弹性开发模式的支撑

为配合弹性开发模式，规划引入"模块制"的地块划分方式。实践证明，"模块制"的地块划分方式与城市发展阶段、开发规模紧密相连，并显示出相当的弹性。

土地"模块制"指的是对同一区位的土地，根据土地使用性质的不同，确定可开发的最小地块单元，对土地的面宽、面积进行划分，使其形状、大小、朝向及与道路的连接方式尽量相同，再通过指标的规定，达到公正分配土地经济价值、高效利用土地资源、统一敷设管线、便于交通组织和疏散的目的。土地"模块制"是符合城市开发建设的地价运作经济规律的。

规划将城市建设用地进行规整的划分，通过道路网把地块划分成基本模块，再根据市场需求进行拆分或整合。例如，在城市副中心区，规划基本地块为240m×350m，若未来投资项目较小，则可把地块细分为240m×175m的2个模块，或120m×175m的4个模块甚至更小的8个模块；反之若投资项目较大，则可合并若干相邻的基本地块，如扩展为480m×350m；此外，如果有特殊需要，可组成"L"形或"T"形地块。如此多样尺寸和形状的基地完全可以满足各类项目对用地的需求。而对于其周边的弹性发展区则重在控制和弹性引导，根据市场发展的实际需要确定其用地性质、模块用地面积，如居住用地与商业用地采用多样化的土地再分形式，使之在用地性质、建设规模、交通方式上形成十分灵活的组合关系，从而提供市场经济活动过程中土地使用所需的缓冲空间。如此灵活的整合方式，使各个地块既不会因为太小而无法开发，也不会因为太大而长期无法完成建设。"模块制"既可以使一个地块尽量适应多样化的需求，又可以在一个集中的地区内容纳多样化的土地开发（图8）。

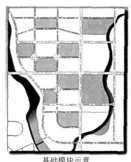

基础模块示意

4.2　交通组织与棋盘式路网结构

同安分区目前已初步形成了3个环路系统，其中内环路已形成，并担负着重要的交通功能，二环路、外环路在中洲新城所处区域中断，因此在中洲新城的交通组织中需首要解决的问题便是让环路连贯。规划将同安城区40m宽的二环路延伸至规划区内，以形成完整的环路，并向东、向南延伸至外环路，形成"十"字形的东西大道、南北大道两条主干道结构，然后在由主干道划分形成的地块内，均匀布置相互平行或垂直的次级道路，形成棋盘式路网结构。规整的路网格局与自由曲折的两江岸线形成强烈的视觉对比，印证了《易经》中宇宙万物"圆中有方，方中带圆"的思想。同时，该路网是"模块制"土地划分的基础，具有弹性。规划区内的路网密度根据刚弹性用地的不同而有所区别。刚性用地为生态保护用地，路网密度最低；弹性用地需根据发展状况，由市场来选择土地使用性质，实行中强度开发，路网密度适中；刚弹性用地为城市副中心区用地，实行高强度开发，路网密度较高。

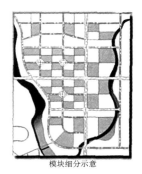

模块细分示意

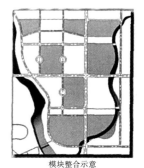

模块整合示意

图8　土地"模块制"示意图

4.3　生态景观与山水旅游系统

4.3.1　生态景观系统

以生态模型为基础构筑的规划模型对生态的保护达到最大化，在此基础上形成的生态景观系统十分富有自然地域特征，给中洲新城带来了独特的景观特质（图9，图10）。

①绿心。两江交汇处的中洲绿岛是基地内自然景观最丰富的地段，也是最重要的生物栖息地。规划结合地形、地貌对中洲绿岛进行合理改造，为生物提供丰富多变的环境，使生态环境得到最大的保护和利用，同时也可为城市居民提供优质的休闲、度假场所，使之成为城市中的绿洲。

②绿带。规划在浔江、瑶江与排洪渠的一侧保留一定宽度的绿带，形成串联全区的边界滨水绿带。

③绿廊。120 m的绿廊将中洲绿岛的自然景观引入每个建设地块中，布置在其中的各类体育运动场所能给城市带来无限的生命力。沿"十"字形交通干道两侧的宽60 m的交通绿廊界定了各个功能地块，使城市交通对各地块的不利影响减至最小。

④绿楔。建立各功能区与中洲绿岛之间的生态绿楔，实现生态的延续与共享。

⑤绿轴。规划以景观绿轴、商业步行轴、交通轴等各种不同的轴线联系各个开敞空间、绿化节点、景观节点，形成形态各异的视觉通廊。在各种轴线的端点、交汇点、转折点形成各具特色的标志性节点，共同构成城市的识别系统。

4.3.2 山水旅游系统

同安城区拥有梅山、大轮山、东西溪、瑶江、浔江等丰富的山水景观资源。目前，"梅

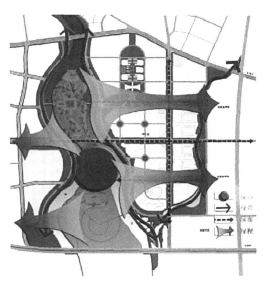

图9 生态景观分析

图10 中洲岛鸟瞰图

山—大轮山"游览区已形成，而双溪、两江的水体景观资源尚待开发。中洲绿岛处于东、西溪合流及两江分流段，具有构建水景观的优势。在中洲新城的规划中应充分利用该优势，使之与两山景观相呼应，在同安城区内形成"山水相生，阴阳平衡"的景观格局。规划在中洲岛布置两江生态休闲区、水上娱乐区和旅游度假区，并设置游艇码头，以形成从中洲岛逆流而上、串联老城历史文化保护区、通达两山游览区的水上游览路线，为同安城区增添独具特色、富有古韵今色的山水旅游内容。

5. 防洪、防潮、排涝预案

规划区用地平坦，大多数地形标高低于50年一遇防洪堤坝高程，且该区临近两江入海口同安湾，该区的建设对外要抵御大潮的顶托和洪水的袭击，对内要防御洪涝灾害。因此，防洪、防潮、排涝问题解决的好坏将直接影响该区开发的成败。

中洲新城区的防洪、防潮、排涝预案规划防洪大堤、蓄洪区、分洪区和泄洪区，组成一个完整、有效的体系。规划结合滨江道建设防洪大堤，结合瑶江下流湿地设立分洪区，建立起对外抵御洪水和大潮的防洪潮系统。在区内，规划疏浚扩大现有的灌溉渠作为泄洪渠，将部分绿地和下游的湿地保护区作为滞洪区并设立排涝泵站，以备雨洪季节顺利防洪排涝。对内、对外完善的防洪、防潮、排涝体系将为新城区的建设提供安全保障。

6. 结语

相较于传统的城市规划体系，概念规划具有理念型、研究型的特点。它摆脱了自上而下的论证和终极蓝图的束缚，针对核心问题进行研究和展望，提出宏观的规划框架。在中洲新城概念规划中，规划师从理念入手，运用《易经》的生态优选思想，在生态模型上构筑规划模型，提出具有自我修复功能的弹性发展理念。这种弹性的规划可把握市场运作的脉搏，并不断加以调整和修复，以符合经济运行规律，为管理部门提供了理想与现实对接的平台，同时，也为后续的规划工作提供了宽广的舞台，具有前瞻性和灵活性。

（本规划在厦门市同安区中洲新城区概念规划竞赛中荣获一等奖。参加本规划的主要人员还有：何继光、邹惠敏、余兆荣、黄钿）

作者简介

郑灵飞　　（1967— ），女，原重庆市规划设计研究院厦门分院院长，高级工程师。

重庆市危旧房改造片区中城市遗产的保护与利用实践活动解析

杨　乐　辜　元　李　鹏

（收录于《2012年城市规划年会论文集》，宣读论文）

摘　要： 重庆市第三轮危旧房改造工作开始于2008年，在改造过程中，一些保存着丰富集中传统建筑、近现代建筑的历史街区和历史地段，由于长期使用缺乏维护而被列为改造对象，甚至面临被拆除的危险。在此背景下，本文通过对李子坝、上清寺路及中山四路、归元寺、弹子石老街等危旧房改造片区的实践活动进行探讨，总结其城市遗产保护与利用的经验教训，以期引起人们对具有一定历史价值的旧城改造片区的重视，并为后续旧城改造中城市遗产的保护与利用提供借鉴。

关键词： 危旧房改造；城市遗产；保护与利用；实践

重庆是我国第二批国家历史文化名城，是巴渝文化、革命传统文化、陪都文化的集中体现者，至今仍保存着大量具有一定历史价值的历史街区和传统历史地段，它们也成了重庆城市历史发展的重要印记。但是，一些城市遗产保存丰富的历史街区和传统历史地段，由于长期使用而缺乏维护，从而被列为旧城中亟须改造的"危旧房"改造片区，有的历史街区和历史地段在旧城改造过程中甚至被简单地拆除。因此，探讨重庆市危旧房改造中对于城市遗产所采取的实践活动，并总结其经验与教训，对于旧城改造中城市遗产的保护与再利用是十分紧迫而必要的。

1. 李子坝抗战遗址公园保护实践活动

1.1　概况

李子坝片区位于重庆市渝中区，背靠浮图关，面临嘉陵江，抗战时期是国民党军统机要处驻地，因片区内的工厂、店铺、民房等大多因年久失修而破损严重，2007年该片区被列入危旧房改造项目。2008年5月，渝中区政府启动李子坝片区危旧房改造项目，在拆迁过程中，发现片区内留存有李根固旧居、国民参议院旧址、交通银行学校旧址等抗战遗址，渝中区政府遂即停止施工，并听取专家意见，创造性地提出原地保护，并异地迁建高公馆和刘湘公馆，建成李子坝抗战遗址公园（图1）。

图1 李子坝抗战遗址公园

1.2 保护再利用模式及经验借鉴

1.2.1 整体改造，统一规划

李子坝抗战遗址公园的打造，是旧城改造片区开发利用的一个创新的模式。公园保留了原片区的历史建筑，又搬迁部分历史建筑，将这些建筑集中起来统一保护，形成了一个抗战遗址建筑群。整治工程在对历史建筑进行保护和修复的同时，对片区危旧房采取了整体的改造，统一规划建设公园，改善片区的整体风貌。

1.2.2 将历史文化遗产保护同城市环境改善、文化发展有机结合

李子坝在实施旧城改造的同时，妥善安置了原住居民，把历史文化遗产保护同城市环境改善、文化产业发展和文化品位提升以及"森林重庆"、"宜居重庆"建设有机结合起来。在抗战遗址的保护中，更是创造性地总体规划，集中保护，建设公园式的抗战遗址建筑群，为市民提供一个开放性的观景、怀旧、游览、亲水的空间，从而实现了遗产保护与社会效益和环境效益的统一。

1.2.3 创造性提出了历史建筑不计入地块容积率的规划技术策略

李子坝抗战遗址公园是渝中区第一块"零容积率"的拆危、建绿、环境整治项目。按正常计算，李子坝公园的容积率已超过公园的正常容积率标准，但规划创造性地提出历史建筑不计入地块容积率计算的规划技术策略，为旧城改造片区中历史建筑保护和开发再利用的实际操作提供了宝贵的经验。

2. 上清寺路片区及中山四路保护再利用实践活动

2.1 概况

上清寺路片区及中山四路位于渝中区曾家岩至上清寺转盘一线，是重庆市委市政府所在地，也是抗战文化遗迹分布最集中的地方之一。片区整治前，临街房屋多为20世纪五六十年代修建的住房。这些层高不过六七层的房屋不仅外立面破损严重，不少房屋还是危房，严重影响

居民的居住安全。为此，渝中区政府做出决定，拆除沿街危房，对外立面进行整治，将中山四路打造成具有统一建筑风格的文化风貌区。

2.2 片区整治规划

上清寺路片区及中山四路整治规划范围由人民小学开始至八路军重庆办事处（曾家岩50号）结束。规划主要针对以上范围的北面和西面街道界面，提出对规划范围内的保护建筑进行修复；对一般建筑进行分类整治；加强绿化及管线的整治，同时规划还运用相应城市设计手法，充分挖掘和重塑基地原有肌理，以期恢复传统的空间形态。

2.3 再利用模式

2.3.1 基于上清寺片区及中山四路的重要历史地位，确定片区为展现近代重庆陪都时期城市风貌的定位

考虑到中山四路特殊的历史地位，以及现状仍为重庆市委市政府所在地，人民小学、人民路小学、求精中学的所在地，规划确定片区为重庆的文化街，展现近代重庆陪都时期城市风貌的定位。

2.3.2 针对不同对象提出保护与整治措施，达到街区整体风貌的统一

根据片区的功能以及街道风貌特色的定位，整治工程采取分类修复整治的方法，在对重点保护建筑进行修复的同时，又对街区内年久失修、整体风貌较差的一般建筑进行了整体的、大规模的整治与风貌引导，使整个片区的风貌能够与桂园、周公馆、戴公馆等保护建筑相协调。另外，整治工程又对部分原商铺进行了回迁，妥善安置了原住居民。

2.3.3 注重对交通及配套设施的组织完善

规划对中山四路的交通流线进行了梳理，完善了基础配套设施，取得了较好的效果。整治后的中山四路，两侧建筑既沿袭了近代历史建筑的风格，又保持了现代街道的整齐、有序，使中山四路成为一处具有重庆抗战时期风貌特色的高品质的街道（图2）。

图2 中山四路整治前后对比图

3. 归元寺片区实践活动剖析

3.1　区位

归元寺片区位于重庆市渝中区七星岗，为重庆市渝中区腹心位置，距解放碑约2公里，泛指中山一路、捍卫路、华一路、业成支路合围的区域，地形东高西低，高差近40米，起伏多变。原有一古寺庙"归元寺"，故而得名。

3.2　现状特征及实践

3.2.1　山地城市特征明显，具有一定的历史文化价值

归元寺片区的建筑大都修建于民国时期或新中国成立后50、60年代，巴渝文化特色、近现代历史特色突出。此外，在抗战时期，归元寺一带还汇聚了大量的内迁民众，街巷格局中还出现了多幢联排的上海式里弄特征，是陪都文化的又一历史见证。

3.2.2　整体风貌特征较差，对都市形象的塑造存在较大影响

归元寺片区建筑年代较为久远，并且年久失修，乱搭乱建的行为也比较普遍，建筑的完整度和成套率不高，虽能较好地体现重庆建筑依山就势的山城特色，但物质空间环境破旧不堪，风貌形象较差，这与其地处重庆主城核心区的功能地位并不匹配，因此成为这次危旧改的重点整治对象（图3）。

图3　归元寺片区原貌

3.2.3　社区活力不足，功能设施落后，不能较好地满足当前的社会发展需要

归元寺片区以居住功能为主，但当地一些有经济实力的居民大都已外迁。另外，由于片区房屋廉价、社区管理力量薄弱，导致大量外来人员（其中很多"三无"人员）聚集于此，人口成分较为复杂，社区缺乏活力。此外，归元寺片区的居住、交通、卫生等配套设施落后，供应不足，已经与当前的社会发展需要脱节，居民生活水平有待提高。

3.2.4 危旧改推进速度过快，城市遗产保护价值认识不足

尽管归元寺有近300年的历史，但由于传统建筑建造规格不高，且年久失修，文物保护价值较为有限。并且受制于城市现代化建筑的快速步伐，对于这类具有一定价值的普通的城市遗产，社会缺乏足够的认识，没有提出合理的再利用策略以及制定有效的规划导则，从而在城市化进程中让位于上位规划，被改造及整体拆除。

4. 弹子石老街实践活动剖析

4.1 区位

弹子石街区地处长江、嘉陵江交汇处，东望南山，南望南坪，西临长江，北接弹子石中心区。弹子石正街片区包括弹子石正街及其两侧部分地块，总用地面积7.6公顷，街巷格局和自然环境风貌基本保存完整。

4.2 现状特征及实践

4.2.1 片区历史悠久，历史文化价值突出

弹子石正街历史悠久，早在200多年前，弹子石已形成水码头，成为对外交通的必经要道，至今片区内仍保存着清末时期传统的民居建筑。1891年重庆开埠后，弹子石被划定为外轮停泊区，洋行、货栈、住宅、仓库、酒吧、教会建筑等逐渐出现，弹子石片区也真正开始发展、兴盛起来。抗战时期，搬迁到重庆的一些大型企业也选择落户在水运方便的弹子石，纺纱、织布、卷烟、火柴等行业陆续出现，成为重庆早期手工业比较集中的区域。

图4 弹子石老街的街巷格局

4.2.2　历史上的繁华景象逐渐没落，危旧房与中心商务区形象不匹配

弹子石作为重庆开埠最早的地区之一，美、英、法等国的大使馆曾云集于此，仅今南滨路一线，有法国水师兵营、王家沱日租界，更有洋行多达27家，使得弹子石成为当时远近闻名的繁华之地。即便到了20世纪80年代，这里也仍是重庆市南岸区最为繁华的区域中心。然而，随着重庆城市化进程的加快，城市建设重心的转移，弹子石地区逐步没落，社会功能逐渐衰退，人居环境开始恶化，整个街区呈现出危旧房遍地的破旧形象，这与渝中半岛的喧嚣繁华、江北新城的绚丽夺目形成鲜明对比。

4.2.3　重庆中心商务区的规划打造，赋予弹子石地区现代化城市职能

2003年，为加快将重庆建设成为长江上游的经济中心，市政府依据《重庆市中心商务区规划》，做出在解放碑、江北城、南岸弹子石建设重庆商务中心"金三角"的决策。2010年5月，南岸区根据"十二五"发展战略，组建了弹子石示范区管委会，统筹11平方公里的区域开发。尽管在《重庆市城乡总体规划（2007–2020年）》历史文化名城保护专项规划中将其纳入重庆历史文化风貌片区，并编制了相关的保护性详细规划，但上位规划的决策，使弹子石成为南岸区旧城改造的重点。2009年，弹子石片区拆迁工作正式展开；2010年5月，弹子石正街片区拆迁工作基本结束。

5.　已有实践活动经验与教训

5.1　经验

（1）针对不同的保护对象，采取与之对应的相对宽松的保护技术

从重庆市危旧房改造片区中城市遗产的保护经验来看，一方面，旧城保护片区内或多或少存在一定数量的文物保护单位和历史建筑，这些历史遗产体现了街区的历史文化与地理信息，须对其实行较为严格的保护。另一方面，片区内还拥有其他大量的风貌建筑与环境要素，它们不具有较高的历史价值与保护意义，若对其也采取严格的、刚性的保护方法，势必无法与现代城市功能进行较好衔接，从而使得街区失去活力。因此，针对片区内不同价值等级的保护对象，可采取与之对应的宽松的保护技术，如上清寺中山四路对保护性建筑与一般性建筑的不同保护方法。

（2）旧城更新与城市风貌塑造的结合

旧城改造片区中往往由于建筑年久失修、基础设施老化、居住条件恶劣等情况，从而影响了城市的整体风貌。而将旧城改造和城市风貌的塑造结合起来是一种较为典型的再利用模式。通过对片区内具有一定历史价值的老建筑、庭院、通道、围墙、绿化等历史文化环境要素以及形成的空间格局和历史环境做整体的保护，注重片区内公共观赏界面的保护，从而保留了片区

真实的历史风貌。而城市的风貌在这一过程中也得到了改善。

（3）注重政府政策与市场力量相结合，拓展保护途径

通常情况下历史文化遗产的保护主体是政府，而历史文化遗产的保护是一项复杂的工作，单靠政府的力量可能无法达到保护的目的，市场因素往往能发挥重要的作用。旧城改造的过程中需要巨大的资金量，而政府可能无力负担片区保护所需要的大量资金，而这些旧城改造片区大多位于城市中的中心地带，其地理位置有着极具潜力的重大商业价值。因此，在政府政策的引导下，结合城市的需求充分发挥市场因素的作用，将片区的功能更新，将地段用活，保持其有机活力，也是一种积极的保护途径。如地块容积率转移的政策鼓励，以及历史建筑不计入地块容积率的处理方式，对于调动市场参与的积极性，将会起到很好的作用。

5.2 教训

5.2.1 街区社会功能自我更新滞缓，原住居民对传统街区保护意识不强

从新一轮的危旧房改造中已被拆除的具有一定历史价值的片区来看，这些街区都存在社会功能落后、基础设施缺失等问题，几乎不能够或者只能刚好提供基本的生活设施保障，原住居民大量外迁，街区缺乏人气与活力，社会功能的自我更新十分滞后，于是造成本来已经处于衰败境况的历史风貌变得更加残破不堪，已无法通过简单修缮达到支撑与传承城市历史风貌特色的作用。另外，街区历史风貌的延续在较大程度上需要社会资本、民间力量的参与，特别是原住居民对自有建筑的修缮与功能更新，然而面对快速的城市化进程与自身居住条件的落后，被列入危旧房改造片区的部分原住居民倾向于居住地区能被改造、被拆除重建，以此改善生活条件，于是对自己传统街区价值的认识显得不够，缺乏保护意识。仅有一些社会舆论关注了街区的传统文化与历史，民间整体保护意识仍有待加强。

5.2.2 单方面强调城市现代功能的塑造，未能在充分尊重历史原真性的基础上进行城市功能有机更新

尽管城市现代功能对于维系街区活力、创造可持续发展条件至关重要，但仅仅将原有的历史街区整体平推，建设完全现代化新城的做法同样值得商榷。一些危旧房改造片区由于地处城市中心，区位优越，经济开发价值巨大，并且也承担了塑造现代化都市形象的功能，于是在快速城市化时期采用了大拆大建的形式，并没有充分挖掘这些片区的历史价值，在旧城改造中轻易让位于经济利益。

5.2.3 历史文化遗产再利用模式单一，对再利用方式缺乏深入研究

相较于一些国外案例，我国对历史文化遗产的保护与再利用模式存在局限。历史文化价值突出的遗产，或以保护为主，入库封存，或成立博物馆、纪念馆等，供世人瞻仰，或作为旅游资源，进行旅游开发，再利用模式较为有限。而历史文化价值并不突出的城市遗产，则因为街

区功能丧失、设施落后、风貌较差等原因，逐步沦为危旧房改造片区，面临被拆除的境遇。此外，针对这些普通的城市遗产，由于危旧房改造速度过快，对其再利用模式的研究与论证并不充分，已有的规划与设计方案并不能将历史环境要素保留与城市功能更新进行有效衔接，使得城市特色塑造缺乏理论支撑。

5.2.4　我市立法保护体系不够健全，普通城市遗产保护区的保护缺乏法定依据

一直以来，我市针对历史文化名城、历史文化遗产保护的法规体系存在缺陷，表现在法规等级较低，执行力度不够，法规中没有遗产保护与经济发展关系的相关内容等。更重要的是，法规中基本上仅对国家历史文化名城、国家级和市级历史文化名镇（街区）、优秀近现代建筑、文物保护单位等特定的、有明确保护价值的保护对象予以条文性保护规定，对于具有一定风貌特色的普通城市遗产，如危旧房改造片区中能够体现重庆山地城市特色、抗战文化、红岩文化的老街区或工业遗址，并没有制定相应的保护法规，这在一定程度上造成这些普通城市遗产由于缺乏法定保护依据，而在旧城更新中毫无阻力地被快速拆除。

参考文献

［1］李明明. 重庆李子坝抗战遗址公园开园. 中国旅游报. 2010，6（25）：3.

［2］刘玮. 重庆市主城区旧住宅（区）更新机制探索. 重庆大学，2010.

［3］欧阳桦. 重庆近代城市建筑. 重庆：重庆大学出版社，2010.

［4］邓毅. 重庆旧城改造模式探讨. 重庆建筑. 2006（4）：64-66.

［5］李和平，肖竞. 市场导向的重庆市历史街区保护与利用. 山地城乡规划. 2011（3）：35-39.

［6］王瑞玲，王建辉. 重庆旧城改造中城市特色保护与建设问题研究. 建筑经济，2008，313（11）：83-85.

［7］伍江，王林. 历史文化风貌区保护规划编制与管理. 上海：同济大学出版社，2007.

作者简介

杨　乐　（1986-　），男，硕士，重庆市规划设计研究院总工办副主任，工程师。

幸　元　（1983-　），女，硕士，重庆市规划设计研究院城乡发展战略研究所，工程师，注册城市规划师。

李　鹏　（1986-　），男，硕士，重庆市规划设计研究院城乡发展战略研究所，工程师。

优化空间结构创建绿色新城
——重庆西部新城概念规划

邓林玲

（*发表于《规划师》，2004年第9期*）

摘　要：重庆西部新城概念规划，以生态优先、人与自然和谐共处、可持续发展为前提，划分南、北、中三大区域；以构建"三廊、三轴、两区"的绿地空间结构，发展"两个组团、三个片区"的城市结构为规划重点，将西部新城规划成以高品质居住生活为主导的生态绿城和现代化生态型综合产业区。

关键词：概念规划；绿色；重庆西部新城

重庆西部新城位于中梁山以西，缙云山以东，长江以北，沙坪坝区的西部大学城以南，是重庆市"西拓"发展轴的用地。该区用地平坦开阔、环境优美、交通便捷，用地范围内的白市驿、西彭是重庆市总体规划确定的重要外围组团。

为了开拓新的城市空间，构建新的城市格局，完善城市功能，实现城市经济的快速增长，保护西部新生态环境，为西部新城总体规划提供参考，重庆市规划设计研究院编制了《西部新城概念规划》。

1. 规划指导思想与发展态势分析

1.1 规划指导思想

坚持科学发展观，以统筹城乡发展、统筹区域发展、统筹经济与社会发展、统筹人与自然和谐发展、统筹国内发展与对外开放为指导，以人为本，全面、协调、可持续发展。

1.2 发展态势分析

重庆市市域范围内将形成3个空间组合：以主城区为核心的大都市圈、以万州为中心的城镇组群和以黔江为中心的城镇组群。

重庆主城区将强化"多中心、组团式"的布局结构，形成有机松散、分片集中的开放、生长型城市结构形态，总体上形成"北移、南扩、西拓、东进"的战略构想：①"北移"，即由江北城、龙头寺、冉家坝、北部新区向规划高速公路二环线上的北碚、两路和鱼嘴推进；②"南扩"，即由李家沱向界石、一品推进；③"西拓"，即由中梁山、大渡口、沙坪坝向蔡家组团及歌乐山西侧的西彭、西永、白市驿一带槽谷平坝推进；④"东进"，即由南岸向茶园推进。

2. 发展战略

西部地区目前的生态环境十分脆弱，重庆未来的西部新城应是一个绿色城市，一个可持续发展的城市。维持生态平衡，保证城市可持续发展是西部新城概念规划的核心目标。

2.1 重庆市发展战略

重庆市是长江上游经济中心，现代制造业基地和长江三峡生态功能区，是西部大开发战略的重要支撑点和西部最具投资吸引力的增长极之一。

重庆市的定位分为"大重庆"和"小重庆"两个层次："大重庆"指重庆市域，"小重庆"指都市经济圈。

（1）"大重庆"（重庆市域）是长江上游经济中心、现代制造业基地和生态功能区，可分为：①都市发达经济圈——长江上游的经济中心。都市发达经济圈要集中体现中心城市的综合服务功能和辐射带动作用，重点改造传统产业和发展高新技术产业，加快北部新区、中央商务区、重庆信息港及数字化、网络化工程建设，做大、做强高新技术产业、都市型工业和现代服务业。②渝西经济走廊——现代制造业基地。渝西经济走廊要突出工业化，加快城镇化，并逐步发展成为全市的现代制造业基地；抓好重点工业园区，加快发展优势产业，形成产业集群等新的区域产业组织形式和模式。③三峡库区生态经济区——生态功能区。

（2）"小重庆"（都市区）是长江上游经济中心、商贸中心、金融中心和现代制造业基地。

（3）战略重点。①加强主城外围组团建设：将中梁山以西近200km²的用地开辟成为主城区拓展的重点区域，使之成为接纳主城区外迁工业和再造重庆工业的基地，有利于与成都发展产业集群和建立产业配套关系，同时可以为北部新区配置商务、行政、居住功能腾出空间。②构筑渝蓉大都市圈：面对"长江三角洲"、"珠江三角洲"、"环渤海"三大都市圈迅速崛起的新的区域发展格局，重庆要加快发展，增强综合竞争力，必须加强与成都的经济联系，与成都形成互补，构建"渝蓉大都市圈"，增强与成都的空间耦合关系和联动发展，培育我国内陆的强势区域。

2.2 西部新城的发展战略

西部新城是重庆主城区的重要组成部分，是以高品质的居住生活为主导的，人居环境良好的生态新城和以现代制造业为主导的现代化生态型综合产业区。西部新城根据自身不同地带在资源条件、产业基础方面的差异，划分为南、北、中三大区域，不同区域的重点和发展方向各不相同：①北部地区以森林、花卉苗木、休闲游乐为主，拟建成为居住区；②中部地区以公共服务中心为主，大力发展体育、会展、办公、科研等公共设施；③南部地区是以工业区为主，拟建成为大型工业基地。

3. 规划重点

3.1　绿地系统

从大环境概念出发，以区域大绿化为背景，以建立森林城市为目标，充分利用"东西两山、南北导流、面山临水"的自然特征，构架"城在山水林中"的大山水园林城市格局，构建由外部大环境绿化、江河两岸绿化、郊野公园、城市公园系统、生活居住绿地系统、道路绿化系统及防护林带和生产绿地组成的绿地系统，形成"三廊、三轴、两区"的相互串联的网络状绿地空间结构形态。

3.1.1　"三廊"。结合区内的自然地形和河湖水系及道路系统，形成3条贯穿新城东西的绿色廊道：第一条是"大河沟水库—廖家沟水库—走马"绿廊，由成渝高速公路、廖家沟水库、大河沟水库的防护绿带和花卉苗木基地组成；第二条是"团结水库—红旗水库—大溪河"绿廊，由两个水库的周边绿带、大溪河干支流两岸防护绿地和城市森林组成；第三条是长江滨江绿化廊，长江在新城南侧自西向东环绕而过，结合滨江地区十年一遇洪水水位线以下用地及沿江数个山头的绿化，将其与成渝铁路两侧防护绿地一起组成长江滨江绿廊。

3.1.2　"三轴"。西部新城地处川东平行岭谷区，为典型的隔档式地质构造，具有岭窄谷宽的特征，其东、西部有背斜低山中梁山与缙云山纵穿南北，中有向斜低山寨山坪自北向南逐渐倾没。规划以三山为载体，形成3条南北向的绿轴，构建"绿色城市"的格局。

3.1.3　"两区"。两区指以团结水库、红旗水库、农爱水库、大寨水库为中心的大溪河上中游水源涵养区及以龙潭沟水库、金凤湖水库为中心的梁滩河上游水源涵养区。两区是新城内最重要的生态功能区，规划根据两区的地形、水文特征，培育水土保持林和生态经济林，形成具有涵养水源、调节小气候功能的"城市之肾"。

3.2　城市结构

新城处于缙云山、中梁山、寨山坪所围合的地区，为保证城市良好的生态环境，让绿化楔入城市，规划采取"多核组团式"布局。以走马分水岭为界，北面属嘉陵江流域，南面属长江流域。长江流域紧邻长江，有便利的取水和排水条件，可发展大工业；嘉陵江流域内水体流经沙坪坝区至北碚区，排水路径远，影响范围大，取水不便，因此该流域用地宜发展用水量小、无水污染的环保产业。

规划区根据自然条件，现状基础和发展趋势分为"两个组团、三大片区"："两个组团"是白市驿、西彭组团；"三大片区"是金凤—白市驿片区、石板片区、西彭片区。白市驿组团包括金凤—白市驿片区；西彭组团包括石板片区和西彭片区。

3.2.1　白市驿组团：依托大学城，利用寨山坪和缙云山自然风光，大力发展居住区、高新技术孵化园和都市生态旅游区。

3.2.2　西彭组团：新城的公共服务中心和工业基地。石板片区发展成为体育、会展、办公中心城市；西彭片区依托西彭镇工业基础，大力发展工业，依托铁路、港口，大力发展现代物流。

3.2.3　西彭片区：以铝加工及物流为主的工业区及生活区，其中，西彭镇是以铝加工为主，铜罐驿镇以物流为主。该片区南靠长江，可布置用水量较大的大型工业企业。

3.2.4　石板片区：以机械、轻工（印刷、包装业）、光电、环保技术、自动控制设备、电子通讯、高新技术产业为主的工业区及生活区。

3.2.5　金凤—白市驿片区：以生态旅游、居住、食品加工、棉纺、服装制造为主的工业区、高新技术孵化区及都市农业观光区。

3.3　功能布局

3.3.1　工业用地。工业布局分为三部分：南部发展成为大型工业基地；中部发展成为中型工业基地；北部发展成为小型工业基地。①南部（西彭片区）：充分利用交通便利（临江、临成渝铁路）、水资源丰富、工业基础好的优势，重点发展铝加工业及其配套产业、建筑建材工业、机械工业（大型输变电设备、新型医疗器械、高速精密数控机床和设备）、机动车配件业。打造中国西部"铝都"，建设"退二进三"基地和特色建材园。②中部（石板片区）：发展机械、轻工（印刷包装业）、电子通信、自动控制设备等行业。③北部（金凤—白市驿片区）：利用现有资源条件，重点发展节水型、低污染的食品加工、纺织服装业，建设农副产品加工业园，并依托与西部大学城相邻的优势，利用大学城的科研人才优势，着重发展电子信息、生态工程、环保工程等高新技术成果的转化及教育科研，建立配套完善的高新技术孵化园和科教园。

3.3.2　居住用地。居住用地采取成片开发模式，统一布局。①白市驿组团：金凤—白市驿片区利用寨山坪、缙云山和龙潭沟水库自然风光，发展环境优美、档次高的居住区。②西彭组团：石板片区沿马家沟水库发展少量高档住宅区，其余用地发展一般居住小区；西彭片区沿山和水面景观资源较好地区发展部分高级住宅区，其余地带发展中档住宅区。

3.3.3　公共设施用地。在石板片区布置西部新城的大型办公中心、体育中心、会展中心；

在金凤—白市驿片区的金凤镇布置大型游乐园；在含谷镇和金凤镇布置九龙坡区的教育文化科研和高新技术孵化园。各组团各自布置商业服务中心，各自配套行政、医疗卫生、体育等设施。

3.3.4　物流用地。依托成渝高速公路、渝滇高速公路、成渝铁路、襄渝铁路和长江黄金水道，大力发展现代物流业，形成与主城核心区物流园互补的西部新城物流园。西部新城物流园包括含谷镇和铜罐驿镇两部分。含谷镇利用高速公路和铁路，形成以陆路运输为主体的物流区，铜罐驿镇依托铁路和水路，形成以水陆联运为主体的物流园区；含谷镇可发展汽车整车批发市场和辐射西部地区的小商品批发市场，铜罐驿镇可形成建材、汽车、摩托车配件批发市场。

3.4　生态环境保护措施

西部新城是重庆市的新型绿色城市和生态城市，保持良好的生态环境是西部新城发展的重要前提，规划在自然生态、城镇建设、基础设施布局方面采取生态环境保护措施，以保证生态环境的可持续发展。

3.4.1　合理控制城市规模，保证城市有序发展。西部新城作为绿色城市，采用了组团式布局结构，应具有适中的城市规模，适中的组团规模和适中的组团隔离绿地。

过大的城市规模和"摊大饼"式的布局会对规划区原本脆弱的生态环境造成毁灭性的破坏。

3.4.2　保护自然山体。严格保护寨山坪、中梁山、缙云山山体。中梁山325 m高程，缙云山375m高程以上作为城市禁建区，在此范围内严格保护自然山体和植被，严禁开山采石和乱砍、乱伐，严格控制与城市旅游无关的建设项目。

3.4.3　保护自然水体和水源的原貌。保护长江、大溪河、梁滩河等水源保护区，严格控制该区域内农业及其他项目，不得进行有损于水源保护的开发建设，禁止各类污染物进入水源地及其保护区。

保留所有自然河流、水体，河流不改道，河底不作铺砌，保护河床自然原生状态，沿河种植垂柳和竹林，城区内河流两侧各保持50 m宽的绿化带作为禁建区，布置滨河公园。

团结水库、红旗水库、三汊河、大溪河地处水源涵养区，需严格保护，严禁开发；其他水库和河流两侧可结合旅游项目的开发进行城市建设，但应控制开发强度，以"低密度、低强度，不破坏生态环境，不污染水体"为原则。

3.4.4　保护历史文化名镇及文物古迹。划定重庆市历史文化名镇——走马镇、周公植烈士故居、周公植烈士墓、巴人船棺遗址、洛五洞等区级保护单位的保护范围，并对保护单位进行严格管制。

3.4.5　保护野生动物及现有特色生态园。三汊河白鹭栖息地要严格按国家颁发的《自然保护区管理条例》进行管制。保障其地理空间不受侵蚀，其内部管制应以生态保护为主、生态修复为辅，控制旅游、生态、休闲、观光等设施的建设，禁止各类污染环境和破坏生态的行为。

对现有的走马桃花区、铜罐驿桔林区、白市驿花卉苗木区、金黄凤海兰云天等特色生态园进行保护。

3.4.6　保护长江岸线。进行沿江绿化，有效利用港区陆域、水域用地，保护岸线景观。保护长江猫儿峡峡谷景观。

3.4.7　保护和控制重要基础设施走廊。严格控制白市驿机场的净空保护区及其扩建控制用地；严格控制基础设施走廊，大型输变电工程和通信管道、输油管道、输气管道要尽量沿交通干线敷设或集中敷设，保证留有足够的安全防护距离。

4.　结语

概念规划关注的是城市整体和长远发展的战略问题，是生态环境优先的战略前导研究，是对节约用地、集约用地的研究，以最大限度地体现土地价值和保护生态环境。西部新城概念规划特别强调绿色城市的生态环境保护，在环境优先的前提下进行城市规模、空间发展、城市布局的研究，保证城市的可持续发展，为总体规划打下良好基础。

参考文献

［1］　中国城市发展报告（2001-2002）［R］.

［2］　国家发展和改革委员会宏观经济研究院，"重庆市城镇发展战略研究"课题组. 重庆市城镇发展战略研究［Z］. 2003.

［3］　重庆市主城区综合交通办公室. 重庆市主城区综合交通规划（2002—2020）［Z］.

［4］　重庆市城市总体规划领导小组办公室，重庆市规划局. 重庆市城市总体规划（1982—2000）［Z］. 1982.

作者简介

邓林玲　　（1968-　），女，原重庆市规划设计研究院规划一所，高级工程师。

《诗经·大雅·绵》中城市营建思想探析

刘　敏　李先逵

（发表于《规划师》，2008年第6期）

摘　要：《诗经·大雅·绵》是华夏民族的祖先之一周部族的史诗，记述周部族祖先古公亶父迁居岐山、开创基业、发展壮大的经过。本文就《绵》中关于城址选择与人居环境、理性的规划建设与管理、城建的坚固与本土化、宗礼的崇尚及营建社会的和谐等方面进行解析，体现了先民在城市营建方面较先进的思想体系，对后世及现代城市建设与发展产生着重要影响与积极意义。

关键词：城市营建思想；建造体系；社会和谐

　　我国古代城市规划建设在世界城市建设史上所占的重要地位，其丰富的历史资料与考古学上的不断发现也一次又一次表明我国是世界上城市规划科学技术发展最早的国家之一，早在西周初年就基本形成了独树一帜的城市规划建设体系，如在《诗经》等文献中都较系统反映出我国古代的城市营建思想与实践。这个体系比古希腊城市规划之父——希波丹姆（hippodamus）的规划体系早出现约六个世纪。

　　《诗经》作为我国最早的一部诗歌总集，经历了前后五个多世纪的历史跨度，从"商汤伐夏"、"盘庚迁殷"、"殷墟文化"、"周人克殷"、"武王伐纣"、"成康之治"、"封火戏诸侯"，人类的历史发展进入到了周朝，西周初年，实行了自共主周天子将统治区域外之土地分封诸侯、郡大夫的册封制度，出现了许多享有土地的周室宗亲与有功之臣、大小封建领主，这也正是由奴隶社会向封建社会过渡的初级阶段。于是这其中就产生了不少关于城市营建方面的思想与实践，尤其在《诗经》中关于周人的史诗，呈现了一系列迁建营建城址的历史过程，周人先世迁都频繁，公刘始迁于豳，古公亶父又迁于周原，文王迁丰，武王迁镐，后来平王复迁于雒邑。《诗经·大雅·生民》写周人始祖在邰（故址在今陕西武功县境内）从事农业生产，《诗经·大雅·公刘》写公刘由邰迁豳（在今陕西旬邑和彬县一带）开疆创业的经历、而《诗经·大雅·绵》则写古公亶父自豳迁居岐下（今陕西岐县），以及文王继承遗烈，使周之基业得到不断发展的过程。其中的营建思想对后世的城市建设与发展产生着深远的影响，尤以《诗经·大雅·绵》较为突出。

1. 《诗经·大雅·绵》内容概况

《绵》描写了周民族的祖先古公亶父率领周人从豳迁往岐山周原，开国奠基的故事和文王继承古公亶父的事业，维护周人美好的声望，赶走昆夷，并建立起了完整的国家制度，歌颂了周人的民族英雄，是一部真实的周人的民族史诗。

从《绵》中读出了先民们的繁衍生息与创业的艰辛。通过自己不断地奋争、努力、坚持，使信念得以实现。这其中的艰辛局外人是难以想象的，要躲避敌人的袭击，要寻找到适合生存的地域，要用自己的双手一版一版地筑墙，一间一间地建房，衣食住行方方面面的问题；同时在重视生命力基础之上，有人和人之间的亲疏远近、高低贵贱、名誉地位、财产收入分配、应尽的职责和义务、享有的权利等，形成了道德伦理法则、政治制度、社会制度等等。

诗中突出表现先民城市建设、建造的经过与管理的用语，内容充实，结构宏伟，对规模宏大的场面描写尤其突出，特别是修筑宫室宗庙的劳动场面，善以摹声词语表现劳动的热烈，又以夸张"鼛鼓弗胜"来衬托，写得轰轰烈烈。同时，多用排比，显得整饬庄重，具有较强的感染力。

2. 解析《诗经·大雅·绵》城市营建思想与实践

2.1 选址的风水美学与山水人居

古公亶父率众人沿水浒，至岐下，对山川、原野、土壤、流泉各方面都进行细致的观察和衡量，"爰始爰谋，爰契我龟"。与众人谋划、商量，又灼龟壳占卦象，可见其对城址选择地利的重视程度。注重山水环境，把风水美学作为建城的重要因素，使城市既有险可依，又得便利交通。同时讲求城市建设的经济效果，"周原膴膴，堇荼如饴"——周土山肥地又美，堇荼苦菜甜如糖，丰物地润，把城址的选择根植于富足的农业资源的基础上，使有可靠的物质保证。这些思想对后代城市建设的选址工作有深刻的影响。

以上也说明了先民对居所选择的山水观，"聿来胥宇"，择优之景而居之，利用山水，以环境作为生存的物质要素，把人、人的活动融入自然；把人的构筑物、人的居所融于环境之中，达到了人与自然的相生相息。而在现代这种快速城市化过程中，对环境的保护往往被忽视，或没引起足够的重视，人们的居住环境没有得到较好的改善，却在不断恶化中。如何提高人们的居住品质，生活环境，创造美好宜居都市是摆在规划建设及管理部门面前的重要课题。

2.2 理性的规划建设与管理思想

周部族运用质朴的规划设计思想，展开对城乡空间及周边环境的有序的规划，"乃慰乃止，乃左乃右。乃疆乃理，乃宣乃亩。"——围绕城市、围绕居所，划分左右和东西；分田界治土地，开沟挖渠种田地。按规划进行安排与布局，对土地的合理、有序利用，以这样一组排比句式充分表现出周部族对规划的重视，以期合理的规划对建设的有效指导。也是这样一种质朴的规划思想，对后来中国历史上的两种规划理论产生着积极意义，即一种是中规中矩的城市建设思想，另一种是随地势自由式布局思想，两种布局形式尽管不同，但都和《绵》中思想一样讲求规划的统筹、功能的有机、建设的有序思想。

同时规划管理思想在《绵》中有初步的体现，"自西徂东，周爰执事。乃召司空，乃召司徒"——在合理的规划布局与安排基础上，召来司空管土地，召来司徒管役工，各有分工，各施其责。这些都说明周民在城建发展过程中注重规划管理及其建设程序，保证规划建设的合理性与整体统一性、实效性。

2.3　坚固安全与经济适用的建造体系

作为具有重要防御作用的城墙城门及一些防御性构筑物，建造非常讲究坚固结实，"百堵皆兴"——百堵高墙筑起来；"作庙翼翼"——建成宗庙好威严；"皋门有伉"——城门高高入云天；"应门将将"——正门高大又严整。以这种高大、威严、坚固的气势，形成稳固、安全的防护体系，同时也尽显城郭的宏伟气魄，体现了城市的大气、威严特色。可以推测墨翟的城墙、城门的构筑，针锋相对的御敌方法，合理的城址选择等方面的城市防御思想受到了这种早期的防御建造思想的影响。

而周民筑城建屋采用的是经济适用、本土化的原材料与技术，以拉绳、夹板、泥土等本土材料、本土技术为依托，"俾立室家，其绳则直；缩版以载，捄之陾陾"——采用拉绳筑墙、夹板筑墙、泥土筑墙。反映出古代周民建城中对经济适用性与本土合理化利用、本土特色的要求的典范。这一点与我们现今城市千城一面、盲目模仿形成鲜明对比，使现代的城市缺乏或丢失了本土文化与本土特色。

2.4　对宗礼的推崇

周人重礼，对于宗庙和社是相当尊敬的，古公亶父在经营周原时即是如此，周王以礼治国，宗庙与社皆为都城中重要的设置。《诗经·大雅·绵》中："缩版以载，作庙翼翼。"再说："乃立冢土，戎丑攸行"，所谓冢土就是大社。可见当时宗庙和社是并重的，也是营建都城首要考虑的。"乃立皋门，皋门有伉；乃立应门，应门将将；乃立冢土，戎丑攸行。"据郑玄[①]的注

---

① 郑玄（127-200），字康成，北海高密（今山东高密西南）人。东汉儒家学者，中国著名经学家之一。郑玄先学今文经学，后习古文经学，网罗众家，通融为一，成了汉代最大的"通儒"，是两汉经学之集大成者。其经学成就及由其学术而形成的学派，后世称之为"郑学"、"通学"，或"综合学派"。

释："王之郭门曰皋门，王之正门曰应门。"因此可以说皋门在应门之前，应门之内就是冢土，然后再是宫殿。而皋门是王的郭门，应门是王的正门，冢土就是社。说明宗庙与社在应门之内，宫殿之前，具有比较突出、重要的地位。这对《考工记·匠人营国》产生了积极影响。虽然这和《考工记·匠人营国》的规划有所不同，但《考工记》的记载应该说上承古公亶父在周原的经营，是有根有据的。

2.5　和谐统筹的营建思想

从《诗经》创作的历史背景看，在那个时期，在那个历史阶段，在那样的社会背景之下，也自然是反映了那一个时期的社会生活和阶级矛盾。不管是城市间、还是城市内部都产生诸多不稳定的状况。因此如何协调国与国、城市与城市之间的矛盾，促进交往与融洽；同时平定国内的阶级矛盾，让人民安居乐业就成为周王的一项重要事务。在《绵》中有这样的描述："肆不殄愠，亦不陨厥问。柞棫拔矣，行道兑矣。混夷駾矣，维其喙矣。"——对敌的愤怒不曾消除，民族的声望依然保住。拔去了柞树和棫树，打通了往来的道路。混夷望风奔逃，他们尝到了痛苦。"予曰有疏附，予曰有先后。予曰有奔奏，予曰有御侮"——我们有臣僚宣政策团结百姓；我们有臣僚在前后保护我君；我们有臣僚睦邻邦奔走四境；我们有臣僚保疆土抵抗侵凌。这一方面是说明与邻国间的礼尚往来，流通与交往、竞争与协作共存，共谋和谐与发展，同时也做好防御的措施，有备无患。另一方面是说明国内人民的安居乐业，共同创业，共进共荣，消除矛盾，百姓团结。形成社会安定团结，充满和谐与安康的社会环境。

3.　结语

通过以上各节的探讨、分析，可以看出《诗经·大雅·绵》城市营建思想的系统性、完整性与科学性，从迁址选址到规划建设，从生产环境到生活环境，从防御系统到开放系统，从制度建设到社会和谐，充分体现出古公亶父及周部族在城市营建上具有的较先进的经营策略与思想体系。着重于从利于社会经济发展及管理机制建设诸方面来探索城市营建方法，使城市的发展趋于理性、科学。这对后世的城市营建活动产生了深远的历史影响，包括为《周礼·考工记》、管子的城市营建思想、墨子的城市防御理论等所取法，对前期封建社会规划制度的确立作了显著的贡献。

同时我们看到，几千年前的城市营建思想与规划制度对当今的城市建设、发展同样有用，同样具有指导性。特别是《绵》中提到的城市人居环境健康性、文化本土性、经济开放性、睦邻友好的社会和谐性等都是启迪我们思想的滥觞，体现的是一种可持续的发展观。

参考文献

[1] 石一参. 管子今诠［M］. 中国书店影印，1988.

[2] 梅季. 白话墨子［M］. 林金保校译. 长沙：岳麓书社，1991.

[3] 董鉴泓. 中国城市建设史（第二版）［M］. 北京：中国建筑工业出版社，1989.

[4] 贺业钜. 中国古代城市规划史论丛［M］. 北京：中国建筑工业出版社，1986.

作者简介

刘　敏　（1974–　），博士，重庆市巴南区发改委副主任，原重庆市规划设计研究院规划三所，高级工程师。

李先逵　（1944–　），中国建筑学会副理事长，中国城市规划学会理事，教授，博士生导师。

科学发展观背景下的重庆协同规划方法探讨

刘雅静　余　颖

（发表于《规划师》，2013年第11期）

摘　要： 科学发展观是马克思主义中国化的理论成果。"科学发展观第一要义是发展，核心是以人为本，基本要求是全面协调可持续，根本方法是统筹兼顾"。规划上的"协同"理论正是这一科学发展观的反应。本文阐述了协同规划的理论与一般方法。结合重庆实际从宏观、中观、微观三个层面阐述城市规划的协同性。最后强调城市规划应该基于科学发展观指导下的各个层次各个方面的协同，共同推进城市的科学健康持续发展。

关键词： 科学发展观；协同规划；重庆；五大功能区；美丽山水城市；历史与现代

1. 引言

科学发展观就是坚持以人为本，全面、协调、可持续的发展观。党的十八大要求"把全面协调可持续作为深入贯彻落实科学发展观的基本要求，全面落实经济建设、政治建设、文化建设、社会建设、生态文明建设五位一体总体布局，促进现代化建设各方面相协调，促进生产关系与生产力、上层建筑与经济基础相协调"。要求"把统筹兼顾作为深入贯彻落实科学发展的根本方法"，"统筹城乡发展、统筹区域发展、统筹经济社会发展、统筹人与自然和谐发展、统筹各方面利益关系"，"努力形成全体人民各尽其能、各得其所而又和谐相处的局面"[①]。"全面协调"、"五位一体"、"五大统筹"、"各尽其能、各得其所又和谐相处"这些在规划上就是协同理论。

2. 协同规划理念及一般方法

2.1　协同论是矛盾统一性的表现

协同论是德国物理学教授哈根于1977年提出："一个与外界物质、能量和信息交换的开放系统，其内部子系统之间通过非线性的相互作用而产生协同作用和相干效应，从无规则混乱状态

---

① 中国十八大报告内容

变为宏观有序状态，从低级有序向高级有序，以及从有序又转化为混沌的机理和共同规律"。不同系统之间都具有这一统一性，是协同论建立的客观依据[1]。

"协同"是矛盾统一性的一种表现。一个由大量子系统构成的系统，如果内部各个子系统间通过相互作用达到了协调一致的行动，对应地在宏观上就出现了新的结构（有序结构）[2]。诸多要素协调同步，互相配合，那么该系统就是处于整体有组织状态，就能正常地发挥整体功能，即产生协同。如果诸多要素互相离散、制约，不能有效地协调同步，那么系统就是处于无序状态，不能很好地发挥整体功能，甚至要瓦解、崩溃[3]。

所以，协同论的意义在于系统内各要素在同一目标的指引下"各司其职"，发挥各自价值，从而实现整体效益最优最大化。

2.2　协同规划的内涵

协同规划理念本质在于有机整合两个或多个矛盾体，使其各个要素通过协调合作，达到系统整体功能大于各个要素功能之和。城市规划协同发展涉及多层次多方面。每个层次每个方面的协同内容都具有复杂性与多样性。笔者将空间尺度作为划分标准，从宏观、中观、微观三个层次阐述协同规划的侧重点。笔者定义的宏观为城市之间以及城乡之间的协同①，中观为城区内部的协同，微观为街区层面的协同。而每个层面协同的侧重点也各不相同。笔者关注：宏观层面的区域战略协同、城乡一体化协同发展，中观为城区层面自然环境与城市建设的协同发展，微观关注街区层面城市历史特色风貌与现代使用功能之间的协同。

2.2.1　宏观层面——区域协同、城乡一体化协同

将国家作为一个整体系统时，笔者认为基于科学发展观的协同规划是在规划领域解决突破性难题的一种体制机制创新；是为解决"发展中不平衡、不协调、不可持续问题，城乡区域发展差距问题"而提出的创新举措。十八大提出的"实施区域发展总体战略，充分发挥各地区比较优势，优先推进西部大开发。科学规划城市群规模和布局，有序推进农业转移人口市民化"。笔者认为这就是宏观层面的区域协同规划理论。

另外宏观层面协同规划笔者关注"城"与"乡"之间各种矛盾的协同。城乡矛盾的本质在于城乡分离的二元结构，协同规划的意义在于缩小城乡差距，促进城乡的协调、统一、可持续发展。即实现城乡统筹，城乡一体化的健康发展。

十八大明确指出："推动城乡发展一体化，解决'三农'问题，加大统筹城乡发展力度，逐步缩小城乡差距，促进城乡共同繁荣"；"坚持工业反哺农业、城市支持农村共同分享现代化成果。加快完善城乡发展一体化体制机制"；"形成以工促农、以城带乡、工农互惠、城乡一体的

---

① 所谓城市之间即某城市与周边省市之间，所谓城乡之间为某城市内部城镇与乡村之间。

新型工农、城乡关系"。笔者认为在科学发展观指导下的区域协同、城乡一体化发展是宏观层面协同规划的本质。

2.2.2 中观层面——自然环境与城市建设协同

中观层面协同规划笔者关城市建设和自然环境之间的协同。人与自然的协同发展可以追溯到春秋战国时代。"天人合一"、"道法自然"的朴素哲学观主张"人类尊重自然、顺应自然，进而达到人与自然统一"。党的十八大报告把推进生态文明建设独立成篇集中论述，要求全国各族人民把生态文明建设放在突出地位，融入经济建设、政治建设、文化建设、社会建设各方面和全过程，努力建设美丽中国，实现中华民族永续发展。生态文明建设提高到前所未有的地位，足见生态建设的重要性。故笔者在中观层面关注城市建设与自然环境的协同。

2.2.3 微观层面——历史风貌与现代功能协同

街区层面的规划也需要协同众多要素：街区内部与外部的协同，街区内人的生理需求、心理需求、自我实现的"需求"与"可能"之间的协同等等。而笔者重点关注街区自身的历史特色风貌与现代功能的协同。

"保护历史"对"发展未来"是时间与文化的延续。没有历史的城市发展是没有根基没有特色缺乏文化底蕴的。城市规划中协调好保护与发展的关系是学界一直关注的重点，协调好街区历史风貌与"人的生活"是笔者在微观层面关注的重点。

熟练掌握协同规划的理论与一般方法是进行科学规划的"纲"。重庆作为年轻的直辖城市，在科学发展观统筹下，在协同规划理念指导下进行了有意义的探索与实践。

3. 重庆特色协同规划的典型案例

从宏观发展到微观建设，重庆市诸多规划都体现了"协同"发展的理念。从"五大功能区"划分的"区块"协同到构建美丽山水城市的"环境"协同到微观"保护历史与发展未来"的协同无不是协同论指导下的科学规划实践。

重庆在国家层面区域协调发展中具有重要的战略地位。自1983年批准为第一经济体制改革综合试点大城市以来，重庆在国家发展中的战略地位与日俱增。（表1）。

表1 重庆市的战略定位综述（笔者根据相关资料整理）

时间	重庆战略定位	大事件
1983年	经济体制改革综合试点大城市	党中央、国务院批准重庆作为全国第一个经济体制改革综合试点大城市
1984年	计划单列城市	给予重庆相当于省级的经济管理权力

续表

时间	重庆战略定位	大事件
1997年	直辖市	第八届全国人民代表大会第五次会议上，审议通过恢复重庆直辖市的议案
2007年	西部地区增长极，长江上游经济中心，城乡统筹发展的直辖市	两会期间，胡锦涛总书记提出了重庆新阶段发展的"314总体部署"
2009年	国家统筹城乡综合配套改革试验区	国务院2009年3号文件把重庆市确定为"国家统筹城乡综合配套改革试验区"
2010年	国家中心城市	住房和城乡建设部编制的《全国城镇体系规划》中，重庆被确定为国家中心城市
	国家级新区	6月18日中国第三个副省级新区两江新区正式挂牌成立
2012年	成渝经济区	国务院批复同意《西部大开发"十二五"规划》，确定成渝经济区的重要定位

在国家层面的战略定位下，重庆以科学发展观为指导，发挥成渝经济区在中西部地区的带动作用，在东西联动中的传递和扩散效应，发挥国家中心城市对区域经济的牵动作用。这就是国家层面的"协同规划"赋予重庆的重要"角色"定位，是重庆发展的"纲"。

3.1 宏观协同"区块"——总体划分"五大功能区"

在国家总体战略定位下，重庆要理顺城市与乡村的关系，实现城乡的和谐发展是关键。

在我国长期执行着"以农补工，以乡养城"的政策，造成了农业先天不良的体制性贫困[4]。随着经济的发展，城乡差距不断拉大，城乡矛盾不断凸显。重庆由于地理、政治、历史等因素的影响，逐步形成了典型的"大城市"、"大农村"的城乡二元经济结构格局。城乡矛盾突出，集贫困地区、移民地区、民族地区和生态脆弱地区于一体，发展压力大。解决诸多矛盾，促进城市健康发展，必须以科学发展观为指导，统筹城乡，协同规划。

直辖以来，重庆为破解城乡二元结构难题，反复研究摸索，不断深化大城市带大农村战略，在推进统筹城乡方面进行有益探索。"五大功能区"的划分正是基于这种"协同"理念对重庆市域城乡一体化的深入研究。

3.1.1 划分"五大功能区"是重庆区域协同发展的新战略

重庆的市情十分特殊，幅员8.24万平方公里，2013年全市共辖19个区、19个县，全市地形地貌复杂，气候、资源等都存在很大的差异，由于地理、政治、历史等因素的影响逐步形成典型的"大城市""大农村",城乡经济分离、城乡差距不断扩大的二元结构。这已经成为深化重庆发展的一大瓶颈,促进城乡关系的进一步融合已经迫在眉睫。重庆探索以城带乡,以工带农的城乡互动机制,先后提出了"三大经济区"、"四大板块"、"一圈两翼","五大功能区"是又一次区域协调发展的新战略(表2)[5]。

表2 重庆近几年发展战略综述(笔者根据相关资料整理)

时间	发展战略	内容	相互关系
2000年	三大经济区	都市发达经济圈、渝西经济走廊和三峡库区生态经济区	既互相联系又互有分工,都市发达经济圈是长江上游经济中心的核心区,渝西经济走廊和三峡库区生态经济区形成都市发达经济圈的左右两翼经济腹地
2005年	四大版块	主城都市区、渝西走廊、三峡库区和渝东南少数民族地区	"点"和"圈"的融合,形成大都市圈,通过流域经济的发展和大都市的辐射,带动"线"的快速发展
2007年	一圈两翼	以主城为主的"一小时经济圈";覆盖渝东北和渝东南两大板块的"两翼"	每个板块各有所重、各有所专,又相互关联、相互促进,实现区域协调发展
2013年	五大功能区	都市功能核心区、都市功能拓展区、城市发展新区、渝东北生态涵养发展区、渝东南生态保护发展区	强化五大区域联动,更好地突出整体性、互补性和联动性,引导形成主体功能明确、板块之间联动、资源配置优化的区域一体化格局

重庆发展主要矛盾是城乡二元结构,矛盾的主要方面是"小马难拉大车","大城市带不动大农村"。立足特殊市情统筹城乡发展,抓住大城市辐射带动力太弱这个"症结",把统筹的着眼点放在农村和库区,而把统筹的着力点放在城镇和二、三产业。基于此,"一圈两翼"战略旨在形成"大马"拉"大车"、"一圈""两翼"互动合作的良好格局。

"一圈两翼"的城乡布局打造具有强大聚集和辐射功能的"一小时经济圈",充分发挥一圈聚集产业,吸纳农村剩余劳动力以及以城带乡的作用。以"一圈"为建设西部重要增长极和长江上游地区经济中心的"火车头",吸引"两翼"人口向"一圈"转移,缓解"两翼"生态环境和资源的压力。同时坚持分工协作,提升工业反哺农业、城市支持农村的能力和水平。"一圈""两翼"区域间产业布局进一步合理化,一方面发挥区域比较优势,重点扶持主导产业和特色产业,一小时经济区重点发展支柱产业集群及现代服务业,两翼地区则着重发展资源、劳动力密集型加工制造业及特色农业;另一方面着重发展城乡关联产业,更大限度地增强对两翼地区产业发展的扶持力度[6]。"一圈两翼"是统筹城乡,区域协调的突破性举措(图1)。

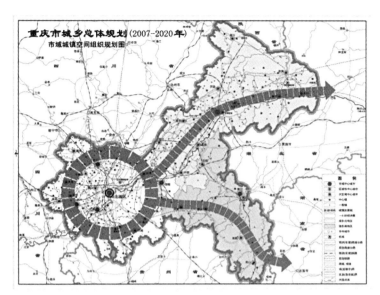

图1 "一圈两翼"示意图
图片来源：《重庆市城乡总体规划（2007-2020）》

"五大功能区"划分是以孙政才为市委书记的新一届领导班子在重庆面临新形势下对全市区域发展的新决策，是符合重庆科学发展的区域战略。它继承了"一圈两翼"区域发展战略，在继承中有发扬，在发扬中有深化[7]。

3.1.2 "五大功能区"协同发展理念与内容

"十一五"规划第一次提出"推进形成主体功能区"的战略构想。党的十七大进一步把"主体功能区布局基本形成"作为全面建设小康社会的战略目标。在"十二五"规划中，主体功能区正式上升为国家战略。2012年"加快实施主体功能区战略"再一次被写进党的十八大报告。

重庆成为全国统筹城乡综合配套改革试验区之后，积极探索大城市带动大农村的途径，在深入贯彻落实党的十八大精神，紧密结合重庆实际，探索解决城乡、区域发展失衡的新路子。

重庆市委市政府从战略和全局的高度坚持统筹区域、城乡发展与重点打造相结合。坚持产业规划、人口梯次转移规划和城市规划的有机统一。统筹城乡和区域发展，坚持全市一盘棋，以城带乡，城乡一体化发展。"五大功能区"划分是重庆促进市内资源利用最优化、功能配置最大化的一次战略部署，也是增强发展动力与活力，推进科学发展的重大举措。

划分五大功能区，是重庆面向国家新阶段，从"城市"视野向"区域"视野，从功能定位向功能与模式综合定位的转变；是站在国家层面对重庆作为内陆开放和西部引领高地的城乡规划深化。

从区域协同角度出发，重庆一方面联系成渝方向，另一方面与渝黔、渝湘、渝鄂展开专业合作，形成"核心"集聚力，增强城市竞争力，发挥国家中心城市的引领作用，并扩散辐射周边，协同周边省市，带动西部地区发展，促进区域协调发展（图2）。

从城乡协同角度出发，五大功能区进一步完善和深化"一圈两翼"区域发展战略，使区域分工更加科学，区域资源配置更加合理，区域发展路径更加清晰，有利于增强重庆协同发展的整体动力。

"五大功能区"将全市划分为都市功能核心区、都市功能拓展区、城市发展新区、渝东北生态涵养发展区、渝东南生态保护发展区[8]。（图3）。是城乡统筹一体化指导下各方面的协同发展，是产业、人口和基础设施协同规划的深化布局。

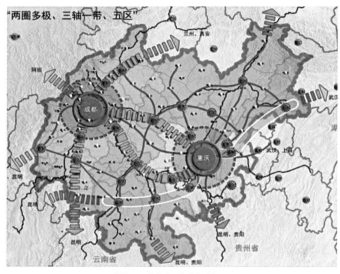

图2　重庆与成渝经济区

图片来源：《成渝城镇群区域规划》

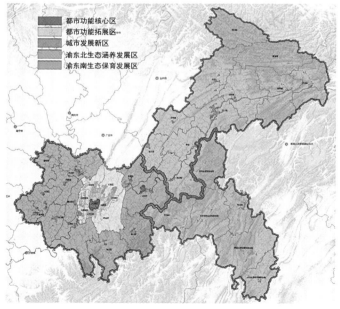

图3　五大功能区示意图

发展具有强大区域组织能力的内陆国家中心城市，需要进一步做强"一圈"大都市区，改变"小马拉大车"的现状，需要对城市功能层级提升和发展，需要做优主城区，使都市功能核心区、都市功能拓展区、城市发展新区三个功能区协同发展成为承载国家责任的核心。每个功能区域都坚持"定位"指导"功能"，"功能"指导"产业"，"产业"决定"人口"、"用地"，结合"功能、产业、人口、用地"配套"基础设施"（图4），从而达到各方面协调一致健康发展。

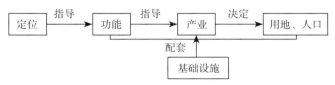

图4 功能、产业、用地、人口协同关系示意

都市功能核心区定位为重庆市政治、经济、文化中心，主要任务是完善城市提档升级功能，围绕此定位与功能主要发展现代服务经济，优化产业结构，大幅下调工业总产值，大幅下调服务业增加值。随着产业结构的调整需要适当疏解人口，精细化城市管理，保护生态环境。围绕核心区发展都市功能拓展区，定位为全市科教中心、物流中心、综合枢纽和对外开放的重要门户，主要任务是有序拓展城市空间，实现产城融合协同发展，并保护好与都市核心功能区和城市发展新区之间过渡带的生态环境。依托成渝城镇群和长江黄金水道经济带，在城市新区构建参与区域竞争的城镇群，建设人与自然和谐共生的大产业集聚区和现代山水田园城市集群。城市发展新区是大都市区的重要组成部分，是全市未来工业化城镇化的主战场，首要任务是发展工业经济。

大都市区的三个功能区从"国家中心城市"这一系统目标定位出发，各司其能，协同发展。每个功能区将功能、定位、产业、人口、基础设施等在统一目标指导下，科学合理分配，达到经济资源、产业资源、人口资源整体综合效益最大化，从而提升城市层级，增强国家中心城市核心竞争力。

五大功能区在市域层面考虑统筹城乡统筹和生态安全，建设城乡统筹示范区，扶持三峡库区、秦巴山区、武陵山区连片扶贫。根据各个区县的发展现实，进一步强化各自的功能定位，实现差异化发展，"统筹区域协调发展、统筹城乡协调发展、统筹总量与结构、统筹发展与民生"，促进城乡宏观协同。推动扶贫振兴，完善基本公共服务，促进渝东北秦巴山区和渝东南武陵山区的人口梯度转移。同时协同发展与保护的关系，提升盆周山地特色带，重点培育和提升盆周山地资源密集带，促进特色化和集约化发展同时将"两翼"地区生态建设放在了更加突出的位置。

渝东北生态涵养发展区定位为长江流域重要生态屏障和长江上游特色经济走廊，主要任务是实现生态涵养，坚持三峡移民后续发展与连片贫困区扶贫开发并举。渝东南生态保护发展区是国家重点生态功能区与重要生物多样性保护区，主要任务是突出生态文明建设，加强扶贫开发与促进民族地区发展有机结合，引导人口相对聚集和超载人口有序梯度转移。

五大功能区战略本着协调大城市、大农村、大山区、大库区高效、协调、可持续发展的目的，根据不同区域的环境承载能力、各个区域的自身特色，统筹谋划人口分布、经济布局、国土利用和城市化水平，确定不同区域的主体功能。并以此明确开发方向，完善开发政策，控制开发强度，规范开发秩序，形成人口、资源、环境相协调的科学发展格局[9]。"明确各区域功能定位、发展重点和发展方向，目的在于强化五大区域联动，更好地突出整体性、互补性和联动性，引导形成主体功能明确、板块之间联动、资源配置优化、整体交通提升的区域一体化格局。"①（图5）

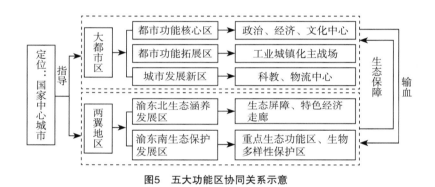

图5　五大功能区协同关系示意

这是一个全面的、综合性的战略决策，不仅是经济发展分区，也不仅是城市发展分区，而是包含经济、社会、文化、生态建设、人口分布等各个方面，是一个"五位一体"的、整体的、系统的发展战略部署；是统筹城乡发展结合本地实际，稳步又不失创新地推进城乡一体化发展、激发重庆发展潜力的创举；是有效带动西部地区发展、促进区域协调发展的有益实践，为全国特别是西部地区统筹城乡发展提供有益的思路与经验。

3.2　中观协同"环境"——整体保护"两江、三谷、四山"

生态文明建设关系人民福祉、关乎民族未来，被列为"五大建设"之一。美丽中国的核心是生态文明。"生态文明"与"美丽中国"是中国特色社会主义和谐社会建设的两个"亮点"。"美丽中国"应当具有山川河海的自然美、环境友好的和谐美、中华文明的娟秀美以及科学发展的永续美，从而体现中华民族"自强不息、厚德载物"的精神。

---

① 孙政才在中共重庆市委四届三次全会的讲话。

"美丽中国"内涵应包括生态内涵、发展内涵、人文内涵。重庆市委书记孙政才主持召开市委常委会，要求促进城乡统筹发展，建设美丽山水城市。这是以十八大重点强调的"生态文明"建设为出发点，以城市建设与城市环境协同发展为切入点，以对重庆四山、两江保护为前提，提出的美丽山水城市建设，是重庆中观层面协同规划的重要实践之一。

3.2.1 构建美丽山水城市是重庆城市建设的新策略

重庆在大山之间，江河之畔，城市与山水相融。山水是重庆人生活的一部分。赵本夫曾这样称赞过重庆的山水环境，"它几乎是和山水紧紧拥抱在一起的，而且拥抱得那么热烈。山水就在脚下、就在头顶、就在院子里，就在书屋、客厅和卧室，山水是重庆人生活的一部分。山水是家里一口人。在这里，大自然不是一种点缀，而是生命本身"，这是重庆特有的美。山水特色是重庆特有的名片，构建美丽山水城市是重庆基于协同山水环境特色与城市发展提出的规划理念。重庆市都市区与长江干流、嘉陵江、乌江、涪江、渠江等众多支流密切相关，区内重峦叠嶂、沟壑纵横，山、水、田、林、城交相辉映（图6）。城市规划与建设充分发挥山水资源优势，创造沿江背山面水、错落有致、富有特色的美丽山水城市。

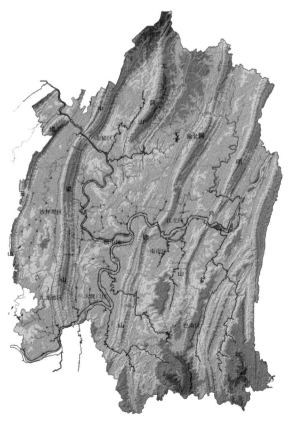

图6 重庆山水格局
图片来源：《重庆市主城区总体城市设计》

3.2.2　构建美丽山水城市理念与内容

"天地有大美而不言，四时有明法而不议，万物有成理而不说"是"生态文明"、"美丽中国"、"人与自然和谐发展"的追求。重庆市委书记孙政才强调："绝不能以牺牲生态环境为代价追求一时的经济增长，绝不能以牺牲绿水青山为代价换取金山银山，绝不能以影响未来发展为代价谋取当期增长和眼前利益，绝不能以破坏人与自然的关系为代价获取表面繁荣"，这是重庆城市建设与自然环境协同发展的根本要求。重庆充分利用大山大水的自然生态特征，保护山脉、水体，以协同城市建设与自然环境为出发点，通过构建美丽山水城市，践行十八大提出的"生态文明与美丽中国"计划。强调城乡建设突出自然和文化特色，强化"山城"、"江城"和"绿城"特色。

构建美丽山水城市关键在于协同城市布局与重庆特有山水之间的关系。多年来，重庆市城乡规划秉承"建设"与"生态"协同发展理念，突出城在山水中，山水在城中的生态与城市之间的相互交融。在城市中"显山露水"，需要保护两江、管制四山，需要对组团间进行隔离控制、需要规划公园形成具有重庆特色的多中心组团式空间结构[10]。

2013年，重庆把生态文明建设放在突出位置，全面实施"蓝天、碧水、宁静、绿地、田园"环保"五大行动"，助推美丽山水城市建设。在规划上，形成"绿脊蓝带"统筹下的大小二级生态网络体系，并在此体系下协同城市建设与自然环境关系。

大的一级生态网络主要是保护两江（长江、嘉陵江）四山（缙云山、中梁山、铜锣山、明月山）。重庆地处世界地理学上最典型的褶皱山地——川东平行岭谷地区。这些由北至南绵亘的条状山岭是维系重庆生态安全的重要绿色空间。"四山"地区是重庆都市区及邻近区域内森林覆盖率最高的区域。构建美丽山水城市需要协同山体绿化与生态修复，协同产业与山水环境；协同人口与山水环境，引导乡村人口转移，形成沿江重大功能布局体系，打造层次分明的滨江开敞空间体系。小的二级生态网络主要是保护小山小水，重点协同人的生活与小的山水环境，加强浅丘、陡坎等次级山体的串联（八脉九坪），加强次级水系串联，并分级节制蓄水（三十水）。划定生态控制绿线（组团隔离带）、蓝线（水源地、泄洪通道、次级河流）。构建人与自然协同发展的生态格局，形成融入城市、多层次的游憩和公共服务体系，规划建设21处郊野与森林公园（大型湿地公园）、主题公园以及城市公园、社区游园。协同人的使用与生态保护，有序开展市民文化、体育和休闲设施结合生态网络的分级建设。协同城市历史与生态保护，以"大遗址系统"和"历史风貌区"的概念推动文化资源的片区化、网络化和系统化。修建3处大遗址公园①，4处工业遗址公园②（图7）。[11]

---

① 南宋衙署大遗址、渝中半岛古城墙大遗址、北碚乡村建设实验运动。
② 重钢、特钢厂、东风船舶厂、九龙半岛。

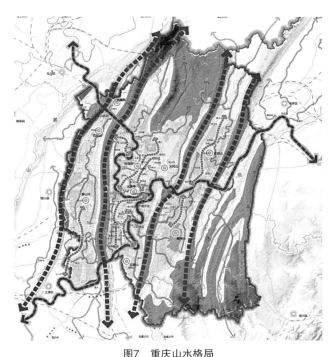

图7 重庆山水格局

图片来源：《重庆市主城区总体城市设计》

在总体生态网络系统控制下，规划协同城市建设、城市形象与山水环境，对城区整体进行城市设计，对"建设强度、天际轮廓线、城市标志、城市眺望点"等要素进行规划控制。规划了包括渝中半岛、两江四岸、大型聚居区、城市副中心等城市设计，四山保护等专项规划。

两江四岸是构建美丽山水城市的生态走廊，是都市居民健康生活的公共舞台；是居民快乐体验滨江景观、活动的公共场所。"显山露水"是体现山城特色的重要原则，两江四岸规划在此原则指导下，重点协同沿江、沿山的用地功能、建筑高度、道路交通与山体、水体的关系。

规划协调建筑与山体的优美轮廓关系，避免建筑对自然山体形态、轮廓线的破坏。"两山"是近山滨水地带的绿色背景，规划要求控制山体轮廓线，把较高的建筑物建于内陆地区，江边地区仅兴建低矮的建筑物，尽展"山城"特色。避免建筑"遮山挡水"，控制开发强度。两岸建筑高度轮廓，在山脊线下保留20%的空间不受建筑物遮挡，但特别的地标建筑物则不受此限制。使得建筑与山体轮廓线有机协同。江是重庆的一个重要的景观特征，规划使江景向基地内部渗透，提高江景的可感知度，协同人的生活品质与江景的关系。沿江协同山与城的空间关系，将用地分为四大类进行功能、高度等控制：以大山为景观背景的区域，与低丘山地相关的区域（山前、山上、山后），与山体景观关系较弱的区域，自然生态区域（非建设用地）。

规划合理交通设施协同城市与山体江景的关系。恢复历史传统中沿江便捷的步行通道，联系腹地与江岸。加强各功能区内对于传统步行体系的重新构建，同时加强与沿江步行体系的可达性。疏解滨江路交通功能、提升景观性，构建滨江路段与沿江开敞空间衔接的交通体系。

规划有效遏制了两江四岸建设规模，促进了沿江空间的功能转移，促进重大功能性项目和开敞空间、慢行系统的形成。使得城市建设与两江四岸山水环境协同发展，构建了重庆特色"美丽山水城市"，积极响应国家建设"美丽中国"号召。

3.3 微观协同"保护与发展"——重点发扬"巴渝文化"

城市是一种历史文化现象，城市文化是现代化的根基，是城市的气质。保护历史的连续性，保留城市的记忆，是人类现代文明发展的必然要求。[12]十八大"五位一体"也强调文化建设的重要性。发扬巴渝文化是重庆在科学发展观指导下进行可持续发展的关键。

3.3.1 发扬巴渝文化是发展重庆的根基

重庆城市起源于依山傍水之处，坡高崖陡的不利地形造就了重庆城市"随意赋形"的布局形态、"长街短巷"的空间格局、组团式城市结构。巴渝文化孕育于巴山渝水之间，由重庆不同历史时期的不同文化形态共同构成，脉络清晰。从厚重的原始文化到巴文化、三峡文化，逐步形成了重庆的地域文化。移民文化、抗战文化、开埠、民族文化引发重庆城市文化、城市格局近代化演进。

3.3.2 发扬巴渝文化的理念与内容

重庆具有3000多年悠久历史，保存着丰富的文物古迹与别具一格的山水城市格局，尤其作为中国近代史上一个特殊阶段的见证，抗战遗址、陪都遗址、红岩遗址荟萃集中。重庆主城区范围内有历史文化街区、历史文化风貌区、传统风貌区、历史街区32处；优秀近现代建筑98个。市域范围内中国历史文化名镇16个，重庆市级历史文化名镇27个，中国历史文化名村14个。近几年重庆对历史文化保护与发展协同规划进行了大量探索和实践。2000年市政府先后批准了《沙坪坝区磁器口历史街区保护规划与设计》、《重庆市湖广会馆及东水门保护性开发建设规划设计方案》。市政府批复了16个中国历史文化名镇保护规划，大部分市级历史文化名镇已编制保护规划并得到批复，基本形成完整的保护规划体系。下面以《沙坪坝区磁器口历史街区保护规划与设计》为例介绍重庆历史文化"保护与发展"协同规划。

磁器口古街位于重庆市沙坪坝区，面积不足2平方公里，保存着老重庆的建筑风貌、历史文化和民风民俗，这里堪称老重庆的缩影，被誉为"小重庆"。1998年，在国务院《关于重庆市总体规划的批复》中，将磁器口确定为重庆市主城区必须重点保护的历史街区。2000年《沙坪坝区磁器口历史街区保护规划与设计》编制完成并获批。

规划提出了整体性和可持续发展保护思想。将自然环境保护与历史人文环境保护相结合，将空间环境、历史建筑保护与地方文化传统保护相结合，完整地保护街区地域文化特色。保护和延续树枝状的街区平面格局、多维复合的街巷空间，融物质环境与历史场所和民俗生活保护于一体，展现街区传统风貌（图8）。[13]

图8 横街南北立面的保护
图片来源：2000 年《沙坪坝区磁器口历史街区保护规划与设计》

规划有机协调保护与发展的矛盾，在遵循原真性原则的同时，将街区历史保护与社会经济发展、基础设施改造、居住及卫生条件改善相结合，提出积极的保护措施，以适应现代社会的发展要求。保持了原住民的数量和合理的人口结构，促进了街区历史环境、经济效益、社会效益、环境效益的协调发展（图9）。

图9 磁器口历史街区协同发展

4. 结语

基于科学发展观的协同规划是一种机制体制创新，要求我们放宽眼界，统筹规划。本文着眼于空间领域的城市形态与功能，从宏观、中观、微观三个层次阐述了协同规划的一般方法。而城市的健康发展需要更多复杂的协同，包括各区域、各部门、各学科领域等多方面多层次的协同共进。只有抓住协同规划的"纲"，才能促进城市科学持续健康发展。

参考文献

[1] 祁芬中. 协同论[J]. 社联通讯，1988（6）：65.

[2] 沈小峰，郭治安. 协同学的方法论问题[J]. 北京师范大学学报，1984（1）：93.

[3] 钟彪，盛涌. 基于系统协同论的城乡交通一体化分析[J]. 交通节能与环保，2013（1）：97.

［4］王景新，李长江等．明日中国：走向城乡一体化［M］．北京：中国经济出版社，2005．

［5］余颖，唐劲峰，"城乡总体规划"：重庆特色的区域规划［J］．规划师，2008（4）：89-90．

［6］腾飞．重庆市统筹城乡发展路径研究［D］．重庆工商大学，2012：24-28．

［7］杨庆育．一个推进重庆更好发展的战略规划［N］．重庆日报，2013-9-16（005）．

［8］李敬．五大功能区建设是重庆区域协调发展的科学路径［N］．重庆日报，2013-9-27（007）．

［9］余颖，扈万泰．紧凑城市—重庆都市区空间结构模式研究［J］．城市发展研究，2004，（4）：59-61．

［10］杨庆育．科学认识和践行主体功能区战略［N］．重庆日报，2013-10-18（005）．

［11］彭瑶玲，邱强．城市绿色生态空间保护与管制的规划探索——以《重庆市缙云山、中梁山、铜锣山、明月山管制分区规划》为例［J］．城市规划，2009（11）：71-73．

［12］朱铁臻．建设现代化城市与保护历史文化遗产［C］．北京，2004．

［13］刘雅静．磁器口历史街区保护过程与绩效评价［D］．重庆大学，2009：45-46．

作者简介

刘雅静　（1982-　），女，硕士，原重庆市规划设计研究院城市设计所，工程师。

余　颖　（1972-　），男，博士，重庆市规划设计研究院院长，正高级工程师，注册城市规划师。

论历史建筑保护与利用的科学性与创新性
——从上海市朱家角古镇"水乐堂"谈起

辜　元　　姚轶峰

（发表于《中国名城》，2013年第8期）

摘　要：2008年7月1日实施的《历史文化名城名镇名村保护条例》提出了历史建筑的法定定义，给予了相对文物保护单位较为灵活的保护要求，但对于历史建筑在城镇现代化过程中如何有效保护和创新利用在理论与实践层面仍然缺乏合理的指导和建议，造成目前历史建筑保护与利用成效良莠不齐的现实困境。由此论文从保护利用的科学性和创新性两个方面，尝试探讨历史建筑保护利用的方法、技术策略，提出真实性、整体性仍然是历史建筑保护利用的基本准则和道德底线。

关键词：历史建筑；保护与利用；科学性；创新性

2008年7月1日实施的《历史文化名城名镇名村保护条例》（以下简称《条例》）对历史建筑提出了明确的法定定义，即历史建筑为"经城市、县人民政府确定公布的具有一定保护价值，能够反映历史风貌和地方特色，未公布为文物保护单位、也未登记为不可移动文物的建筑物、构筑物。"同时针对此类建筑提出了若干保护规定：（1）地方人民政府应（依照保护条例）确定公布历史建筑清单；（2）设置保护标志，建立历史建筑档案；（3）制定保护规划和保护方案；（4）应当保持历史建筑原有的高度、体量、外观形象及色彩等；（5）不得损坏或者擅自迁移、拆除历史建筑；（6）为保护提供必要的资金支持、对历史建筑的维护和修缮给予补助。

作为保护级别低于文物保护单位的建筑遗产，相对于文物保护单位"必须遵守不改变原状"（《文物保护法》二十一条、二十六条，《中国文物古迹保护准则》第2条）等严格规定，《条例》给予了历史建筑在保护和利用上一定弹性和自由裁定的空间，为我国城乡大量的历史建筑的保护提供了一种新的历史机遇，也为历史建筑保护与利用的目标、技术策略提出了新的挑战。

1. 上海朱家角古镇"水乐堂"的保护与利用

1.1 背景简介

"水乐堂"为朱家角古镇漕港河北侧，西井街南段东侧，漕港滩3号为主相连的3组老宅，临街面河，南与古镇内著名的圆津禅寺隔河相望，东临明代始建、清代重建的上海地区现存最大的五孔石桥——放生桥。

图1　水乐堂在古镇中的位置
（图片来源：伍江，王林．历史文化风貌区保护规划编制与管理［M］．
上海：同济大学出版社，2007）

"水乐堂"改造前为朱家角镇供销社所属江南水乡传统三进民居，是保护规划中确定的保留历史建筑。水乐堂的改造缘起于2007年著名音乐家谭盾来到朱家角采风，"当他听到圆津禅寺晚课时僧人的诵读声与撞钟声时，对于声音异常敏感的他当即决定，将工作室选址在那座与圆津禅寺隔河相望的，约有百余年历史的三进老宅中"（时尚论坛，2001）。

改造项目由"谭盾与国际知名的日本矶崎新建筑工作室共同设计"（水乐堂官网），其核心理念是融合"东方与西方，天人合一，以水为主题把建筑与音乐融合到一起"，在建筑空间的表达上"确立一个全新的建筑音乐观念"，把德国的"Bauhaus"建筑理念和谭盾独创的"Minhaus"建筑理念结合起来①（水乐堂官网）。水乐堂改造工程于2010年完工，原3组老宅被重新命名为纸乐堂、水乐堂、陶乐堂。水乐堂上演的以"古建筑与水音乐"作为卖点的《水乐堂——天顶上的一滴水》的演出使"朱家角艺术节，已经具有国际水准"（上海采风编辑部，2011）。

图2　谭盾与水乐堂三组老宅改造模型　　　　　图3　水乐堂改造模型细部

（图片来源：谭盾携手日本矶崎新工作室 音乐建筑概念出炉.
http://ent.yxlady.com/201009/75112.shtml）

1.2　保护内容

在认真甄别原有的3组老宅的建筑风格、建筑形式、建筑材料、建筑结构的基础上，水乐堂保护整治了原有建筑的外立面，保留了具有价值的建筑历史要素，主要的保护措施包括：采取当地的传统手工艺、当地的建筑材料，认真修复了建筑外立面的墙面、窗棂、门扇，使修复后的临街建筑外立面依然保持了原有民居低调而朴实的风格，与周边的街巷环境保持一致；保留了原有庭院中的历史墙体，采取了加固、去盐等建筑修复措施，新建墙体与历史建筑相映成趣。

1.3　改造内容

为了使得建筑成为音乐的一个容器，赋予建筑以节奏，模糊音乐和建筑之间的界限，并且与河、禅寺取得意境上的呼应，水乐堂的改造分为建筑结构和室内空间两部分。

建筑结构：原有的三进庭院为临街一侧的建筑高2层，临河一侧的建筑高1层，为满足观演与座席需要，实现室内空间的联通，设计师将临河一侧的建筑抬高至2层，与临街建筑贯通，原有的木结构加以保留作为上层结构，使用轻型钢结构作为底层支撑。加盖庭院天井，屋顶材料

---

① Bauhaus是以工业废墟、废旧工厂改造为特点，Minhaus则以江南老房子改造以及明代家具的极简主义为特色……成为21世纪多功能空间……（水乐堂介绍，http://www.shuiyuetang.com/waterheavens.html）。

图4 水乐堂临街建筑外 图5 保留下的老墙体保护 图6 改造前水乐堂内部庭院
立面 整治后效果 （图片来源：在水乐堂听那天顶的一滴水声. http://
www.dfdaily.com/html/150/2010/9/11/517415.shtml）

图7 改造后的水乐堂建筑内部结构、布局布置、室内天花板

图8 改造后的水乐堂庭院、室内空间
（图片来源：上海朱家角在水中听实景水乐. http://lux.hexun.com/2010-11-17/125665727.html）

采用了深灰的钛锌板，其颜色和铺设方法与周边环境保持一致，室内天花板则用银箔覆盖满足
演出的灯光要求。

室内空间：以"水""禅"为概念，以简洁、典雅作为主题风格，色彩素淡，原始木色、

白色和黑色为主。底层舞台地面上设置了几处约10厘米深的方形黑漆钢质水池，通过临河立面落地玻璃门视线室内外空间、视线、声音的交流；同时室内各部分被设计成乐器，如柱子、楼梯、地面、水面、穹顶，实现建筑与音乐融合的概念。

1.4 运营情况

水乐堂一诞生便被赋予了国际水准，代表了先锋音乐艺术的潮流，并且是朱家角水乡音乐节和文化旅游品牌的重要组成部分。2011年5月起每周六晚推出一小时左右的演出——《水乐堂——天顶上的一滴水》包含了演奏、行为、声光等表演形式和中西方的音乐内容，不断阐释巴赫与禅宗、东西方文化、音乐的对话。同时平日又作为当今社会，甚至是国际精英聚会、休闲、餐饮的高档会所，而高票价的演出及其新颖的创意和艺术感召力也使得水乐堂成为高收入群体追逐消费的场所。

图9　水乐堂·天顶上的一滴水表演海报与现场
（图片来源：水乐堂·天顶上的一滴水.http://www.shuiyuetang.com/index.html）

1.5 评价

1.5.1 积极的意义

建筑的保护与改造：提供了一种新的思路，用现代建筑的理念去解读一幢"历史建筑"，保持建筑原有的整体风貌，精心修复了建筑外立面、有价值的历史要素等。同时根据规划使用的要求，对建筑内部的结构、平面布置、装饰等进行了大胆的改造，但在内部空间、细节处理、建筑材料使用、意境表达上都独具匠心，完整地体现了与音乐概念的融合。

水乐堂的经营与品牌塑造：谭盾及其团队采取引入现代的、中西方融合的改造理念，重新赋予了历史建筑新的功能与文化意义，并且借助每周的艺术演出、平日的会所、餐饮运营等，使得水乐堂成为具有国际影响水平的音乐厅，在实现自身经济价值的同时，也为古镇经济社会的复苏起到了重要推动力，为古镇服务业的发展带来了客观的收入。

1.5.2 存在的问题

"水乐堂"的尝试对于朱家角古镇及其大量存留的"历史建筑"是一件难得的好事，至今也在某些方面取得了成功，但也显现出两方面的问题：

就改造而言，项目对水乐堂原状有所考虑，大体的尺度、体量、色彩等方面基本尊重了原状，但在一些细节处理上却有待商榷。首先是平面的彻底改造，很难再辨别出原有水乡古宅的平面特征与风格特色。其次是沿河建筑的抬高与其立面的新创作，虽然沿用了朴素和低调的特点，但立面大面积通透玻璃的使用仍然十分显眼。第三，为展现水乐堂与圆津禅寺在对景、声音之间的关系，设计师将原有建筑滨河的公共空间改造为建筑的庭院空间，虽有利于"水音乐"意境的营造，有利于观演者不被外来环境干扰，但却造成古镇公共资源被"私有化"，"精英化"，打断了古镇滨河公共步道的延续性。

图10　改造后的水乐堂临河一侧建筑立面
（资料来源：水乐堂. http://www.saipiao.com/?brand-154.html）

图11　隔河相望的圆津禅寺

利用方面，水乐堂设定的群体显然是能承受得起高消费的社会精英群体，在价格上拒绝了古镇内生活的一般大众和普通游客，反过来古镇居民也很难认可被改造成为水乐堂的历史建筑是其生活环境的一部分；其次水乐堂所传达的东西方融合的概念、具体的艺术内容以及独特的表演形式，是否真正地契合水乡传统文化的特质和精神，并且引领时代的创新？这些都有待于进一步探讨。

2. 我国历史建筑保护利用的现状分析

2.1 历史建筑保护利用存在的问题

"水乐堂"虽然只是当前数量众多的历史建筑保护与利用案例中的一个，但其暴露出的在保护、改造、利用方面的问题确是当下大量历史建筑保护与利用存在的普遍问题。从目前的实际工作来看，历史建筑的保护与利用存在以下两个主要问题：

一是历史建筑是否得到科学的保护，即遵照什么样的原则和方法进行保护，在保护中如何理解"真实性、完整性"的含义。由于受行政、管理、资金、技术等方面限制，历史建筑的保护成效良莠不齐，体现为两种极端，一种是采取了与文保单位类似的保护措施，将日常"使用着"的历史建筑被"博物馆式的冻结保护"，抹杀了历史建筑原本的历史文化意义与价值特征，如重庆磁器口街区中的钟家院子再利用为具有一定消费门槛的专题博物馆；第二种是过度扩大了这种"差别"的存在，认为不必按照"真实性、整体性"原则进行保护，采取更加大胆的整治措施，如按照现代的建造方式与使用要求，更改历史建筑的外立面形式、内部结构、平面布置等，使"灵活"变为"随意"，损害了历史建筑的固有价值，如北京南池子"劫后重生"的四合院。

二是历史建筑如何得到合理恰当的利用，与城镇现代化发展结合，即把握《条例》赋予的弹性空间。实践中历史建筑与历史街区的利用往往以旅游、商业为目的，迁出原使用者（大部分为居民），全面整治，甚至重建，或改造成仿古一条街，如北京前门大街，或塑造为精英高消费"文化"的场所，如上海新天地，本质上都是将历史建成环境作为文化资本进行价值的再创造，过度强调了遗产的"经济价值"。同时，更多大量的历史建筑仍然处于自生自灭的状态或者是"静态"的保存，虽然保留了历史特征，但忽略了与现代实际生产生活相结合，历史建筑合理利用的探讨在城镇现代化发展过程中往往被遗忘。

2.2 问题产生的原因

《条例》中虽然对历史建筑的保护提出了基本要求，但对于历史建筑在城镇现代化过程中如何有效保护和创新利用，在理论与实践层面仍然缺乏合理的指导和建议，也是目前以历史建筑为主体的众多历史文化街区（镇村）面临的现实困境。王景慧先生从"历史建筑"与文物保护单位的关系，从"历史建筑"的保护对象、保护方法入手，提出了历史建筑的保护利用原则为"按历史信息的含量来确定保护的部位和利用的强度. 保存信息，延年益寿. 科学利用。"（王景慧，2011）笔者也认为，真实性、整体性仍然是历史建筑保护利用的基本准则和道德底线，并且基于王景慧先生提出的思路，从保护利用的科学性和创新性两个方面予以进一步探讨。

3. 历史建筑保护与利用的科学性与创新性

3.1 科学性

3.1.1 历史建筑保护的底线——固有价值与历史信息的保护与传递

历史建筑是一类"随着时光流逝而获得文化意义的较为朴实"的遗产。即是遗产，与文保单位相似，作为历史的"文献"，其本体就拥有不同时期所积累下来的历史信息，是其最核心的要素。虽其整体价值、重要性不及文保单位，《条例》也对其保护给予了一定的灵活性，但对其采取的任何干预措施仍应遵守真实性原则，即在特征价值确认的基础上，通过对历史信息科学的分析、判断、评价，保留和传递体现其固有价值的历史信息，即保护特征价值与历史信息的物质载体。

针对历史建筑在我国存量大、类型多样、分布广的特点，各个地方已经采取根据历史建筑固有价值的高低和重要程度分为不同类别、采取相应措施予以保护的方法，如上海、杭州、天津等地就通过法规规范、保护规划将历史建筑划分为"保留历史建筑、甲等一般历史建筑、乙等一般历史建筑"等。但考虑到体现固有价值的历史信息的多样性、复杂性以及历史建筑保存状况不一，可在不同等级划定的基础上，进一步有的放矢，具体确定不同类别历史建筑需要保护的历史信息及其不同的物质载体，设定干预措施需要严格遵守的基本底线，同时考虑干预措施的可逆性与识别性，以有利于采取更灵活、有效的保护与再利用措施。这也正是王景慧先生提出的"根据有价值历史信息存在的部位决定更新利用的部位，根据历史信息要素的保存程度决定干预的程度"（王景慧，2011）。

3.1.2　历史建筑保护的灵活性——与历史环境的协调

强调历史建筑固有价值的历史信息的保护与传递方法的灵活性，并不意味着可以随意地更改添加。事实上，相对历史建筑固有价值的载体部分的严格保护，其他部分的干预措施是鼓励"开放性"的，如使用新材料、新工艺、新结构、新风格、新形式等，但如何才不至于使历史建筑沦为"不新不旧，不土不洋"的假古董？最重要的是要尊重历史建筑所在历史环境的整体风貌特色，不仅需要认知历史建筑的整体格局与传统风貌特色、历史建筑所在历史环境的特征，更需要认识历史建筑在其历史环境中扮演的角色——作为构成历史肌理与传统风貌的基本和重要因素。在不干扰固有价值和历史信息的前提下，历史建筑保护可实行相对"宽松"的干预原则，把握所在历史环境的"整体性"，采用与整体历史环境相协调一致的干预措施，并且鼓励基于历史传统和基本原则上的创新，而非当下流行的喧宾夺主、标新立异的做法。当一幢历史建筑原是街巷深处的一处普通民宅时，它的修复就不应该采取喧宾夺主、张扬的风格；当一幢历史建筑原是一处精美的府邸时，那么对它只采取简单的结构加固、破损构建更换、外立面涂刷的做法也是不妥的。

3.1.3　保护结果评价与日常管理

历史建筑物质保护的目标是"遗产保存、设施改善、永续利用"。历史建筑与文保单位的根本不同在于其仍然有日常使用功能，这对于历史建筑"延年益寿"具有重要的作用，而反过来，不同使用者和不同的使用目的也不可避免的会对历史建筑造成破坏，因此通过日常动态管理避免使用中人为或自然破坏造成历史价值与信息的损失，尤其是大规模修缮后再次的持续破坏，是历史街区、城镇保护中的必要措施，而建立历史建筑相应的信息档案，包括历史人文信息、建造技术信息、材料信息、历次修缮信息等，是实现动态管理的技术支撑。通过信息的比照研究，能够反映出在不同时期历史建筑变化特点，为专业人员制定针对性的修缮措施和管理政策提供科学依据。同时，真实、客观、长期的记录过程为后人重新理解历史信息、判断历史建筑价值，采取新的修缮措施奠定了历史追溯的基础，也是历史建筑保护真实性与可逆性的科学保障。

3.2　创新性

3.2.1　历史建筑干预的历史尊重

历史建筑创新干预的历史尊重包括其物质特征、使用功能及其相互在历史中形成的特定关系，也是历史建筑价值现代确认的重要途径。

首先历史建筑的保护被赋予了灵活性，尤其鼓励在局部非历史信息的物质部分的整治改造进行创新。但这种创新应该是建立在对立面、结构、内部装饰、平面布局、材料、色彩等物质要素深刻认识基础上，符合历史建筑的物质特征，比如对巴渝山地穿斗建筑修缮就不应采取马头墙、观音兜，对江南厅堂建筑就不需使用北方四合院形式等"张冠李戴"的做法。这种做法实际混淆了历史的物质特征，严重违背了真实性的原则，是对历史的不尊重，也是不道德的行为。

其次历史建筑不是博物馆里的"古董"，也不是可随意改造的危旧房，而是实实在在的被人们长期使用着的建筑物，其反映出的历史信息、物质特征与实际的使用功能密切相关。因此，任何的创新必须根据历史物质特征与传统使用功能出发，提出符合与延续这种功能使用关系特征的措施，如传统民居可改造为民宿，也可改为"前商后住"、"下商上住"的商住，但却不适合将其整体改为酒吧、迪厅等娱乐设施，不但因为此类功能将彻底改造内部空间，极有可能破坏传统居民内部具有价值的生活性历史信息，而且更彻底割裂了传统民居物质空间与其传统使用功能之间内在固有的历史关系，导致改造后的历史建筑在当代背景下的"虚假化"。

3.2.2　历史建筑使用的人文尊重

人文尊重包括对历史建筑当代使用者的尊重和对历史建筑所在历史环境自身历史文化的尊重。

历史建筑是历史文化街区（村镇）的组成部分，更是与当地居民的生活息息相关，包括居住、商业、祭祀等基本生活活动，也是其历史街区、村镇保护与发展的关键。因此任何创新活动都应以尊重、延续地方居民和生活为前提，留住原住民，留住真实的生活，促进历史街区、村镇内社会文化整体发展与繁荣，避免大规模运动式的将历史建筑、历史街区"私有化"、"旅游化"、"精英化"与"绅士化"，迁出原住民而改成一个精英占据和享受的"死"空间，如高档住宅、高档娱乐休闲场所，或专供旅游、参观的布景道具，使历史街区与建筑成了资本寻租的实体空间和工具，如上海建业里。

同时，历史建筑经历了不同历史时期人们的使用，留存了不同时代民俗文化、审美情趣与生产方式的印记，是传统文化的物质载体。因此对历史建筑创新的人文尊重，关键在于协调传统文化特质与新引入的文化特征之间的关系，不能肤浅、简单借用历史符号或意向，通过资本商业化运作，强力迁出原使用者，引入与其历史文化特征无关或相悖的展示、商业、旅游等功能，使其成为丧失历史文化内涵的"躯壳"。正如朱家角水乐堂，从再利用的角度看具有积极意义，但改造措施却是从西方文化与价值观的角度出发，改造成为音乐演艺厅的空间形式，换言之，改造后的水乐堂只是带有江南传统民居建筑符号的西方建筑空间，传统江南水乡的文化特质与价值已经消失。

3.2.3 历史建筑功能的现代尊重

历史建筑与文物保护单位最大的区别即在于它的实际使用者是要继续居住、工作或生活于此，乡土建筑要继续住人，近现代建筑与工业建筑做点改动可以有多种用途，因而对于历史建筑的使用而言，最重要的是要发扬它的使用功能、保持活力、促进繁荣（文爱平，2009）。为此，一定要根据现代生活方式的要求，改进历史建筑的配套设施，引进电力、给排水、燃气等管道，加固建筑内部结构，提高建筑防火能力，使得历史建筑外观是传统的，但内部的配套设施却是现代的，这样才能留得住人，才能调动实际使用者的积极性（王景慧，2008），才能使建筑获得持续的生命力。如都江堰的西街，历史建筑的外立面、建筑结构与建筑细部得到了修缮与加固，保持了历史风貌，更具有现实意义的是，历史建筑的内部装饰与平面布置根据当地居民的生活需求做出了适应的更改，增加了与现代生活方式相符合的设施与空间，不仅留住了原住民，并且成了一处满足现代生活需求的历史街区，保护与发展进入良性循环。

更重要的是，除设施的改善以外，历史建筑功能使用的创新是一个关乎文化、历史、传统、社会、经济等诸多因素的综合再利用，应赋予符合现代社会发展的新功能，使得历史建筑继续作为当地居民生活、工作空间的组成部分，使得街区发展得到延续。

4. 结语

因其数量众多、类型多样、分布广阔，历史建筑的保护与利用会由于所在地区对历史文化遗产保护理解的不同、经济社会发展水平的不同，出现各种不同的保护与利用措施。一方面，我们应该鼓励各类灵活的维修改善的保护与整治方式，使历史建筑的复兴能与现代生活整合；但另一方面，我们也需建立科学的保护理论与技术策略，有效判断我们采取的保护措施是否合理，利用方式是否实现了建筑的可持续发展。鉴于《条例》赋予了"历史建筑"保护在实际工作中一定的弹性，有别于文保单位保护"严苛"的准则，我们认为确保"历史建筑"保护利用工作的科学性，必须坚守真实性、完整性的基本原则，不因价值或重要性变化而有所妥协，即树立"弹性"的底线；创新性是在遵守科学性的基础上，根据其所处社会经济背景，对历史建筑在利用方面的现代诠释，在创新过程中必须掌握对历史建筑在历史、人文和使用上的三个基本尊重，即解决如何把握"弹性"的"自由度"。

参考文献

［1］王景慧. 从文物保护单位到历史建筑——文物古迹保护方法的深化. 城市规划，2011，35（z1）：45-47.

［2］朱光亚，杨丽霞. 历史建筑保护管理的困惑与思考. 建筑学报，2010（2）：18-22.

［3］中华人民共和国国务院令 第524号. 历史文化名城名镇名村保护条例. 2008，4，22.

［4］中国城市规划设计研究院. 历史文化名城保护规划规范GB 50357—2005. 北京：中国建筑工业出版社，2005.

［5］中华人民共和国第九届全国人民代表大会常务委员会第三十次会议. 中华人民共和国文物保护法. 2002，10，28.

［6］国际古迹遗址理事会中国国家委员会. 中国文物古迹保护准则. 2004.

［7］上海采风编辑部. 小镇艺术节的公益性和产业性. 上海采风. 2011（1）：1.

［8］文爱平. 王景慧：将古城保护进行到底. 北京规划建设，2009（3）：190-194.

［9］王景慧. 中国民族建筑研究与保护. 中国勘测设计，2008（3）：11-15.

［10］时尚论坛. 水乐堂：禅乐怪才和建筑师的碰撞. 2011，1. http://style.sina.com.cn/des/design/2011-01-19/071872758.shtml.

［11］水乐堂介绍. 水乐堂官网. http://www.shuiyuetang.com/waterheavens.html.

作者简介

辜　元　（1983- ），女，硕士，重庆市规划设计研究院城乡发展战略研究所，工程师，注册城市规划师。

姚轶峰　（1984- ），男，博士，米兰理工建筑系。

宜居城市规划探讨

颜　毅

（发表于《重庆山地城乡规划》，2013年第4期）

摘　要： 本文以打造"宜居城市"为研究对象，首先分析了宜居城市概念的时空定位，指出对宜居城市的追求时间上可以追溯到古希腊，空间上可以分成建筑单位、社区、城市三个层次，而后研究探讨了宜居城市的内涵和特征，并基于宜居城市内涵、重庆的具体实际提出了打造宜居重庆的具体措施。

1.　宜居城市概念的时空定位

宜居城市的概念是在北京市新版规划中把其作为北京未来发展目标之后受到国内学术界、市民、政府的普遍重视的。但事实上，在国内外城市发展史上，人们无时无刻不在追求城市的优美景观、舒适感受、生活便利等种种的城市建设形势。人们需要的不是城市某个方面功能的优化，也不是仅仅针对一种城市问题所得出的有效的解决方案，最终新世纪的人们会选择一种适宜自己居住的城市形态——宜居城市。而这种城市形态的建设不是单纯一种城市规划思想所能够解决的，它需要综合不同城市规划思想的优点，摒弃其不足。宜居城市的概念是社会发展到一定程度的产物，而宜居城市的建设没有现成的经验可以应用，需要汲取历史长河点点滴滴的经验加以整合，并在实践中不断摸索。才能走出一条真正的符合现实背景和当地民情的宜居城市建设之路。

真正的宜居城市应该是生活舒适便捷的城市。生活的舒适便捷主要反映在以下方面：居住舒适，要有配套设施齐备、符合健康要求的住房；交通便捷，公共交通网络发达；公共产品和公共服务如教育、医疗、卫生等质量良好，供给充足；生态健康，天蓝水碧，住区安静整洁，人均绿地多，生态平衡；历史文化遗产丰富以及安全。

2.　宜居城市的内涵与特征

综合国内外已有的研究，我们认为"宜居城市"概念的提出和理论的探讨对于指导未来城市规划与建设有着极其重要的意义。宜居城市是面向未来和谐社会的人类住区，宜居城市的内涵极其丰富，而且随着社会的发展，人类需求的不断改变，它的内涵也会不断地变化、发展和充实。

2.1　经济层次

宜居城市的建设需要有强大的城市经济作为后盾，但是宜居城市需要的是一种良性、高效、健康、可持续的经济发展模式。在目前的经济发展模式中，生态经济和循环经济模式比较符合宜居城市经济发展的模式要求。宜居城市建立"生态经济+循环经济"的城市经济发展模式，从根本上解决日前城市发展和经济发展之间的矛盾，实现以最少的能源、资源投入和最低限度的环境代价，为人类提供最充分、最有效的服务。

2.2　文化层次

宜居城市的文化内涵必须关注城市公共基础设施的普及性及公共服务的优质化、城市环境的长期和谐性、城市弱势群体的生存和发展权利的保障性、城市居民的安居和谐以及城市技术创新的最小负外部效应。从微观上讲，宜居城市的文化应该是多元的，它包含影响和制约城市文化形象与文化发展的制度元素、代表城市形象和展示城市审美情趣和个性的建筑元素、反映城市文明程度和市民文化素养的市民元素、作为城市文化建设物质设施载体的文化设施元素以及民族文化元素、生态文化元素、时尚文化元素、产业文化元素、文化名人元素等。

3. 打造宜居城市的手段

几乎没有人同意会有一种城市的终极形态，但是人们对建设宜居城市的目标有着共性要求。作为未来城市的主流形态，宜居城市可能会以网络城市、文化城市、安全城市、生态城市、功能城市、便捷城市等其中的任何一种形态出现。

3.1　安全城市

美国作家雅各布斯在《美国大城市的死与生》中说到，"一个成功的城市地区的基本原则是人们在街上身处陌生人之间时必须能感到人身安全"。现代化的大城市由于其集中化、过密化而使其成为一个复杂的巨系统，成为易受地震、洪水、环境污染、人为破坏打击的脆弱系统。

因此，如果将宜居性作为一个未来城市建设的主要追求目标，那么它首先应该是一个安全的城市。

3.2 生态城市

城市化带来的住房短缺、交通拥挤、环境污染、生态破坏等等一系列问题使人们逐渐认识到物质文明不是改善城市环境的根本手段，相反还可能加剧城市的环境恶化。人们开始寻求一种既能符合城市发展的实际需要，又能满足人们亲近自然的心理要求的城市理念，这就是城市的生态化，自然化。优美宜人的生态环境和生态健康也是宜居城市追求的目标。从生态的角度讲，宜居城市应该是人与自然和谐共处的生态城市。

3.3 功能城市

宜居城市应该是一个功能城市。就像人一样，宜居城市有它的命脉，它能够呼吸、喝水、吃东西，并排泄出废物，也能够生长、繁殖、再生，它的思维和行动协调，有思想和精神。

3.4 便捷城市

宜居城市更应该是一座便捷的城市。在物质生活已比较丰富的后工业社会中，人们对工资等经济条件的关注降低，但对城市的音乐、艺术等人文环境，气候，湿度，以及绿化等各种城市生活的便捷条件的需求会越来越高。充实的商品市场及服务、由优美的建筑和科学的城市规划等形成的良好城市外观、低犯罪率、良好的学校等公共服务的完备、便捷的交通及通讯基础设施等等都是便捷城市的具体体现。

3.5 网络城市

在未来的城市中，信息网络会成为城市的基本骨架之一和人们衡量生活、工作、生产等是否便利的标准之一。人与人、人与自然将表现出一种新型的关系。宜居城市的信息网络应该是高度发达的，内部的交通通信网络、对外联系网络等等都是完善的或者至少应该朝着完善的方向不断发展的。在这样城市中，人们可以从饮食起居、休闲娱乐到工作学习、购物交流等各方面享受到信息网络和新技术带来的便利的、人性化的、智能的服务。

3.6 文化城市

城市个性维系着城市中每一个人的生活命运，早已成为不可割舍的血脉，它就是城市的灵魂。而最能体现个性的是一个城市的文化。21世纪的城市，不只是经济的竞争、科技的竞争，更重要的是文化的竞争、人文特色的竞争。具个性特色的城市因其凝聚着地域文化传统的精华而具有强劲的竞争力，其发展才会有动力和后劲，才有可能朝着宜居城市的方向发展。

4. 重庆打造宜居城市的具体措施

宜居重庆的建设重点包括：一是推进山城物质景观建设，创建宜人的居住环境和社区生活氛围，增强市民归属感；二是优化城市生活功能，创造便宜的生活条件；三是完善不同地段的居住功能建设，疏解主城核心区人口压力。

实施宜居重庆应该建设四大工程：

民居工程（居者有其屋）：建立面向社会不同收入阶层，尤其是低收入阶层的住房保障体系；新建大型社区需配建一定数量经济适用房。全面改造如南岸后堡、北碚天生桥、渝中下半城片区等主城危旧房，加快覃家岗等"城中村"改造。

民谐工程（劳者有其闲）：建设一大批城市文化设施、城市休闲场所，加大城市文化遗产保护。

民景工程（游者有其园）：包括"一岛、两江、三线、四山"环境建设工程、城市组团隔离带建设工程、视线通廊建设工程、滨江绿带建设工程、两江水位消落带规划工程等。

民行工程（行者通其道）：加强城市休闲型步行系统建设，突出重庆山地城市的步行交通特色，逐步建立一个适宜步行的城市，为市民提供一个安全、便捷、舒适、优美的出行环境。

参考文献

［1］卢卫. 居住城市化：人居科学的视角［M］. 北京：高等教育出版社，2005.

［2］赵民，赵蔚. 社区发展规划——理论与实践［M］. 北京：中国建筑工业出版社，2003.

作者简介

颜　毅　（1971- ），男，重庆市规划设计研究院规划一所所长，高级工程师。

重庆旧城改造模式探讨

邓 毅

（发表于《重庆建筑》，2006年第4期）

摘 要：旧城改造是城市发展进程中的必然产物。重庆城市化水平在直辖七年以来稳步提高，取得飞速发展。本文针对重庆目前实行的旧城改造政策和措施，结合重庆老工业基地的背景和山地城市的地理环境。从土地产权、整体规划、拆迁安置、文物保护和资金等方面提出了个人的建议和思考。期望旧城改造工程真正落到实处。实现政府、开发商、拆迁户的利益多赢，增强城市的核心竞争力。

关键词：旧城改造；土地产权；整体规划；拆迁安置；城市化

1. 背景

近年来，随着城市社会经济的飞速发展，城市人口急剧增加，城市规模迅速扩大，城市发展对土地这个稀缺资源的需求十分强烈。但从建设节约型社会，走可持续发展之路的基本国策来看，走扩大城区面积的外延式城市发展之路是有限的。城市中的老城区或旧城区，是在当时历史条件下建设起来的，随着城市经济社会发展以及城市基础设施的现代化发展，原有设施和房屋等已经不能适应当今城市经济社会发展和居民生活的要求，必须进行综合性城市改造。旧城改造成为城市发展进程中的必然。

2. 重庆旧城改造的历史根源

重庆是西部大开发的重点城市，是西南地区最大的城市和水陆交通枢纽，拥有悠远的历史，工业门类齐全，配套能力强。直辖七年以来建设成就斐然。城镇化率从1997年的28%提高到2003年的38.1%，城镇人口从852万增加到1192万。2003年，公路和水运建设投资完成110亿元，相继在长江、嘉陵江上新建成特大型桥梁16座。全市等级公路里程新增4615km，新增高速公路里程466km，新增港口吞吐能力450万吨，"8小时重庆，半小时主城"工程也将基本实现。但由于山地城市的特殊形态和农民"以地生财"的经济原因。加之落后的土地管理体制、监督管理不善等客观原因，导致违法建设泛滥、环境质量低下、社会问题突出，不仅削弱了政府权威，而且对房地产市场构成严重冲击，严重影响了重庆大都市形象，阻碍了城市发展的进程。因此，重庆市必须结合自身情况，借鉴其他城市的改造经验，有计划地组织实施旧城改造工程。

3. 重庆市旧城改造采取的措施

为了加快旧城改造、城市建设的步伐，重庆市政府下发《关于主城区危旧房改造工程实施意见的通知》（渝府发〔2001〕41号），成立危旧房综合改造指挥部，要求建委履行主管部门职责，国土房管局组织实施，另有计委、财政、规划等数十个部门协助，并且调动房地产开发的积极性，共同搞好旧城改造工程。

根据现状调查，市政府确定了旧城改造的主要实施方式：土地整治招标。拍卖改造一批，市政基础设施建设带动一批，政府投入拆房建绿改造一批，城市建设综合开发改造一批，产权单位自筹资金改造一批，违法违章建筑拆除解决一批，传统街区建筑保护修缮一批。

旧城改造是一项长期艰巨的系统工程。为了充分发挥政府的主导作用，政府部门加大了行政措施力度：

（1）加强规划管理，控制开发强度。

政府组织修编主城区控制性详细规划。突出城市基础设施建设，严格控制商业繁华区、窗口地区、沿江区域和交通主干道两侧的项目建设，在建筑密集区多拆少建，多建绿地。加大违法建设查处力度。全面拆除违法建筑物，减少危旧房再有数量。另外，加强商品房开发的宏观调控，在政策上引导房地产开发企业在商品房开发的同时投资改造危旧房。

（2）综合处置空置房，盘活存量房地产。

清理空置房项目的欠贷、欠费情况，盘活存量房地产、增大安置房源。对无力完成环境配套、后三通等后续工程的住宅建设项目，由政府投入资金完善功能，并作价转作安置房；对无销路的空置房，采取行政、经济和司法等手段，督促开发商降价销售或政府廉价收购转为廉租房，用于安置拆迁户。

（3）加快经济适用住房建设，增大现房供应量。

根据旧城改造需要，适当扩大经济适用房建设规模，作为主要安置房源。给予危旧房拆迁户入住同等面积经济适用房的优惠政策。对符合居住条件的特困户，房管部门用廉租房安置。

（4）政府加大投入力度，多渠道筹集旧改资金。

政府多渠道、全方位地组织社会资金用于改造。资金来源主要有：银行贷款，重大改造项目的贷款，政府给予贴息；加大市级财政转移支付力度；发行企业债券；组织专项资金；集中使用危旧房土地使用权的收益；招商引资，鼓励各类经济组织积极参与；产权单位自筹资金，支持个人按揭贷款购房。

（5）加强税费管理，落实优惠政策。

旧城改造工程巨大。为了减轻危旧房改造工程的费用负担，提高开发商的建设积极性，重庆市政府出台了《关于实施主城区危旧房改造工程有关问题的补充通知》（渝建发〔2002〕170号），土地出让金采用"拆一免二至三"，即根据旧城的区位、拆迁量，每拆1m²的房屋，可免交2～3m²建筑面积的地价，并减免相应的报建等费用。确保开发商获得25%以上的合理利润。拆除面积用于冲抵新建面积部分免收，安置面积大于拆除面积部分减半征收。免收结合民用建筑修建防空地下室易地建设费。因条件限制不能同步配套建设的，减半征收。城市园林绿化建设费和集中绿化建设费，按拆房建绿面积冲抵。另有多项费用均实行了减半征收或免收政策。

（6）组织实施统一拆迁，加大拆迁安置力度。

严格执行《重庆市城市房屋拆迁管理条例》，政府指定所属部门或单位对旧城片区实施统一拆迁。对上证或无证的违法违章建筑及其附属物，无条件拆除，不予补偿。对拒迁户实施强制拆除，并予以经济处罚。在拆迁公告期限内搬迁设置提前搬迁奖；用货币安置的，适当给予奖励；用现房安置的，可购买安置房所有权。

4. 重庆旧城改造的建议

重庆城市规划的总体定位是：建成环境优美，具有历史文化传统和山城、江城特色的现代化大都市。旧城改造不是传统意义上的拆旧建新。而是建设现代化的文明社区，从而实现物质形态、社会形态、经济形态和人口素质的提升，营造经济发展的良好环境。虽然旧城改造工程在推行过程中不断改进和完善，然而还是出现了规划不理想、拆迁难度大、资金短缺等诸多问题。为了加快旧城改造步伐，实现真正的城市化，政府应该重点解决产权、地价、规划、拆迁安置和资金五个方面问题。

（1）建议构建"政府—拆迁户—开发商"的利益均衡机制，实现"三赢"。

政府和开发商进行合作是城市改造项目顺利实施的有效途径。因此，政府应该引导房地产市场向着健康方向发展，实现政府、开发商、拆迁户的利益多赢，增强城市的核心竞争力。

从土地政策入手，把集体土地转为国有，由市规划部门统一规划。

作为改造主体的开发商和被改造主体的集体及个人均应当是受益主体。政府则作为旧城改造"公平、和平和效率"的维护者、监管者和仲裁者。

改造拆迁的核心是在政府兼顾拆迁户利益和开发商效率及利润的基础上，"政府—拆迁户—开发商"参与协商并制定改造规划。由政府职能部门监督执行，并规范和监管开发商的行为。

（2）政府加强整治。

政府的规划、建设、公安、工商、国土等各部门要统一协调，治理区与区之间以及组团与组团的结合处应该是优先考虑的位置，对两江沿岸、易滑坡的地段、市区形象地段进行重点整治，使城市面貌尽快焕然一新。

对重点地区进行优先规划。国土部门优先出让，采用招标等形式引进有实力的开发商。并且政府部门应该给予开发商一定的政策优惠以确保开发商的利润和拆迁、改造工作的顺利进行。

（3）规划方面要以政府为主导、规划全面、制度跟上。

统一规划，搞好基础设施建设，杜绝规划死角，避免二次重生。结合重庆的山水特色，加强"两江、四岸"的规划建设，发掘地下空间资源，构建"立体重庆"交通网。政府应该鼓励房地产开发企业，采取建筑物利用地下空间，同时给予地下面积不计入容积率和减免配套费、土地出让金等优惠政策。

在开发之前给出整体以及全部规划细节，积极搞好拆迁工作。建立市规划局和国土局—各区的规划分局和国土分局—管理所和邻区、镇、村的"双三级"规划管理执行体系。同时，对已拆在建的开发区加大监管力度，禁止违法建筑的二次重生。

城市规划建设要有"节约意识"，减少不必要的拆迁。例如：对安置房和经济适用房的建设标准不能太低，否则过十年或十五年就要炸掉重建，这是对社会财富的巨大浪费。城市道路经常被开膛破肚，既造成污染，又造成浪费。

成都市确立了"成都市城乡一体化"规划，通过"空间资源一体化配置"、"基础设施一体化规划"、"产业一体化布局"等，将成都市周边13个区、市、县统一规划定位，形成城乡一起发展的"大成都"格局。重庆市在解决小城镇建设问题方面可借鉴参考成都市的这一先进经验。

（4）严格依法拆迁，加大政府执法力度。

房地产开发对于推动旧城改造、减轻政府财政负担等方面起着积极作用。但旧城改造与房屋拆迁，由于种种原因，出现了许多不应有的行为和不规范的做法：房地产开发打着"国家建设拆迁"、"行政机关行为"、"危改"、"建绿"等名义，骗取划拨土地使用权和其他优惠政策进行房地产开发；为了解决拆迁中双方的分歧，拆迁单位使用暴力殴打被拆迁人；被拆迁居民超出常理漫天要价，扰乱拆迁市场，严重影响社会稳定。建议政府加大执法力度，在保证被拆迁人（主要指钉子户）合法权益的前提下，保护投资者和绝大多数拆迁户的合法权益。

（5）控制经济适用房数量，带动住房市场。

针对经济适用房不适用、不经济、规划设计水平低下、分布不合理、购买对象混乱等问题，建议政府对经济适用房的购房对象加以控制，严格划定中低收入人群。同时政府要严格控制数量，彻底改变经济适用房越多越好的思想。根据上海和广州的经验。现阶段重庆经济适用房的市场份额应该保持在7%左右。对中低收入者的补贴可由"暗补"变为"明补"，通过法律法规的形式确立对中低收入者购房时的货币补贴。直接拨付到消费者手中。这样政府部门管理相对简单，而且激活住房一级市场，对二级市场同样有很多好处，因为有的中低收入消费者会选择二手房。

（6）旧城改造借鉴"成都模式"，突破资金瓶颈实现双赢。

旧城改造项目常常因为资金短缺造成"烂尾楼"和安置不利，给政府带来巨大的社会压力和信任危机。成都市实施的旧城改造出台了一系列人性化政策措施，推出了"化整为零、组合成群、成片拆迁、市场运作"的实施方案，形成了"阳光拆迁"、"扶困救助"、"多轮驱动"为亮点的改造模式，创造了"总体授信、项目贷款、专项管理、封闭运行"的银行贷款模式，既解决了旧城改造的资金瓶颈问题，又调动了社会力量和民间资金。尤为突出的是，成都市通过实施"阳光拆迁"和针对特困人群推出的"扶困救助备用金"，实现了旧城改造中经济和社会效益的双赢，探索出了一条旧城改造的"成都模式"，为重庆的旧城改造提供了有益的借鉴。

5. 结论

旧城改造涉及千家万户的切身利益，是一项最为敏感、最为复杂的"民心工程"。重庆应该根据自身特点，要通过制度、方法的创新，发挥政府和市场主体各自的优势，正确处理城市更新与协调发展的关系、全局与局部的关系、长远利益与当前利益的关系，坚持法治和人本并存、保护与改造并举、公平与效率并重，以及公开、公平、公正的原则，让"民心工程"真正落到实处，引导房地产市场向着健康方向发展，实现政府、开发商、拆迁户的利益多赢，增强城市的核心竞争力。

参考文献

［1］ 重庆市第一届人民代表大会重庆市城市房屋拆迁管理条例［Z］. 1999.

［2］ 重庆市政府渝府发［2001］41号文件［Z］. 2001.

［3］ 重庆市建设委员会，重庆市计划委员会，重庆市国土资源和房屋管理局，重庆市规划局，重庆市政府. 重庆市关于实施主城区危旧房改造工程有关问题的通知. 2001.

［4］ 田瑞江. 旧城改造不应损害重庆文脉［N］.重庆时报. 2005.

［5］ 中国经济时报. 全国拆迁新政将参照成都模式［EB］. 2005.

［6］ 佚名. 重庆旧城改造别忘了保护历史文化［EB］. 2004.

［7］ 罗凤鸣. 旧城改造，政府和开发商的博弈［N］.南方都市报. 2004.

［8］ 西扇. 长大的城市，谁的城市［EB］.

作者简介

邓 毅　　（1972- ），男，硕士，重庆市规划设计研究院城市设计所所长，高级工程师，一级注册建筑师。

专题四

城市设计

"重点受控"与"局部放任"
——山地城市设计方法研究之一

胡　纹

（收录于《97年山地人均环境可持续发展国际研讨会论文集》）

摘　要：本文试图找到一种可操作的城市设计方法。以山地城市形态为切入点。辩证地应用重点论和两点论，对山地城市形态的重点要素进行重点控制，而对非重点要素采取引导性设计。

关键词：山地城市；城市设计；重庆市

1.　可操作的山地城市设计方法

城市是一个复杂的系统，山地城市因其多变的地形，不仅带来水文、地质、气候的复杂化，而且影响到市民的生活方式、风俗习惯的变化，使得山地城市这一系统更具复杂性和多变性。

城市设计的研究范围十分广泛，其理论和方法体系也很庞大。具体到山地城市设计的研究，其研究的范围和涉及的理论与方法也极为广泛和复杂。

面对如此庞大的城市设计理论和方法体系，如何有效地在城市建设开发中做好城市设计，如何在复杂多变的山地城市中使城市设计具有可操作性，就成了一个突出的问题。为解决在设计与建设中的可操作性这一问题，我们在山地城市设计与建设中进行了理论与实践上的探索。首先我们从以下两个方面建立研究的方法论。

辩证地运用重点论和两点论。重点论和两点论是对立统一规律的具体运用，是矛盾分析方法的重要内容。重点论就是在研究城市建设中的矛盾时，要着重把握主要矛盾，在研究任何一种矛盾时，则要着重把握它的主要方面。同重点论相对应的两点论，就是在研究城市建设中的矛盾时，既要研究主要矛盾，又要研究非主要矛盾，在研究任何一种矛盾时，既要研究矛盾的主要方面，又要研究矛盾的非主要方面。

由山地城市形态入手。城市形态是城市建设的阶段性成果的显现，也是城市内在特征（深层文脉）的显性形态，而城市设计是城市建设的干预过程及对城市内在特征的发掘和发现，我们能把握住城市建设的最终结果，我们也就能自觉和有效地在城市建设中应用城市设计理论与方法。

以山地城市形态为切入点，辩证地运用重点论和两点论，我们就可以得出一种可操作的山地城市设计方法——对山地城市形态的重点要素进行重点控制，而对非重点要素采取引导性设计，我们称之为"重点受控"与"局部放任"。

1.1　重点受控体系

传统的山地城市形态的构成要素分析是客体性的，对山、水、植物、建筑、照明及广告等因素逐一分析论述。这种客体性的把握忽视了人的思维，具有很大的片面性。人与山地城市形态之间的关系是一种认知与被认知的关系。山地城市形态是由客观物质构成的，但它又是人的眼所观察的，人的内心所理解的。正如凯文·林奇在《城市意象》一书中指出："城市形象来源于城市公众印象的第一感觉，是个别形象的叠加，城市形象的设计和分析不只是由客观的物质形象和标准判定，而且通过人的主观感受来表达。"借鉴凯文·林奇关于城市认知要素的结论应用于山地城市。我们研究山地城市形态的构成要素为：地形、道路、边沿、区域（肌理）、结点和标志。

（1）地形

西蒙兹（J·O·Simonds）说："计划时若不考虑到整个基地的形式、力量和地貌，则无法运用基地所具有的潜力，更坏的是产生不必要的摩擦。"地形不属于凯文·林奇的城市认知五要素之列，但在山地城市中，地形是表现山地城市形态的重要因素，是构成山地城市形态的基底，山地城市的认知五要素就根植于这一基底之上。

从山地地形所处的位置来看，地形有山顶、山躯和山麓之分。从山地及其与周围的景物的组合关系来看，地形又可分为开旷型、半开敞型及封围型。开旷型地段指至少在中景范围内均属开阔地带，山顶是典型的开旷型地段，既作为观景点，同时又是深景的终点所在。半开敞型地段是至少有一面朝向开阔地，或依壁于山体，或作为山系的支脉延伸，它在侧向轮廓上有较高的景观要求。封围型地段则是四周有山体环绕（图1）。

（2）道路

在山地城市中，道路体现了城市建设同地形相结合的特征，道路的走向、布局、尺度无不是适应地形与客观环境的结果。不同的用地条件形成了不同的道路体系。而合理的道路体系反过来又起到强化地形特征的作用。

道路在山地城市中起着骨架的作用，其

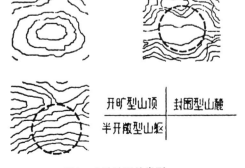

图1　山地地形的类型

他环境构成要素沿着它布置并与它相联系。这为我们环境条件复杂多变的山地城市中的城市设计提供了一种思路——以道路作为设计的一种空间基准，来控制未来山地城市形态的发展。

（3）边沿

边沿是两个面的界限。山地城市的天际线是比较明显的。平原城市的天际线只有在从城市的外部看城市时，才能观察到。在山地城市中，即使身处城市内部也能观察到起伏不定的边沿空间——天际线。山地城市起伏的地表使人们可以从不同角度、不同高度来观察城市天际线，从而更好地理解城市与地形的结合，更好地理解建筑空间的组合关系，同时也对山地城市天际线的建设提出了较高的要求。

（4）区域（肌理）

构成区域印象的重要因素是肌理，城市的肌理由按一定规则建设的建筑不断重复组合而成。传统的山地城市肌理呈一种均质的连续的特征，这种肌理是在城市的发展和形成过程中，经过长期的"自然选择"和"文化积淀"的结果。在这种延续的特征中，新建筑每天都在修建，但很快它又融入了这种连续的特征之中，城市在不知不觉中更换面貌，城市的延续在自己的文化与历史中，呈现出和谐的形象。因此，维护肌理的连续性是我们城市设计的一个准则。

（5）结点

结点是人们可以进入的具有重要地理位置的焦点，一般可以认为是一定区域的核心。以我们所探讨的山地城市形态来决定研究的尺度，结点在这里主要涉及城市广场，以及道路交叉口、交通枢纽等。

山地城市受地形影响，广场的数量和规模受到限制，市民活动的广场空间很少，为数不多的山地城市广场成为向往公共空间地带的市民的兴趣集中点。山地城市广场的形状也受到地形影响，一般为不规则形，这与平原城市的几何形广场有很大区别。山地城市广场与平原城市广场的不同之处还在于，山地城市的广场可利用地形起伏，创造出不同标高的平面。在同一广场内，不但要形成空间的围合，而且要形成让视线溢出达到广场外部的开敞性。只有允许视线外溢，才能充分地利用周围环境，如河流、山脉或建筑焦点等，才能便于人们更好地观察和理解城市。

（6）标志

山地城市中，标志对形态表达的重要性远胜于平原城市。地形的起伏使标志可以突出表现城市的个性特征，赋予其可识别性。标志是大量的可能性中的一个，所以其关键就是单一性，如果它们的形状清晰、与背景形成对比或有突出的空间位置，就更易于识别，更有可能被看作重要的目标。标志可大可小，凯旋门是一个巨大的穹窿，山顶上的小亭也可成为标导，关键在于它所处的位置。地形的突变部分，交通路线上的某个结点，都是吸引注意力、增强感知的地点。山地城市中凸起的地形使得以上前提完全能得以实现。其次，标志在山地城市中的定位功能是需要考虑的重要因素。再其次，标志不应是一孤立的物体，孤立的标志的参考基准作用是较弱的，但若把两个以上的标志"聚集"起来，就会因相互衬托而各自加强了，因此需要制订一个区域性的高度控制规划，保证一定区域范围内标志间视线的连续性。

1.2　局部放任体系

局部放任的实质是非重点受控地段的引导性设计和居民参与设计。在重点受控体系之外，相对应就形成了局部放任体系。

在具体操作中，可以把重点受控体系作重点设计，加以控制和把握，其他部分可在人为的引导和管理下让其相对自然生长发展，而达到"重点受控"和"局部放任"的结合。对自然生长部分可以用控制体量、控制建筑风格的方式，以及其他必要的管理手段加以引导制约。对于大量性居住区，有条件的话可以考虑民间传统的方式，发挥市民的创造性来营建建筑群，营建居住的街道、院落、绿化等空间。

与引导性设计相比较，另一个层次是公众参与设计。它是一种让群众参与决策过程的设计——群众真正成为工程的用户，设计人员与群众一起设计，而不是为他们设计。设计者要深入了解人们是如何生活的，了解他们的需求和他们要解决的问题，具体可采用当面交谈、调查表格等方法。设计人员还需要汲取并综合运用相关旁系学科的知识，或者组成由跨学科人员组成的设计小组。这种方式正在许多城市中得到成功的应用。

1.3　"重点受控"与"局部放任"的辩证统一

"重点受控"与"局部放任"之间的关系，既不是相互对立的，也不应是相互割裂的，而是辩证统一的关系。

工业革命以后，城市的人口与用地规模急剧膨胀，城市的蔓延生长速度之快和开发强度之大超出了人们用以往的常规手段的驾驭能力，城市环境质量日趋下降。所以人们试图通过整体的形态规划来解决这一问题。各种理论与方法，诸如"田园城市"、"卫星城"、"集中主义"、"有机疏散"等就是在这一背景下提出并得以应用的。

但通过多年的建设实践，人们发现这种整体的形态规划缺少有"根基"的居民生活环境的内聚力，是把一种陌生的形体环境强加到有生命的社会之上，追求理想模式的城市规划设计，丧失了生活中自然朴实的生气。而在这方面，历史上那些"自由城市"反而具有很多优点。所以，尊重人的精神要求，追求丰富多彩和生活气息，成为20世纪中叶以来的城市设计主题。

因此可以这样说，近现代的历史变革——工业革命与城市发展的历史性形势，决定了城市设计的控制主题；而日益偏离人的情感世界的高技术化的世界新形势，又决定了城市设计中历史和人性再现的放任主题。我们提出的"重点受控"与"局部放任"的目的，就是要解决城市设计中控制和放任之间如何适度结合的问题。

2. 实践应用——重庆市解放坡片区改造的城市设计

重庆市解放坡片区改造的城市设计是一个典型山地城市设计的例子。

直辖市重庆的多中心布局规划中，沙坪坝区作为副中心之一，正在努力寻求建立新的城市形象（图2），解放坡片区改造即是这种努力的结果。解放坡片区改造的设计主题被确定为：以鲜明的特色和个性，塑造新重庆城市副中心的形象，在开发中保护和发展重庆山地城市的特征。

在解放坡片区改造城市设计工作中，我们引入"重点受控"和"局部放任"的设计方法。

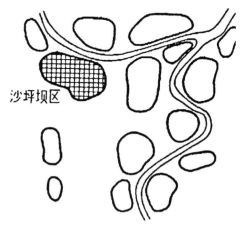

图2　沙坪坝区在重庆市的位置

2.1　重点受控体系

解放坡片区改造设计的重点受控体系由两部分组成：一部分是土地使用控制体系，包括土地作用性质、用地面积、建筑红线、空地率、绿地率、停车位以及城市道路红线等，这部分内容一般可作指标量化或条文式表达，明确易懂；另一部分是山地城市的形态设计控制体系，通过重点控制城市设计要素即地形、道路、边沿、肌理、结点、标志等，建构城市的秩序和整体。

（1）地形——创造力的源泉

解放坡片区西部的平顶山是沙坪坝中心区内最高的山顶，从地形与景物的组合关系来看，山顶是开旷型地段，山腰属半开敞型地段。平顶山山顶开发一座城市公园、保持山脊的轴线视廊就成为设计构思的主要原动力。

（2）道路——设计的基准

在解放坡片区中，我们从空间形态上将道路分为两类：坡道和梯街。在地形相对平缓的地方（i<15），用坡道迂回组织交通，坡道沿等高线或与等高线斜交布置。在地形比较陡峭（i>15）时，就用梯街组织交通。梯街是山地城市道路与平原城市道路在空间形态上的明显区别形式，它不仅结合地形满足交通要求，而且，使机动车不能进入，形成了一个彻底的人行空间，没有来往车辆的威胁，没有交通噪声的干扰。

（3）边沿——都市的轮廓线

现代山地城市的边沿线主要是解决建筑与山体之间的关系。传统山地城市中，经济水平和技术力量较低，建筑物的尺度较小，对自然山体的轮廓线不会构成太大的影响。现代山地城市发展很快，高层建筑正逐步改变着自然轮廓线的形态。在解放坡片区的设计中，着重强调将建筑衬托在山体的绿色背景前面。高层的住宅将设计为点式，并与多层住宅疏密相间，保持空透的绿色空间。超高层的"沙龙大厦"放在开敞的平坦地带，使观赏者不论处于城市中还是城市外，都能看到起伏优雅的边界空间——城市轮廓线（图4）。

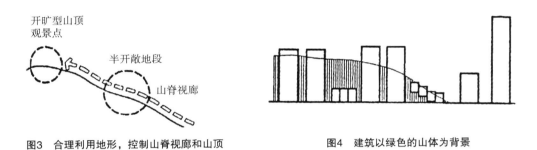

图3　合理利用地形，控制山脊视廊和山顶　　　　图4　建筑以绿色的山体为背景

（4）肌理——历史的延续

城市今天所表现出的肌理形态，客观地反映了市民的生活习性与地域环境在时间作用下的结果。在解放坡片区的设计中要考虑维护城市肌理的延续性。原有的住宅都是顺坡地而建，尽管破旧，却保持了传统山地建筑的特点。在新区的建设中保留传统的建筑已不太现实，而在设计中运用重点受控的方式，即在局部重点地段设计新型的山地住宅以保持原有的肌理却成为可能。在解放坡片区的山嘴地段（主要视线上的主要被观赏点）就设计了这种爬坡式住宅，使其在整个区域中形成高层建筑群中保存的某些小尺度的建筑和场地，这有助于形成独特的城市形态。

（5）结点——区域的中心

解放坡片区的广场因地形限制，形成地面的高差，设计中摒弃抹杀地形特点的大填大挖的做法，合理地安排高差，创造不同高差的平面。局部的下沉式广场将商场、地铁出入口、过街人行通道合在一起，形成丰富的室内外空间。站在广场的主要室外平地中，观赏者的视线会受周围建筑物所限制，他的意识局限在这一空间内。但若观赏者逐步升高，站在裙房屋顶平台时，他就能远望到远处的嘉陵江石门大桥。广场既形成空间的围合，又让视线溢出，形成达到广场外部的开敞性（图5）。站在下沉式广场中，地下商场封闭的空间由下沉式广场与室外广场沟通，将不同标高的平面联系在一起。在高差不同的空间平面中，观赏者能体验到两种不同的围合感和开敞性。

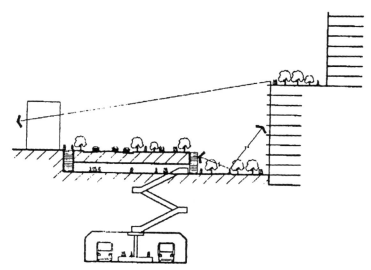

图5　不同的标高的平面形成感觉各异的围合感和开敞性

（6）标志——方法基准点

方位感的把握由环境所构成的实体结构而定。在传统城市中，钟塔等高耸建筑构成方位识别的参考点。在现代迅速发展的大都市中，那些高耸入云的摩天楼自然成为方位的基准点。解放坡片区所处的沙坪坝区中心东大门的角度以及大都市及大都市副中心的地位都受到极大关注，政府鼓励开发商和建筑师共同提出方案。所提出的方案以面向21世纪商业、办公、酒店、娱乐为主体，将这个综合体命名为"沙龙大厦"。综合体大厦的建筑面积约13万多平方米，主体大楼48层体型设计为圆形，形成与周围方形建筑物相对比的单一性。圆形又无方向量度，有利于统一各方面视线，奠定标志性建筑地位。18层以上每隔四层设南北两个空中花园，空中花园偏东设置，以观嘉陵江。

2.2　局部放任体系

如果说"重点受控"是为了得到一种内在的一致性的秩序，那么"局部放任"的目的是为了取得外在的多样性的变化。所以局部放任体系的内容不仅不要控制过死，而且要明确其放任性，以重点受控体系作为常数，局部放任体系作为变数，可以变，也不怕变。

解放坡片区城市设计中，局部放任体系以引导性设计为主要设计方法。设计中的重点受控地段是山脊视廊、延续传统肌理的爬坡式住宅的选择，而住宅群体设计属局部放任区域。在这些局部放任区域，住宅的层数和密度很大，开发强度和密度较控规要求有所提高，以满足经济效益上的可行性。在东区（居住区）设计中，根据视廊控制原则和天际线控制原则进行住宅群体设计和住宅户型选型。城市设计不是修建性详规，住宅选型只是起到一种意向性的形体示意作用。另外，高层住宅的布置只是原则上使核心筒避开地下隧道，具体措施尚需在单体设计时深入研究。其他如公建设计、绿地规划，都不可能一成不变，在具体设计中要作进一步调整。当然，这些调整必须以不与重点受控体系相冲突为前提。

3. "重点受控"与"局部放任"的再认识

"重点受控"、"局部放任"，最初是作为一种城市设计方法应用到解放坡片区改造城市设计中，但在工作过程中，我们发现这一方法的意义不仅限于设计工作中。

解放坡片区改造成功与否，必须依赖以下三方的共同协调。涉及的三方都有各自的"受控重点"和"放任局部"。规划管理部门关注的"受控重点"是土地使用性质控制、环境容量控制以及景观控制；开发商关注的重点是土地占有和管理，追求更高的容积率，更高的经济效益；设计者关注的则是设计构思，尤其是景观设计构思的落实。这三方所关注的"受控重点"既有不同，又有相互交叉，如果能达成相互认同，整个设计工作就能顺利展开了。

城市设计工作要顺利展开，离不开涉及的三方的有效交流。为使这种交流卓有成效，有两点是最重要的：对"放任局部"要做必要的妥协。如解放坡片区改造城市设计中我们提出的"受控重点"——山脊视廊、维护天际线、圆形标志建筑物等得到各方的一致认同。论证中有人提出西区裙房的某些细部可更圆滑些，以与圆形主体协调。东区住宅群的布置作另一种调整等等，这些我们都能够坦然予以接受，因为我们的主题构思依然保持着其完整性。后来开发商提出在西区增大广场面积，换取容积率奖励，规划局同意这一要求。设计作进一步调整——增加写字楼层数，缩小裙房面积。但主体的圆形和酒店的板式一直没人提出异议。事实证明，只要"受控重点"不变，"放任局部"再变也不会影响到设计构思的完整性。

此外，借助于"重点受控"和"局部放任"，有利于我们在交流时表达得清晰、易懂，也就易于接受。在解放坡片区改造城市设计方案的论证过程中，我们把"重点受控"的思路重点介绍，得到规划管理部门的一致认同，所提出的修改意见基本上不涉及"重点受控"的设计内容，使我们的设计构思保持了完整性和连贯性。

"重点受控"和"局部放任"作为一种城市设计方法，有待于我们在理论上和实践中进行更深的研究。

作者简介

胡 纹 （1957- ），男，博士，重庆大学建筑城规学院教授，博士生导师，原重庆市规划设计研究院工程师。

现代城市设计的有益探索
——以渝中半岛城市设计为例

余　军

（发表于《规划师》，2004年第9期）

摘　要： 以渝中半岛城市设计为例，以山水城市设计为重点，现代城市设计应从点、线、面3个方面分析城市要素，构建城市框架，在要素的表达方式上应坚持控制与引导相结合的原则，突出设计的过程和弹性。

关键词： 渝中半岛；山水城市；城市设计；城市要素

　　21世纪是我国城市化快速发展的一个重要历史阶段，对城市的规划建设也提出了更新、更高的要求。城市设计作为一种行之有效的应用理论和技术手段，在我国的兴起和发展是大势所趋。近几年来，我国很多城市都开展了城市设计的国际方案咨询，比如北京的CBD中心区城市设计、上海北外滩城市设计和重庆的渝中半岛城市设计等。

　　本文以渝中半岛的城市设计为例，探讨在山水城市风貌设计中，如何运用现代城市设计的理论做出独具特色的城市形象设计。

1. 现代城市设计理论的一些重要思想

　　现代城市设计方法论，归纳起来主要都是针对城市要素和设计要素进行分析的。

　　（1）美国凯文·林奇的《城市意象》。美国麻省理工学院教授凯文·林奇通过对城市公众意向的调查，归纳了城市设计的5个要素，即边缘（Edge）、街道（Street）、区域（District）、节点（Node）、标志（Landmark），他认为抓住这5个要素的设计，就能够创造出好的城市形象（Urban Image）。

　　（2）日本城市设计所注重的20项主题。日本的城市设计所注重的20项主题为眺望、散步道、标志、历史文物、水边、小品、中心公园、路标、花园道、水、街景、艺术品、商业街（Mall）、立面、广场、趣味、街角、照明、林荫道、广告。

　　（3）英国城市设计小组总结的关于"好的城市设计"的主要概念。他们认为一个好的城市设计应做到：①创造"场所"（Place）；②多样性（Variety），包括多样的形式、多样的类型；③连贯性（Contactual）；④渐进性（Incremental）；⑤人的尺度（Human Scale）；⑥通达性（Accessibility）；⑦易识别性（Legibility）；⑧适应性（Adaptability）。

（4）乔纳森·巴奈特（Jonat han Barnett）的城市设计思想。作为20 世纪70年代美国很有影响的城市设计活动实践家，乔纳森·巴奈特提出城市设计的观念主要包括4 个方面：①城市设计的综合性，在城市设计中应考虑多种因素而不仅限于艺术、形式、空间；②城市设计的弹性与过程性；③参与性，即强调公众参与城市设计；④整体性，即城市设计不必拘泥于细节，而应重视整体结构的框架。

2. 理论运用的方法探讨

从以上列举的当今流行的主要城市设计理论中可以看出，现代城市设计分析问题的出发点多是从构建城市设计的框架入手，通过城市要素对城市形象进行概括。下面以重庆渝中半岛城市设计实践为例，粗浅地探讨一下城市设计理论在山水城市设计中的运用。

2.1 渝中半岛城市设计的背景

渝中半岛是重庆"山城""江城"风貌的典型代表（图1），"山载城、水环山，山水相映、水城相依"，已成为重庆享誉全国的独特的城市形象的标识。同时渝中半岛又是重庆城市发源地和城市商贸、金融中心，因此渝中半岛城市功能的多元化为城市建设和开发带来了勃勃生机和活力。但是随着近十年来的大规模开发建设，渝中半岛仅9.5km²的面积内已建成高层建筑251栋，在建高层建筑97栋，建筑物遮山挡水现象较为严重。传统城市形象发生了很大的

图1　渝中半岛鸟瞰

变化，过去城市中自然山水与城市的和谐关系受到破坏，城市的很多特色和个性正在逐渐丧失。在新的历史条件下，如何保护和塑造重庆独特的城市形象，显山露水，体现"山城"、"江城"的个性，提升城市人居环境，已显得十分迫切和重要。

2.2 建构城市设计的框架，确定城市设计要素

设计的要素构建城市设计的框架，就是搭建一个城市设计的宏观平台，为下一步的详细规划、微观城市设计和建筑设计提供技术性指导，这需要通过对城市设计要素进行分析和确定来实现。

那么如何确定城市设计要素呢？城市设计要素在凯文·林奇的城市意象理论中概括为5个方面，即"道路"、"边界"、"区域"、"节点"、"标志"。这5个要素是带有普遍意义的、对城市中诸多因素的归纳，反过来如何将这种普遍意义的5个要素应用到具体的城市设计中却是本文所要探讨的。

渝中半岛作为山水城市的典型代表，其城市要素主要包含在"两线一面"中，即城市中央天际线轮廓线、水际线和中间展开面。对应于城市意象理论，"两线一面"主要概括了城市"边界"、城市"区域"和城市"标志"等城市要素。

2.2.1 "线"要素

"边界"是城市或地区的轮廓，山水城市的"两线一面"可以是除道路以外的线性要素，它们通常是两个地区的边界或者是两种介质之间的边界。渝中半岛的"边界"既包括相辅相成的建筑轮廓线与山脊轮廓线，又包括嘉陵江和长江的水际线。在对"边界"的塑造上，渝中半岛城市设计对自然地形地貌特点和城市功能的分布特点，提出了两个要素，即"城市之冠"和"休闲水岸"。

"城市之冠"解决了两个方面的问题：第一，对城市天际轮廓线的保护加强了重庆城市中心的自然天际曲线，同时也强调了自然山体与建筑的结合（图2）；第二，引导了城市开发的重心，即对渝中半岛城市建设进行控制的同时，又对开发建设的重心进行了引导，明确了城市建设尤其是中央商务区的建设发展方向。

图2 渝中半岛天际线与水际线

　　"休闲水岸"要素的重点在于改善"城市"与"水"的边界条件,满足人们亲水的愿望。由于城市滨江路的建设,一定程度上阻断了人们"近水"的需要,对此,"休闲水岸"的解决方案是采用交通的局部分层处理方式,实现水际线上人、车分流,从而为市民亲近"母亲河"创造了宜人的休闲空间。

　　"城市之冠"和"休闲水岸"两个要素的深化得益于"边界"理论的指导,同时又是对"边界"理论的具体化和形象化,是在山水城市条件下,对"边界"理论普遍性的解释和概念化。

2.2.2　"面"要素

　　"边界"和"道路"都是城市设计的"线"要素,一个完整的城市设计除了"线"要素以外,还应注重"面"要素的表达和设计。凯文·林奇的理论中,"区域"这个概念即是对"面"要素的解释,即它是观察者能够进入的相对较大的城市范围,是内部展开的城市景观。在这个空间里观察者应体验到城市的独特个性。在这里强调的是一种公众体验和公众意象的公共空间,那么对山水城市的"面"空间的创造也应从公众意象和公众体验的角度进行分析。以渝中半岛为例,重庆渝中半岛的城市空间意象可以用两句诗来表达,即"片叶沉浮巴子国,两江襟带浮图关"。从诗中的意境可以体会到重庆人对重庆城市文化发源地的一种公众意象,即"水中之叶"的形象,因此在城市设计中产生了"叶脉"的构思(图3),从而提炼出"绿色通廊"的城市要素。"绿色通廊"之于渝中半岛就如同叶脉之于叶一样,为城市提供养分,是城市仿生学的具体运用。"绿色通廊"要素的提炼,在渝中半岛城市设计后期的专家评议和市民公示阶段得到了广泛的赞同和认可,这说明"七脉通江"的意境已经深入人心。

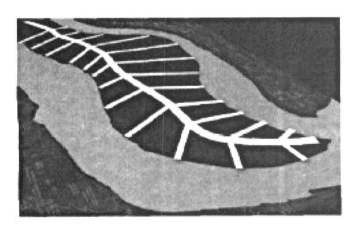

图3　渝中半岛的公众意象——叶脉

2.2.3　"点"要素

　　"点"作为城市设计系统的组成部分有多种含义,有结点、观景点、标志物、入口等。在山水城市中,"点"可以通过两个要素进行表达,即"城市阳台"和"半岛之门"。"阳台"和

"门"的要素提炼完全来自于渝中半岛自然地理特点，渝中半岛是"山城"重庆的代表，城市中有陡崖、斜坡、深坎，利用这些自然形成的"点"就能创造出独具特色的观景空间。渝中半岛处于长江和嘉陵江的环绕之中，因而进入（出）半岛的入（出）口就受到限制，换一个角度分析，就产生了"门"的概念。许多重庆的地名包含有"门"的概念，如临江门、朝天门、储奇门、南纪门等，"半岛之门"就是利用桥形成对外联络通道来重新塑造"门"的概念，同时也成了增强方位感的地标。

2.3　城市设计与规划管理的结合

2.3.1　城市设计的成果应重视过程与弹性

城市设计的最终目的是通过设计达到预定的目标，即要将设计变为现实。因此，在城市设计的内容表达上如何体现现实可行性和可操作性就显得非常重要。

近年来，大量的城市设计的表达形式过分强调最终形象，且致力于刻画标志性建筑的细部。渝中半岛城市设计，则力图反映城市设计的过程和弹性设计，着力于控制与引导的结合。因为城市的产生和发展是一个历史性的过程，城市设计也是在一连串的决策制定过程中产生的，真实的城市设计应注意到城市是一连续的变化过程，应当使设计具有更大的自由度和弹性，而不是为建立完美的终结环境提供一个理想蓝图，即城市设计最终并不是以描绘一种城市未来的终极状态为目的，不能将设计看成是一个产品的创造，而忽视城市的发展变化。因此，在渝中半岛城市设计的成果表达中，对涉及公共利益的要素（如绿化、开敞空间、停车、视线通廊等）均体现"以控制为重点"的原则，而对于艺术性的规定则是一种引导性原则，给建筑师留出广阔的创作空间。

2.3.2　城市设计的法制管理

随着我国城市管理法制建设的逐步完善，作为规划管理依据的城市规划成果从编制、报批到应用于规划管理的各个环节、过程也在逐渐走向法制化。城市设计在我国的相关规划法律法规中还不具备像控制性详细规划那样的法律地位，因此城市设计要摸索走出自己的法制化道路。在渝中半岛城市设计中，为了把城市设计这种虚拟的空间语言转换为可以用于管理的可操作的控制语言，规划设计者尝试运用了控制性详细规划的做法，对每一个城市设计要素进行了量化，包括建筑总量、建筑密度、建筑高度、绿地率、绿线范围、停车位等。通过对城市形象的"数字化"，使城市设计在审批、实施管理和社会监督上具有很强的可操作性。

3.　结语

结合重庆渝中半岛的城市设计实践，笔者认为山水城市的具体特点，可从"点、线、面"3个方面分析城市要素所构建的城市设计的框架。城市设计的框架应该是可持续发展的、开放的平台，可随着城市的发展不断充实完善。对于城市设计的成果表达则应注重控制和引导，使城市设计符合现实规划管理，同时给建筑师提供广阔的创作空间。城市设计的最终目的是为了实现对城市建设的引导和控制，因此城市设计的法制化是保障城市设计意图实现的必要手段。

参考文献

［1］张锦秋. 城市设计的理论与实践［J］. 城乡建设，2002（10）：41-43.

［2］邹德慈. 有关城市设计的几个问题［J］. 1997年北京城市规划建筑学术沙龙讲座提纲.

［3］杨克伟，侯文战，朱桐兴. 关于乔纳森·巴奈特的城市设计思想［J］.青岛建筑工程学院学报，1998（3）：27-30.

［4］居易. 城市形象的基本概念和系统构建［J］. 苏州城市建设环境保护学院学报，2000（1）：72-74.

［5］张楠，孙丽宁，王英姿. 我国城市设计发展的回顾与展望［J］.湖南大学学报，1998（1）：109-112.

［6］李和平. 山地城市规划的哲学思辩［J］. 城市规划，1998（3）：52-53.

作者简介

余　军　　（1967-　），男，重庆市规划设计研究院总工办主任，正高级工程师，注册城市规划师。

在探索与务实中创新
——重庆市规划设计研究院城市设计项目综述

张 强

(发表于《重庆山地城乡规划》，2006年第2期)

  重庆直辖以来，经济增长和城市建设进入了一个高速发展期，取得了骄人的成绩。人们在盛赞这些成就的同时，也担忧城市在失去某些美好的东西，比如，山城、江城美好的自然格局如何得以彰显；承载着特定历史文化的城市发展文脉和传统街区如何得以传承；在新的物质文明和精神文明的条件下，人们的生理心理行为需求如何得到满足；城市未来形态与它的今天、昨天如何演绎渐变。这些问题对传统的以二维空间城市为主的城市规划来说难以作出满意的回答。城市设计就是人们试图应对上述问题而提出的一种规划设计手段和方法。

  现代城市设计的概念一般认为源于20世纪工业化条件下美国的城市美化运动。多年来，经过各国学者的理论研究和实践努力。它在深度和广度上都发生了深刻的变化，至今仍然是规划领域的一个热点话题。概括地说，从最初学者在象牙塔中对城市三维空间的唯美学的创造，逐步发展到关注城市公共空间塑造及其功能结构的组织，关注人的行为需求和切身感受，强调人与物质环境空间的互动关系，表达一种以人为本、注重环境可持续发展的理念。近年来，强调过程的城市设计更是融入了社会、经济、政治、科学技术对城市设计的影响和作用，认为"一个良好的城市设计决非设计者笔下浪漫花哨的图表和模型，而是一连串都市行政的过程。城市形体必须通过这个连续决策的过程来塑造。"因此城市设计是一种公共政策的连续决策过程，这才是城市设计的真正含义。以上对城市设计的多种理解，对我国城市设计实践具有重要的学习借鉴作用。我国的规划工作者结合国情，结合地域的自然、人文历史环境开展了丰富的城市设计实践活动，从正反两面都有些值得总结的经验教训。

  我院的城市设计实践开展于20世纪九十年代。当一个城市的社会经济水平发展到一定高度，必然对提升城市的形象，提高城市的综合实力，改善人居环境，打造城市的亮点工程、形象工程产生强烈的需求。重庆直辖以后，经济迅速发展，直辖市的城市形象有待全面提升。我院在此形势下承担了两个意义重要的城市广场设计。人民广场地段原为一家宾馆所占用的封闭式的环境空间。政府顺应广大市民多年的愿望，决定将其开辟为对市民开放的公共活动广场。城市设计紧扣市民休闲活动主题，以人的尺度感受为据，在两公顷左右的广场空间内紧凑安排市民休闲娱乐表演的场所。同时规划充分尊重原有地形地貌，保留古树名木，开拓地下空间为设备和停车场所用，将城市交通干道下沉，避开城市交通对广场的干扰，有机组织广场周边人民大礼堂、三峡博物馆、政府办公大楼与广场空间的关系。广场建成后，赢得了广大市民的赞誉和肯定。该项目亦获得了部级优秀规划设计二等奖。该项目的重要意义在于：城市标志性建筑及其环境空间应成为城市公共资源，广大市民拥有平等享受的权利。

解放碑中心购物广场设计是在城市中心区将承载着城市交通、商业、文化娱乐等综合功能的城市街巷空间，改造成为城市商业购物空间的尝试。对于复杂的城市空间功能的转换，决不仅仅是简单功能的转变。被剥离的功能要作妥善的安排，新的功能要完美地体现。因此，外部交通组织，内外交通衔接，环境空间的持续完善改造，地上地下空间利用，都是这次城市设计要面临的难题。城市需要人性化的步行空间，它的尺度和安宁为人们所渴求，尽管它可能不完美。但随着相邻地块绿色空间的出现，以及在更大范围内地块功能结构性调整的逐步实施。我们完全可以期待，一个充满现代气息的城市区域性商贸中心将展现在解放碑。

近年来，我院开展了多种类型的城市设计，并取得了宝贵的经验，锻炼了队伍。其中，渝中半岛城市形象设计、南岸滨江地带设计和合川东城半岛城市设计由于在设计理念、设计手法、设计对象上的不同，具有各自特点，值得一提。

渝中半岛城市设计是在9平方公里范围内对代表重庆城市发源地而又最能体现山、水、城特色的渝中半岛的城市形象进行塑造，本次城市设计在深刻理解半岛自然山水特征、人文历史文化积淀和社会经济发展需求的基础上，以十大城市设计要素的形式来诠释半岛城市形象的特质。其中"城市之冠"、"山城步道"、"城市阳台"、"活力水岸"、"十字金街"对于塑造山城轮廓线和城市标识系统，完善眺望系统，打造山城休闲步行空间，做出了富有创意而贴切的设计。为了达到目标，城市设计对两个城市之冠的空间范围做出界定，对十四个城市阳台、九条山城步道、七条绿色通廊在平面和空间上做出定位控制。通人大立法的形式，持续地控制，逐步实施，达到规划的理想目标。针对半岛目前的城市痼疾，规划开出了"减容、增绿、留白"的药方，这些控制目标在进一步控制性详规中都得到体现。因此，参加评审的国内外专家认为：这次城市设计在设计理念、运用手法和控制手段上都有创新，对今后该类型的城市设计具有启发作用。

本次城市设计是按国际招标方式组织的，我院在两阶段评审中均胜出，最终获第一。在此过程中，东西方规划思想的碰撞使我们得到不少启发，如"城市之冠"和"城市阳台"这类极富想象力的概念，恰恰是外国同行对半岛山城形态的强烈感受而发出的遐想，我们身在其中反而熟视无睹罢了。

南岸滨江地带城市设计是一项过程控制型的城市设计。随着南滨路休闲旅游功能的完善提升，加之滨水的优越条件，其知名度不断提高，逐渐聚集了人气，其周边用地价值迅速提高。因此高强度城市开发对南滨路的城市景观和自然环境产生了巨大压力，不少专家担忧：

南滨路这一道最能代表重庆山、水、城、林的风景线是否还守得住？我们面临的主要任务是：城市设计如何有序地引导该地区的建设活动。在公众利益为主的前提下，有说服力地制定各方都应遵守的控制规定。

规划通过大量地调查研究工作，运用城市设计的理念和手段提出十大景观要素，这些要素本身对控制保护该地区一些重要的山头、溪谷和森林等起到了很大作用。同时，规划选取了为广大市民认可的南山——一棵树观景台和长江中心航道游轮二层平台作为景观视线分析基准点。从观山、望水两个方向进行视线控制分析，在"显山露水"标准的要求下，得出了若干视廊的控制范围和高度控制要求。这些高度控制要求作为一个通则，对相关地块和后续的开发活动均有控制指导作用。规划还借助计算机虚拟现实技术，对沿江大范围内建筑、环境、山体背景可能的形态进行再现，进一步印证规划的控制结论。

过程控制的城市设计是持续不断的决策过程控制。但公共准则的制定一定要公平、公正，具有科学性和强有力的说服力。规划工作的任务就是善于倾听各方意见。在维护公共利益之下，找出为多数人接受的公共准则。

合川东城半岛城市设计可以归为强调功能组织的城市设计。东城半岛紧邻国家级风景名胜区——合川钓鱼城，在钓鱼城视线所及范围内，同时又与合川市区隔江相望。

通过国际方案竞赛，专家一致认为该地区不能作为城市一般拓展区来发展，而应作为钓鱼城风景名胜区的协调发展区来规划。其主要功能定位为旅游接待服务以及自身应具备的休闲旅游功能。因此它的用地规模和建筑总量应该是适量的，用地形态亦分散自由。规划用五线控制的方法，优先满足生态环境和旅游发展用地，结合钓鱼城的战场遗址和合川文化历史背景，恢复和营造了九处旅游景点。其中鱼山西市、东渡遗风、嘉陵萦带是在规划人员不懈努力下，从史料调查中得到的启发。由于功能组织紧扣主题又兼顾城市发展的要求，达到了规划提出的"适量、显绿、护山、增色、融生"的预定目标。

我院在2005年完成了《重庆市城市设计导则》的编制工作，它是在总结我市城市设计实践经验，调研、借鉴国内外城市设计理论和实例基础上形成的。导则将城市设计划分为总体城市设计、片区城市设计、地段城市设计三个层次，并提出各个层次研究重点、主要内容、深度及成果要求。鉴于城市设计在研究对象、设计手段、目标要求存在很大差异，导则承认其多样性，并允许在设计内容及表达方式上增减变化。

我院开展的城市设计综合起来看，有以下特点：

1. 山地城市设计仍然是我院研究重点。它在用地选择、城市空间特征的塑造、交通组织、控制手段等方面与平原城市相比有不小的差别。在此意义上讲，山地城市设计更能体现出结构自由之美、功能分合之美、环境自然之美、形态变化之美。

2. 现代城市设计发展到今天，已经成为一项目标性很强、功利性突出的"解决方案"，大量实例证明：为了解决城市经济发展，旧城更新与保护、开发强度与环境容量、城市交通和基础设施建设等问题，往往赋予城市设计以重任。规划工作者应具有"功夫在事外"本领，站在公众利益的立场上，协调各方利益。

3. 纵观城市设计概念发展历程，最初偏重城市空间的视觉艺术布局，随后强调人与环境、社会与空间的互动关系，进而强调以更加宏观的角度来理解城市空间与社会、政治、经济、资源等关系。可以看出，城市设计已经不是单一的美学创造和工程设计。而是一项多学科参与、多目标实现的规划手段。作为成熟的规划工作者，应该不断学习吸收先进的理念，为我所用，做出有特色、有质量的成果。

4. 加强面向管理的城市设计研究。在城市设计成果中有些东西是可以定性、定量、定界的，如开发强度、建筑高度以及某些控制线，上述实例中已有成功经验，但作为城市设计核心内容的公共空间如何适度控制，目前还没有好的解决方法，为了保证一个合理公共空间得以实施，在地块内控制其界线还是必要的。这些有待我们在控制方法上、政策制订上进一步探索。

5. 在城市设计工作中，加强策划、创意内容。城市设计结合项目地的功能定位，借助对文化历史背景、民风民俗等物质和非物质资源的调查、研究，从恢复和创造的角度，开展诸如旅游景点策划、商业服务策划、城市更新策划等工作，赋予城市空间丰富、深厚的内涵，达到形式与内容的完美统一。

作者简介

张　强　　（1946-　　），男，原重庆市规划设计研究院副总工程师，正高级工程师，注册城市规划师，国家一级注册建筑师。

从设计空间到设计机制
——由城市设计实施评价看城市设计运行机制改革

罗江帆

（发表于《城市规划》，2009年第11期）

摘　要：社会经济环境的深刻变化要求城市设计运行成为公共干预、协调建设活动中各种利益的工具；未来发展的不确定性要求城市设计从静态蓝图变为动态的运行过程。城市设计实施评价正是这一运行过程的重要环节。本文以重庆渝中半岛城市设计的实施评价为实证案例，分析了城市设计运行中面临的机制性问题，并以建立城市设计利益协调机制、部门协作机制和加强管理技术手段支撑作为结论。

关键词：城市设计运行；城市设计实施评价

1. 城市设计实施评价的必要性

近年来，对城市设计运行机制的研究成为学术关注的热点问题。城市设计被看作一种社会实践过程（刘宛 2006，金勇 2008），城市设计理论和实践逐步从关注物质形态到关注社会经济动因、从注重单一结果到注重运行机制。城市设计运行既是一个动态的过程，也是一个循环往复的系统，包括了编制、管理、实施、评价等诸多的环节（扈万泰 2001）。作为整个阶段的最后一环和下一阶段的起始点，实施评价起着承前启后的作用。在当前利益格局深刻调整、价值观念深刻变化、市场法则作用明显的情况下，城市设计实施评价既是对实施过程中利益格局和价值观念多元化的积极回应，也是应对实施过程中不确定性的现实需要。

城市设计能否付诸实施，很大程度上取决于实施者们是否能够正确应对城市设计背后的复杂利益格局和多元价值观念。当前城市设计已不再是计划经济条件下单一的政府行为，而是市场经济环境下多元主体共同作用的产物。城市设计不再服务于抽象意义上的"公众"，而在一定意义上成为公共干预、协调建设活动中各种利益的工具（王世福 2005：151，金勇 2008：58）。甚至，城市设计致力于维护的公共利益，也正从过去单一的、绝对化的国家利益转变为不同利益群体之间有层次有范围、多元相对的共识与妥协（石楠 2004：23，何丹 2003：63）。传统城市设计自上而下的技术理性途径受到自下而上的利益协调途径的有力挑战。因此，城市设计的实施评价就是要监控城市设计运行在多元利益格局下的表现，查找实施中存在问题和困难的内在原因，为今后在方案修正、管理手段创新和政策调整寻求妥协与合作之路。

在市场经济条件下，城市设计的实施充满了不确定性，实施评价和反馈维护有助于将城市设计从终极目标式的单一蓝图变为螺旋渐进式的动态运行过程，从而增强城市设计的适应性和灵活性。"和不确定性一起工作"（Friend and Hickling 1997：8）应当成为城市设计运行的常态。通过城市设计的实施评价，可以检验城市设计实施是否达到了预设的目标、评估城市设计方案是否符合当前的社会经济环境和市场需求，从而对是否有必要进行设计、管理和政策的相应调整做出判断，并成为今后城市设计维护、修正的基础。

2. 城市设计实施评价理论回顾

由于对城市设计实施评价的单独研究较少，本文将对城市规划的实施评价也作为文献研究的重要内容。孙施文和周宇（2003）对城市规划实施评价的理论进行了系统的梳理。他们认为对规划实施结果的评价主要是对规划实施前后的建成情况进行定性、定量的对比分析和评估，但"规划方案和实施结果的一致性"并不是判断规划实施成功与否的必然标准。同时，对规划实施过程的评价也是被强调的重点。考虑到规划实施中的不确定性，对实施过程的关注有利于增加对规划运行机制的深层次理解，从而对规划实施做出客观、公正、全面的评价（孙施文和周宇 2003，孙施文和张美靓 2007），其内容则包括政策形成的经济环境、社会环境、管理和实施机制、程序等。

国内的城市设计实施评价的研究还包括刘宛、金勇等人。刘宛（2006：214-6）借用了管理学"项目后评价"的概念，特别强调评估反馈应当综合听取政府、业界和社会等不同渠道的意见、提高舆论导向水平。金勇（2008）则结合上海卢湾太平桥地区的城市设计实践，对城市设计实效的分析和评价从结果和过程两方面进行了探索。他对"实效"的评价超越了"城市设计运行机制层面的技术性评价（如编制、实施机制的有效性与否）"，而是从价值评价入手，探讨城市设计实践中的"社会公平与公正"。

总体来看，目前国内城市设计实施评价的研究充分吸收了西方规划理论与实践的系列成果，并已经和城市设计的运行机制结合起来，不仅注重对结果的监控，也注意到实施的过程和程序的公平，不仅注重物质形态和环境艺术，也关注影响城市设计实施的社会经济动因；不仅有较为系统的理论阐述，也开始有一定数量的实证研究。但是，城市设计实施评价的理论和实证研究仍然相对薄弱。实证研究的对象往往是微观层面的城市设计项目，似乎还缺乏对宏观、中观层面城市设计实施评价的实例。评价多以定性研究为主，而定量研究较少。这些都需要更多的研究成果来丰富和完善。

本文在对已有城市设计实施评价理论及实践研究的基础上，试图通过运用定性、定量相结合的研究策略，对大尺度城市设计实施案例进行实证研究，找出影响实施结果和过程的主要原因，并对完善城市设计运行机制提出建议。选取的实例是渝中半岛城市设计，渝中半岛为重庆市的城市中心区，面积约9.5平方公里。该城市设计由市人大立法保证其实施，目前已有5年的实施效果，是作为案例分析较为理想的实例。

3. 渝中半岛城市设计实施评价简述

3.1 背景简述

《渝中半岛城市形象设计》（以下简称《设计》）编制完成于2003年，历经国际方案征集、方案综合、专家评审、市民公示、规委会审议等诸多环节，勾画了渝中半岛城市建设的理想蓝图，引起广泛的市民关注和热烈的社会反响。方案提出了"减量、增绿、留白、整容"的八字方针[①]，提炼了城市设计的"十大要素"[②]，对九大重点地块进行了形态控制和引导。在实施机制上，《渝中半岛城市形象设计规划控制管理规定》先后通过市政府审查和市人大的审议，成为指导渝中半岛城市规划和建设的法定文件[③]。该城市设计在社会上、业界和政府部门都引起了强烈的反响，并获得2003年建设部优秀规划设计二等奖。

2009年配合重庆全面开展的两江四岸城市设计工作，编写了《渝中半岛城市形象设计实施评价报告》（以下简称《评估报告》）。该报告旨在对《设计》设施五年来的实施进行全面的评估，包括回顾五年来的实施实效和进程、查找实施中面临的困难和问题、分析困难和问题的深层次原因、对今后渝中半岛的城市设计运行提出意见和建议。

3.2 设计的实施效果评价

3.2.1 评价方法

《评估报告》采用了定性和定量相结合的研究策略以及纵向比较的研究方法。对2003年和2008年渝中半岛的1：500地形图进行比对，收集了2005年以来渝中半岛各类规划许可的发放情况，这些数据成为定量研究的主要支撑。同时，对规划师、规划管理者、相关领导、开发商、市民代表开展了一系列的访谈，从不同角度了解不同管理、实施主体和利益群体对《设计》运行实施的评价。

3.2.2 实施效果

五年来，渝中半岛城市设计的实施取得了显著成就，较为有效地指导了渝中半岛的规划管理和城市建设。地形图比对的结果显示，公共服务设施、道路交通设施和公共绿地面积均有所增加，居住用地面积保持了稳定，"强化商业文化功能、增加绿化开敞空间"（重庆市规划设计研究院 2002）的要求正在逐步得到实现。《设计》提出的部分城市眺望点和部分步行系统得到实施，《设计》提出的六大传统街区已有三项付诸实施，历史建筑和环境得到了较好的保护和利用。结合近年来在重庆举办的重大国际会议，对部分景观敏感路段周边的城市形象进行了改善，主要涉及主要干道、景观环路的绿化和沿街立面整治、标志性建筑保洁、广告牌清理等、部分建筑"平改坡"等。这些成就表明渝中半岛的人居环境和环境品质得到明显的改善。市民访谈对渝中区整体形象的提升有着正面的评价，亦从侧面佐证了这一判断。

　　但是《设计》的实施也存在一些问题，而这些问题在一定程度上暴露出城市设计在运行机制上的普遍困境。首先，《设计》提出的"减量"方针（即疏解居住人口、降低建筑容量）目前尚未实现。渝中半岛的常住人口和建筑容量均有一定增加，主要原因在于允许增量的地块增上去了，要求减量的地块却没有完全减下来。其次，涉及实施主体较为单一、涉及利益矛盾相对较少的城市设计要素（尤其是在公共领域）得到较好的实施（如城市阳台、景观环路、山城步道、城市文脉、轨道节点等）；而涉及管理、实施主体众多，利益矛盾复杂的城市设计要素实施效果不佳（如绿色通廊、休闲水岸）。最后，城市设计涉及的利益主体面广、牵涉的实施管理单位多，在实施中如何形成合力是《设计》实施面临的又一难题。整体来看，"十大要素"的实施情况要好于九大重点地块的实施情况，这是因为单一要素的实施涉及的实施主体相对比较单一，易于协调行动；而重点地块由于涉及较多的管理部门和利益相关方，统筹协调的难度较大。

3.3　案例剖析中暴露出的城市设计运行机制问题

　　对《设计》的实施案例剖析一定程度上揭示了当前城市设计运行中普遍的现实困境。一方面，城市设计徘徊在"合理干预"和"过度干涉"之间（唐燕 吴唯佳 2009：74）。城市设计根植于建筑美学传统，其出发点是塑造城市整体形象，但事实上已经成为政府干预各类建设行为的政策工具，也就不可避免地对涉及建设行为的各种利益主体产生实质性的影响。当城市形象的整体构想和具体、鲜活的利益发生矛盾时，一旦缺乏协调利益冲突、矛盾的政策手段，城市设计的实施就会面临难局。从这个意义上讲，《设计》在公共领域实施的部分成功正好反衬了其在市场领域的部分"失灵"。

　　另一方面，城市设计不仅涉及不同的利益主体，也涉及众多的实施主体。由于实施主体对城市设计的重视程度不一、理解角度不同，甚至本身就有利益包含其中，因此在实施中很难做到目标明确、重点突出、时序统一和资金统筹。这一问题在大尺度城市设计实施中暴露得尤为明显。

　　城市设计虽然勾画了美好的蓝图，但却无法要求每个开发建设行为都"依葫芦画瓢"。真正在目前规划日常管理中有效的，还是规划指标、保护范围、后退线等易于量化、空间化的管理要素。当鲜活的城市设计变成了僵化被动的数字和线条，城市设计的生命力也许就此衰退了。这一定也反映出城市设计编制和管理手段比较单一、被动和僵化的问题，现实需要将某些城市设计的技术工具转化为政策杠杆，通过激励和惩罚来撬动市场开发行为。

4. 结论

长期以来，受历史上建筑美学传统的影响，城市设计一直侧重于形态控制和环境塑造，这也是城市设计区别于一般规划的显著标志。但是，如果站在加强城市设计管理和促进实施的角度，城市设计可能需要面对从设计城市空间到设计运行机制的重要转变。只有通过建立利益协调机制、部门协作机制，将技术手段转化为政策工具，才能够降低城市设计实施中的风险，形成广泛的合力。

4.1　城市设计运行需要建立利益协调机制

市场力量是城市设计运行无法回避的。尽管以维护公众利益为宗旨的城市设计无法兼顾所有利益相关方的利益述求，但是多元利益主体、多元认识角度、多元目标指向需要城市设计运行实施建立起多元利益协调的平台。一方面要严格控制事关整体城市形象、公共生活品质的天际线、水际线和展开面；另一方面也要尊重各个利益相关方的正常利益述求，通过规划技术手段和管理手段，运用激励、补偿、惩罚等手段对各类开发行为进行主动服务和积极引导（王唯山 2002：66-67）。

为此，城市设计的运行要引入利益相关方，土地储备机构、开发单位、当地社区代表等都应成为参与城市设计编制、管理的重要角色，从而变"自上而下"为"双向互动"。通过这一转变可以部分反映利益相关方、特别是当地社区的正当利益述求，寻求各级政府、相关部门、企业和社区的广泛支持与配合，从而在实施中形成合力。

城市设计仍然带有很强的公共政策属性，也就不可避免地要对市民的生活产生影响。当地居民可以说是城市设计运行中最为重要的利益相关方。通过广泛的公共参与形成对城市设计运行的公共监督氛围，可以对过度逐利的开发行为形成有效的制约。

4.2　城市设计运行需要建立部门协作机制

公共部门往往是城市设计重要的实施主体之一，多数最能体现城市品质的公共空间都是由公共部门实施的。但是公共空间的实施会涉及众多的部门，如果这些部门之间的信息不能沟通、目标不能统一、行动不能协调、资金不能统筹，那么城市设计的实施将无从谈起。政府自上而下的强力主导、推进是城市设计实施的先决条件，而各公共部门在政府主导框架下的协同一致则是城市设计实施的有力保障。

首先，规划、建设、国土、房管、交通、市政、绿化、财政等部门应做到信息互通、资源共享，就相关的重大建设意向及时交换意见。其次，各个部门均掌握着一定的资金来源，这些资金如果能结合年度实施计划集中在当年的重点区域统筹使用，将会起到更明显的实施效果。最后，各部门可以在部分政策领域加强合力，比如将城市设计的地块控制要求纳入国土部门的土地出让的条件，将交通组织方案转化为交通管理部门的交通管制政策、调整特定区域停车收费标准，将城市设计重大公益性项目的实施纳入年度财政等。

4.3 城市设计运行需要更多技术手段的支撑

另外，规划管理部门有必要丰富手中的城市设计管理技术手段，并将其转化为调控不同方面利益、促进城市设计实施的政策工具。从目前城市设计的管理技术手段来看，有两个方面的问题值得深入研究。一是刚性指标（如容积率）的控制比较僵化，使得规划管理一直处于被动应付诸多不确定性中。结合国外采取容积率奖励、开发权转移、容积率银行等方式进行调控的经验（Barnett 1974，金广君和戴铜 2007），对容积率等刚性指标的控制采用较为灵活和较为市场化的手段，也许是一条值得探索的可行之路。二是城市设计与土地出让和开发建设模式之间似乎缺乏有效的联系手段。从实施效果来看，往往是有利可图的地段很快得到实施，而公益设施、开敞空间的建设则相对滞后。如果城市设计能按照"肥瘦搭配"的原则，预先划定开发控制单元并将其纳入土地出让条件，要求控制单元内房产开发和公共空间建设同步实施，可能有助于促进城市设计的实施，改善城市的整体品质。

注释

①"减量、增绿、留白、整容"的八字方针是《渝中半岛城市形象设计》的基本理念。"减量"是指"疏解居住人口、降低建筑容量"；"增绿"即增加绿地面积；"留白"具有两层含义，一是对公共空间的预留，二是对历史文脉的保护；"整容"是对部分近期无法进行大规模改造的地区，利用城市更新的手段，对城市形象进行改善，主要涉及主要干道、景观环路的绿化和沿街立面整治、标志性建筑保洁、广告牌清理等、部分建筑"平改坡"等。

②"十大要素"是对《设计》城市设计控制要点的概括，包括城市之冠、半岛之门、景观环路、城市阳台、绿色通廊、休闲水岸、城市文脉、十字金街、山城步道、轨道节点。针对每个要素，《设计》均提出了相应的城市设计控制要求。

③《设计》编制完成于2003年，经历了国际公开邀标、方案综合、专家评审、市民公示、规委会审议等诸多环节，引起广泛的市民关注和热烈的社会反响。《渝中半岛城市形象设计规划控制管理规定》于2003年7月由市政府常务会议审议同意，其城市设计成果于2003年11月由市人

大常委会第六次会议审查通过。至此，《设计》成为指导渝中半岛城市规划和建设的重要文件。

参考文献

［1］Barnett, J. Urban design as public policy. New York: Architectural Record，1974.

［2］Friend and Hickling. Planning Under Pressure: the Strategic Choice Approach. 2nd. Oxford: Pergamon Press，1997.

［3］刘宛. 城市设计实践论. 北京：中国建筑工业出版社，2006.

［4］金勇. 城市设计实效论. 南京：东南大学出版社，2008.

［5］扈万泰. 城市设计运行机制. 北京：中国建筑工业出版社，1998.

［6］王世福. 面向实施的城市设计. 北京：中国建筑工业出版社，2005.

［7］石楠. 试论城市规划中的公共利益. 城市规划，2004（6）.

［8］何丹. 城市规划中公众利益的政治经济分析. 城市规划汇刊，2003（2）.

［9］孙施文，周宇. 城市规划实施评价的理论与方法. 城市规划汇刊，2003（2）.

［10］孙施文，张美靓. 城市设计实施评价初探——以上海静安寺地区城市设计为例. 城市规划，2007（4）.

［11］重庆市规划设计研究院. 渝中半岛城市形象设计文本. 2002.

［12］唐燕，吴唯佳. 城市设计制度建设的争议与悖论. 2009：74.

［13］王唯山. 论实施城市设计的策略. 城市规划，2002（2）.

［14］金广君，戴铜. 我国城市设计实施中"开发权转让计划"初探. 和谐城市规划——2007中国城市规划年会论文集. 2007.

作者简介

罗江帆　　（1974－　），男，硕士，重庆市规划设计研究院规划二所所长，高级工程师，注册城市规划师。

山地城市竖向轮廓风貌特色塑造研究
——以重庆渝中半岛为例

邱 强

（发表于《现代城市研究》，2009年第1期）

摘 要： 山地城市竖向轮廓是山地城市景观风貌特色塑造的一个重要方面。文章以重庆渝中半岛为例，从城市竖向轮廓特色的构成要素入手，分析了在城市化快速进程中，如何在协调市场开发与景观风貌资源保护的基础上，进一步优化山地城市竖向轮廓风貌特色。

关键词： 山地城市；竖向轮廓；特色塑造；重庆；渝中半岛

1. 前言

山地城市竖向轮廓是山地城市景观风貌特色塑造的一个重要方面。山地城市因其独特的三维地貌特征，在塑造富有山地地域风貌特色的竖向轮廓上具有其自身独特性，众多的山地城市在历史发展中，也逐步形成了各自独具特色的山地竖向轮廓。然而，近年来随着城市化的快速推进，受山地城市本身的环境容量制约，山地城市建设逐步转向传统城区发展，原本依山就势、错落有致的簇群传统建筑纷纷被高大板式建筑替代，富有山地传统特色的竖向轮廓趋于平原化。总结山地城市竖向轮廓塑造历史经验，分析市场环境下竖向轮廓特色塑造面临的房地产市场开发与公共景观资源保护的两难困境，对塑造富有山地三维风貌特色的山地城市竖向轮廓大有裨益。

2. 重庆渝中半岛城市竖向轮廓的构成要素

重庆是典型的山城、江城，山水相映，水城相依，山城一体。重庆都市区范围内宏观的"两江、四山"山水格局在塑造了都市区"多中心、组团式"空间格局形态的同时，微观的"一岛、两江"渝中半岛山地地貌，也塑造了极具山地地域风貌特色的山城竖向轮廓。重庆渝中半岛独特的山地景观风貌特色，已使重庆在世界山地城市建设中独树一帜。清代诗人张安弦对此有"水向峡中去，城缘天半开；龙门留碣石，山上起楼台"和"咄嗟南北几回湾，轮廓欹斜山水间。山作城墙岩作柱，水为锁钥峡为关"的生动写照。

除自然环境对城市竖向轮廓具有基础性作用外，大量的人工建（构）筑物也都对形成独特的城市竖向轮廓具有重要影响。

2.1　自然地理——山城竖向轮廓特征塑造的自然生态基质

城市自然地理环境的竖向特征是形成城市竖向景观风貌特色的基础性条件，如旧金山城内的山地公园和山丘地形条件，大连的山、海、岛交相辉映的自然环境，唐山市内的三山二水的条件等等，都是形成城市竖向轮廓风貌特色的基础性条件。渝中半岛处于重庆市主城区核心，长江、嘉陵江汇流处，东、南、北三面环水，西面通陆，呈两江环抱半岛状。渝中半岛地形狭长，西高东低，相对高差逾200米；渝中半岛分为上下半城，北高南低，相对高差约75米。渝中半岛独特的"一岛（渝中半岛）、两江（长江、嘉陵江）"山水格局和"两山（鹅岭、枇杷山）、两城（上、下半城）"地貌格局，为塑造典型的山地城市竖向轮廓风貌特色奠定了良好的自然地理环境基础条件。

2.2　人文景观——山城竖向轮廓特征塑造的人工生态斑块

如果说自然地理环境对塑造、培育城市竖向轮廓特征起基础性作用，使城市竖向轮廓具有相对稳定性与延续性，那么人文景观——人工建构筑物则是使城市竖向轮廓具有不同时代特征、不同风貌特色的活跃要素。

渝中半岛典型的山地地貌特征，使重庆建筑自古以来即形成了具有明显山地特色的建筑风格。以"吊脚楼"为代表的巴渝民居建筑，以生动的形象，依山就势、高低错落的体量组合，建筑与山地环境和谐共生，塑造了重庆极富层次感的山城竖向轮廓。以高层建筑为代表的现代建筑，以其高耸的体量，突现了现代科技的发达，塑造了新时期的山城竖向轮廓。

3. 重庆渝中半岛城市竖向轮廓的发展演变

3.1　古代重庆渝中半岛城市竖向轮廓特征

自巴国于江州（今重庆）嘉陵江北岸江北嘴建都后，蜀汉建兴四年（公元226年）春，李严迁城于渝中半岛，更筑大城。城周回十六里（约7公里），其南线约为今朝天门至南纪门沿江一线，北线约今新华路、人民公园、较场口一线，面积约2平方公里多。其城顺山势布局，东西宽长，南北狭短，跨越上、下半城。南宋嘉熙三年（1239年）彭大雅筑重庆城，城墙西线由李严旧城的今大梁子、小梁子、较场口一线移至今通远门、临江门一线，其城区范围已较李严旧城扩大近两倍。明初，戴鼎在宋末旧城址的基础上筑石头城，确立了明清重庆城范围。明清重庆城，据史籍记载，"沿江为池，凿岩为城，天造地设"，"全城……依崖为垣，弯曲起伏，处处现出凸凹、转折形状，街市斜曲与城垣同。……登高处望，只见栋檐密接，几不识路线。所经房屋，概系自由建筑，木架砖柱，层楼平房相参互，临街复无平线。殆故以凌乱参杂为美观欤"（图1）。由于古代重庆城市发展对两江航运极强的依赖性，以及受到封建时期营建技术的局限和巴渝传统建筑观的影响，古代重庆渝中半岛城市竖向轮廓特征呈现出以自然山体为城市背景轮廓和生态基底，山与城相依相融的城市竖向轮廓风貌特征。

图1　清末重庆渝中半岛城市天际轮廓线

3.2　近代重庆渝中半岛城市竖向轮廓特征

1891年重庆开埠。大量的外国洋行、商号、货物、船只蜂拥而至。从1891年至1916年的几年间，外国传教士和商人在重庆建立了英、美、德、法、日等国洋行50多家，另有遍布城乡的多座教堂以及学校、医院等新的建筑类型。这类新建筑大量地采用新的技术、材料。新建筑类型的高、直式造型，在竖向轮廓特征上，呈现出明显地与巴渝传统低矮的吊脚楼不同的竖向风貌特征。

1926年重庆商埠督办公署成立。1928年，重庆城开始拆除城垣。1929年，重庆正式建市，为了拓展城市发展空间，开始修建沿城外山脊的中区干道，沿长江的南区干道，沿嘉陵江的北区干道。后来中、南干线先后延伸至半岛东部顶端朝天门。此两干线建成后，城内数条主要交通道路（经路）和主要联络道路（纬路）也陆续修筑。交通干道系统的建设，使其周边建筑大量出现，尤其是沿中区干道两侧形成了诸如美丰银行等高层建筑区，使城市的竖向轮廓由以自然山体为主向以建筑为主的轮廓转变。

抗战爆发后，重庆开始逐步改变过去街道系统凌乱的状况。通过经、纬路的修建，逐步形成了贯穿城市东西的干道与联系城市上、下半城的南北干道的交通网络。城市干道系统以及供水系统的相对完善，使城市沿中央山脊线进一步发展。1941年建成的督邮街广场（今解放碑）迅速发展为市区的道路交通枢纽和陪都最繁华的商贸金融中心，彻底取代了下半城的城市中心地位。近代重庆渝中半岛城市竖向轮廓初步呈现出以建筑为城市天际轮廓线的风貌雏形（图2）。

图2　20世纪80年代初重庆渝中半岛城市天际轮廓线
（20世纪80年代初以前重庆尚未进行大规模城市建设，依稀可见近代城市轮廓）

3.3　现代重庆渝中半岛城市竖向轮廓特征

新中国成立后，重庆进入了城市发展的新的历史时期。建国初期，重庆定位为工业城市，大量的工业建筑以及居民单元楼成为城市主要的建筑类型。工厂的高直烟囱以及板式单元楼改变了传统的低矮城市轮廓。

改革开放后，西方的建筑思潮逐步涌入，各种建筑流派纷至沓来，各种时尚建筑类型纷纷登场，加之建筑技术的进步，各种高层、超高层建筑在重庆纷纷拔地而起。

直辖后，随着城市化进程的进一步加速，房地产开发持续升温，城市建设规模日益膨胀。今天的重庆城市扩展，不仅在平面形态上由"跨过两江（长江、嘉陵江）"向"越过两山（中梁山、铜锣山）"拓展，在城市竖向轮廓上也是由以自然山体为主向以高层、超高层建筑构成城市天际轮廓线为主转变。在一方面极大丰富城市竖向轮廓的同时，由于片面追求经济效益最大化以及缺乏合理的规划布局和有效的空间管制，遮山挡水，山城不见山，江城不见江的现象频频出现，半岛制高点枇杷山、七星岗逐步被建筑所湮没，山城传统的山城相依相融的城市竖向轮廓特征逐步丧失，极大地削弱了重庆山水园林城市的山水特征（图3）。

图3　以高层建筑为主的现代重庆渝中半岛城市天际轮廓线

4.　保护公共景观资源，优化山地城市竖向轮廓

4.1　房地产市场开发与公共景观资源保护

城市规划研究的核心课题就是城市建设资源的合理、优化配置。前建设部部长汪光焘针对目前城市建设中普遍存在的重开发建设、轻资源保护的发展弊端，多次强调要把规划的编

制重点，从开发建设布局转向重视资源的保护利用和空间管制；从确定发展项目转向主要确定保护内容。就重庆渝中半岛城市竖向轮廓而言，自然环境要素中的山水资源，既是房地产开发建设中极力期望利用的景观资源，也是塑造重庆独特竖向轮廓特征的重要公共景观资源和维育山城良好景观生态功能的生态基质。然而，现实中，渝中半岛仅9.5平方公里的范围内已密布高层建筑，特别是随着人们对商务办公、居住环境质量的追求，大量的"江景房"纷纷耸立于长江、嘉陵江沿岸，建筑物遮山挡水现象十分突出（图4）。在当前房地产开发纷纷借山水资源为己用的"江景房"开发热潮中，为塑造重庆独特竖向轮廓特征和维育山城良好景观生态功能，尤应处理好以山水资源为卖点的房地产开发与公共山水资源保护的协调与整合。

图4　2002年重庆渝中半岛城市天际轮廓线

4.2　保护公共景观资源，优化山地城市竖向轮廓风貌

4.2.1　保护山地自然生态基质，维育山城竖向轮廓生态载体

山城竖向轮廓塑造的生态基底就是山地三维地貌。在当前大规模城市建设时期和崇尚科学技术文明时期，曾经相对复杂的山地地貌已经不再是阻挡大型工程机械的门槛，山地越来越多的规划建设行为越来越向平原方式看齐，而这对于维育山城竖向轮廓无疑是最大的威胁。渝中半岛突出的地貌特征，可以用"两江夹一线"来概括，"两江"即长江、嘉陵江，"一线"即中央山脊轮廓线。"上下半城"与"中央山脊轮廓线"的独特山地地貌是渝中半岛具有控制意义和表现力的地貌格局和特征，是塑造重庆山城竖向轮廓特征的重要景观生态基质。因此保护和维育渝中半岛山城竖向轮廓应首先依据地貌特征确定建设区、限建区和禁建区，分片区控制，保护和维育山城竖向轮廓的生态载体。

4.2.2　强化人文景观空间管制，构建簇群建构筑物生态斑块

人文景观——建构筑物立足于山地地貌，是直接形成山城竖向轮廓的最重要物质要素和生态斑块。渝中半岛作为重庆的CBD核心区，高层建筑林立，但由于缺乏有效的竖向空间管制，总体上渝中半岛建筑轮廓线相对杂乱而缺乏明晰和层次感。在山地地貌生态基质分区的基础上，应重点对分区域建筑斑块结合功能区域和市场房地产开发进行竖向空间管制，分门别类处理房地产开发与公共景观生态资源保护的关系，形成富有山地特点、山势与建筑相互

补形的山城竖向轮廓特征。渝中半岛中央山脊轮廓线从两江汇合处的朝天门沿半岛山脊直达鹅岭、佛图关，其中朝天门、解放碑、枇杷山、两路口、鹅岭、佛图关是最为重要的控制节点，朝天门、解放碑、两路口三个地段区域是渝中半岛建设最为密集的建筑实体斑块，而枇杷山、鹅岭和佛图关则为渝中半岛的绿色开敞空间斑块。根据渝中半岛山形和城市轮廓线的特点，结合渝中半岛商贸和商务中心的城市功能，按照实体空间与虚体空间"起、承、转、合"的间隔有机分布的空间构图手法，规划应将渝中半岛分区域进行规划控制。第一区段为朝天门至解放碑，该区段的特点是濒邻两江交汇处，地形高差变化相对较缓。规划应在尊重自然地貌的基础上，遵循市场经济规律，采用"簇群规划"，突出房地产开发的经济性，竖向上强化建筑轮廓线。第二区段为七星岗至两路口，该区段山城地理特征比较明显，其中枇杷山公园是该地段的制高点。规划应在追求房地产开发经济性的同时，强调山水资源的公共性，竖向上应控制建筑高度，和谐处理建筑轮廓线与山脊轮廓线的关系。第三区段为鹅岭至佛图关，该区段的山地特征异常突出，具有鲜明的重庆山城特色，是渝中半岛城市空间的自然地标。规划应突出强调山水资源的公共性，为市民营建宜人的山水环境，严格控制建筑高度，强化山脊线和山体绿化。建筑体量宜瘦，尽量多留出鹅岭公园、佛图关公园与两江之间的视线通廊。同时结合渝中半岛的山形和城市轮廓线特点，且与渝中半岛商贸和商务中心的城市功能相呼应，规划重点打造解放碑中央商务区和上清寺—两路口地段，以两组超高层建筑群——"民生城市之冠"和"中山城市之冠"，强化渝中半岛高低起伏的城市天际轮廓线，使之更加彰显重庆自然山体轮廓线与人工建筑轮廓线交错过渡、跌宕起伏的城市竖向轮廓特征（图5）。

图5 《重庆渝中半岛城市形象设计》城市天际轮廓线

5. 小结

重庆渝中半岛城市竖向轮廓的发展演变，经历了古代以自然山体为主构建城市竖向轮廓，近代以山体与建筑简单结合构建城市竖向轮廓以及现代以自然山体为载体，以高层建筑为主塑造城市竖向轮廓的三个大的发展阶段。日益增多的高层、超高层建筑一方面丰富了城市竖向轮廓，但同时由于缺乏合理的规划布局与有效的空间管制，也带来了山地城市传统竖向轮廓特征的丧失。今天，在全面建设生态文明社会的目标指引下，建设山城共融、有机和谐的城市竖向轮廓特征日益得到重视和改善，"显山露水"，塑造富有山地地域特征的竖向轮廓已经成为城市景观生态建设的重要目标和社会各界的共识。

参考文献

[1] 扈万泰. 城市设计运行机制 [M]. 南京：东南大学出版社，2002.

[2] 周勇. 重庆通史 [M]. 重庆：重庆出版社，2002.

[3] 彭伯通. 重庆题咏录 [M]. 重庆：重庆出版社，1985.

[4] 黄济人. 老重庆 [M]. 南京：江苏美术出版社，1999.

[5] 重庆市规划设计研究院. 重庆渝中半岛城市形象设计 [Z]. 2003.

[6] 重庆市规划设计研究院. 重庆都市区总体城市设计研究 [R]. 2004.

作者简介

邱　强　　（1975– ），男，博士，重庆市规划设计研究院规划编制研究所副所长，高级工程师，注册城市规划师。

现代城市商务公园空间设计探索

郑洪武

（发表于《规划师》，2012年第6期）

摘　要： 商务公园的空间特征是商务建筑与景观园林两种要素的组合，因此其规划设计需要在结合这两种要素的基础上，对其空间的演变过程与行业类型进行研究、划分。重庆市长寿区桃花新城总部经济区以"园区型"商务公园为发展方向，分别对商务公园的区域形态与园区空间形态、建筑园林与景观园林进行规划设计，为商务公园在我国的具体运用做了重要的实践。

关键词： 商务公园；商务建筑；景观园林；桃花新城；重庆

1.　重庆抗战陪都的历史背景

　　商务公园，一种商务活动与公园环境相结合的产物，最早源于欧洲的一些工厂环境改造。1902年，霍华德出版的《明日的花园城市》一书，改变了商务公园的发展方向，商务公园逐步与城市相结合，成为旧城区、城市边缘和小城镇的公园式办公区。但是发展至今，许多商务公园与城市之间的空间、功能等方面的结合度仍然较低，较难成为城市的有机组成部分。特别是美国的商务公园，它是城市郊区化的产物，大多远离城市区域，成为大型企业办公的基地。新加坡等一些新兴发达国家，于1990年代后开始利用商务公园形式大力发展总部经济，并与居住区相结合，带动地方经济发展。但是它与城市之间较多体现在经济上的联系，园区本身仍较为封闭。21世纪初我国的北京、上海等城市已开始出现商务公园雏形，但大多是孤芳自赏，较少与城市、社区相联系，成为孤立的企业花园。与此同时，由于我国的城市公园逐步市场化，运营困难，以牺牲环境为代价的"以园养园"现象不断出现。商务公园由于是有实体企业参与经营管理的，如果能用于城市公园的建设，也许能产生新的生命力，实现城市与企业共赢。本文结合长寿区桃花新城总部经济区城市设计，就商务公园与城市如何在空间、功能、交通、景观、生态等方面有机结合，形成功能完善、布局合理、风格独特、品质生态的商务公园进行了一次实践性探讨。

2. 商务公园的空间特征与规划设计解析

2.1 空间特征

通常，商务公园的主要服务对象是企业，功能较为简单，空间特征主要是商务建筑与景观园林两种要素的组合。它历经百年已日趋成熟，只有从城市发展的角度解析其空间的嬗变过程与行业类型，才能明了什么阶段、哪一种行业类型适合我国国情。

2.1.1 嬗变过程

商务公园的嬗变大致经历了四个阶段，由最初的工厂简单改造发展为商务建筑与景观园林两种要素变化丰富的商务园区（图1）。第一阶段为"工厂型"，已经具备了商务公园的两种基本要素。第二阶段为"社区型"，规模仍较小，功能较为简单，多分布于城市近郊。其商务建筑上引入了可识别的城市元素，如商店、学校、戏院等，并开始影响城市的环境与风貌。第三阶段为"园林型"，规模有较大的突破，但离城市较远。设计上更注重生态环境的打造，园林区域远远大于建筑区域，形成低密度的商务区。第四阶段为"园区型"，规模与功能都有了更大的突破，开始与城市相结合。其商务建筑与景观园林的空间设计逐步复杂、多变，增加了居住区、教育区、商业区、休闲区等，如一座高科技园区。但由于这一阶段的功能与空间相对独立，对于城市的影响有限。

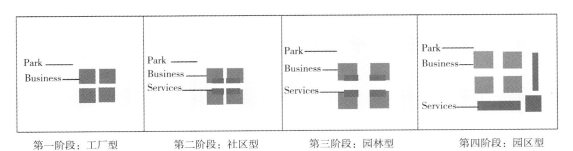

第一阶段：工厂型　　　第二阶段：社区型　　　第三阶段：园林型　　　第四阶段：园区型

图1　不同阶段的商务公园类型示意

2.1.2 行业类型

从商务公园的服务对象来看，空间特征与企业的行业类型密切相关。其发展至今，因不同的企业规模以及不同的开发建设主体，商务公园大致分为行业多元型、行业主导型、行业均匀型三种（图2）。行业多元型商务公园的开发主体一般是企业，为多个规模不等企业的聚集，商务公园要素变化丰富。它们的空间规模大小不一，通常为10～300ha，主要分布在欧洲。行业主导型商务公园的开发主体多为企业，以高科技公司或国际企业总部为核心，其他配套服务公司为辅助形成的行业主题或企业主题型商务公园。它们的商务建筑与景观园林新颖、大气，而且空间规模比较大，一般在300ha以上，主要分布在美国。如美国硅谷地区是高科技企业群落，而马里兰州湖畔商务公园则是航天航空巨头Lockheed Martin的总部。行业均匀型商务公园的开发主体为政府，企业规模比较均质，主要分布在新兴发展中国家。它们的商务建筑与景观园林较为规整，变化不如行业多元型商务公园。园区规模一般在100～200ha，地块也比较均匀，基本上保证每个企业都能临近内部道路。

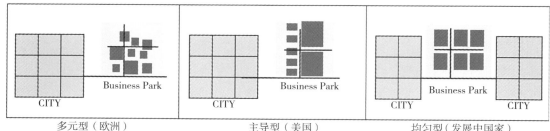

多元型（欧洲）　　　　　　　主导型（美国）　　　　　　　均匀型（发展中国家）

图2　商务公园行业类型示意

2.2　规划设计

商务公园的空间特征较为明晰，但空间形态、建筑与园林的规划设计却富于变化，可以极大地改变和提升一个城市或地区的形象与名气。

2.2.1　空间形态

由于规模与功能的不同，商务公园的空间形态千差万别。但是从复杂程度上看，商务公园可以分为单一、复合、群落三种类型。单一型：空间形态简单，由多个商务建筑围合形成。这类商务公园一般规模较小，在50ha以内。如英国伦敦的Chiswick Park，规模13.4ha，环境优美，如美丽的小公园。复合型：空间形态复杂，由商务办公区、配套设施区、公园区组成。公园的空间规模较大，一般在50ha以上。如爱尔兰的Park West Business Park，规模120ha，园区内景观系统与商业、居住等配套设施相互融合，形成了功能完善，综合性强的商务园区。群落型：空间形态由多个复合的商务公园组成，如生态群落。各个园区的内部公园与外部风景构成"园中园"的空间体系。如美国的硅谷地区，由上百个商务公园构成，规模非常大，如一座城市（图3）。

图3　类型实例：Chiswick Park（英国）、Park West Business Park（爱尔兰）、硅谷地区（美国）

2.2.2　建筑与园林

商务公园的空间形态变化使得商务建筑与景观园林的规划设计特色突出，往往令人过目不忘。在建筑方面，相比传统的商务办公楼，商务建筑由于密度较低，建筑风格、体量变化较大，使得创新空间更大，建筑细部也更能得到较好的处理，建筑形式愈加多样化。传统和现代、本土与异域，多元化的形式使得商务建筑不管是外立面还是室内装修都极具个性特征，令人赏心悦目。如荷兰的Amstel Park，风格新颖、独特，其高层、小高层、低层建筑相互间插，建筑形式多变化，弧形、底层大面积挑空、不同层之间凹凸变化等随处可见，建筑立面的颜色与形状更是丰富而夸张（图4）。另外，商务公园的建筑量变化较大，特别是商务公园群落的建筑量可与城镇相媲美；而单个商务公园的建筑量为5～150万平方米；单体建筑量通常为3000～50000平方米，可以适应不同规模的企业需要。

图4　实例：Amstel Park（荷兰）

在景观园林规划方面，商务公园比一般的城市公园更精美，与建筑结合得更为密切，几乎没有明显的用地边界。园林规划更多地与自然要素结合，形成普通型、湖泊型、河流型、田园型和森林型等五种特色类型。从实际结合比例来看，前面两种类型较多，后面三种类型较少，而这三种景观园林的环境景观更为迷人。如爱尔兰的Park West Business Park结合运河修建集垂钓、泊船、游憩为一体的休闲景观园林。美国休斯敦的伍德兰兹商务公园的森林覆盖率达65%，犹如森林之乡（图5）。

　　普通型　　　　　湖泊型　　　　　河流型　　　　　田园型　　　　　森林型

图5　园林空间类型

3. 长寿区商务公园规划设计

3.1 设计概要

长寿区是一座中等城市，距重庆市主城区65公里，曾因生态环境优美，长寿老人多而闻名。2002年长寿成为重庆市主城区"退二进三"政策下的工业疏散首选地，经济增长的同时，生态环境也面临严峻的挑战。面对现实，长寿区桃花新城总部经济区城市设计引入了商务公园的概念。规划设计首先结合社会经济发展水平确定了商务公园的类型；其次从城市生态安全、区域功能结构、城市整体形象、城市交通系统、社区游憩空间等方面布局区域空间形态和园区空间形态；最后对商务建筑与景观园林进行了精心设计。

3.2 类型选择

桃花新城商务公园的空间设计应如何选择发展阶段与行业类型，这和长寿区的城市发展、产业发展密切相关。随着渝长高速、渝宜高速、渝利铁路的建设，长寿区正由中等城市向大城市快速发展。虽然规划区离长寿现状中心城区有4公里，属于郊区。但是由于靠近长寿火车站，规划区将融入城市区域。基于此，规划选择了各种配套设施完善的"园区型"商务公园。

规划通过详细调查，发现近百余家企业中，有世界500强13家，20家跨国公司、26家上市公司；产业分布是以化工为主导的产业集群，包括天然气化工、石油化工、生物化工及精细化工、新材料、精品钢材和装备制造及电子信息。那么商务公园是否应为化工行业主导型？规划进一步到生产企业进行需求调查，并发放问卷。结果显示，因工业园区用地宽松，本身景观环境与配套设施较好，只有30%的化工类企业愿意到商务公园来办公。其他类企业对商务公园的需求占到70%，且对于办公建筑量的需求大小不一。作为园区型商务公园，规划综合了行业多元型与行业均匀型的空间特点，使其规模合理、布局均匀、空间要素变化丰富，更好地与城市融合。而且这样的选择也是切合长寿区现有企业及新兴中小企业的办公需求。

3.3 规划设计
3.3.1 区域空间形态

长寿城区生态格局为中部菩提山公园，南部长江，西部晏家河，东部桃花溪。规划区位于桃花溪中上游，为了更好地融入城市，规划引入了商务公园群落"园中园"的概念，利用中央河滩地布置一处湿地公园，使其成为桃花溪生态走廊及城市的重要公园节点（图6）。同时采取开放的公园模式，在湿地公园临近城市主干道一侧禁止开发建设，形成开阔的视线通廊。这样使得商务建筑的优美形象与景观园林的美丽画卷不仅面向于企业，更能融入城市空

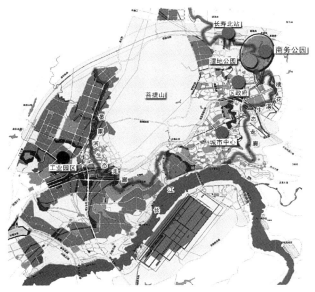

图6　区域空间关系

1 检察院　　　　2 地税局、财政局
3 中医院　　　　4 滨水住区
5 烟草公司　　　6 移动大厦
7 办公+居住　　 8 商务办公
9 滨水广场　　　10 五星级酒店
11 滨水商业　　　12 滨河景观公园
13 景观绿廊　　　14 图书馆
15 影剧院　　　　16 亲水平台
17 滨水文化设施　18 生态湿地
19 安置区　　　　20 农贸市场
21 小学　　　　　22 规划展览
23 博物馆　　　　24 文化广场
25 公交站场　　　26 青少年活动中心

图7　商务公园平面

间系统，提高城市整体形象（图7）。围绕湿地公园，商务办公与行政办公、交通枢纽、城镇居住等多种城市功能构成了完整的功能圈，使桃花溪两岸的区域功能结构更完善，城市功能空间向心性更强（图8）。

3.3.2　园区空间形态

湿地公园的设置提供了2000多米的景观展示面，极大地提高了商务公园周边的土地与功能价值。因此规划结合180 ha的用地规模，布局了复合型商务公园。沿景观展示面，规划布置了商务办公、会议论坛、休闲娱乐、商业服务、酒店接待以及居住功能，形成半围合的功能带，使企业员工、市民都有享受自然山水的机会（图8）。麦克哈格曾说过："如果要创造一个善良的城市，而不是一个窒息人类灵性的城市，我们需要同时选择城市和自然，缺一不可。两者虽然不同，但互相依赖；两者同时能提高人类生存的条件和意义。"为体现城市与自然的相互依赖关系，规划将商务建筑与景观园林作为生态环境的组成要素。设计中一方面布置大量生态建筑，突出建筑的节能减排效应与绿色建筑形象；一方面运用景观生态学原理对景观园林进行生态系统布局，将区内的自然环境划分为山林地、浅冲、河湾开阔区与廊道4类斑块，发挥自然环境的生态功能，

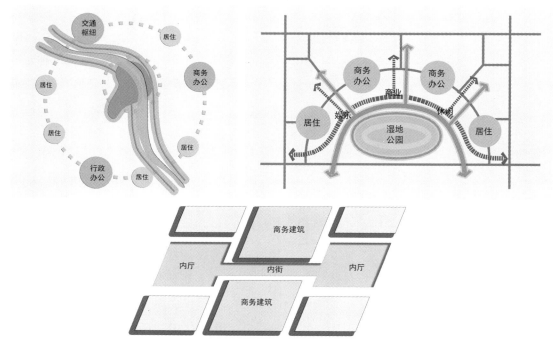

图8 全围合的区域空间形态、半围合的园区空间形态、连续的生态园林空间示意

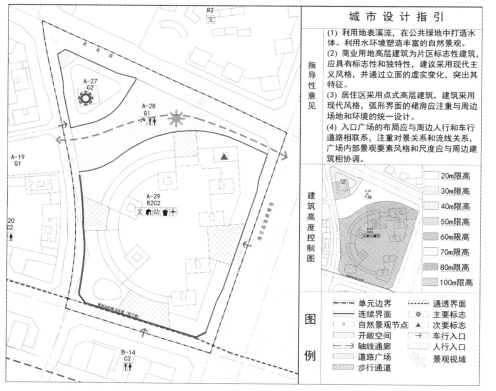

图9 城市设计导则

突出绿斑、蓝带、开敞空间的整合。在游憩系统方面，规划结合桃花溪支流布局三条由湿地公园延伸到商务区、居住区内部的生态游憩廊道。这样在为企业办公提供优美、安静环境的同时，又为市民提供舒适的社区游憩空间。交通系统考虑到入驻机构大多为制造业的办公与研发机构，因此布局较为规整的方格网道路，这样有利于大多数企业都有自身的形象展示面（图7、图10）。

3.3.3   建筑与园林

商务建筑。规划主要从商务建筑与城市相融合的关系出发，对建筑的空间、密度、风格、体量等基本特征进行规划设计，并用城市设计导则进行控制引导（图9）。规划为了适应地块单元开发或整体开发的需要，布局若干小公园以形成内厅，以绿化廊道形成内街；内厅与内街组成了开敞空间网络，围绕它们布局尺度宜人的商务建筑空间（图8）。建筑群体设计时考虑到较近的城市区位与企业营建、管理公园的需要，设定为中低密度建筑群体。因此，商务建筑总量为60万平方米，单体商务建筑体量为2000～18000平方米。建筑体量按照景观效应最大化的原则进行分层布局，为下一步单体建筑设计提供较好的景观环境。临近河流湿地的建筑以低层、多层为主，体量较小；较远的建筑以高层与多层为主，体量较大，从而为城市提供富于韵律变化的形象展示面。整体建筑风格要求以时尚、新颖为主，体现个性鲜明的时代特征；并融入巴渝风格的建筑元素，体现地域特色。建筑设计要求形式与外表富于变化，天际线起伏波动，尽量体现城市滨河地区的休闲氛围与标志性特征，成为城市的亮点区域。

景观园林。作为一种河流型景观园林，规划把湿地公园打造成为生物多样性的"生态博物馆"、"生态养生园地"，让市民了解有关湿地生态系统的知识，得到最好的健康体验。同时沿河岸布置了游憩步道、亲水广场、体育活动场、小码头等游乐设施，提高滨水的娱乐性、亲水性和可达性。景观设计以建筑景观与绿化生态景观在细部空间上相互融合为目标，采用底层架空绿化、空中花园等形式，将绿化引入建筑内部，模糊建筑与园林的边界，从而形成连续的景观生态界面（图10）。

4. 结语

商务公园与城市融合，提高了土地价值，使政府有较好的收益对公园进行建设。但仅靠空间上的整体设计是不够的，规划中提出了对入驻企业收取公园阶梯管理费用，由企业和市民代表组成管委会对其进行监督管理的策略。因此，本次规划商务公园实际上是由企业和政府共同开发建造、经营管理的开放式公园；是一种既能为企业提供形象展示的平台和优美的工作环境，又能有效地服务城市和社区，促进城市可持续发展的公园模式。规划设计成果得

图10　商务公园鸟瞰

到了专家与长寿区政府的高度评价，并纳入了在编的长寿区城乡总体规划。

　　现代城市商务公园在中国作为一种新型的城市空间，可以较好地实现人、城市与自然的和谐共生，有着良好的应用前景。本文选取了一个中等城市的商务办公区作为应用案例，相信在城乡规划建设指导思想由"空间论"转向"环境论"，进而发展至"生态论"的今天，商务公园必将成为城市现代商务区新的发展趋势。

参考文献

　　［1］霍华德. 明日的田园城市（汉译名著本）［M］. 商务印书馆，2010.

　　［2］麦克哈格. 设计结合自然［M］. 天津大学出版社，2006.

　　［3］邬建国. 景观生态学［M］. 高等教育出版社，2007.

　　［4］赵兵，徐锋. 欧美商务公园述评［N］. 南京林业大学学报，2000（01）.

　　［5］李禄康. 湿地与湿地公约［J］. 世界林业研究，2001（1）.

　　［6］［加］简·雅各布斯 著. 美国伟大城市的生和死［M］，金衡山 译. 译林出版社，2006.

作者简介

　　郑洪武　　　（1975– ），男，重庆市规划设计研究院城市设计所，高级工程师。

广场的秩序和情趣
——重庆市人民广场空间环境设计

曹春华

（发表于《城市规划》，2000年第5期）

摘　要： 重庆市人民广场空间环境设计的回顾总结，论述了强调空间环境的"秩序"和"情趣"是具体落实"社会效益"、"环境效益"的一种较为切合实际的设计方法。

关键词： 广场；空间环境；秩序；情趣；重庆市

重庆市人民广场位于重庆渝中区上清寺片区，由城市主干道人民路及次干道学田湾正街及主体建筑人民大礼堂围合而成的三角形开阔场地，占地2.4ha。广场东侧为人民大礼堂，建于1951年，由当时在西南局主持工作的老一辈革命家邓小平、贺龙等主持修建。该建筑具有明清宫庭式建筑内格，呈中轴对称布局，分南楼、北楼、大礼堂三部分。人民大礼堂自建成以来一直作为重庆市大型会议和文艺演出的一个主要场所而倍受瞩目，而大礼堂以其特有的雄姿和魅力已成为重庆市当之无愧的象征。广场西北面是重庆市行政中心——重庆市人民政府（陪都行政中心旧址所在地）。西部是市级行政机关包括市统计局、市卫生局、市物价局、市财政局、市科委等行政单位，西南是在建的市人大代表活动中心（图1）。其地理位置十分重要。

1.　空间环境设计

人民广场空间环境的设计立意，源于对现状环境、社会环境的分析和对广大人民群众意愿的把握，最初能够达到共识的有3点：（1）主次分明，广场空间环境必须以烘托人民大礼堂为主旨；（2）能够满足重庆市重要的政务活动需要和人民群众文化娱乐的需求，并解决相应的停车问题；（3）强调环境效益、社会效益，还市民一个清爽的公共空间。

基于这3点，我们认为：

（1）既然烘托主体建筑是第一位的，那么广场空间环境应与主体建筑风格相协调。但风格协调并不意味形式上的复古，广场空间环境应在尊重历史建筑的基础上不乏现代感，以适应时代发展的需求。

（2）在今后相当长的时间里，人民广场的功能与市行政中心是紧密地联系在一起的。一些重要的政务活动和大型演出除人民大礼堂外还没有更合适的场所，这就要求人民广场从环境氛围上应具有庄重的气氛。从长远看，随着市级行政中心的北移（按城市总体规划行政中心远期迁至江北），其用地功能性质的转变，也是广场空间环境设计必须考虑的。

（3）为满足人们节假日和休憩时进行各种有益活动，广场必须提供良好的场所和环境，并具有最大的兼容性和灵活性。

（4）人民大礼堂作为重庆市标志性建筑是海内外游客来渝观光不可缺少的一个景点，因此广场的规划设计只有创造一个宽松怡人的环境，才能更好地吸引游客。

分析表明，只有强化空间秩序，才有可能使广场风格严谨持重，更好地烘托人民大礼堂；同样，只有赋予广场空间环境以情趣，才有可能形成一个怡人的环境，以满足广大市民和游客的需要。因此，"秩序"与"情趣"的营造是人民广场空间环境设计的必然取向。

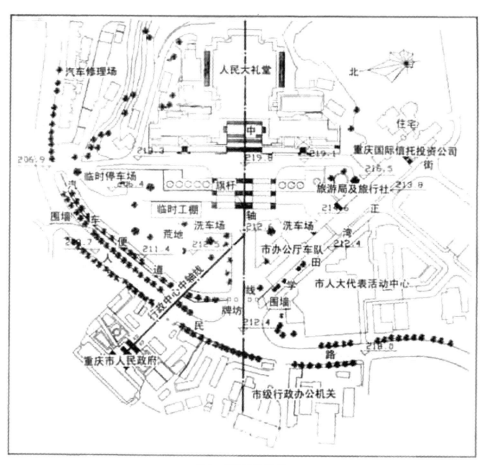

图1　广场用地现状

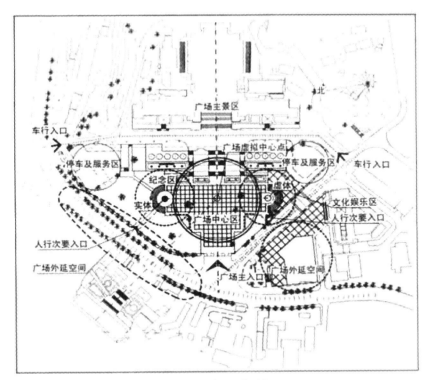

图2　广场功能结构分析

2. "秩序"与"情趣"的营造

2.1　利用广场平面布局的理性和严紧，获取"秩序"的统一

2.1.1　虚拟中心，隐含秩序

广场周围建筑由于缺乏统一规划，其空间秩序混乱无章。为在无序中尽可能求得有序，设计时有意从空间角度在广场确定一个中心点。设计选择了两条轴线的交汇点作为广场的虚拟中心，一条轴线是人民大礼堂中轴线，另一条是市政府中轴线。这个虚拟中心点，不但使广场范围内城市空间隐含了一定的秩序，而且也为广场规划建设提供了基准参照点，在广场的建设中起到了重要作用（图2）。

2.1.2　十字轴线，取得秩序

人民大礼堂与牌坊形成的轴线是中国传统建筑不可缺少的且客观存在的纵向轴线，强化这条轴线不但可以增加广场的活力，而且为以后广场的扩建形成了一条有序发展的脉络；为进一步增强广场的凝聚力和秩序，设计以广场虚拟中心点横向延伸形成广场横向轴线，从而使广场横向具有了较强的空间秩序感。这样，整个广场环境设施实质上是统一在了由纵轴和横轴形成的"十"字交叉轴的空间序列中。

2.1.3　人车分流，净化秩序

广场建设前，该地段人车混行，是导致空间环境秩序混乱的一个重要行为因素。为力求改变这种局面，设计时打通了大礼堂前的车行道，与人民路、学田湾正街相连通，并在南北两端利用地形高差设置了地下车库。这样，既解决了在人民大礼堂举行重要活动和重要演出时车辆停靠问题，也使人车基本分流，从而使广场的空间环境秩序得到净化。

2.1.4　利用图案，强调秩序

由于方形具有严格的制约关系而能够给人以明确肯定的感觉，因此广场选用了方形作为其硬质铺地的基本图案。构图严谨、完整，给人以庄重、稳定的感觉，从而强化了中心广场的空间秩序，并与人民大礼堂在风格上取得了呼应和共鸣。

2.2　利用空间处理的灵活性获取"情趣"变化

2.2.1　结合地形

在山地城市中，设计结合地形是显示其特色的最基本的方法之一。人民广场现状地形呈南高北低，东高西低的走势，最高点与最低点相差10m。如不充分利用地形条件，不仅会失去应有的特色，而且在经济上也会造成很大的浪费。因此设计充分利用了现有地形条件，利用原有的台地设计喷泉叠水；利用广场北侧原有洼地建设停车库；利用南部地形高差修建室外演出看台和地下停车库，并结合地形把广场的基础服务设施置于看台之下等。总之，通过对现状地形的利用不仅保证了广场各项功能的充分发挥，而且促使广场空间环境更富有趣味性（图3）。

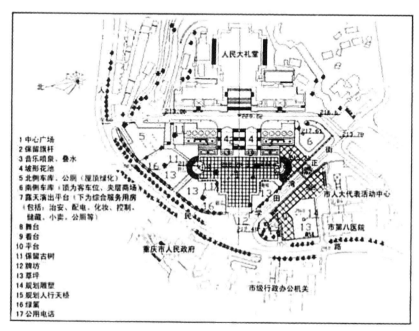

图3　广场总平面

2.2.2 空间渗透

重庆市人民广场设计充分地利用了"空间渗透"的手法，巧借相邻空间，使广场外延尽可能扩大。首先表现在把人民路与学田湾正街借为己用。设计拆除广场周围高3m的围墙，着意把广场地面标高尽可能与两条道路取得统一，从而保证了广场游客、路上行人的视线交流与敞通，无形中扩大了广场外延，增大了城市景观的透明度，真正地使广场与城市环境融为了一体。其次，对人大代表活动中心平台的加以利用。人大活动中心隔学田湾正街与人民广场相邻，其屋顶平台，高出中心广场1m左右，与人民路基本持平，广场设计时特别对原平台进行了设计改造，取消了原设计平台上的构筑物，增设室外梯步，并从风格上要求与广场统一。这样，这个占地4000m²的平台自然地与广场融为一体，从而扩大了广场的视角和可视范围，也成了人们驻足眺望大礼堂、俯瞰人民广场的理想场所之一（图4）。

通过空间渗透处理，人民广场不仅从视觉上扩大了范围，而且丰富了广场空间层次和视觉效果。

2.2.3 水的利用

水作为设计的一种基本元素，特性简单却能产生丰富多彩的效果：静止的水给人以宁静，活动的水象征着时间，而水的喷射与迸溅则使人感到生命的跳动和奔放。人民广场规划设计充分利用了水的特点，并结合音乐、灯光形成了既和谐统一又变化万千的壮丽景观。

2.3 强调"秩序"与"情趣"的有机结合

追求广场空间秩序的统一固然重要，但过分强调秩序往往导致空间环境的死板、拘谨；情趣的产生是使广场空间环境生动并具有活力的基本条件，而过分追求趣味又难免使其空间

图4 广场空间的外延与渗透

图5 巧妙地利用地形高差

图6 广场原有古树的保护与利用

轻飘、琐碎。为避免上述两种极端现象的出现，人民广场的规划是始终以强调"秩序"和"情趣"的协调统一作为设计原则的。

广场北部用地较为开敞，但地势较低，南部用则稍感紧凑，但呈台地状，设计充分地利用了地形高差条件着意在空间体量上加强南部，以两阶台地组成实体空间（图5）；利用北部开阔地形广植草地，从体量上弱化北部，形成虚体空间，从而在整个广场空间环境形成了虚与实的对比。同时，在北部虚体中心规划设计有一组雕塑，形成虚空间中的实体；在南部实体空间中心以表演台的形式形成虚空间，从而形成虚与实的交融。这样，通过空间虚实对比、交融弥补了现状空间形态的不足使广场空间环境获得均衡，同时也适应了"十"字轴线布局，从而达到秩序与情趣的有机统一。设计对广场古老树木的保留，不仅打破了广场方形图案重复叠加形成过强的秩序感，活跃了气氛，同时也体现了对历史文脉的认同和继承（图6）。应该说，强调"秩序"与"情趣"的协调统一，使人民广场空间环境各构成要素更富有兼容性，使广场空间环境显示出一种明快而稳健的氛围。

实践证明，强调空间环境的"秩序"和"情趣"是追求"环境效益"、"社会效益"的一种较为切合实际的设计手法。通过这种手法，重庆市人民广场规划建设适应了当地的现状环境，适应了重庆城市建设和社会发展，同时也极大程度地满足了广大人民群众的意愿和要求。

作者简介

曹春华　（1967–　），男，博士，西南政法大学副校长，原重庆市规划设计研究院总工程师助理，注册城市规划师。

康定情歌序曲 茶马古道新栈
——康定东关茶马古道步行商业街设计

张毅俊

（发表于《规划师》，2004年第9期）

摘　要： 结合康定自然地域环境条件，借鉴当地传统建筑群的空间布局模式，将当地传统建筑的造型元素、色彩等地域性特征融会到建筑群的造型设计中，采用整体设计手法，划分为锅庄文化商城、长途客运中心，情歌文化广场三部分，使步行街建筑群具有地域特色韵味，达到与自然的和谐统一。

关键词： 康定；茶马古道；步行商业街；地域性建筑群；多元文化融合

1. 自然地理与人文环境

四川康定县乃甘孜藏族自治州的首府，有着"川边锁钥，藏甸屏翰"的特殊地理位置，自古以来，它就是川藏交通之枢纽、连接西藏与祖国内地的纽带、汉藏"茶马互市"（Tea and Horse Trade）的口岸和物质集散中心。它不仅有丰厚的远古文化遗存、神话传说、民族艺术、民间歌舞等，而且还有大量以藏汉交流为主题的多元文化景观。至今，这里还并存着藏传佛教、汉传佛教、道教、伊斯兰教、天主教和基督教。藏、汉、回等19个民族在这里和睦相处、共生共荣。据有关史料记载，旧时的康定城就已"市肆稠密，百商云集，山货极广，人烟辐辏，市井繁华"。早在民国年间，国民政府就把康定定为全国三大商埠之一，足见康定早已名声在外。

康定地处青藏高原与云贵高原和四川盆地的过渡地带，位于四川西部的甘孜藏族自治州东部。纵贯南北的大雪山山脉，将康定划成东、西两部分：东部为谷地狭窄、山势险峻的高山峡谷区；西部乃地势和缓、山体起伏绵亘、河谷宽阔坦荡的高山原丘状高原区。按地理纬度，康定县属干旱河谷亚热带气候，因地势复杂多样且垂直差异明显，因而康定具有显著的立体气候特征。康定独特的地理、气候特征造就了康定独特的自然人文景观和康巴文化特色。

东关乃康定之东大门，南靠驰名中外的跑马山，北临陡峻挺拔的郭达山；折多河、雅拉河浪卷雪山之水在郭达山前汇合，并注入由西向东流经东关的瓦斯沟河，构成一幅"浮萍曲径入云乡，桃李芳菲几样妆。烂漫花开织地锦，莹纡松结共天香。二山翠叠崎霞岭，一水涟漪绕玉堂"的自然美景。

康定的民居形态比较多样，体现藏民彪悍矫健的阳刚之美的碉房式民居，大多数顺着等高线分级建造。为适应当地的气候，建筑多背风向阳布局，顶层东、西、北三面建屋，形成一个三方屏蔽的晒坝（阳台），多数建筑还利用梯井、天窗、天井来解决建筑因墙壁厚、窗洞小而使建筑中间层室内采光、换气、采暖（纳阳）不便的问题。另外，透着西南民居那种古朴而灵秀韵味的、以穿斗架为典型特征的汉式民居，主要是从干栏式民居发展而来，多为坡屋顶，且多采用石板和瓦片覆盖。为防止夹泥墙或土筑墙遭雨水冲刷，房屋坡顶出挑较大。

2. 结合地域特征营造城市空间

建筑大师赖特曾说，"建筑应当像与自然有机结合的植物一样，从地上长出来，迎着太阳"，"好的建筑是不会伤害到地景（Landscape），而是会使地景比没有建筑物之前更美丽"。康定，这座享誉世界的历史文化名城，其厚重博大的文化积淀，原始古朴的自然风貌，时常震撼人们的心灵。朱镕基总理曾深情地赞叹康定："海外仙山，蓬莱圣地。"在这样一种地理环境中营造一条特色步行商业街实属难得，同时又颇具挑战性。

本次设计用地位于东关甘孜州林业局转运站与州石油公司之间的地段。入城大道与瓦斯沟河将地块划成3处沿河岛屿式地块和跑马山脚的弓形地块，茶马古道步行商业街即位于此弓形地块内。结合这样的自然地域环境条件，借鉴当地传统建筑群的空间布局模式，采用整体设计（Holistic Design）手法，将整个建筑群处理成依山就势、高低错落的群体空间态势。步行商业街按其功能划分为锅庄文化商城、长途客运中心及其中央的情歌文化广场三部分。如何处理好建筑群的尺度与环境的协调关系、各功能组成部分之间的连续关系，使其达到人与自然、建筑与自然的和谐统一，是本次城市设计面临的首要问题。

在步行商业街西端入口处，设计了一座体现"锅庄文化"的雕塑，其原形是"鼎锅"，雕塑的基座刻有"茶马互市"的历史碑文，并由刻有经文和咒语真言的嘛尼堆簇拥，与藏汉文化融合的锅庄文化商城建筑群一起构成步行商业街亮丽的入口景观；长途客运中心的标志——钟塔的造型源自藏式建筑文化特色元素之一的碉楼，经提炼、变异，并结合其功能要求，形成其主体建筑群的竖向构图中心。

步行商业街的中央是依山面水的情歌文化广场，它既是连接长途客运中心及锅庄文化商城的步行交通枢纽，又是步行街的视角中心。为强化广场的南北向轴线，以横跨瓦斯沟河的单臂斜拉步行桥连接镶嵌于河对岸的康情岛，构成"水桥西畔人垂钓，月上楼霞萃一弯"的美景。广场铺砌采用了康定情歌五线谱图案，并饰以地方石材、灯饰等。人们在这里跳着吉庆的"锅庄"，舞起柔美的"巴塘玄子"……使广场充满地域风情。

茶马古道步行商业街建筑群的设计注重对当地的民族传统符号（碉楼、坡屋顶、帐篷、檐口线角、收分的窗套、门头、柱式、平屋顶四角的装饰等）和色彩等元素进行提炼和抽象，并将之融会到建筑群的造型设计之中，使步行商业街的整体建筑群具有浓郁的地域特色。

城市设计注重空间形体与环境品质的塑造与改善，其目的是改进人们的空间环境质量，从而提高人们的生活质量。环境形态应是整体统一和局部变化的有机结合。建筑是局部，环境才是整体。在环境设计中，茶马古道步行商业街建筑群的设计规划在沿河的3处岛屿式地块内种植杨柳、杜鹃、苹果等具有地域特色的植物，开辟休闲景观步道，设置休闲亭（源自"耍坝子"联欢时使用的藏族休闲帐篷）等，使这些地块充满浓浓绿意，弥漫阵阵花香……犹如镶嵌在玉河旁的3块"翡翠"。

整个步行商业街的建筑群融合于自然山水环境中，形成"蓝天白云玉河，银带翡翠楼阁。康定情歌序曲，茶马古道新栈"的主题构想。

3. 多元地域文化的融合并存

众所周知，康定以一曲《康定情歌》享誉中外，这首脍炙人口的情歌是藏、汉民歌的代表，是康定多元文化的结晶。作为茶马古道（Ancient Road of Tea and Horse Trade）重镇的康定，是"锅庄文化"（Guozhuang Culture）的发祥地，自古以来就是多元文化的交汇点及民族文化走廊的腹地。独特的地理生态环境和历史因素造就了康定地域文化的独特、古朴、多样化、边缘性和多元一体的明显特征。

跑马山对面的南无寺建筑群就是一个藏汉建筑文化融合的典范。起翘的坡屋顶、穿斗架、土筑墙、硕壮的柱子等构成建筑典型的外在特征。设计者们将这些特征元素加以提炼，应用到茶马古道步行商业街内的"锅庄文化"商城建筑群造型中，并与现代建材筑成的玻璃网架有机结合，构成传统与现代、藏式与汉式相融合的群体建筑外观。

古希腊人和古罗马人用圆代表城邦，用相交的圆表示城邦间的融合。在他们的理念中，城邦既不能彼此隔绝，也不能完全融合，只有处于既融合又隔绝的状态时，城邦才是最有生机的。

随着时代的进步和信息社会的到来，文化交融也在加速，与此同时，地域文化的界限逐渐变得模糊。原本各具特色的一些中小城市，在当今突飞猛进的城市化进程中，逐步丧失了其原有的特色，致使城市形象日渐趋同。亚历山大指出："现代城市的同质性和雷同性扼杀了丰富的生活方式，抑制了个性发展。"历史悠久的中华文化实际上是多种文化的融合。看似矛盾的全球化与地域性其实并不矛盾，有学者将全球文化称为"杂合"文化（Hybridization）。同样，地域文化本身也具有"杂合"性质。就像人们在生态环境中提出保护物种的多样性那样，在人类文化环境中同样要注意保护地域文化的多样性。地域文化本身就是一潭活水，不是一成不变的，而是一脉相承、延续发展的，应随时代前进而前进。

文化的继续和发展如同生物体的遗传和变异，对传统的继承和借鉴，从来都是人类文化发展的必要条件。《澳大利亚城市设计》一书提出："好的城市设计应展示城市发展与建筑艺术，应赋予市民最大的利益，产生良好的环境效益，反映地方的特色和需要；既能密切与过去的联系，又与当今时代性相符。"

只有文化的可持续发展，才能进一步带动经济的发展和社会的进步。

参考文献

［1］埃德蒙·N·培根. 城市设计［M］. 北京：中国建筑工业出版社，2003.

［2］粟德祥，侯正华. 创有特色的城市［J］. 建筑学报，2000（9）.

［3］王毅. 一个结合地域的设计［J］. 建筑学报，2004（6）.

［4］萧默. 建筑意［M］. 北京：中国人民大学出版社，2003.

［5］杨苏萍，相洛. 康定［M］. 北京：中国摄影出版社，2003.

作者简介

张毅俊　　（1965– ），男，原重庆市规划设计研究院建筑所所长，高级工程师。

重庆南岸滨江地带城市设计要素分析

李勇强

（发表于《重庆建筑》，2003年第6期）

摘　要：针对南岸滨江地带特有的自然山水条件、历史遗存和城市发展要求，提出"山城轮廓、活力水岸、城中之山、城中之水、生态绿谷、江南森林、城市聚核、城市阳台、文脉传承、都市霓彩"十大城市设计要素。

关键词：显山；露水；透绿；设计要素；南岸滨江地带

　　遵循"显山、露水、透绿"的原则，南岸滨江地带通过"山城轮廓、活力水岸、城中之山、城中之水、生态绿谷、江南森林、城市聚核、城市阳台、文脉传承、都市霓彩"十大城市设计要素的设计控制，达到塑造城市特色景观的目的。体现"江峦溢翠"，"重楼生辉"的景观，展现"青峰列屏障，翠峦出大江"的画意。

1. 山城轮廓

　　山城轮廓是建筑轮廓线和自然山脊线共同构成的城市天际轮廓线。

1.1　山城轮廓控制原则

　　在山城轮廓塑造上，因循"大疏大密"的建筑群落设计原则，形成层次丰富，翠峦、青峰、碧水与凸出的建筑景观层叠交错，山、水、城交融的山城形象。城市轮廓线变化的整体趋势随自然地形的起伏，并结合城市功能，与南山山脊线形成良好的对应关系。体现山水城市风貌和中心区在城市空间中的地位，以及滨江空间资源的最大利用。

1.2　山城轮廓控制分区

　　规划区划分为显山露水严格控制区、南山风貌协调控制区、滨水风貌保护控制区和景观协调区。

1.3 山城轮廓组成

（1）城市天际线：由建筑轮廓线和南山山脊线共同构成。

（2）后山建筑轮廓线：建筑高度小于背景山体的三分之二。

（3）近水山城轮廓线：由城中之山山脊线和近水建筑轮廓线共同构成。

1.4 城市建筑轮廓线的峰谷分布

从城市建筑轮廓线的整体分析，轮廓线最高峰在南坪城市副中心，次高峰在弹子石组团中心（两处）、重庆CBD弹子石组成部分的公建区、后堡、玛瑙、海棠溪、骑龙脊、鹅公岩大桥南桥头。轮廓线最低谷在下浩，属"城市森林"设计要素控制区，也是南坪和弹子石组团的城市组团空间分隔带。

2. 活力水岸

活力水岸能使人们更好地接触长江，并欣赏到渝中半岛优美的城市景观，还能吸引人流，突显生机，营造出城市繁荣、舒适、多彩的氛围。亲水泊岸、黄金岸线、休闲步道、水岸门户是活力水岸的重要组成部分。

2.1 亲水泊岸

（1）滨江路外侧除必须布置的市政基础设施外，不得布置任何建筑物和遮挡观景视线的构筑物。用地主要为江岸护坡绿地、广场用地、公园绿地。

（2）滨江断面形式根据不同情况采用"休闲宽松型"、"集约型"、"紧凑型"等不同形式。"休闲宽松型"是最好的亲水泊岸。

（3）在局部地段结合人行道布置自行车、电瓶车道。

图1 重庆南岸滨江地带规划设计图

（4）点缀由囤船改建的水上餐饮娱乐城。

2.2　黄金岸线

（1）黄金岸线主要分为三段：中段从长江大桥南桥头到王家沱大桥南桥头，长约8.3公里，以商业服务、写字办公、文化娱乐及休闲功能为主。观渝中半岛、江北嘴风貌最佳的滨江段，土地价值最高。南北两段以居住功能为主。

（2）滨江路中段内侧将建设公园绿地、海洋生物馆、宾馆饭店、购物广场、写字楼、美术馆、博物馆（陈列馆）、咖啡屋、酒吧、健身房、娱乐场、停车场等，内侧50米原则不布置居住建筑。

（3）以"黄桷晚渡"、"海棠烟雨"、"龙门皓月"、"字水宵灯"为主题，用公园、广场、建筑及环境营造滨江活力水岸的城市新景。

2.3　休闲步道

将滨江休闲带和南山风景区及城市中心、城市阳台最便捷地联系起来，步道宽度3~5米。共有12条步道，分别是：铜元局步行道、菜园坝大桥南桥头步行道、黄桷渡公园步行道、黄桷古道、上新街步道、涂山步道、慈云寺步道、弹子石游园步道、大佛段步道、后堡步道、玛瑙步道、重庆游乐园步道。

2.4　水岸门户

水岸门户是进入南岸滨江休闲带的重要门户。分别采用植物、花卉造景、标志性建筑、历史文化复兴等方式加强各城市入口的可识别性，强化门户景观。注重对码头设施及周边环境的景观设计，结合江岸护坡建设，布置人流集散广场。

2.4.1　水岸门户分布

共有13处（旅游码头3处，水上巴士站4处）。分别是：鹅公岩大桥南桥头、菜园坝大桥南桥头、长江大桥南桥头、东水门大桥南桥头、王家沱大桥南桥头、大佛寺大桥南桥头、黄桷渡码头（含巴士站）、海棠溪码头（含巴士站）、弹子石码头（含巴士站）、上新街巴士站、玄坛庙巴士站、猫背沱巴士站、铜元局巴士站。

2.4.2　重点门户

菜园坝大桥南桥头、长江大桥南桥头、东水门大桥南桥头、王家沱大桥南桥头、黄桷渡码头、玄坛庙码头6个重点门户。

2.4.3　花园之门

长江大桥南桥头、东水门大桥南桥头以大面积的花卉、绿化和具有特色的主题雕塑、建筑小品等景观设施，构成赏心悦目的花园之门，重点突出山水园林特色。

3. 城中之山

城中之山是指南山外连山，是滨水城市景观构成中最具特色的元素。保护未进行建设和建设量很少的自然山体和陡岩，主要按绿地性质控制，且保证朝江面的视线通廊和大部分山体立面的展现，充分体现山水城市风貌，营造宜人的滨江生态环境。展现"青峰列屏障，翠峦出大江"的画意。

南山位于南岸区一侧，自然形成整个城市的绿色屏障，是整个滨江地带的城市背景。文峰塔、老君洞、涂山、老金鹰、铁桅杆、一棵树观景台等一系列的人文景观为南山更添秀色。隔江观渝中半岛，山地城市所特有的城市景观成为滨江地区的特色景观。

城中之山共有13处，分为绿化山体和绿化陡岩二类。其中绿化山体有猫背沱绿化山体、五桂石绿化山体、弹子石游园绿化山体、阳家岗绿化山体、社会主义学院绿化山体、马鞍山绿化山体、海棠溪绿化山体、重庆游乐园—苏家坝绿化山体、广东山绿化山体；绿化陡岩有大佛寺绿化陡岩、玛瑙绿化陡岩、黄桷渡—后堡绿化陡岩、罗厂湾绿化陡岩。

4. 城中之水

城中之水一是指在南山一棵树和涂山公园等城市重要观景平台观长江之水和两江汇流之景，在一棵树、涂山公园观长江，建筑对江面遮挡不大于1/2为佳。位于南山重要景点观"渝中半岛、两江汇流"视线通廊内的建筑，应严格控制其建筑高度，避免南岸建筑与渝中半岛建筑联为一体，出现"水之不存，岛将焉在"的景观现象。

二是指整治清水溪、海棠溪流域。搬迁污染水体的工业企业，调整用地功能，控制建设密度和建设强度。清理沿岸垃圾，两岸控制不少于15米宽的绿化带。恢复两溪清水畅流，两岸绿荫拥伴，以扩大城市中湿地面积。达到提高城市水环境生态质量，改善水生动植物（鱼类、水生植物等）生存和栖息环境的目的。

5. 生态绿谷

生态绿谷是南山与长江之间山地丘陵中的天然谷地空间，谷地空间能最大限度提供绿化面积和绿量，是城市生态环境和绿地系统的重要组成部分。以南山为主脊的梳齿状的绿谷，是长江与城市之间的水陆风、南山与城市之间的林源风、山谷风的重要通道，也是调节城市小气候、改善城市"热岛效应"和实现"城中见江，绿中显城"的重要手段。

生态绿谷共有6处，分别是：黄桷渡、海棠溪、野猫溪、大佛段、苏家坝和长溪沟生态绿谷。

6. 江南森林

城市森林是城市生态系统的基础和依托的根本，江南森林是融入长江之水和城市环境的南山森林。

南山森林是重庆主城区距城市中心区距离最近的山林，在南山距长江最近的东水门处将南山森林延伸至长江水岸，以避免山地城市中心区出现沙漠化景观，能够增加城市绿量，提高城市绿化覆盖率，保持空气湿度，降低气温等。

江南森林是有利于动物（鸟类、昆虫等）活动的重要空间绿色通道，通过绿色通道构筑自然生态网络，改善动物生存和栖息环境，避免形成生态孤岛，具有保护原生生物物种的功能。

江南森林是南坪组团与弹子石组团之间的绿化隔离区，也是城市重要交通市政设施发展建设的控制区。

江南森林控制区由涂山公园森林区、东水门大桥建设保护控制区、南山及莲花山立交桥控制区、阳家岗公园、阳家岗和马鞍山低容量建设控制区组成。

7. 城市聚核

城市聚核是城市公共设施聚集区域，是现代化大都市城市景观的最重要体现区，是变化最丰富的城市空间区，是城市轮廓线的制高点。南坪中心区是重庆城市副中心的核心组成区，弹子石中心区是组团中心和重庆CBD的组成部分，对中心区的空间进行设计控制是城市可持续发展和增强城市公共服务辐射力的需要，是提升城市形象的重要手段。

根据《重庆市中央商务区规划》，未来的重庆市中央商务区将由位于金三角地带的江北城、解放碑和弹子石三部分共同组成，其中，江北城以商务功能为主，解放碑以商贸功能为主，弹子石以配套服务功能为主，三部分将形成文脉相连，功能互补，形象共生，活动呼应的整体，成为未来城市形象展示的重要窗口。

城市之核有2处：

7.1 南坪城市副中心

规划原则是大力拓展中心区的公共空间，优化城市功能。围绕已初步形成的南坪中心区，控制3处拓展区，拓展区分别为后堡、珊瑚和长江电工厂南坪车间改造控制区。中心区面积控制为1.06平方公里，通过步行系统将会展区、金融区、商务酒店区、商业服务及文化娱乐区、公共空间拓展区、商住公寓区有机连接。

7.2　弹子石组团中心

改造弹子石转盘周边区域，沿大佛段正街向北延伸至红星新区，建设高档次的中心区。

弹子石组团中心形态是"一线两点"，"一线"主要是一条传统老街——大佛段正街的改造，"两点"是弹子石转盘周边改造区和红星新中心区，其主要功能一是为弹子石组团提供公共服务，二是为重庆CBD提供配套服务和休闲娱乐。

8.　城市阳台

城市阳台就是利用滨江地带的陡岩、坡坎、山头形成面向长江、视域面宽敞的制高点平台，可以成为人们休闲活动及观赏江景和长江两岸城市建设风貌的场所，是观景的最佳公共开放空间。

城市阳台共有9个，分别是：融侨半岛城市阳台、骑龙脊城市阳台、重庆游乐园城市阳台、后堡城市阳台、玛瑙城市阳台、马鞍山城市阳台、阳家岗城市阳台、弹子石游园城市阳台、大佛段城市阳台。

9.　文脉传承

文脉传承是城市历史发展的积累和城市历史文化延续的重要组成部分，是城市可持续发展的重要条件和未来城市特色塑造的脉源。

（1）规划范围内及周边影响区域共有18处省级、市级及区级文物保护单位。对不同类型的文物应采用不同的手段保护和有效利用，充分发挥融入山水景观的历史遗址和文化资源的价值。突出文化资源中的开埠史实、抗战故事、宗教文化、名人文化、民俗文化。

（2）依法对现有市、区两级文物古迹进行严格保护，整治其周边环境，划定保护范围和建设控制区。

（3）对尚未定级的历史建筑应根据其历史价值、保存现状及其具体特点尽快提出保护措施。建议保护文物单位共有10处。

（4）在海棠溪至王家沱区域集中了大部分文物单位，是城市设计的重要控制区。

（5）对传统街区的保护应与城市的更新和发展相结合，重点保护慈云寺传统街区。对传统街区的保护应注重传统风貌和文化的保护。传统建筑的维修应遵循"整旧如故"的原则。传统街区与周边现代城市空间的协调应注重合理的空间和景观过渡。考虑对建筑的高度、体量、形式和色彩的控制，并保证传统街区与城市主要节点和路径之间的视觉通视关系。

10. 都市霓彩

都市霓彩是指对城市色彩进行规划控制，使城市整体保持特色化的色彩基调，从而塑造城市色彩特色。都市霓彩是体现城市形象的重要组成部分，体现城市的大印象、大效果。主要包括构筑之色、城市霓灯、绿被繁花、户外广告。

10.1　构筑之色

构筑之色以南山为绿色背景，重点突出"城中之山"的山体绿色，在公园绿地和环境绿化的绿色衬托下，城市建设的整体色彩通过建筑和构筑物的色彩体现协调的氛围。

（1）构筑之色控制的重点是滨江路内侧区域、"显山露水"的重点地段和城市之核的整体色彩。

（2）整体色彩为浅色调，由浅暖色、浅冷色、浅灰色、白色组成。

10.2　城市霓灯

城市霓灯是美化城市夜景的主要手段。

（1）应注重城市道路整体照明方式和灯具造型，特别是滨江路的霓灯设计。

（2）霓灯设计的重点是滨江路沿江立面、南坪中心区、弹子石中心区、高层建筑群、公共建筑群、广场、步行街、大桥、街道景观节点空间。

（3）霓灯应充分展现建筑轮廓和色彩在灯光下的良好视觉效果。

（4）应注重城市轮廓线的整体霓灯设计和南山轮廓在夜幕下浮现的霓灯设计。

10.3　绿被繁花

绿被繁花是美化城市，提供良好人居环境的重要手段。

（1）各类绿化环境以绿色为基调，以不同植物和花卉的色彩为主题。

（2）城市背景——南山的风景林应调整林相，以丰富森林色彩。

（3）注重对平屋顶的屋顶绿化、城市广场绿化、街道绿化和工程堡坎的垂直绿化。

10.4　户外广告

户外广告指在户外设置张贴的广告，包括利用街道、广场、机场、车站、码头等建筑物或空间设置的路牌、霓虹灯、电子显示屏、橱窗、灯箱、招贴、墙壁等广告。

（1）户外广告主要设置在市区级商业性公共设施的范围。包括商业服务类（商业、娱乐、服务业、小区级以上市场、旅游区等）和商业办公类（金融、旅馆、商务办公等）。

（2）户外广告是第二层次的轮廓线。其色彩、尺度应与所处环境协调，与所依附的构筑物协调。不应遮挡绿化环境和较好的构筑形象。应注重滨江路、门户区、中心区的广告设计。不得在滨江路上设特大型户外广告。

（3）同一地段相连的户外广告，应统一规格，整齐美观。

（4）户外广告应保持完整、美观，对残缺不亮的霓虹灯广告和脱色、破损、陈旧、过期、闲置的户外广告，应当及时维修、翻新或者拆除。

（5）不得在城市立交桥、人行天桥、交通安全设施、交通标志、城市树木、非商业区的电线杆和路灯杆上设置户外广告。

（6）不应在玻璃幕墙和建筑物外墙、窗户张贴或者喷涂广告。

（7）霓虹灯广告设计应兼顾白天的观赏效果。

（8）在公园绿地、生产防护绿地、风景区、水域、城市广场宜设置与环境协调的公益性户外广告。

作者简介

李勇强　　（1965–　），男，重庆市规划设计研究院副总工程师，正高级工程师。

专题五
社区与小城镇规划

小议城镇风貌及地方特色

李世煜

（收录于1987年8月重庆市规划局、重庆市规划设计研究院主编的《城市规划论文集》）

1. 风尚习俗和文化素养自然特征是城镇风貌富于地方特色的精髓

如果说大城市的市容市貌集中体现了一个国家的科学文化和物质生活水平，那么千姿百态的小城风貌和建筑风格更典型地反映出一个民族或一个地区的风尚习俗和文化素养。城镇的空间轮廓和它的环境地形有机地连接在一起，直观地勾勒出整个城镇的风貌。一个城镇特有的典故传说、名人古迹、轶事趣闻、土特产品及方言、服装等文化传统财富的汇总和积累，更能反映出一个城镇的特点和神韵。瞿塘峡口的白帝城俯江而立，三国时期刘先帝垂危托孤的传说（且不论证其真实性）使这宽不过数亩的庙宇和奉节县城名扬天下，海内外游客络绎不绝；相去不远的云阳县城滨临川江，吊脚木楼鳞次栉比，大诗人杜甫一曲"江月只去数尺，风灯照夜三更。沙头宿鸳联拳静，船尾跳鱼拨刺鸣"的千古绝唱便描绘出它的月夜美景。而那南岸迎风巍立的张飞祠更为这川东小城增添了忠贞质朴的色彩。每个城镇具有，也应该保持其独特的风貌和乡土气息，因为这里面包含着无形的精神功能和无穷的艺术魅力。优美独特的城镇风貌能给人以震撼心灵和永铭难忘之感，能激发人们依恋乡音、热爱故土的报国之情。一处历史遗迹，一个天然景观，一座著名建筑，一种名特产品都会使所在的城镇四海闻名，乃至成为它的标志和象征，足以令居民们自豪，令游人们神往。一提到忠县，人们首先想到的是那里的石堡寨。那依着石崖层层而上的塔楼被外国游客誉为东方"埃菲尔铁塔"，但它较之后者却更富于人情味。我们可以毫不夸张地说，一个城镇的独特风貌和民情风俗是其文化传统的重要组成部分，是这个城镇的居住者和全民族所共有的宝贵物质财富和精神财富。

2. 缺乏历史依托和文化素养的规划及设计必然使城镇风貌的地方特色遭到破坏

2.1 令人遗憾的是，在目前城镇规划和建筑设计工作中，普遍地存在着舍"小"求"大"、弃"土"迷"洋"的严重问题

一些地方的领导者、规划师和建筑师在旧城改造和扩建工作中，不是沿着历史的脉络和本民族的文化传统去探求如何保持和创新自己的风格特色，为生身故土换颜增辉，而是简单

地追求某些大城市的"港气"、"派头"，不仔细分析、考虑自己城镇的性质、功能、交通和地形地貌生态环境，而相互盲目模仿和照搬，一味推倒旧房，加宽道路，一时间各种洋楼广厦四处林立，其恶果是千城一个面，千房一张脸，似曾相识，彼此雷同，与环境极不协调。铜梁县城巴川镇，原是座小河蜿蜒的盆地城镇，现在一座座颇具特色的明代古桥也渐渐不见其踪。城中原来很有地方色彩的民居建筑已被不少大大小小的方盒子所代替。一幢小尺度的高楼在县城中心突兀而立，封闭式的层层外廊一律装上了贯穿式大玻窗，其房顶还赫然安装着一个数米见方的大电子钟。当一些人陶醉其"雄冠全国"的硕大之时，又何曾想到巴川镇的小城风貌已消失殆尽。

江北县城两路镇，近年来才开始发展。但人们所看到的，不是一座较有特色的小镇，而是各式形状、各种建筑材料的堆积和罗列。大街北边，一座六七层高的公共建筑立面正中高耸，左右对称降跌。人们无论远望近观，从外形到色彩都感到极似教堂，后经打听，才知是落成不久的邮电局。

类似的例子还有不少。相当多川东城镇都或多或少地存在着这样和那样不尽人意的问题。这种情况的发生，正如吴良镛教授所指出的既有一个工作作风和设计水准方面的问题，但更重要的是缺乏文化素养和艺术素质。

2.2 一些颇具文化艺术价值的古旧建筑没有得到应有的修缮和保护，遗留不多的文化古迹正在消失

由于政治、经济条件的背景不同，小城镇中历史上遗留下来的家族祠堂、商贾地主私家院落及庙宇道观等宗教建筑无论在平面布局、群体组合或是空间造型和装饰建造上都堪称佼佼者。尽管在政治思想上它们代表着反动统治阶级的骄奢没落，但都是劳动人民智慧和血汗的结晶，在构成城镇风貌上往往起着举足轻重的骨架作用，在地方史学上也有很高的参考价值。

长期以来，出于"左倾"思潮对文学艺术和知识分子的歧视，不少城镇医疗卫生、文化艺术部门的经费困难，用房紧张，建房无着，于是这些空间大、面积多的庙宇、祠堂便成为这些部门长期利用的对象。这些建筑由于没有得到应有的维修和保护，大多数已破旧不堪，这种状况实在令人痛心。

合川县合阳镇和长寿县城中的孔庙据说均建于明代。从现存十余米进深的大殿规模，就足以想象到当年香客如云的盛况。而如今，它们却分别"荣任"合川宾馆和县府招待所的厨房及餐厅；江津几江镇内的某族祠堂是一座七十余米进深的数重大院，是全镇为数不多的几处具有较高设计水平和建造技术水平的建筑群落之一。长期以来，它被当作县杂技团职工宿舍。瓦当残缺、通梁熏黑，男女老少拥挤不堪，居住条件十分恶劣。铜梁县巴川镇后心坡上的关帝庙是城内仅存的数处古迹之一，被某驻军长期占用；后为修建宿舍被动手拆除，由于县文物部门及

城乡建设部门不断呼吁请命，才免遭拆毁之灾。但事态制止时，已是片瓦全无，四壁皆空了。庆幸的是不少同志已开始意识到文物古迹保护的重要，上述情况已有了一定的改善。

3. 沿着历史的脉络和民族的文化传统去勇于继承、探求和创新

在科学技术及工业生产高度发展的当今世界，探求自己的民族风格和地方特色已是各国建筑界的主要思潮。在发达国家及一些发展中国家，人们不再仅仅满足于建筑平面布局合理，使用舒适方便等物质功能方面的需求；还进一步渴望和企求思想意境及心理反应等微妙的精神功能的最大满足。英国、荷兰、联邦德国等国一直很重视对有特色的地方小镇的保护和改建工作。古旧的建筑，用现代材料进行修缮和维护，在外形上尽可能保持其原有的风格；新修的建筑无论在体量、尺度、造型及外饰色彩等方面则尽量与毗邻的建筑协调统一。游客们流连其间，充分领略到其浓郁的乡土气息。在伦敦、阿姆斯特丹等国家首都，至今还每日进行着古老的皇家卫队换岗礼仪；在费城、多伦多、慕尼黑等城市的风景旅游区，还奔驰着中世纪的四轮马车或最原始的蒸汽机车。服务人员们一律身着古装，口操方言、让人们仿佛归溯到那遥远的年代。在香港郊外，几年前建成了一座旅游建筑群——宋城。街道两旁，是宋代的茶楼酒肆，身穿宋朝衣冠的售货员们热情地接待着前来观光的游客们。如果愿意，蓝眼金发的欧洲游客还可穿上长袖古装，参加次宋代婚姻大典呢。

近几年来，随着极左桎梏的打破，国内的旅游事业蓬勃地发展起来。猎涉异地风光的海外宾客和寻幽访古、探亲访故的华夏游子接踵而至。大批旅游建筑应运而生，大兴土木之风此起彼伏。天津已经建成了富有浓郁民族风格的南市街食品中心，古城西安和开封也有了修建旅游中心唐城和宋城的计划。但令人担忧的是，一些城镇的公共旅游建筑却粗制滥造，不伦不类。无论从建筑设计或从修造技术衡量都大有商榷的余地。更为严重的是破坏了城镇原有的独特风貌和乡土气息。不妨设想，如果当一位澳大利亚游客在四川某地见到博物馆竟是一座悉尼歌剧院式的建筑时，他会是何等的沮丧和惊诧；同样，如果一位来自山西的观光者所见到的大足县城风貌特色居然与同是石刻之乡的大同相差无几，他定会啼笑皆非。

一个城镇的规划设计，必须充分考虑其本有的风貌特色。生态环境、名花异草、地方材料、民情风俗、修造技术等因素都应予以兼顾，在尊重历史、保持历史的连续性的基础上大胆创新。

合川县钓鱼城，是一处史学价值和旅游价值都甚高的名胜古迹。但今天展现在旅游面前的，却是荒山野岭上的几处断垣，一片碎石，令人大失所望。它与县城合阳镇之间似乎没有更多的联系。如果我们在恢复和开发这一古迹的同时，结合合阳镇扩建规划；在城内挖掘与钓鱼城历史有关的素材，如当时的粮库、兵营乃至关押民族英烈们的监狱等，加以适当的修复甚至

艺术创造，在北温泉蒙哥伤亡处也相应建立碑文说明。这样，合阳镇的规划建设中即注入了有血有肉的历史内涵，其城镇风貌和建筑风格亦尽可能与这一主题相关联。钓鱼城也就不会是一个孤立的景观点。经过各个有机的景观序列，千里而来的游客们会在思想上和视觉上先得到暗示和准备，最后乘兴登上名震中外的岳家重地——古钓鱼城，达到了观光旅游的高潮，获得了感情上与感官上的最大满足。

说到创造，历来由于议论纷纭，似乎大有"伪造"、"杜拟"之嫌。须知艺术形象与历史事实间是一种较为积散的关系，并非字字不误、事事有根。众所周知福尔摩斯和堂·吉诃德都是世界名著中塑造的艺术形象，历史上并无此二人。但在伦敦和西班牙某乡村小镇，现在还有他们的故居。卧室里他们当年的"用具"。如纸、笔、刀、枪等似乎具有无穷的魔力，吸引着成千上万的各国游客。更有甚者，至今每日居然有大量书信寄给福尔摩斯。遭遇不幸的人们仍在向这位百余年前的大侦探不断求助。这里，人们并没有花费巨大的人力、物力去论证他们的真伪。大家所想到、看到和感到的，仅仅是名人轶事的巨大艺术魅力。而这种魅力，正来自文学素材的积累。在我们广袤的国土上，五千年来丰富的文学巨著和名家圣哲不可胜数，民间传说更是浩如烟海，这不正是我们可以凭借的最好素材吗？

一般说，在合理地组织过境交通的前提下，城镇小街气氛宜亲切雅致，使人流连忘返，自得其乐。既要注意视觉空间序列变化的节奏韵律感，又要讲究感情心理变化的起承转合，抑扬顿挫，以收柳暗花明之趣。川东地区位于丘陵地带，大部分城镇都襟江带水，或吊脚高盈数丈，令人叫绝；或小楼悬空欲飞，引人神往；或小塔亭亭玉青峦，阅尽南国风雨；或锦阁依依悄伏秀峰，喜抹巴东烟云……有刚有秀，风貌各异。且四川乃天府之国，物华天宝，人杰地灵，流传着大量的动人故事，散布着无数的文化遗迹。如何去凭借这悠久的历史渊源和宝贵的文化传统，用科学的建筑理论和先进的生产技术对这些素材进行整理、挖掘。在原有的基础上大胆构思想象，创造出既保留了地方特色，又更加丰富多彩而兼有新意的城镇风貌来是时代赋予我们历史使命。任何一个有责任感的规划师和建筑师，都应义不容辞地去尽力完成这一使命，在探求民族风格和地方特色的道路上有所贡献。

作者简介

李世煜　　（1947–　），男，原重庆市规划局副总工程师，正高级工程师。

有机结合善于引导
——对当前山地村镇规划若干问题的探讨

郭大忠

（发表于《规划师》，2004年第9期）

摘　要： 山地村镇规划应以方便生产、方便生活、优化人居环境、完善市政环卫设施为基本原则，以搭建一个周边农村农副产品、物质交流平台和服务中心为重点，规划中强化过渡和引导，做到新旧镇区的有机结合，使规划具有可操作性。

关键词： 村镇规划；结合；引导

1. 现实矛盾

通过对重庆辖区内的合川市、巴南区、长寿区、忠县、梁平县、秀山县的部分村镇规划的调研，笔者发现，当前的村镇规划与现行标准、生态环境保护、开发模式存在些矛盾，具体如下：

（1）与现行《村镇规划标准》的矛盾。现行的《村镇规划标准》（GB50188—93）是指导当前村镇规划的基本标准。在具体操作中，由于村镇分类标准与重庆山地村镇现实差别很大，很难统一，故而产生一系列问题。如在村镇的范围内具体执行的公建配套标准，绿地的安排等应参照何种标准执行，目前尚无相关规定；村镇的市政环卫设施，应按照何种标准进行配置较为恰当，目前亦无定论；关于垃圾处理设施和用地，究竟是几个镇乡联合起来处理好，还是各自为政处理好，目前尚无明确规定。在具体的用地标准中，由于现状基本上是种紧密的低矮建筑群，基本无绿地和公建配套，人均用地标准较低，规划的用地标准等级控制即便参照规范标准执行，也往往达不到改善人居环境的要求，加上专家评审意见也不统一，这些矛盾使村镇规划处于一种两难的境地。

（2）与生态环境保护的矛盾。西部地区多为山地，重庆市村镇大多处于山地之中，村镇用地紧张，绝大多数村镇就是沿公路建设起来的"层皮"，即以路为街，以街为市，功能混杂，布局分散。针对这种状况做出的规划或大拆大建，或另修新区，绝大多数强调的是建设山水园林新镇。规划建设人居环境优良的新村镇无可非议，但由于村镇财力物力有限，根本无法大拆大建，结果导致规划实施效果不佳，出现"东边日出西边雨，老区照旧新区冷，山水园林不见影"

的现象。部分用地条件较好的村镇，为了增加税收，为了脱贫致富，往往要求规划工业园区，甚至不计后果地引进污染严重企业，不仅造成环境污染，破坏了生态环境，还贻害了子孙后代。

（3）与开发模式的矛盾。村镇规划包括近期规划和远期规划，其开发模式决定其规划模式。由于部分村镇规划急于出成绩，往往在开发模式上采用建条街，修排门面的简单做法，加上部分镇（乡）领导往往仅关心尽快建房，对于如何建，以及是否符合可持续发展要求则不够重视，结果将最好的地段廉价交给开发商建设，破坏了整个规划的实施。

这些矛盾的存在，有着各种各样的理由，笔者研究这些矛盾，不是要指责村镇规划的是非功过，更不是评价规划标准的不足，而是要通过研究这些矛盾找求规划思路上的不足，以引导今后的规划更多地关注规划对象的生活习惯和生活水平，关心当地的风俗民情，并从当地的财力、物力出发，逐步完善市政环卫设施，改善和优化人居环境。

2. 强化过渡，新旧镇区有机结合

仇保兴副部长指出，"规划的本质是以人类的理性安排克服市场的失败"。[1]这种"理性安排"，就是要合理，要有可操作性。村镇的建设发展"在过去基本上是种自然的自发的过程"，是个长期积淀的过程，现在"进入了自觉阶段"[2]。这种自觉阶段就是要创造一种更舒适、更完善、更具有经济活力的生产方式和居住环境，这种创造是不可能一蹴而就的。由于当前村镇建设条件有限，既不可能大拆大建，又不可能完全建好一个新区来进行搬迁（库区移民搬迁是种特殊情况），因此，只能是一个逐步完成的过程。规划中的强化过渡，就是强调与当前的生活习惯及生产方式相适应，强调人居环境的优化与当前经济发展水平相适应。笔者结合重庆村镇规划成功的例子，推荐一种规划模式（图1）。

对于村的规划，强化过渡基本上就是沿道路侧进行规划，相对集中紧凑发展，如已建好的合川市思居新村（图2）。对于镇的规划，强化过渡就是强调新旧镇区有机结合，首先改造过境道路（绝大部分可列入国家投资改建项目），然后沿道路两侧结合旧镇区进行布置，使旧镇区主要功能逐步过渡到中心区，再沿中心区逐步扩大到新镇区；设置过渡区接纳部分旧镇区的功能，使部分

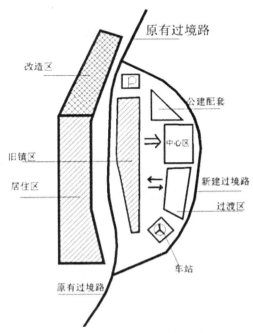

图1 村镇规划中有机结合模式

图2　合川市思居新村

图3　合川市云岗镇新区

旧镇区过渡为居住小区（或经过改造后基本保持旧镇区原有风貌），原有旧镇区的商贸等功能逐步过渡到新旧镇区之间。在整个过渡过程中，完善公建配套和市政环卫设施，最终达到优化人居环境，实现可持续发展的目的。在这方面有众多成功的例子，如桂林阳朔西街规划、合川市云岗镇规划等（图3）。

强化过渡，也是缓和现行标准和规范与规划矛盾的措施之一，通过过渡，逐步改善原有旧镇区，使新旧镇区有机结合，最终达到合乎未来村镇建设标准的用地安排。

3. 善于引导，方便生产，方便生活

村镇规划面对的是当前我国最大的弱势群体，是迈进小康社会队伍中的队尾人群。他们急于脱贫致富，追求"吹糠见米"效果的心情自然反映在其行为和计划中，甚至出现一些不计后果、不顾危险的非正常行为也是可以理解的。因此，循循善诱，讲清道理，分析利弊，扬长避短是村镇规划的一个重要任务。要做好村镇规划，就要善于引导，做到方便生产，方便生活，使规划在执行之初就明显地让居民感到放心，增强居民对规划的信心，并最终使规划成为沟通现状和未来的桥梁。

（1）引导之一——做好区位和功能定位分析。因地制宜，实事求是地确定性质和规模，根据自己的经济发展水平、辐射范围来搭建镇区（乡场）和中心村的贸易交流平台及服务体系。

（2）引导之二——严格控制未来中心区的用地。土地资源是未来村镇发展的最大资源，规划的镇区（乡场）中心区用地更是具有巨大发展潜力的增长极。要将从严控制与结合公益性设施相结合进行建设。

（3）引导之三——预留交通发展用地。绝大多数山地村镇交通不便，仅靠一条公路进出是常有的事，城镇化的发展必然要带来机动化，可以设想，10年后家家有小型农用车或其他机动车是一件很正常的事。村镇之间公共交通的开通已渐显生机，但这些都需要大量的交通设施用地。如果不预留交通设施用地，到时必然要靠大拆大建来满足交通需求，这显然不利。目前的

村镇规划要引导人们重视这件事。

（4）引导之四——明确市政环卫设施的配置并控制其用地。目前的山地村镇尚无财力进行市政环卫设施的配套建设，但并不等于其永远不做配套建设，加上市政环卫设施建设很难选择用地进行布置，大家都在使用这些设施，但又不愿意这些设施靠近自己的用地，为此，要在规划中明确进行配置并控制用地。

（5）引导之五——对村镇中的弱势群体进行保护。目前我国山地农村中的生产方式正在发生一些变化，大多数青壮年外出打工，家中剩下的多是老人、小孩和残疾人员，尤其是老人，行动不便，一遇生病如同遭遇一场灾难，以前传统的靠四邻帮助共渡难关的局面，也因四周无人而变得很困难。规划要充分考虑这些情况，通过适当设置福利院、服务站等对控制用地进行安排，同时解决一部分就业岗位。

（6）引导之六——重视对精神文明建设用地的安排。目前的山地村镇，文化娱乐基本上是打麻将和看电视，在市场经济浪潮的冲击下，传统的文化阵地已基本丧失殆尽，长此以往，将会在村镇中滋生很多不安全因素。山地村镇规划应注重对精神文明建设用地的安排，并针对政府一时拿不出钱建设精神文明设施的状况，可采用集资的办法（或者采用股份制的办法）筹集资金进行精神文明设施的修建，以丰富居民精神文化生活，如适当控制修建居民小游园，建立综合性文化站等。

4. 规划融于自然，人与自然和谐共存

重庆山地村镇规划，是在一种处于山水之间和大片农田之内的规划，具有"将村镇建设融于自然山水中"的实施条件。

山地村镇规划要强化过渡就是要将布局、体量、风貌更好地融于自然，保持和发展以往的优良传统，克服存在的弊病，最大限度地保证人与自然和谐共存。

就古镇的保护而言，除去古镇自身建筑的特点和历史文化遗存外，古镇最大的特点是与自然和谐共存，这正是村镇规划的灵魂。人与自然的和谐共存是指在规划中贯彻的一种指导思想，在具体规划实施过程中还要进一步细化，这是在长期建设过程中需要贯彻的一个基本原则。

在重庆有大量的历史文化古镇、历史文化名镇数百年来默默屹立在山水之间。研究这些古镇的存在和发展的条件，可以发现一个共同的特点，就是这些村镇在方便生产、方便生活的同时，都做到了与自然和谐共存。今天的村镇规划千万不要为了增加税收而大量地建设工业园地，不计后果地引进污染企业，因为村镇目前还不具备防治污染的财力和技术。经济的发展可以通过调整产业结构，做好农副产品深加工来逐步解决；也可以通过环境整治，开展特色旅游来增加收入。如果急于求成，将"欲速则不达"。

5. 结语

　　"村镇规划不仅仅是物质形体规划，更重要的是与经济社会，文化有关的综合规划"[3]，山地村镇，多是沿河靠山而建，用地有限，交通组织困难，要做好村镇规划需要规划师们不断总结，不断提高。

　　村镇规划解决技术层面上的问题已有众多论述和成功的做法，笔者认为，今后山地村镇规划更主要的是要解决对这一特定群落的生存方式的认识问题，即便在全面步入小康社会后，村镇地区的生产和生活仍然主要围绕周边农业及农副产品加工服务而存在，因此规划要因地制宜，注重实效，要将村镇规划为规模适度，环境优美，功能基本完善，具有文化传统和地方特色的、一定农村地域的经济文化和服务中心。村镇规划应融合地方自然和文化特色，乡镇企业应合并到大中城市去进一步提升，以使村镇的生态环境通过规划步入良性循环轨道。村镇在融入自然之后将成为大中城市居民来此休闲度假和参加劳动锻炼的好地方。

　　要实现这一目标，村镇规划应强化过渡，注重结合，做好引导，让村镇规划在指导建设中发挥更大作用。

参考文献

　　[1] 仇保兴. 按照五个统筹的要求，强化城镇体系规划的地位和作用 [J]. 城市规划通讯，2004年特刊.

　　[2] 陆卫坚，牛建农. 阳朔西街保护性整治工程的启示 [J]. 规划师，2000（5）.

　　[3] 张敏. 灾后重建谈欠发达地区小城镇规划问题 [J]. 城市规划，1999（3）.

作者简介

　　郭大忠　　（1946– ），男，原重庆市规划设计研究院副总工程师，正高级工程师，注册城市规划师。

探索促进社区关系的居住小区模式

蒲蔚然　刘　骏

（发表于《城市规划汇刊》，1997年第2期）

摘　要： 文章从社会学的角度分析了形成小区良好社区关系的社会条件，提出以小区中心公共空间促进社区关系，以院落方式密切邻里关系的观点。现代化的生活条件拉近了人们的时空距离，电讯网络系统把整个世界连成了一个家；现代化的生活方式又疏远了人们的距离，高速度快节奏的现代生活方式使得近在咫尺的邻人变得陌路天涯。当人们环顾一下自己装修豪华的家居，再放眼窗外密密麻麻的铁门铁窗时，人们不禁要自问：我们的居住空间究竟怎么了？

关键词： 社区关系；居住小区；公共空间

1. 当前居住区建设中存在的问题

当人们的居住条件得到了基本的满足以后，人们对居住的环境必然会提出更高的安全、社交的需求，人们不但需要温暖舒适的家，同样需要社区的安全保障，需要和左邻右舍互相往来、互通有无。然而，在一些新建的居住小区尤其是商品房开发当中，由于人们把更多的注意力放到了住宅的物质属性上而忽略了住户安全的需求、社交的需求，使当前的居住小区暴露出了许多的问题，集中表现在以下两个方面：

1.1　居住区内部犯罪率上升

根据资料表明：近年来，入室盗窃案已占全部盗窃案件的60%以上，而发生在城市新建住宅楼中的入室盗窃案件更为突出，居住区犯罪率上升成为影响社会安定的一个越来越突出的因素。

1.2　居住区内部，人际交往几近于零。尤其是在一些商品房开发小区，即使是一幢楼，一个单元内居住的人们，相互之间除了收取水电杂费之外毫无社交可言

要解决上述两方面的问题，在居住小区的规划当中，不单要注重小区的合理布局、功能分区，同时也要积极地创造出社区的互助与监视空间，以及吸引居民交往的社区活动空间，从而达到抑制居住区犯罪，促进社区人际关系密切的作用，而要做以这些，首先必须要对社区及其

相关的概念有所了解。

2. 社会心理学对于社区及邻里关系的研究

社会心理学认为，作为构成社区的基本要素，主要包括地域、人口、文化制度和生活方式、地缘感四个部分，也就是说，社区是一定的人口依据一定的文化制度和生活方式建立在某一空间的共同体，社会学家英克尔斯指出，社区的存在是：①一些住户比较集中地住在一定界限的区域中；②这些居住者表现出坚固的相互作用；③具有不仅基于血缘纽带的共同成员感、共同隶属感。他还进一步提出："社区的本质是群体的共同结合感。"而这种共同结合感的基础无疑是基于地缘、业缘或共同文化特质而产生的共同成员感、共同归属感。同一区域的人们在长期的共同生活中，在同一的行为规范、文化传统和生活方式里形成共同意识，它是维系社区成员关系的强大精神凝聚力。

一个居住小区，可以看作是一个社区，要强化社区内住户的社区关系，关键在于强化社区的共同结合感，也就是在小区的地缘关系上缔结的共同成员感、共同归属感，并以此作为维系小区社会关系的精神纽带。

社会学上的邻里概念有别于C·A·佩里提出的邻里单位。邻里概念是以地缘关系为基础而形成的友好往来，守望相助的共同体，例如房前屋后、左邻右舍的三家五户、十户八户、一个小村落、一条街或胡同等，社会学家通过研究发现，一个刚刚建立起来的大型群体，在经过一段时间之后，必然会形成若干个由关系较密切的成员组成的小群体，并出现在社会行为当中，这一较之其他小群体成员更为紧密的关系，即邻里关系，它是一种较社区关系更密切的社会关系，从社会学的角度讲，它具有五种功能：①生产互助功能；②生活相互辅助功能；③社会化的功能；④思想和感情交流的功能；⑤社会控制功能。这五种功能对于促进社会的稳定、融洽与发展有着极为重要的作用，《城市设计》一书指出："城市未来长期的形体环境也可取决于好的邻里，因为只有当人们对他们所处的地区感到满足，才能毫无牵挂地转而关注影响较大范围的社会事物。"因而，处理好居住小区规划中的邻里关系，是维护社区内安全、保障社会稳定的重要手段。

可见，一个居住小区从整体上看，它构成了一个社区，生活在这个小区中的所有住户基于地缘关系缔结的共同成员感，决定了这一整体当中社区关系的疏密好坏。在小区这一社区整体下面，又由多个邻里构成的小群体组成，每一个邻里中的成员保持着一种较之其他邻里小群体成员更密切的关系。良好的社区关系使整个小区内的人们以接近的生活方式维护共同的行为规范，从而进一步增进人们的共同成员感，强化人们的社区认同；和谐的邻里关系使人们的日常生活得到帮助，使住宅的安全得到保障。因此，在居住小区规划当中应当有意识地强化社区关系和邻里关系，达到抑制犯罪，促进人际交往的作用。

3. 运用社会心理学研究成果指导居住小区规划

3.1 创造富于吸引力的公共空间，促进小区社区关系

从上面社会心理学的分析可以看出，地缘感是社区当中共同成员结合感产生的基础。城市规划工作者在居住小区的规划当中，要促进社区关系，必须着眼于强化社区当中的地缘感，创造出能吸引公众的公共空间。借助于公共空间这一媒介，将居民的休闲、娱乐、日常出行予以综合考虑，使居民在共同的日常行为中达到交往的目的，进一步巩固社区中的地缘关系。

一个富于吸引力的公共空间，必须具备下列特征：

（1）适当的服务半径

公共空间的服务半径不宜过大。对于一个小区来说，应当保证小区中的大多数住户能够便捷地到达。住户从家中步行抵达时间不应超过5分钟，即服务半径在300m左右。通常说来，居民使用某一公共空间的频率与其距离公共中心的距离远近成反比，服务半径过大，自然会降低居民的出行频率，不利于强化整个小区的社区关系。

（2）优美开阔的空间环境

环境的优美与否对于居民的吸引力的影响是不言而喻的，只有环境优美、尺度宜人的外部空间才会对居民产生较强的吸引力，因此，优美开阔的环境是创造吸引人的空间的基础。

（3）使用上的多重性

人的交往总是要借助于一定的行为媒介的，例如国外的鸡尾酒会是上层社会人士交往的一种行为媒介，一些商贸洽谈也是通过进餐、饮茶、卡拉OK这样的行为媒介达到相互沟通的目的。从社会交往的意义上讲，喝鸡尾酒、进餐、卡拉OK传达的不只是它本身的意义，而是作为一种沟通的手段来加以运用。很难设想不借助某种交往媒介而能达到交往的目的。因此，强调公共空间使用及功能上的多重性，即是强调通过该空间创造出多重的交往媒介，以满足各种不同类型的居民交往的需要。这是一般小区中心绿地规划设计中常疏忽的一点。在此空间中发生的行为仅仅是坐坐、看看、玩玩，可能只有部分老人因遛鸟、儿童因共同玩耍而达到交往，对于大多数居民而言，小区中心绿地只是一处休息的场所，而不是交往的场所，对于促进小区的社区关系其作用是微乎其微的。

公共空间在设计上应充分创造适应不同类型居民交往使用的行为空间。例如，对于一个家庭主妇，她一天的日常行为可能是送孩子去幼儿园、上班、下班、买菜、接孩子、打羽毛球、散步、打扑克，上述的行为均可能成为她社交中的一个交往媒介。如果在公共空间中设置了羽毛球场，她可能就结识了小区中的一批球友，设置几张牌桌，她又可能结识一帮牌友。公共空间的设计结合了小区公建、幼儿园等，她则可能在购物、接孩子的过程中认识小区内更多的人，从而产生交往，达到促进社区成员间的地缘感的作用。以公共空间为媒介，强化整个小区

的社区关系。

（4）居中的位置，居民日常出行的交叉点

基于公共空间的作用在于通过借助居民的日常行为而促进交往，因此，公共空间的位置应设于小区较居中的位置，并且应当是居民日常出行的交叉部分，这样的位置便于创造出更多的接触机会，增大交往的密度与频率。

3.2　处理好邻里空间，建立良好的邻里关系

如果说公共空间是强化整个小区内社区关系的一种空间媒介，那么邻里空间则是建立在一个更小的一两幢楼，百十来户人家范围内的更深一层的，以强化邻里关系为目的的空间媒介。文章前面的分析中已经讲到，邻里关系具有包括社会控制在内的五种社会功能，强化邻里关系，对于维护小区的日常秩序，抑制居住区内部犯罪有着积极的作用，城市规划工作者在小区规划当中应努力规划好这一重要的社会空间以创造居住区内部良好的社会效益。

（1）邻里的规模

社会学家通过调查发现，人的交往过程中300人左右是构成一个交往小群体的上限，从社交的意义上讲，在一个大的群体当中，会细分为若干个少于300人的小群体，而在超过这一上限后，交往的亲密度有所降低。在一个工厂里，往往一个车间的人构成一个较为密切的群体，一所大学里，一个系构成一个较密切的群体，如果一个系人数较多，则又会细分为以年级为单位的密切小群体。总之，在这一范围之内，人们会保持一种较之其他小群体更为紧密的关系。

一个多达几千乃至上万人的小区内，在创造一个良好和谐的社区关系的同时，还应当注重在这个大群体下创造更深一层的邻里关系，根据上面的分析，邻里的规模以不超过300人为宜，如以每户3.5人计算，则每个邻里规模应在90户以内。

由于这一概念的提出，传统规划理论上"居住区—小区—组团"的三级划分模式，则以更换为"居住区—小区—组团—邻里"或"居住区—小区—邻里"这样的划分模式对促进居住区内的社区关系更为有利（图1）。

（2）促进邻里关系的空间形式——院落

格式塔心理学的闭锁原则认为：闭合的线条较开启的线条易被人接受。因为图形信息最多的部分是封闭的角和锐曲线，它比平铺笔直的线条包含着更多、更复杂的信息内容。同

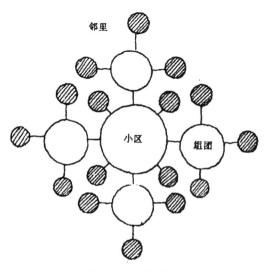

图1　小区结构模式

样，不同的住宅布置以及外部空间形式所造就的不同的知觉属性对居民产生的视觉及心理刺激效应也有所不同。通过对胡同及大杂院等外部空间与当今某些缺乏围合感的单元楼的比较，人们不难发现，在胡同及大杂院这样的封闭性空间里，居民有着更强的归属感和认同感。从这样一种认识出发，我们推崇一种较为封闭的外部空间形式——院落，从总体上讲公共空间是促进整个小区社区关系的空间媒介，那么院落自然就是创造良好的邻里关系的场所，即前面所说的邻里空间。

4. 小区规划实例分析

在厦门市金尚小区的规划竞赛当中，对于上述理论进行了一番实践上的探索。

金尚居住小区位于厦门岛东北部，北距离崎国际机场4km，西邻金尚路，东至湖边水库、南接吕岭路、北望仙岳路。总用地面积约34hm^2，其中一期工程占地约22.6hm^2，二期工程占地约11.4hm^2，为一个小区规模。

竞赛目的在于探索一个居住小区建设的新模式。近年来，厦门市在居住区的规划建设方面取得了巨大成就，不论是住宅的单体设计还是居住区的规划设计，无疑都已走在国家居住区建设的前列。然而，随着社会的进步，人们对居住环境提出了更高要求，同时从已建成的一些居住小区当中也暴露了一些问题，主要是缺乏人际交往空间，小区中心缺乏吸引力，缺少社区监视系统等。

金尚居住小区的建设处于世纪交替之际，为了充分体现居住区规划的超前意识和创新意识，对下一世纪的居住区建设模式做出新的尝试，金尚居住小区的规划目标确定为：

（1）环境高质量；

（2）强化居民的社区认同感，促进小区内的社区关系和邻里关系；

（3）满足未来城市居民生活方式多样化。

在确定了规划目标以后，又对厦门经济特区居住人口的特点进行了分析。厦门市的居住人口具有外来人员多，人口年龄低，生活节奏快的特点。要建立社区居民的"向心"意识，增强社区居民的人际交往，改善居民关系，必须针对特区居民的日常行为方式，建立一个将休闲、娱乐、日常出行活动予以综合考虑的小区中心公共空间，通过加大其中自发性活动（如散步、玩耍、体育锻炼）的频度，达到促成社会性活动——交往的目的。此外，在居民楼栋之间，要创造良好的邻里单元空间，提供多层次、多样化选择的可能性，满足不同年龄、职业和不同层次居住者对居住环境的多种要求，从而达到促进人际交往的目的。

为此，在金尚小区的规划中，提出了创造以蝶形辐射广场作为小区公共空间的方案（图2）。

在传统的小区规划当中，小区的公建配套设施大都采用一条街模式。这种线型发展的空间，只赋予街道以单纯的购物意义，并且往往会带来交通的混杂和交通流线的混乱；传统的小区中心绿地一般也只有供居民游憩的单纯意义，在生活节奏较快的特区居住区内，这种单一的休闲空间缺乏吸引力，难于得到充分利用，相应地减少了人们接触与交往的机会。蝶形辐射中心广场突破了传统方式，将小区的公建与中心绿地、必要性活动与自发性活有机地结合在一起，从而创造出吸引人的公共空间，通过提高绿地利用率，进而达到增加居民接触机会，促进社区关系的作用。

中心广场底部是集中停车场及公交换乘中心，二层是购物步行街及邮电、银行、工商、税务等小区公建。人们的日常出行等必要性活动在这里得到集中解决。蝶形广场的两条长的"触角"是抵达小区内两个大组团的两条步行街，屋顶步道便于各组团居民直接抵达中心区。两条"触角"围合而成的中心绿地，是购物平台的外部延续，人们在购物及日常出行之余，自然进

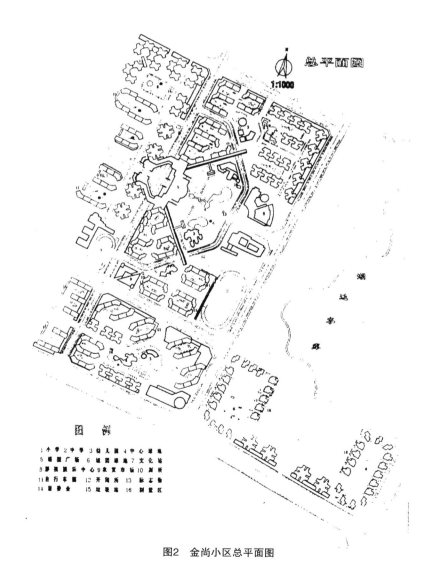

图2　金尚小区总平面图

入中心绿地休息、观景或打羽毛球、篮球，老人们可以在这里下棋、打牌，再由此而进入影剧院、娱乐中心、青少年活动中心、文化站等，从而引发出自发性活动。这样，中心绿地依托小区中心公建，通过必要性活动的产生而"激活"中心绿地，使之成为人们乐于前往消闲娱乐的自发性活动场所，而中心公建又因为这一吸引居民场所的存在而提高了其使用率，两者相辅相成，使得蝶形辐射中心广场这一形式成为小区中促进社区关系的公共空间。

为了促进金尚小区当中的邻里关系，住宅布置上吸收了传统院落空间的一些特点，将传统院落的向心性移植到规划当中，各个邻里单元以不同的组合方式，以两幢或两幢以上住宅楼相对布置，单元出入口朝向同一个院落，使宅前空间相对独立。结合绿地布置，形成富于吸引力的邻里单元空间，院落当中只设一个出入口，对外封闭，因而具有相对的私密性和独立性。住宅单元入口面对面的布置，居民进出相互看得见，有利于促进居民的交往。针对不同的活动对象，院落进行了适当的划分，设置了供老人、成人、儿童等不同年龄段人使用的空间，提供了居民使用的多种选择。院落当中儿童可以自在地玩耍，老人可以一边弈棋，一边拉家常，同时注意院落入口。一旦有陌生人进入院落，可以引起大家的注意。大人们在照看儿童的时候，拉拉家常，从而达到增进交流的目的，因此，院落起到了加强邻里关系？和安全警觉的作用（图3）。

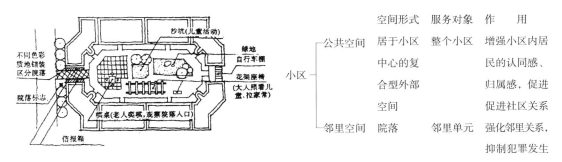

图3 邻里单元庭院空间设计

参考文献

［1］ 朱超英，曹盂勤. 社会学原理［M］. 警官教育出版社，1991.

［2］ 时蓉华. 社会心理学［M］. 上海人民出版社，1986.

［3］ 白德懋. 居住区规划与环境设计［M］. 中国建筑工业出版社，1993.

［4］ ［丹麦］杨·盖尔. 交往与空间［M］. 何人可译. 中国建筑工业出版社，1992.

作者简介

蒲蔚然　　（1969– ），硕士，原重庆市规划设计研究院副总工程师，高级工程师。

刘　骏　　（1967– ），硕士，重庆大学建筑城规学院景观系主任，副教授。

基于人口老龄化趋势的居住区规划设计研究
——重庆市渝北区新牌坊地区居住区调研

黄文婷　　魏皓严

（发表于《城市发展研究》，2009年第7期）

摘　要： 通过问卷调查、访谈和实地考察的方式，对重庆新牌坊地区的居住区现状和老年人的居住期望作了调查。初步分析了新牌坊地区居住区规划建设和人口老龄化之间的矛盾，并从老年人的生理、心理特征和需求入手进行分析讨论，为改善城市居住区的规划建设提出了相关建议。对于应对人口老龄化发展趋势下的未来城市居住区规划建设有一定借鉴作用。

关键词： 居住区；人口老龄化；规划设计

1. 引言

目前，全世界60岁以上老年人口总数已达6亿，有60多个国家的老年人口达到或超过人口总数的10%，根据国际惯例，这就意味着这些国家已经进入了人口老龄化社会的行列。根据联合国在第二届老年大会上发布的数据显示，到2025年，中国老年人口将占总人口的20%，到2050年，甚至可能达到40%。欧美发达国家，由于社会经济发展的领先，以美、英、法、德几国为代表的国家，更是早在19世纪末期就已面临人口老化的社会问题。这些国家由于经济条件较好，在针对老年人的居住区的规划建设上进行了大量的探索和实践。如早在1969年，英国住房建设部和地方政府就首次明令规定了老年居住建筑的分类标准；1990年春联邦德国卫生部和城建部共同倡议兴建供几代人共同居住的住房，并为此举办了献计竞赛活动；法国针对老年人提供了建于居住区内的居住福利设施，主要有收容所、老年公寓、护理院和中长期老年医院四类；美国80年代开始则进行了以老年住宅供应为主的老年社区的开发，出现了所谓"太阳系"的社区空间结构，把老年住宅、餐馆、商店、娱乐中心和医疗保健机构连接成一个整体。[1] 相比之下，我国由于经济水平相对较低，对老龄化的严峻形势估计不足等原因导致居住区规划建设中针对老年人的配套设施、社区服务还十分缺乏，养老机构的服务水平也相对较低，更有甚者，近来，国内媒体还频频曝出某些社会福利机构不能善待老人的事件。

据统计，截至2008年年底，重庆市共有60岁以上老年人465万人。这一数据在四大直辖市中高居首位。比较上海，该市民政局发布的《2008年上海市老年人口和老龄事业监测统计信息》显示其老年人数刚突破300万人。北京市老年人数224万人，天津老年人数仅156万人。与上海、北京、天津相比，这几个城市虽然进入老龄化社会更早，但其经济总量较高，重庆却经济底子薄弱。[2]而且据人口专家预测，到2036年，重庆60岁以上的老年人口将达到1084万人，占总人口的25%以上。[3]发达国家社会进入老龄化时，人均GDP一般在5000美元以上，而相比之下，2004年重庆市人均GDP才首次超过了1000美元，负"老"而行，已成重庆市一大社会问题，并据新闻调查，"421"模式的家庭也正越来越多。[2]而对于老年人而言，居家生活以及在居住区内进行户外活动将占据其日常生活的绝对比例。因此，这对迅速进入老龄化社会的重庆市，在经济条件还较薄弱，社会福利尚不发达的条件下，如何将老年人赖以生存的主要空间——居住区的规划和建设搞好，以使其更好地适应老年人的心理和生理需求提出了新的要求。

2. 调查范围和方法

本次调查的范围是位于重庆市渝北区新牌坊地区的居住小区和住宅楼集中区域（图1），面积约13.42公顷，该区域内有居住单位10家，其中主要包括北城绿景、天一桂湖、碧云花园、松园小筑、富渝大厦等居住小区。该区域的居住小区和住宅楼均为近年来所建，档次偏中，从一定程度上反映了重庆市现在的居住区规划与建设情况，同时经过几年来各项配套建设、服务的完善，已经逐渐形成了相对比较成熟的居住区域，因此对该区域的调查及所得的分析结果具有一定的代表性。

本次调查采取问卷调查与实地访谈相结合的方式，调查时间为2009年2~3月，作者制作了《社区老年人性化规划建设现状及老年人居住需求调查》问卷在该区域进行发放。问卷主要围绕调查样本个人信息、被调查者的居住现状、被调查者居住需求3个方面进行设计。共发放问卷50份，回收50份，其中有效问卷47份，问卷回收率为100%，回收问卷有效率为94%。从表1可以看出，调研抽样的性别比例均衡，年龄结构合理，从职业和学历分布来看样本具有一定的普遍性和代表性，可分析价值高。

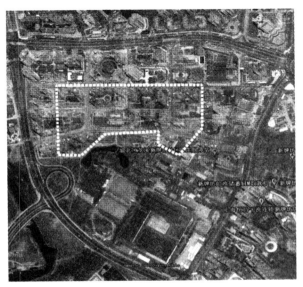

图1 调查范围示意图

表1 被调查者基本信息

项　　目	具体情况	
性　　别	男：46.8%；	女：53.2%
年　　龄	40岁以下：23.4%； 61~70岁：23.4%；	41~60岁：42.6%； 70岁以上：10.6%
职　　业	企事业职员：21.3%； 工人：23.4%；	离退休人员：38.3%； 其他：17.0%
学　　历	初中及以下：38.3%； 大专、本科及以上：36.2%	高中、中专及职高：25.5%；

3. 调查结果分析

3.1 居住区规划建设现状

3.1.1 老年配套设施较缺乏，已有设施在满足老年人的使用需求方面效果一般

问卷的老年配套设施现状调查部分主要包含了老年活动场所、专为老年人设计的住宅户型、专为老年人服务的公共设施、医疗保健设施、无障碍设施（如无障碍通道、联系住宅、公共绿地畅通平缓的道路）、智能设施（如报警求助系统），以及专业的社区养老队伍（如定期帮助老年人检查身体等）。根据调查结果（图2），该区域的大多数居住小区都有老年适用住宅户型，且无障碍设施建设情况相对较好，分别占总调查人数55%和70%以上；老年专用医疗保健设施、老年活动场所和智能设施总体处于中等偏下水平，占被调查人数的40%左右；老年专用公共设施和专业的社区养老队伍建设则较差，均在30%以下。因此针对老年人的公共设施及专业的社区养老队伍是未来居住区建设应重点加强的部分。

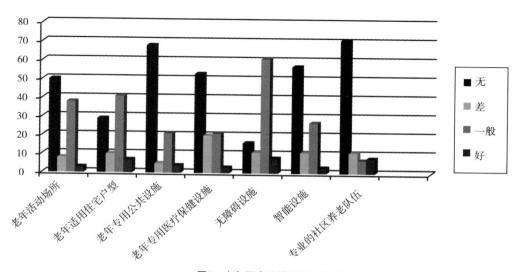

图2 老年配套设施调查结果示意图

3.1.2 针对老年人的人性化户外环境设计缺乏

（1）小区内部交通系统存在安全隐患、活动休憩空间及设施不足。

通过问卷统计和现场访谈可知（图3），多数居住小区户外步行场地及通道的地面铺装选择不够合理，防滑措施不力。有27.7%的被调查者认为他们所在的居住小区道路无专门的防滑措施，25.5%的被调查者认为防滑措施情况较差，对老年人出行造成了安全隐患，共有19.1%的被调查者认为所在居住小区没有足够的停放车辆的场所，因此，存在车辆占用了活动场地及步行空间，导致老年人行走不安全、不便捷等问题；此外活动休憩空间及设施存在不足问题。40.4%的被调查人所在的居住小区休息的空间和座椅、户外健身器材等设施不够，导致部分老年人在闲暇时间到小区活动时找不到适宜的休息空间，无处就座。

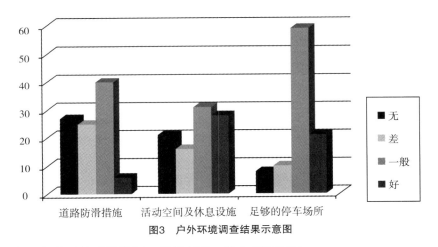

图3 户外环境调查结果示意图

（2）居住区绿化环境质量较好，但仍有进一步改善的空间。

根据问卷结果统计（图4），89.3%的被调查人所居住的小区都有离家近的小游园，方便锻炼和休息，这主要是得益于该区域规划预留了一片公共绿地，并建成了一处社区公园；89.4%的被调查人所居住的小区都有小区内部绿地，但是作者根据现场访谈了解到，一些被调查人认为小区的绿地存在着面积小、分布不合理、植物种类少的情况，且绿地的景观设计风格单一，水体水质较差。居住区的绿地及小游园正是老年人户外休闲活动主要的去处，因此绿化环境有待提高与完善，进一步满足老年人的需求，为其提供更好的户外休闲空间。

（3）环境识别性建设较差。

问卷主要从道路转折处及终点的标识物、灯光系统的配置和各种标识牌（如警示性）几个方面对新牌坊地区的居住小区环境识别性建设进行了调查，有30%~40%左右的被调查者所居住的小区基本无专门的环境识别性建设，认为建设较好的只占8%~13%左右。通过访谈了解到，主要有灯光系统配置不合理，道路转折处以及终点的标识物不存在或不明显，标识牌不清晰等问题（图5）。

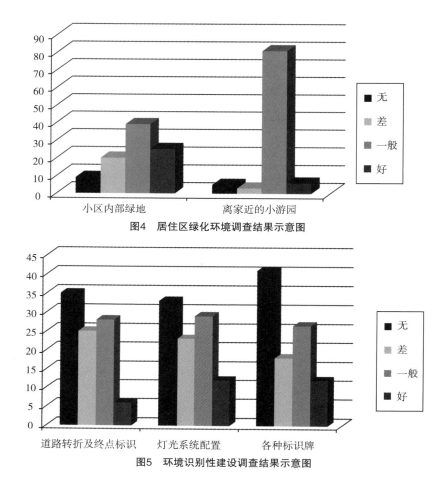

图4 居住区绿化环境调查结果示意图

图5 环境识别性建设调查结果示意图

3.1.3 养老服务需进一步优化

新牌坊地区目前配有桂湖老年公寓一所，但通过调查显示有89.4%的被调查者均认为该老年公寓设施较好，可满足老年人基本养老需求，但同时87.2%的被调查者都认为价位较高，多数普通家庭无法承担，未体现其社会福利的性质，此外，医疗服务较差，未能满足入住老年人的医疗保健服务这一主要需求。

3.2 老年人居住需求概况

3.2.1 加强设施建设和集体活动的组织

老年人因为社会角色和生活重心的转变，离开了集体，有了大量的闲暇时间，往往比常人更容易产生孤寂、失落感，往往有强烈的归属需求和交往需求，因此增加与人交流的老年活动空间是目前居住区老年人的主要心理需求。本次调查显示，大部分老年人均希望在小区里增加健身设施和棋牌等娱乐设施，营造一个老年人可以一起活动和交往的环境。此外随着健康养生观念的进一步深入，大家还希望小区能经常组织一些健身、文娱方面的集体活动。

3.2.2　户外环境应具有归属感、安全、便捷，有分布合理的绿地等休闲空间

老年人的生理机能的衰退，其行动、看、听、说、阅读、书写、记忆等方面的能力都会有所下降，对自身安全的保护能力也相对减弱。通过调查也可看到，安全、便捷而有归属感的户外环境是多数老人的首选。同时，户外环境中应有分布合理的休闲绿地，便于老年人能就近到达，能在大而集中的空间集体活动的同时也能有较安静而私密的个人休闲空间。

3.2.3　居家养老仍是老年人养老方式首选

由于"养儿防老"的观念深入人心，重庆市的老年人仍然更接受和子女及亲人一起居住的养老方式。经调查如图6可知，有73.7%的老年人均选择和子女或其他亲人一起居住的养老方式，选择和子女或其亲人住在同一小区和独居的老年人只占15.3%和10.5%。体现了重庆市仍以居家养老为主要方式，且随着"421"的家庭模式的到来，在居住区的规划和建设中应加大相应住宅户型的设计和开发。

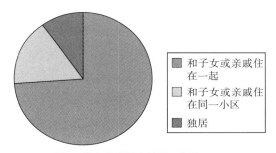

图6　养老方式调查结果示意图

通过本次对新牌坊地区居住区域的调查反映出，目前重庆市居住区的规划建设在应对老龄化社会的到来方面还比较欠缺，存在居住区公共设施、医疗保健设施、活动场所等配套设施方面满足不了日益增加的老年人群体的需求，道路交通系统、环境识别系统等的建设适应不了老年人生理机能退化的特点，以及以居家养老方式为主所带来的适应老年人与子女同住养老需求的住宅户型不足等问题。因此，居住区的规划建设如何应对社会老龄化带来的需求变化，为老年人营造一个安全、健康、舒适的居住氛围，对进一步提升重庆市老年人口的生活品质，创造和谐社会具有深远的意义。

4.　应对老龄化的居住区规划建设建议

4.1　居住区户外环境的适老改造措施

4.1.1　户外设施的无障碍改造

（1）路面

注意地面材质的处理，应避免沙子及圆滑石头铺砌的路面，因为此种路面一般易使人绊

倒、滑倒，不适于老年人行走；另外地面还应有良好的排水系统以免雨天打滑。

（2）坡道

老年人中有很多行动不便者，因此不论设置台阶与否，有高差的地方均应设置坡道。且坡道长度不应超过10米，否则应增加休息平台或者将坡道做成蛇形；在道路交叉口、街坊入口，以及被缘石隔断的人行道均应设缘石坡道，步行道里侧的缘石，在绿化带处高出步行道至少0.1米，以防老人拐杖打滑；为了方便轮椅的出入，可以在院子里绕圈设置坡道，并在坡道中途设置平台，成为行进方向的转换或休息空间。为方便步行困难的老人以及轮椅使用者上下坡道以及避免跌倒或碰撞，坡道上往往需要安装扶手、栏杆等。

（3）标识

由于老年人视觉、听觉及记忆力的减退，方向判断力差，故步行道的取向应容易辨别。在道路转折与终点处宜设置一些标志物以增强导向性，使之具有方向指认功能。由于听觉较弱或聋哑老人一般问路都较困难，因此，路标、指示牌、地图等标志物应采用明亮、鲜艳的色彩，以刺激人的视觉，引起老人的注意。

（4）建筑出入口

人行道与建筑物入口的连接：从人行道到建筑物的入口处需要设置安全的入口引导空间。要注意入口通道的连续性、避免与车道交叉等。室内外高差较大时的入口前要有坡道设计，此外，在门前还应设有较宽敞的带雨篷的空间。对于老人而言，建筑出入口空间宜开阔、平坦，但如果因为建筑功能的特殊需要而在入口处设有若干级大台阶，同时，入口前又没有可做出坡道的空间时，则不便于老年人的使用。此时应设计一些辅助设施来满足老人及残疾人的要求。

4.1.2 增加老年人休憩设施

（1）基本座椅

座椅最好采用木质材料，冬暖夏凉，但木制座椅在户外使用耐久性差，因此户外座椅的日常维护相当重要。对老年人而言，座椅的舒适与实用性是很重要的，座位既要方便就座，又要能舒适地坐上较长的时间。座椅的尺寸应充分考虑到老年人的特点，过低则老人起坐不便，过高又不舒适，适宜的高度宜在30~45cm之间。座椅的宽度则应保证在40~60cm之间，为方便老年人起坐，座椅两侧需安装扶手。基本座椅的形式有带靠背的椅子和长、短凳。[4]

（2）辅助座椅

除基本座椅外，还可为老年人提供多种形式的辅助座椅，如台阶、矮墙等，以应一时之需。台阶和在池边的矮墙特别受老年人的欢迎，因为它们还可作为很好的观景点，合理地发挥应有的辅助性作用。

（3）座椅的布置

座椅的布局必须在通盘考虑场地的空间和老年人需求的基础上进行。每一条座椅或者每一处小憩场所都应有各自相宜的具体环境，如凹处、转角处等能提供亲切感、安全感和舒适感的小环境同时，座位之间的布置角度应适于老年人交往的可能性和满足一定活动形式的必要性，户外座椅的布置要考虑老年人聚集和交谈的需要，对于考虑有坐轮椅者参与交谈的情况，应保证有足够的空间。桌子的高度和位置也应考虑坐轮椅者的方便。另外，景观和交往固然是座椅布置的重要因素，但其他一些因素，如阳光和风向，也必须加以考虑，以实现自然环境和社会物质环境均能满足老年人舒适性要求的户外休憩空间。

4.1.3　布局充足的户外活动空间

老人静态活动居多，因此，场地的空间的形式应适于驻足停留和小坐，并为老人的交往提供必要条件。此外，室外活动空间还应避免不良景观以及恶劣天气等可能造成的影响，并避免位于阴影区内。活动空间的增加应考虑的重要因素是安全保护、方便舒适和便于集聚交往，其位置常出现在大树下、建筑物的出入口、步行道的交汇点和日常使用频繁的小区服务设施附近等，并应有充足的阳光，良好的通风，但不宜在风口。户外活动空间要有连续性，为老人提供随处可见的休息、观赏处。如能利用平台、水面、坡面、植物、地形之高差等形成变化，还可强化坐息空间的趣味性及场所感。在活动空间里，要使老人能够以视听来感受他人，如儿童玩耍、行人来往、人群聚集、优美景色等，形成生动流畅的视觉效果。

4.1.4　改善户外照明系统和环境识别系统建设

老年人视觉特征要求提供更高的照明标准，以增强其对户外空间深度和高差的辨别能力。居住区、建筑入口及一些公共场所应采用高亮度的照明，以保障安全。此外，户外重点照明区域还有停车场及有踏步、斜坡等地势有变化的危险地段。配置高度不等的照明灯光可形成重叠的阴影，有利于减少炫目的强光，增强老人的辨别力。

通过各种标识的设置和环境细节的设计帮助老人在户外明确方位、寻找路线和回避危险，设计要有导向、感官刺激和环境感知。依等级次序安排空间，安排一个占主导地位的空间，并提供空间的导向提示。区域之间应视线通畅，标志明显，并能提供让人找到相对位置的指示牌。比如在主要的交通交叉口或楼梯前，铺地应有所变化，在需要色彩变化的地方采用黄、橙、红等易被觉察的颜色。户外的标识应该统一模式，采用白字或白色图案配黑色或深色背景，标识字与背景要形成对比以增强可读性，利用符号、材质、凸字和图案来帮助有视力缺陷的老人，标识物表面应耐久、无反光，应有夜间照明。对于有安全隐患地段的警示性的标识物则要通过醒目的颜色甚至声响来达到对老年人有效的警示作用。

4.1.5　规划分布合理、风格优美的绿化空间

老年人户外活动场地以绿地为主，因此针对老年人特有的生理及心理特征，布置分布合理，具有一定独特风格，舒适优美的休闲绿地。

除应遵循一般的绿化布置原则外，应注意以下几点：

①老年人户外活动场的绿地应尽可能平坦，避免种植带刺及根茎易露出地面的植物，造成老人行走的障碍。

②老年人户外活动场地中的花坛或种植地应高出地面至少75cm，以预防老人被绊倒，同时，也有利于保护种植物。

4.2 住宅的适老设计

4.2.1 住宅的户型设计

适应人口老龄化的"老少居"住宅，是指两代或多代人同住一栋住宅，但各有各的独立完整的生活起居间和设施，有分有合，安排得当。

有两种形式：一种是走动不便的老年人住底层，上层为年轻夫妇与孩子居住；一种是"连体式"，所谓"连体式"户型一般是将一个大户型拆分为两个小户型，多是一大一小，例如二居带一居、三居带一居、三居带两居等平面连体住宅，两个户型紧挨着并各有自己的门户，打开大门，穿过公共过道，看似两间房，其实各有独立、齐全配套设施的两套房子。这种"分得开、住得近"的居住方式，既保留了传统的东方家庭模式，又能适应现代人的需要，使子女和老人的生活相对独立的同时，老年人能得到及时的照顾和感情的交流。[5]

4.2.2 住宅的细部设计

供老年人使用的卧室应和卫生间紧连，老年人用的卫生间尺度应适当放宽，要考虑老人使用时的空间尺寸和方便程度，在适当的地方要设置不同功能的扶手。厕所门向外开为原则，并采用坐式马桶，预留轮椅操作空间，设紧急呼叫按钮于便器附近；浴厕墙面须安装供老年人扶持移动用的扶手；厨房洗涤台和灶台以及卫生间洗面台等下面应凹进，以便老人可坐下把腿伸进去操作。尽力避免地面高差，高差处作坡道处理，室内不设门槛，空间地面要防滑、防跌和防碰；门洞尺寸要加宽，厨卫的门不应小于80cm，使轮椅可以通行；走廊和居室间的门需向室内开，或做凹凸设计，门向外开应预留轮椅的操作空间，把手的高度和形式应容易操作，不是自动闭锁型时，需设辅助把手；走廊的柱型、各种设备箱不要突出墙面；开关以按压式为宜，避免用拉线式；内部装修整体采用明亮、和谐的色调和高辨视率的色彩，以弥补老年人视觉的减弱；房间有充足自然采光、通风、日照、防晒等要求；老人不适应炫光，应加抑制，采用无反光的地砖和面砖；在墙上预先留好电器、电讯等智能化报警装置，需要时即可就近开通装置。

4.2.3 住宅的内部公共空间

老人经过处预留安装扶手的埋件，入口及过道的宽度应以轮椅通过的尺度为标准；楼梯的台阶应有统一的高度和宽度，楼梯阶梯步级的坡度应较平缓，踏板面在30cm左右，踢板面15cm上下，一定要做踏板，每个踏板不宜伸出外部，楼梯的两侧都宜设置扶手。

墙面无凸柱物，外角有弧形保护；扶手以剖面直径为4cm左右的易握的圆柱最为适宜，走廊、楼梯的扶手两端，需有30cm以上的水平延伸扶手，并弯向地面或壁面；门厅及通道应该通畅明亮。

4.3　加强社区养老服务

在国外，居家养老的社会服务比较完善。社区医疗服务上，西方国家一般推行社区医疗机构与城市医院相结合的办法。较为普遍的方式是建立"专门"医生制度，在老人的电话上安装专门的医疗报警按钮，对年老多病的老人实行定期上门探视制度，设立家庭病房等。在生活上派专人帮助老年人清洁室内卫生、洗涤衣物、烹饪做饭、侍候生活不能自理的老人、代购蔬菜食品和其他物品等。[4]

我国大部分城市的经济发展水平不高，因此应建立起以居家养老为基础、社区服务为依托、社会养老为补充的养老机制；逐步建立比较完善的以老年福利、生活照料、医疗保健、体育健康、文化教育和法律服务为主要内容的老年服务体系。具体可以参照上海的老年社区模式，主要有：组建家政队服务老人，经过民政局培训、由养老机构派出的一批养老护理员为老人上岗服务；让老人进日托，集体关照老人们白天的生活，除了就餐和休息以外，组织适合老人们的活动；发挥公益团体、志愿者的作用，培训护理员为老人上门服务。

另外，高质量的福利设施、老年公寓、老年社区、甚至高级的医护型养老院亟待开发和建立，并应体现其社会福利的性质，价格应能为大众所接受。

5.　结语

随着"421"结构的家庭模式到来，以及到2020年后将要出现"8421"的倒金字塔家庭结构模式变化，将会有更多的老年人在居住区环境中生活。在这股"银色"浪潮的冲击下，居住区的规划建设如何适应老年人心理、生理、行为模式等的居住需求，让老年人生活得更加安逸、健康和舒适，将是全社会面临的一个重要问题。正确认识老龄化这一现实，主动分析矛盾与问题，积极寻找对策，在居住区规划建设中合理考虑老年人的多方需求，对改善老年活动场所和居住养老机构，完善居住区老年人休闲功能，提升老年人的居住生活品质具有深远的意义。

参考文献

［1］ 胡仁禄. 国外老年居住建筑发展概况［J］. 世界建筑，1995（3）.

［2］ 网易新闻. 未富先老重庆受困"老龄化"问题［EB/OL］. http：//news.163.com/
　　　09 / 0410 / 08 / 56HBKK 710001124J.html.

［3］ 新华网. 重庆频道. 今日头条. 重庆市进入人口老龄化中期［EB/OL］. http：//www.

cq.xinhuanet.com / 2008-10 / 08 / content_ 14577030.htm.

［4］贺佳. 建成社区居家养老生活环境研究［D］. 同济大学，2008.

［5］岳俊峰，胡望社. 面临人口老龄化的居住区设计［J］. 重庆工业高等专科学校学报，
2004（6）.

作者简介

黄文婷　　（1981–　），女，硕士，重庆市规划设计研究院规划三所，工程师。

魏皓严　　（1971–　），男，博士，重庆大学建筑城规学院，教授。

小城市公共空间系统的问题及建设方略

代伟国   邢   忠

（发表于《城市问题》，2010年第12期）

摘   要：随着城市化的快速发展，我国城市空间进入全面整合期，小城市空间建设应当充分尊重快速城市化和自身特点，逐渐摆脱对大城市的盲目追随，形成适合自身的空间发展模式。小城市公共空间系统建设策略应当以空间价值提升和核心竞争力构建为目标，以小城市的空间发展战略为导向，从"资源控制、系统整合、功能强化、过程控制、管理支撑"等方面进行建构。

关键词：快速城市化；小城市；公共空间；建设策略

1. 引言

当前，随着城市化的持续快速发展，城市公共空间建设进入了新一轮的整合：一是原有空间系统面临解体，新的空间系统尚未形成，城市空间正处于塑性嬗变之中；二是私有空间在市场利益机制的推动下获得较快发展，而涉及公共利益、整体利益和长远利益的公共空间[1]却遭到漠视和侵蚀。由于缺乏正确的空间建设策略与导向[2]，小城市公共空间的问题表现更加突出。快速城市化是城市空间塑造的关键时期，对小城市而言，探寻有效的公共空间建设对策，摆脱对大城市的盲目追随，构建适合自己的空间系统，这是当务之急。

2. 现状问题

总体来看，小城市公共空间的问题主要集中在四个方面：（1）整体布局零散，等级层次不清晰，功能配合和相互衔接较差，缺乏系统性；（2）山体、河流等自然性空间过度侵蚀，生态环境恶化；（3）空间类型构成不合理，政治、经济导向的公共空间数量充裕，市民生活性公共空间不足[1]，过分强调视觉形象，忽视生活环境改善；（4）空间特色和文化内涵缺失。

3. 不利因素

小城市公共空间的问题是由多方面原因造成的，既有观念上的，也有规划技术上的，还有管理上的，但是，最根本、最深层次的原因就是由于发展阶段较低导致的高层次需求缺乏和政府调控能力不足两个原因。

3.1　小城市发展阶段较低，市民高层次需求较少，公共空间需求动力不均衡

在空间政治经济学派看来，空间是社会的产物，空间的生产类似于任何商品的生产。[2]因此，公共空间建设也受政治、经济和社会等需求的推动，其特殊性在于由于公权力的介入而使其建设机制更加复杂。马斯洛需求层次理论（Maslow's hierarchy of needs）告诉我们：人的需求可以分为"生理需求、安全需求、社交需求、尊重需求和自我实现需求"五类，依次由较低层次到较高层次排列[3]。从公共空间的价值来看，它不仅为人们提供日常生活性服务，更重要的是为人们提供休闲娱乐、人际交往，甚至精神享受等核心价值。显然这些属于高层次的需求，而小城市当前的经济发展水平和人均收入较低，人们的时间、精力和家庭支出多用于低层次需要，涉及公共空间的高层次需求较少，与此同时，在政治、经济利益机制的作用下，由市场需求驱动（如：商业步行街）和由政府主导（如：各类形象工程）的公共空间建设却非常活跃。正是这种不均衡的需求现实导致了公共空间建设的失衡，并最终导致了公共空间建设的政治经济效应突出，而社会效益和环境效益不足。

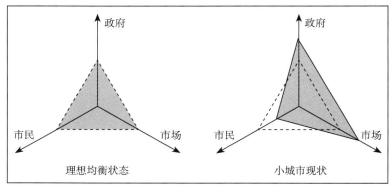

图1　小城市公共空间需求动力示意图

3.2　小城市政府针对公共产品的调控能力不足

公共空间是城市的公共产品，关系社会产品的二次分配，涉及社会公平和城市的长远利益，从这个意义上来说，公共空间是公共利益的调和器，它的开发、经营和布局都应该是系统的和有计划的，而不应该是被市场利益集团蚕食后的拼盘，这就需要政府运用地方财政和公权力介入进行干预和调控。但是，由于财政支付能力和管理体系的限制，小城市政府在面对旧城改造和环境整治等涉及公益性的空间建设时往往力不从心，在面对利益集团和权势集团对城市空间的侵蚀行为时也一再妥协。这就从根本上制约了小城市对城市空间资源的有效调节，并导致公共空间建设的失衡。

4. 根本要求

当前我国城市发展面临三个重大语境：一是全球危机下的价值性语境，二是快速城市化的时间性语境，三是区域城乡统筹的空间性语境。这三大语境形成了针对小城市公共空间建设的三个核心要求：空间价值的独特性、空间拓展的适应性、空间整合的复合性。

4.1 空间价值的独特性

目前全世界正面临着资源、人口和环境持续发展的危机，作为人类生存最重要载体的城市，必须构建一个统一的、合理的、能够支持人类持续发展的价值体系，在这个体系当中，大、中、小城市应坚持共同的原则，但可以走不同的道路。小城市必须依据自身的特点和优势，摆脱认识误区和路径依赖[③]，彻底放弃对大城市空间建设模式的盲目追随，坚持一条适合自己的发展的道路。

表1 基于差别化战略的小城市公共空间价值导向

	大中城市	小城市
发展模式	内生式	外延式
竞争优势	集约高效	专门特色
政府调控能力	强	弱
空间消费层次	高	低
空间模式	规模化	特色化
空间尺度	大	小
空间密度	高	低
生活节奏	快	慢
空间氛围	紧张压抑	亲切宜人

小城市空间价值的独特性与其整个城市的发展战略是一脉相承的。同大城市相比，由于小城市的经济基础薄弱，赖以发展的资本和技术积累较少，不具备规模化的发展条件。小城市更加明智的选择是充分吸收周边大中城市的辐射和带动作用，为大城市提供生产配套，形成专门性产业，走特色化的发展道路。与之对应的公共空间战略导向就是利用小城市适宜的尺度，良好的山水，建设亲切宜人的环境，在区域人居体系中构建自己的核心竞争力，这就是小城市公共空间价值的特殊性之所在和目标之所向。在这种价值观和发展模式导引下，小城市在空间目标构建上应该舍弃对大空间、大气魄的视觉追求，而着重将目标定位在小尺度、宜居性、地域性、特色化的城市公共空间。

4.2　空间拓展的适应性

小城市公共空间建设必须与当前的发展背景和形势相适应，快速城市化有两个最基本的内涵：一是发展速度，二是发展阶段。从发展速度来看，小城市基础差、包袱小、潜力大、发展速度快，这种充沛的发展能量造成了大量的建设用地和空间需求，在此过程，必然涉及计划与市场、公共与私有、远期与近期的冲突，这就要求小城市的空间拓展应具有相当的适应性。从发展阶段来看，快速城市化是城市化的中期阶段，当前小城市仍旧以物质建设为主，表现为量的增长，是粗放的增长方式，未来也必然经历从粗放到集约、外延到内涵、低级到高级的过程，这必然会给城市公共空间的发展带来一定的冲击，作为具有战略意义的公共空间必须做好预判和准备应对。

4.3　空间整合的复合性

从景观生态学的视角来看，在人类所生活的地球上逐渐清晰地形成了两大格局，一个是城市建设格局，一个是自然生态格局。在这两大格局中，城市建设格局是以城市为基质、以自然为斑块的城市化地区；自然生态格局是以自然环境为基质、以小城市为斑块的乡村地区。小城市是两个格局的交叉融合地带，城乡关系相对融合（如图2所示），这正是小城市的区域性要求和战略优势，因此，从区域空间框架上来说，小城市是区域生态维护的关键据点和城乡统筹的有效中介，而公共空间正是实现这一目标的重要载体。公共空间作为一个开放性空间系统不仅包含着城市街道、广场等人工性空间，也包括城市中的河流、山体等自然性要素，正是公共开放空间系统建构了城市内部单元之间、城市与自然乡村之间的对接模式，最终实现城市的有机性、生态性以及城乡统筹的特性，这是一种高度的复合性。

5.　应对策略

在遵循小城市公共空间建设根本要求上的基础上，小城市公共空间的建设应当以提升空间价值和增强核心竞争力为目标，从"资源控制—系统组织—功能加载—过程控制—管理支撑"

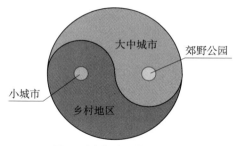

图2　城市与乡村的空间关系

几个方面来进行策略建构，并以公共空间建设引导城市发展模式转换，最终使公共空间产生良好的社会、经济、环境等综合效益。

5.1 将战略性资源作为"硬核"纳入公共空间进行刚性控制，形成持续竞争力

城市中具有生态敏感性的山水自然资源以及具有地方特色的文化资源，是对小城市未来发展具有战略意义的资源。小城市要想摆脱对大城市不切实际的盲目追随，走地域化、特色化的发展道路，就必须对其战略性资源进行有效控制和充分利用：一是，纳入公共空间的战略性资源可以与城市空间系统进行有效整合，充分发挥其内在价值，促进小城市的生态保护和持续发展，提升小城市的空间品质，形成小城市的核心竞争力；二是通过对空间刚性要素的界定也使得弹性要素得以显现，使空间拓展不至于在各种干扰中进退失据。

5.2 利用城市扩张契机进行公共空间系统重构

根据现代系统科学的观点，一切自然物不是一个系统，就是某一个系统的组成部分。[4]"现代城市是一个大系统，是一个以空间利用为特点，以聚集经济效益为目的的集约人口、集约经济、集约科学文化的地域空间系统。"[5]城市公共空间系统是其中的一个子系统。也就是说，公共空间系统不仅参与组成了城市巨系统，它本身也是一个系统整体。系统性是城市公共空间成熟完善的体现，系统性越强，公共空间功能越完善，服务效率越高。

快速城市化时期物质建设积极活跃，旧城改造和新区开发同时展开，城市空间处在整合与重构的塑性阶段，城市空间拓展存在多种动因和可能，而这正是一个难得的历史机遇：小城市应该结合未来城市空间结构和拓展方向，整理现状城市空间，重构城市空间网络，形成完善的公共空间系统。

5.3 整合土地利用，强化边缘效应，增强服务功能

城市在本质上是由一系列异质性的功能单元组成的，而公共空间正是这些异质性单元之间的交接地带，它集中了城市当中最大量的异质性边缘、功能边缘和权属边缘，它是城市中的边缘空间。城市正是通过建设地块之间的街道、广场等边缘空间将城市整合为一体，边缘因其特殊的区位而具有边缘优势，存在产生边缘效应的可能[6]。作为城市中边缘空间最集中的地方，公共空间边缘效应的发挥能够有效整合空间利益、协调空间矛盾、增强服务功能，并且充分体现出公共空间的环境效益和公益性，使公共空间的外部效应最大化。

5.4 空间使用需求的阶段性预判和过程动态控制

现阶段小城市经济普遍欠发达，小城市的公共空间数量少、品质差，公共空间从属于日常

生活的基本需求，在使用上仍在低层次徘徊，甚至已有的公共空间也往往出现不相匹配的活动内容，如：在广场上晒谷物、绿化带内种白菜、街道上栓牛车等现象。但是，以发展的眼光来看，随着小城市社会经济的不断进步，这种空间消费层次较低的现象必定会发生改变，城市空间由生产性向服务性、由生活向休闲、由低级向高级递进演化是必然的趋势。当前小城市公共空间建设必须着重处理两个关系：一是公共空间建设应与各个阶段的使用相吻合，不应过分超前造成浪费；二是对于公共空间的占地指标、功能类型和服务需求应该按相应标准进行远期控制，做好近、远期的协调安排。

5.5 培育市民社会，促进空间与社会互动，建设和谐的小城市公共空间

公共空间与城市社会生活具有高度相关性，然而现阶段小城市公共空间与社会互动比较欠缺：一方面，受历史上长期封建制度的影响，我国的民间交流和社会活动受到极大束缚，开放的公共生活仍然没有成为国民的性格习惯。[7] 另一方面，小城市经济发展阶段和活动需求层次较低，涉及人际交往的社会性活动缺乏，市民对社会生活和政治生活积极性不高，社会权力体制中缺乏市民团体利益表达和抗争的有效渠道，普通民众难以参与和影响城市空间建设决策。近年来，关心弱势群体、关注社会融合与社会公平成为普遍的趋势和共识。对小城市而言，积极培育市民社会，提高市民参政议政的能力和水平，不仅使民主、开放的公共生活得到倡导，也使市民能够有效参与城市空间建设，促进城市公共空间建设。

6. 结语

快速城市化中伴随的非理性发展使小城市的空间问题层出不穷，公共空间作为城市空间系统的统领，具有重要的调节整合功能，当前城市化快速推进的过程中，充分发挥公共空间的公共利益属性和战略性导向，修正城市的增长模式，建构小城市的核心竞争力，并充分发挥小城市的社会、经济、环境等综合效益，这将是当前公共空间建设对小城市发展最有价值的贡献。

注释

①目前，关于公共空间，尚未有一个大家一致认可的准确定义。一般认为，公共空间分为狭义的和广义的，狭义的公共空间指街道、广场、小游园、街头绿地等满足各种活动需要的人工空间，以人工性为主；广义的公共空间，除此之外尚包括公园、绿地、山体、水系等自然空间，即综合了人工性和自然性。本研究所指的公共空间强调其公有的属性和系统整体性，意指广义的公共空间。

②应该说，在规划技术层面上，小城市与大中城市的公共空间建设并无明显差别，二者的

差别在于空间发展模式和目标不同，因此，解决小城市公共空间问题的关键在于修正其指导思想和建设策略。

③美国经济学家道格拉斯·诺思第一个提出制度的"路径依赖"理论，路径依赖有两种表现方式：自我强化和锁定。路径依赖类似于物理学中的"惯性"，无论是"好"的还是"坏"的路径，一旦进入某一路径，就可能对这种路径产生依赖，某一路径的既定方向会在以后发展中得到自我强化。

参考文献

［1］缪朴编，司玲，司然译.亚太城市的公共空间——当前的问题与对策［M］. 中国建筑工业出版社，2007：40-43.

［2］蔡禾，张应祥.城市社会学：理论与视野［M］. 中山大学出版社，2003：40-43.

［3］美斯洛. 成明编译.马斯洛人本哲学［M］. 九洲图书出版社，2002：40-43.

［4］赵修渝主编.自然辩证法概论［M］. 重庆大学出版社，2001：40-43.

［5］王鹏. 城市公共空间的系统化建设［M］. 东南大学出版社，2002：40-43.

［6］邢忠. 边缘区与边缘效应［M］. 科学出版社，2007：40-43.

［7］代伟国. 小城市公共空间系统的规划与建设［D］. 重庆大学硕士学位论文，2006：40-43.

作者简介

代伟国　（1975- ），男，硕士，原重庆市规划设计研究院城乡发展战略研究所，高级工程师，注册城市规划师。

邢　忠　（1968- ），男，博士，重庆大学建筑与城规学院，教授，博士生导师。

专题六

市政基础设施规划

城市消防规划及消防给水规划

罗　翔

（发表于《城市规划》，1997年第6期）

　　据有关统计资料，1995年全国共发生火灾318万起，死2232人，伤3770人，直接经济损失1018亿元。又据许多火灾案例和调查分析，大多数城市大火（重大、特大火灾），都存在着水源缺乏的问题，如果不是因为缺水，许多大火灾还不至于那么大，也可以说，近年城市火灾旺盛的症结不完全在于火，而在于水和许多与水相关的设施不足的问题。因此，无论大城市与小城市，沿海城市与内陆城市，山地城市与平原城市，或者历史文化名城、旅游城市、工业城市，全都少不了这样三条水脉：生产用水、生活用水、消防用水。无论在城市给水系统规划中，还是在城市消防规划中，消防给水规划都是非常重要的一个方面。

1. 城市消防规划的地位、编制的方式

　　城市消防规划是城市总体规划的重要组成部分，是城市总体规划在"城市与消防"方面的深化和具体化。它根据我国消防改革与发展的基本原则和总体目标，根据城市总体规划所设定的发展规模和主要发展方向、城市结构特点和各类用地分布状况，着重研究城市总体布局的消防安全要求和城市公共消防设施建设及其相互关系。城市消防规划，可作为城市总体规划（修编）的一部分同步编制，也可在"总规"完成后专项编制。从规划编制所能达到的深度和所起的作用等方面来看，专项编制方式更能引起政府各部门、全社会的关注，规划的深度、可操作性和实施的可能性更大，对于特大城市、大城市和火灾隐患多的中等城市来讲，专项编制城市消防规划应该尽快列入日程。

2. 城市消防规划编制的基本内容

　　城市消防规划，对消防部门和规划部门都是较新的课题。重庆市规划设计研究院自1990年以来，已先后编制重庆、石狮、海口三个城市消防规划。并且，在海口市城市消防规划中，在总结重庆、石狮两个城市消防规划的基础上，我们提出了以"一个面、两个点、三条线"作为城市消防规划的基本内容，即：

一个面：城市重点消防地区分布；

两个点：城市消防安全布局（易燃易爆危险品设施布点）；

　　　　消防站布局；

三条线：消防给水；

　　　　消防通信；

　　　　消防通道。

当然，城市各有特点，各城市"防"与"消"面临的问题也不尽相同，还可有针对性地增加一些规划内容。

3. 我国城市消防给水普遍存在的一些问题

（1）城市水资源匮乏（如石狮市需从晋江市引水），或水资源丰富而城市给水系统能力不足（如重庆市前几年守着长江、嘉陵江而大面积缺水），或城市供水能力有富余而管网系统建设滞后（如海口市旧城区和海甸岛地区在正常情况下给水管网压力也偏低），以致城市生产、生活、消防用水没有可靠的保障。一遇特大恶性火灾事故，消防给水困难往往造成消防部队陷于被动，扑救难度增大。

（2）给水管网系统结构不合理，管道陈旧，管材质量差，如发生火灾，不能满足水量调度和消防加压供水的要求。

（3）给水管道管径偏小，特别是与消火栓相接的支管管径偏小和供水末端地区管道偏小，以致水压低、水量小，很多100mm管道上串接多个消火栓，根本不能满足消火栓同时取水的水压、水量要求。

（4）消防给水最普遍、最大、后果也最严重的问题是市政消火栓数量严重不足，许多路段上消火栓设置间距远远大于规定要求，一些主次干道甚至成片的区域，甚至整个城市长期未设消火栓，一些道路因拓宽改造而取掉了原有的消火栓等等，不知道国内是否有哪一个城市的消火栓完全按规范设置齐备。

据有关资料，1995年抽查的57个大中城市，建成区道路上应建设市政消火栓163411个，实有68862个（这还是有水分的数字），只占应有数的42%，而且，其中有6927个消火栓被损坏、圈埋而不能使用。如海口市实有消火栓占应建数的38%；西安市实有消火栓占应建数的13%，且目前能用的消火栓比"文革"前还少了40个，山东省某市一个消火栓也没有，重庆市实有消火栓占应建数的80%，但绝对数缺800个以上。

带来的后果是消防水源匮乏，一旦发生火灾，普遍陷于灭火主要靠用车拉水的被动局面，但一车水很快就打完，再去几公里之外加水（不明真相的群众容易误会是消防队火不救完就走），等返回时火场又成燎原之势，远水救不了近火，栓到用时方恨少，往往小火酿成大灾。

（5）一些城市消火栓种类多，器材供应又跟不上，给火灾扑救带来不便。

（6）消防水源单一，表现为：缺乏消防水池或水池分布不均、容量不足；天然水体利用困难，未设固定取水点及通车道路而不能有效利用；或为数不多的天然水体（如池塘）因开发建设被填掉，等等。

4. 城市消防给水规划

水是使用最广泛、最主要的灭火剂。保证消防用水的需要，是顺利灭火、避免小火酿成大灾最重要的条件之一。消防给水设施是城市公共消防设施的重要组成部分。

消防水源可分为两大类，即人工水源和天然水源。人工水源按其形式和储存、提供灭火用水的方式也可分为两类，一类是城市给水系统及市政消火栓，另一类是消防水池和可提供灭火用水的其他人工水体，如水库、水井、游泳池等。天然水源是因地理条件自然形成，如海洋、江河、湖泊、池塘、溪沟等，可提供大量的消防用水，规划应充分加以利用。可以说，消防给水设施是城市给水系统的一个组成部分，城市给水设施也是消防给水系统的一个组成部分。因此，规划建立城市消防给水系统，应主要依靠城市给水系统，按规范要求设置市政消火栓；充分利用天然水体，修建消防固定取水点及通车道路；合理设置消防水池并尽可能一池多用。而城市消防给水规划的任务，就是根据城市的规模、地理条件、水资源状况、用地分布状况、城市给水状况等，建立起完善的、合理的、与该城市特点相适应的消防给水系统。

（1）城市灭火总需水量。

城市灭火总需水量（W）等于该城市同一时间内可能发生的火灾次数（N）、每一次灭火用水量（Q）、灭火延续时间（T）的乘积，可用下式表示：

$$W = NQT$$

城市消防水源的规划和建设，应保证该城市灭火总需水量。

（2）城市给水设施规划和建设的消防要求。

城市消防给水管道通常是与生产、生活给水管道合并，共用一个管道系统。只有在合并会带来技术经济问题时，才设置独立的消防给水管道。高层建筑、重要的大型公建应单独设置消防给水管道。

城市水源供给能力和给水管网输配能力，在满足城市生产、生活用水的同时，均应保证城市灭火总需水量。为提高生产、生活和消防用水的可靠性，给水管网应布置成环状管网。管道的压力应保证灭火时最不利点消火栓的水压不小于10米水柱，在城市供水末端地区或一些重点地区（单位）宜设置生产、生活、消防合用的给水加压泵站，建立高压或临时高压给水系统。

与消火栓相接的给水管道的管径不应小于100mm。城市主次干道上的给水管道的管径不宜小于300mm。为此，城市凡新区开发、旧城改造和道路翻修，都必须同时新建或改造给水设施。

（3）市政消火栓规划和建设消火栓是重要的消防给水设施，消火栓数量严重不足也是目前各城市普遍存在的问题，因此，合理设置消火栓是城市消防给水规划的重要内容之一。在总体规划阶段，由于受到图纸比例的制约，通常只能提出消火栓规划的原则性意见和要求。但在详细规划阶段，具体地布置消火栓正是规划控制的意义所在。由于修建性详规范围一般较小，消火栓布置的合理性或多或少会存在一些问题，在控制性详规这一编制层次，较大的范围内统一布置消火栓是非常必要的。建议在控制性详规编制深度要求中列入"消火栓定位"这一款。

消火栓的一般布置要求是：沿道路设置，并宜靠近路口，消火栓间距不应超过120米，保护半径不应超过150米。若道路宽度超过60米时，宜在道路两边都设置消火栓。消火栓距路边不应超过2米，距房屋外墙不宜小于5米。

此外，规划应在调查研究的基础上明确提出全市消火栓型号宜统一为两种（地上式和地下式各一种）。消火栓的建设，一方面应尽快还清历年的欠账，另一方面应与给水管道同步建设，不能旧账未了，又欠新账。

（4）消防水池规划和建设具有下列情况之一者应设置消防水池：

①当生产生活用水量达到最大时，市政给水管道或天然水源不能满足室内外消防水量；

②市政给水管道为枝状或只有一条进水管，其消防用水量超过15升/秒；

③消防条件较差的旧城区、重要消防保卫单位。

消防水池是一种传统的消防蓄水设施，对于城市的一些地区（单位）仍是需要的。如1996年2月5日重庆解放碑群林商场特大火灾，市政给水管网水压告急之际，建于半个世纪前的消防水池却发挥了相当的作用。考虑到单独修建专用消防水池难度较大，不易实施，规划宜采用一池多用的方式，将一些人工水体兼作消防水池，如游泳池、水塔、喷泉池等，另一方面，消防水池宜与生产、生活用水水池合建，但应有确保消防用水不得他用的技术措施，寒冷地区还应有防冻措施。

每个消防水池的容量宜为100～300立方米，最小不宜小于30立方米，也不超过1000立方米/个。消防水池的保护半径一般不应大于150米，吸水高度不超过6米，水池周围应设消防车通道。

单体建筑的专用水池应采取一定的技术措施，必要时水池可以临时作为城市消防水池。

（5）天然消防水源规划和建设城市开发建设过程中应尽量保留小型的天然水体（如池塘，加以治理后还可美化环境），规划应充分利用海、江、河、湖、塘等天然水体和水库、水渠等人工水体作为消防水源，修建消防固定取水点（码头）及通车道路。如海口市城市消防规划中，每一靠海边或江边的消防站规划一处固定取水点，其他消防站责任区在湖、塘边也规划了固定取水点。由于海口市位于地震烈度八度区，又是二类人防重点城市，因此，规划建设取用天然水源的消防取水设施也就具有极为重要的战略意义。

5. 结语

（1）城市消防规划是城市消防安全的客观需要，对消防部门和规划部门都是较新的课题，有待深入探讨和进一步完善；

（2）城市消防规划编制的基本内容可概括为"一个面、两个点、三条线"。这六个方面的内容反映了城市"防"和"消"的基本要求；

（3）建议在控制性详规工程管线规划编制细则中增加"消火栓定位"一款；

（4）城市消防规划及消防给水规划必须根据城市特点建立各具特色的城市消防体系及消防给水系统。

作者简介

罗　翔　（1963–　），男，重庆市规划设计研究院副院长，正高级工程师，注册城市规划师。

香港游憩步道规划设计对重庆的借鉴和启示①

李小彤　王　芳　易　峥　尹　瑞

（收录于《中国城市规划学会国外城市规划学术委员会、国际城市规划编委会2010年年会论文集》）

摘　要： 香港游憩步道具有很多成功经验，为健行者营造了行山的天堂。本研究主要梳理了香港游憩步道在步道分类、路线设置、公共交通设施及附属设施布局、维护自然等方面的成功经验，并对重庆市规划建设游憩步道进行了思考。

关键词： 香港；游憩步道；规划设计；借鉴；重庆

　　在山林野趣中亲近自然、强健体魄逐渐成为人们休憩娱乐的重要方式，创造多样性的游憩空间成为人们的现实需求，而兼具连接功能和景观功能的游憩步道则是游憩活动顺利进行的基本保障。重庆位于四川盆地川东平行岭谷区及盆周山地区，丘陵、山地占到全市面积的76%。在都市区内，巨大的南北走向山体是城市生长的绿脉，重庆都市区内有南山、铁山坪、缙云山、歌乐山等丰富的森林资源，充分利用这些资源建设尺度宜人、景观多样、设施完善的森林游憩步道既是满足重庆市民多样化游憩活动的需要，也是创造亲近自然生活空间的需要。

　　香港游憩步道的建设无论是在线路设计、道路分类、附属设施设计上都具有相当成功的经验，而重庆与香港的地形、环境等都具有一定的相似性，学习香港对重庆都市区建设游憩步道具有指导意义。因此，本研究特对香港游憩步道的道路分类、线路设计、附属设施配置、道路与环境的关系等进行考察，以期指导重庆森林游憩步道的规划建设。

1. 香港游憩步道概述

　　香港是健行者的天堂，大大小小的游憩步道安恬宁谧，交通便利。既可以轻松欣赏青林绿野的好山好水，也可以沿着风景优美的小径步道，俯瞰城市和海港的美丽景色。

　　香港游憩步道大体上可以分为以下几类：远足径、郊游径、家乐径、自然教育径、树木研习径、健身径等。

　　远足径——香港境内有四大远足径，分别是麦理浩径（The Maclehose Trail）、港岛径（The

---

① 注：此项目受重庆市科委资助（项目编号为 CSTC，2009CE9124）。

HongKong Trail）、凤凰径（The Lantau Trail）、衞奕信径（The Wilson Trail）。其中麦理浩径全程100公里，共分十段，由东至西横穿全岛；港岛径全长50公里，共分八段；凤凰径全长70公里，分为12段，是一条回环路线；衞奕信径全程78公里，从南至北横越香港。

郊游径——主要建设于风景优美的郊区，游人可沿途观赏附近景色，并有不同长度、所需时间的路程供游人选择。

家乐径——一般位于郊野公园内景色怡人和交通方便的地方，长度由一公里至三公里半不等，坡度平缓。主要为全家一起出游设置，无论小孩还是老人都可以在半小时至两小时内轻松地行完全程。

自然教育径——位于郊区，多和其他类型的径结合设置，旨在使游人对郊区的景色和动植物生态有更深认识，增加游人享受郊区的乐趣，并鼓励游人爱护郊区自然环境。全岛现有16条自然教育径。

树木研习径——多和其他类型的径结合设置，沿途植被较为丰富，设立解说牌使游人了解沿途的重要或特色植物。路程不长，可以在10分钟到1小时内轻松完成。

健身径——设置各种健身设施，既有单独设置的，也有结合郊野公园、城市公园设置的，长度不等，可供不同年龄段的人锻炼身体，达到身体健康、体魄强健的目的。

除上述径之外，还有其他类型的径。如战地遗迹径、远足研习径等。战地遗迹径，位于麦理浩径第五段，原属于大战时醉酒湾防线的一部分，介绍了17处历史遗迹，沿途设置解说牌，供游人在郊游之余了解香港在大战时期的历史。远足研习径，介绍远足基本知识及技巧，沿途设置解说牌让游人认识远足安全须知，并可简单进行体能测试，难度不高，适合一家大小远足前练习。

2. 香港游憩步道规划设计的经验

2.1 步道分类，满足不同类型使用者

香港游憩步道分类非常详细，既有按使用者进行分类的，如适合全家所有人使用的家乐径、远足研习径，适合一般家庭使用的郊游径，适合学生的自然教育径，适合长期健身者使用的远足径等；也有按使用目的进行分类的，如以锻炼身体为目的的健身径，以外出旅游欣赏风光为目的的郊游径，以增长知识为目的的自然教育径等。这样的分类，可以让使用者自行选择适合自己的路线，可满足各种需求。

2.2 整合路线，组成全岛游憩路线系统

香港的四条远足径中，麦理浩径（图1）和衞奕信径分别呈东西和南北方向穿越全港，港岛径则东西贯穿香港岛，凤凰径（图2）则位于大屿山岛上，是一条回环路线。这四条远足径覆盖

了香港境内大部分山体、郊野公园、自然保护区等。面对如此浩大的工程，政府不是一次性投入，全部修建完成，而是充分利用原有基础条件，对已有的路线、公园进行整合，从而形成大的、系统性的游憩路线，如港岛径连接了多条山径林路，如山顶的回环道、庐吉道等。

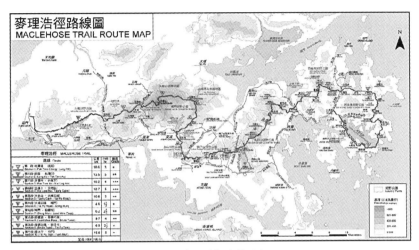

图1 麦理浩径路线示意

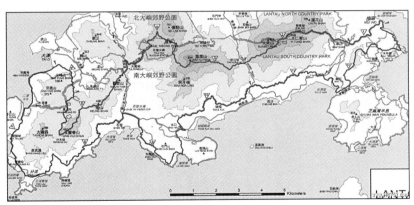

图2 凤凰径路线示意

2.3 分段设置，可自由选择进出路线

由于四条远足径长度均为几十公里，有的上百公里，想要一次走完难度非常大，尤其对于非专业步行者而言。四条远足径采取分段的形式，将全径分为若干段，每一段大约10公里左右，可以在3~4小时内完成。每段的起点和终点均与主要道路交通干道连接，或通过次要道路与交通干道连接，游人可方便地搭乘公共交通工具，从而在各径内部自由进出（图3）。

2.4 路线联合，实现一线多游

香港各类游径并没有截然分开，而是互相结合，步行者在选择一条主要游径时可以体验其他游径，实现一线多游。如港岛径的起点段就是太平山顶的回环观光游览径，与庐吉道健身径相连接，并连接了龙虎山郊野公园；麦理浩径第二段终点靠近北潭涌树木研习径，并与上窑家乐径、北潭涌自然教育径、上窑郊游径等联结在一起（图4），这既适合体力较好的具有远足愿望的步行者，也适合全家老小一起出游。

2.5　换乘便利，让步行变得更轻松

便捷的公共交通服务是香港成为健行者天堂的重要保证。远足径各段的起点和终点均与交通干道相联系，免却了出游交通不便的后顾之忧。

事实上，香港构建了包含公交车、出租车、地铁、水路等紧密联系的换乘系统，其中换乘中心的选址和换乘能力非常重要。换乘中心是重要的交通转换节点，其主要功能是在换乘中心实现游客在各类交通方式之间的换乘，起到汇集和输送游客的作用，另外还可以具备其他的一些辅助功能，如停车、休息等。如西贡郊野公园游客中心设置了私家车、旅游巴士、摩托车的停车场，又是公交车辆的中途站，还是出租车的停靠点，另外也是游客的休息场所。

换乘中心采取的形式是多种多样的，可以设置在建筑物负层、路边或路尽端，如钻石山地铁站设置在商场地下一层（图5），西贡郊野公园设置在路边（图6），天星码头设置在路尽端。设置在不同位置的换乘中心采取不同的交通组织方式，通常都会做到左进左出，不干扰城市交通。

换乘中心内部功能明确，各类交通工具都有专门的停车场或停靠点，车辆进出通道分离，实现各类交通工具各就其位。其中，面积较大的是公共汽车中途站或首末站，一般一至两条线路开辟一条专门的停靠道，大型的换乘中心会有多达十几条的公交停靠通道。另外，也会为出租车专门开辟几条停靠道。

路段	路线	长度（公里）	时数（小时）	难度
1	北潭涌至浪茄	10.6	3.0	★
2	浪茄至北潭凹	13.5	5.0	★★
3	北潭凹至企岭下	10.2	4.0	★★★
4	企岭下至大老山	12.7	5.0	★★★
5	大老山至大埔公路	10.6	3.0	★★
6	大埔公路至城门	4.6	1.5	★
7	城门至铅矿坳	6.2	2.5	★★
8	铅矿坳至荃锦公路	9.7	4.0	★★
9	荃锦公路至田夫仔	6.3	2.5	★
10	田夫仔至屯门	15.6	5.0	★

★　易行之山径
★★　难行之山径
★★★ 极费力难行之山径

图3　麦理浩径分段及每段长度耗时描述

图4　西贡郊野公园多类游径联合设置

图5　钻石山换乘中心

图6　西贡换乘中心

图7　含义丰富的标识设施

图8　特色的标距柱

2.6　设施完善，解除步行后顾之忧

游径的附属设施非常完善，如标识设施、解说设施、公共服务设施等，使游客可以安全、方便地使用。

2.6.1　标识设施

在游径的起点、中间地段均有地图显示所在位置、行进路段的长度、所需时间、途经地点、补给地点、设施配置等，游人可以依据地图的显示合理安排时间、补给等，在交叉路口设置有方向标，标识所在路径、方向，并简单告知路径长度和所需时间（图7），步行者可以提前预计所需时间和体力，使得出游更为轻松和安全。

较有特色的是标距柱（图8），每隔500m设置一处，用以标识所在位置距离该路径起点及终点的距离，同时也可以通过该标识进行准确定位。如图8中M表示麦里浩径，030表示该标距柱是距离麦里浩径起点第30根，距离麦里浩径起点15km。KK291786则是该柱的编号。通过该柱，不但可以计算游人距离起点及终点的位置和已走过的路程，而且在遭遇危险的时候只需要说出附近标距柱的编号，可以很快被营救。

2.6.2　解说设施

无论是在远足径还是自然教育径都设置了丰富多样的解说设施，既有对该区域的空间地理位置、风景、传说的介绍（主要是在远足径上）；也有对沿途动植物的介绍。如上窑家乐径（图9）对途中植物的介绍说明了该植物的名称、主要特点、产地、如何识别等；黄石郊野公园更是以艺术的形式对周边整体环境进行了说明（图10），解说设施本身也成为一道特别的风景。

2.6.3　公共服务设施

远足径大约每隔2km会设置紧急通信设施（图11），可供游人在遭遇危险时报警使用，并有指示路牌提前告诉游人紧急通信设施的位置。

在郊野公园和远足径途中风景较好地段有专门预留的露营地（图12），并有露营须知和注意事项，设置有烧烤场所、垃圾桶、自来水水源，且可以使用明火。

商店及补给设施一般结合沿途村庄设置，同时带动村庄的经济发展。

2.7　风景秀丽，充分维护自然生态

香港游径特别注重与自然生态的协调，附属设施等所选的材料、颜色、设置方式都尽量与周边环境相协调（图13）。同时，尽可能维护步道所经行路线的原生态，使得各条游径的风光都非常美丽，行走在途中，不是在步行，而是在享受美丽的自然风光，与自然亲密接触。如途中波平如镜、群山环绕的万宜水库，香港野外四大景观之一的大浪湾、迷人的西湾、溪流边的红树林岸、与外海相接黄石码头等地，风景秀丽如画，不知不觉中你会更加热爱这个城市。

3.　重庆游憩步道建设的借鉴与启示

与香港相比，重庆山体与城市的接触更为紧密，绵延的山体、常绿阔叶林的植被种类更适

图9　上窑家乐径的解说设施

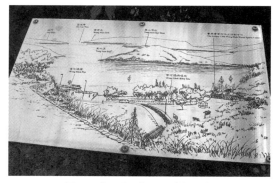

图10　黄石公园概况示意解说板

图11　游径上每隔2km的急救电话

图12　黄石郊野公园中的露营地

图13　附属设施、路面、植被均可看到对原生自然环境的协调和维护

合修建系统性的森林游憩步道。借鉴香港的经验，对重庆森林游憩步道建设提出如下初步建议：

（1）制定《重庆市森林游憩步道规划》，明确森林游憩步道的建设目标、年度实施计划和责任部门。充分利用重庆山地城市特色资源，在都市区内结合规划的郊野公园、森林公园、风景名胜区、自然保护区、城市公园、历史文化遗迹、山城步道、乡村地区等，规划设计多条串联上述地区并联系居住社区的游憩步道，形成覆盖整个主城区范围的步道网络，并采用分段设置的方式。

（2）在发展规划的基础上，对游憩步道逐条进行详细设计，设计要充分展现每条步道及其所经过地区的自然和人文特色，以森林美学、园林美学、审美心理学及景观设计理论为指导，考虑环境容量因素，体现不同类型和级别步道的独特个性，满足各类型游客的需求。

（3）引入园林、风景、道路等专业设计人员与登山爱好者共同组成的设计团队对线路进行规划和设计，使游憩步道满足一定的技术标准，也符合社会大众的需求。

（4）游憩步道的路面形式可多种多样，在使用强度大的路段可进行水泥、石板等适当铺装，在使用量小、靠近自然生态地段路面可维持自然路面状态。尽可能实现步道系统与公共交通系统之间的无缝对接，在人车汇集地段设置交通换乘中心。完善附属设施，在道路交叉口设置明晰的指示牌，沿途设置紧急救助电话，主要补给点、休息站结合村庄、农家设置，配备完善的卫生设施，如厕所、垃圾筒等。在主要景观地点修建景观亭，并可满足一般户外活动场所的要求，可举行相宜的户外活动。

（5）广泛开展宣传。充分尊重使用者，广泛征求市民意见，确保大多数使用者合理的要求能反映在步道建设中。结合"森林重庆"、"健康重庆"和"宜居重庆"的建设，提高市民参与步行登山等健身运动的积极性。广泛开展登山、植物辨认、环境保护、亲子等市民参与性强的健身、科普和游乐活动，丰富市民的生活。编辑出版游憩步道指南，介绍步道及其沿途自然与人文景观、步行健身知识和科普知识。

4. 小结

香港已经建设了系统性游憩步道，在路线规划、附属设施布局及设置、人与自然和谐相处等方面积累了大量成功经验，成为健行者的天堂。重庆都市区从2006年开始也已经修建大量健身步道，为城市居民提供了休憩的场所，但普遍存在建设标准参差不齐，建设目标存在一定的局限性，步道功能有待挖掘提升，步道设施不全，缺乏管理与维护等诸多问题。通过学习香港的成功经验，将有利于重庆建设尺度更宜人、景观更多样、设施更完善的森林游憩步道。

参考文献

［1］香港特别行政区政府渔农自然护理署.郊野及海岸公园. http：//www.hkwalkers.net/chi/index.htm.
［2］重庆市体育局. http：//jty.cq.gov.cn.
［3］重庆市政府公众信息网. http：//www.cq.gov.cn.

作者简介

李小彤　（1966– ），男，硕士，重庆市规划研究中心副主任，原重庆市规划设计研究院副院长，高级工程师，注册城市规划师。
王　芳　（1983– ），女，硕士，重庆市规划设计研究院城乡发展战略研究所，高级工程师。
易　峥　（1973– ），女，博士后，重庆市规划设计研究院副总工程师，正高级工程师。
尹　瑞　（1980– ），女，博士，重庆市规划设计研究院市政所，高级工程师。

试论重庆直辖市交通体系规划的几项策略

向旭东

（发表于《现代城市研究》，1997年第4期）

1997年3月14日，八届全国人大五次会议通过了关于建立重庆直辖市的议案。重庆，作为中国西南工业重镇，在20世纪末迎来了除三峡工程外的又一次大的发展机遇。随着直辖市的建立，国内外的大量资金势必涌入，给重庆注入新的活力，重庆的经济也将得到前所未有的迅猛发展。这无疑对重庆市的交通体系提出了更高的要求。特别是重庆市地位的上升，将促进旅游，国际国内大型会议，各种经济、体育活动的增多，这对本已不堪重负的重庆基础设施，尤其是交通设施提出了强有力的挑战。重庆的交通体系规划虽然在1995年的总规修编中已得到了全面的修订，但面对新的形势，已显出某些观念的落后和模糊。因此，怎样适应重庆直辖市的发展，充分利用和改进现有设施，规划出一个能促进而不是阻碍经济发展的发达的交通体系是一个迫在眉睫的问题。本文旨在对重庆交通体系中的几个战略问题加以探讨，以便使重庆的交通规划更趋完善。

1. 抓住主要矛盾，完善快速干道系统

1.1 打通南北轴线，减少迂回路线，优先发展北部快速干道

快速干道的巨大作用在北京、上海等城市已展示出来了。长期以来存在着这样一种观点：快速干道是在城市交通拥挤达到不可收拾时的产物。殊不知快速干道并非单纯的交通载体，更重要的是它是经济发展的一个强大动力。每当一条快速干道接通后，随之而来的便是城市结构、产业布局、房地产业等变化。可以说每修一条快速干道，城市就多一条输送养分的大动脉。因此，快速干道的建设必须有一定的超前性，并把它当作城市的一个产业。由于快速干道多采用高架的形式，投资巨大，影响久远。因此，必须从宏观的城市发展上着眼，非大气魄、大手笔不足以达到其要求。重庆的快速干道网络主要是在市区原主干道的基础上结合城市周围的国道（高速公路）来布置的。根据功能不同，重庆快速干道分为三类：一类是快速路环，包括一环、二环、三环、四环。二类是环内快速路，即在三环内按东西，南北设置两类快速路。三类是环路与外围组团连接的放射快速路，共设置六条，其中北面两条，东面两条，南面、西面各一条。整个快速路结构就主城区而言，分布不合理，许多路如石小路、高九路等在实施时

难以满足快速的标准，中环路大半环是快速干道，但在沙坪坝至石门大桥至松树桥段为城市主干道，由于干扰多，疏通能力相对较弱，特别是沙坪坝处难以承受三条快速路输送的交通量而形成瓶颈使中环断裂。同时在主城区主要用地的江北、沙坪坝和九龙坡区尚缺乏强有力的连接南北两片的大动脉，从而使城市结构呈松散状态。笔者认为应将石桥铺—新山村—重钢这条快速干道加以改造，向南延伸经伏牛溪规划火车站，跨长江经渔洞与外围的东西向国道相连。向北在石桥铺之前选定一个隧道口，穿越平顶山后跨嘉陵江与冉家坝向北的快速路相连，并通向北暗，这样既构成了一条贯穿南北的交通主干线，加强了南北两片的便捷联系，又构成了完全是快速干道的中环路，将极大地提高主城的交通效率。将李家沱—九龙坡—华村快速干道在规划的鸿恩寺公园以东处改线，借用华新街分流路的路线走向与新牌坊南北快速路相连，并延伸至人和再向鸳鸯方向伸展。这条干线贯穿了江北区的几何中心，服务面广且可实行。因为重庆市政府有将渝北区建成重庆的"浦东"的战略决策，因此，这条快速干道的延伸对贯彻、实施这一决策具有重要意义。

1.2　高架快速干道结合轻轨交通同时布线

重庆市快速干道的布设形式有高架和平面分离式两种形式。快速路的布线没有和轻轨、地铁、铁路等综合考虑。这必将引起投资分散，重复拆迁，换乘不便以及土地利用效率降低的后果。如果高架快速干道能与轻轨交通相结合，将两者合二为一，既节约用地，又可做到一次设计，一次拆迁，一次施工，收到事半功倍的效率，并且桥下还可作为仓储用地加以利用。把轻轨（电力）建设纳入优先发展直辖市、特大城市，必须发展轻轨交通的理由不仅仅是为了解决居民"乘车难"，以及重庆作为山地城市交通用地紧张，高架轻轨可节约大量土地的问题，而且还有其更深刻的原因，这就是快速轻轨系统将会成为影响城市结构和功能发展的重要的城市建设因素。我们可以从下述三个方面理解到这一点。（1）它作为整个城市客运系统的基础和骨架并按照快速和非快速交通协调运营发挥作用；（2）它将作为其线路影响区内城市用地的交通规划布局的核心；（3）它的车站和换乘枢纽是大量吸引乘客的中心，是城市社会、经济、文化和商业职能集中的地方，在城市用地的规划结构中有重要位置。轻轨系统造价、运营成本低廉，其每公里造价约为同等长度地铁的1/5~1/3，高峰小时运量为1~3万人。上海地铁耗时五年仅建成一号线一期工程14.7km，工程造价每公里达8亿~10亿，且仅能解决上海的交通运量。如此高昂的造价和耗时，显然与目前重庆的经济水平不相适宜，但城市道路的发展又始终跟不上车辆的增加，重庆市的大众交通问题要根本解决，只多修几条路或单纯拓宽道路是难以解决的。根据国内外的经验教训，把轻轨交通的发展提到首位，并结合快速干道的建设统一实施，必将收到良好的效果。

2. 规划合理的轻轨交通系统

目前重庆的轨道交通系统是地铁和轻轨线路混为一体，统称为轨道交通，且布局上存在极大的缺陷，仿佛轨道交通并非今后城市公共交通的骨干，而仅仅是一个补充而已。以地铁而言，地铁二号线朝天门至大坪段，由于滨江快速干道的修建，其服务范围大为减少，应予以取消。轻轨南北干线应南起伏牛溪沿重钢—新山村—石坪桥—袁家岗再结合华村快速干道在华村跨嘉陵江经马煌梁、新牌坊至人和，这一结合快速干道，穿越主城几何中心并向北推进，既服务于旧城区，又与城市今后重点发展方向相一致，同时与轨道一号线和五号线十字交叉，均衡服务于东、西、南、北四方，并与众多东西向快速干道相交，使乘客容易变换交通工具和出行方向。轨道五号线和轨道三号线为抵达江北方向要在嘉陵江上修建两座桥，长江上修建一座桥，无疑增大了实施的难度和造价。因此，应在嘉陵江两岸的片区的快速干道网上各形成一个轻轨回路系统，然后在几何中心部位建立贯穿南北的大动脉，既满足了各方向的快速交通，又可减少在嘉陵江上建桥的数目。

3. 把城市近郊铁路纳入公共交通系统

铁路交通在人们的观念中，历来是解决长途客运，利用现有铁路解决城市公共交通则是一个新的观念。国内在上海市和哈尔滨市的交通规划中均提出了利用、改造现有铁路的设想。发达国家大城市非常重视发挥铁路在城市公共交通中的作用，并致力于对现有铁路的利用和改造，使其实现电气化和现代化。有的还建成了单独的市郊铁路网，如巴黎枢纽引入的铁路干线有16条，伦敦有2条，莫斯科有8条，东京有12条，纽约有26条。巴黎在世界各大城市公交之林中独树一帜，成功建立了一个郊区以地面形式，市中心区以地下形式，相互联通的长23km的单独市郊快速铁路网。重庆市把铁路纳入公共交通系统是有条件的。从现有的铁路和规划的铁路布线来看，襄渝铁路、川黔铁路、成渝铁路、渝长铁路（规划）、渝怀铁路（规划）以及铁路枢纽的联络线已将主城区环绕起来，构成了一个铁路的大外环。如根据都市圈的布点，将城市近郊铁路向北延伸至江北机场，并把北碚、蔡家、鱼咀、长生、界石等外围组团联系起来构成一个大外环，解决市区与外围组团间的快速交通。同时，在主城区利用三峡大坝截流后，根据成渝铁路九龙坡至茄子溪段将被水淹没而需改线的情况，将铁路引入九龙坡城区，可在九龙坡区与沙坪坝区利用襄渝铁路和成渝铁路加上规划联络线构成一个回路。在江北区有规划渝怀铁路并在人和地区有北磅大站。因此，结合此站在沿江一带规划一条环线，并将嘉陵江复线桥（位于华新街）建成公路、铁路两用桥，与两路口火车站相连而为南北两片的铁路联络线。要达这一目的，铁路部门必须与城市规划部门密切配合，进行统一规划。

4. 利用两江通航优势，发展短途水上快速交通

重庆市有嘉陵江和长江两条通航河流，长期以来和铁路一样仅作为长途运输的通道，没有纳入城市的公共交通体系中，只有一些面临衰退的渡口渡船在起公共交通作用。根据多层次、多形式的公交原则，并结合旅游、休闲的作用，重庆应大力发展两江的短途、快速水上交通，以朝天门到北暗为例，坐汽车不堵车则需两至三小时，堵车则费时更多，如果走水路，以现在的水翼快船的航速最多半小时就抵达北碚，既快又舒适，同时将减轻陆路公交的压力。

5. 以桥梁美学为指导，把重庆建成真正的桥梁博物馆

重庆拥有被嘉陵江和长江分割的地理环境，随着城市的不断发展，在长江和嘉陵江上所建的桥梁越来越多，仅主城区内就规划了16座跨江特大桥梁，其中长江上9座、嘉陵江上7座。目前正在兴建或拟修建的有黄花园、高家花园及寸滩大桥。如此多的桥梁将给重庆带来桥梁博物馆的美誉。一旦所有的桥建成后，其历史、文化、旅游价值将是独树一帜的。然而，令人遗憾的是，重庆的桥梁造型缺少统一规划，只注重了实用价值，忽略了其美学及人文因素，最终将在文化内涵和旅游潜质上造成难以换回的损失。长江一桥建成后，人们对其单调乏味的造型评价很低。20世纪80~90年代又陆续建造了石门大桥、长江二桥及高家花园大桥，无一例外的均是斜拉桥。斜拉桥虽然造型美观、宏伟。但多桥一型又陷入单调的怪圈，桥梁是永久性建筑，除满足交通功能外，有极大的观赏价值和标志作用。欧美国家均对桥梁的造型极为重视，无不使其与城市风貌相协调，重庆应及早进行桥梁美学的研究。汇同规划部门、设计部门和建设部门对所有的桥梁的形式，结合交通、桥梁美学、城市风貌，旅游线路及人文景观等因素进行统一规划。事先选定桥型，一旦需建时，严格按规划进行。只有如此不遗余力，循序渐进才能形成世人公认的桥梁博物馆。

作者简介

向旭东　　　（1966–　），男，重庆市规划局市政规划管理处处长，原重庆市规划设计研究
院工程师。

山地城市道路规划刍议

陈星斗

（发表于《规划师》，2004年第5期）

摘　要：山地城市地影、地质条件复杂，道路选形应依据道路等级和性质而定，采用曲线形设计方法，避开不良地质带；道路竖向规划应注意平面线形与纵面线形的协调；道路网络布局应追求自由式、组团式。城市各组团间应加强车流集散通道和人流集散通道建设，组团内部应合理规划支路，采用立交方式提高道路通行能力。

关键词：山地城市；道路线形规划；道路网络规划

1. 引言

平原城市地形平坦，道路网络规划需要考虑的地形条件较少，而着重于考虑城市形态与发展规模，故道路网络通常被规划得四通八达，方正有序。这类城市用地分布均匀，布局规整，易形成完整的城市体系。山地城市地形起伏大，地质条件复杂，道路网络通常依山就势而建，呈自由式、组团式布局，非直线系数大。这类城市用地分布不均匀，布局不规整，组团间联系通常相对薄弱。

在山地城市中，自然地形、地质条件对道路网络的布设起着至关重要的作用。道路线形（包括平面线形和纵面线形）设置合理与否，在很大程度上决定着资金投入的多少，道路功能发挥的程度，对自然地形、生态环境的破坏程度，道路两侧的景观效果发道路交通事故的发生频率等等；道路网络设置合理与否，则决定着城市各种用地功能的发挥，车流与人流的合理集散，甚至整个城市功能的发挥。

2. 山地城市道路线形规划易遇到的问题及对策

（1）山地城市地形复杂，山谷纵横，地面高程起伏大，这给规划工作者进行道路平面选线带来极大的不便。道路选线原则应依据道路等级、性质而定。快速干道、主干道应依据较高标准进行选线，不宜过多地考虑地形约束，但应考虑地质条件，尽量避开滑坡、崩塌等不良地带，平面线形应较顺直，使城市主要交通流得到快速、有效的疏散。城市次干道、支路则应把地形约束放在较为重要的地位，依山就势进行规划，可依据较低标准进行选线，避免过多的高填深切，节约土石方量，平面线形应呈自由式，以达到分散城市主要交通流的目的。山地城市的道路网络应避免走入追求图纸的平面效果的误区。

笔者就以某山地城市的临江地区所规划的道路网络为例，规划园区地形切割较深，中部有2个山头，东部和西部为较深的冲沟（图1），若采用方格式路网，则土石方量十分巨大，难以实施。因此，笔者分别采用了对城市干道和园区干道进行选线的规划手法，城市主干道和滨江路线形较为顺直，而且区干道则随山就势，线形自由流畅，分台分组团，既避免高填深切，破坏原始地形地貌，又保证道路系统的顺畅，形成具有山城风貌的路网系统（图2）。

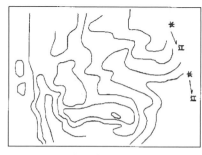
图1　地形分析图

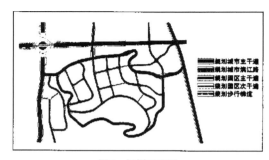
图2　规划平面图

城市道路规划工作者现今采用的道路线形设计理论与方法多为"直线型设计方法"，即先选定直线，再敷设曲线。随着道路等级和对道路线形要求的不断提高及对规划控制的日益精确，传统的直线型设计方法暴露出的缺点和不足，在山地城市中尤为突出，具体表现在：①难以充分、合理地运用圆曲线及缓和曲线；②难以处理复杂多变的几何线形；③难以满足地形地物的约束条件。

目前，交通部门正在日益推广和完善曲线形设计方法，即以曲线为主，直线为辅的设计方法，如较为成熟的拟合法和综合法等。这些方法较为有效地解决了直线型设计方法所不能解决的问题，应当引起规划工作者的重视并逐渐予以采纳和运用，使道路平面布线更趋合理。

（2）在道路竖向规划中，应注意平面线形与纵面线形的协调。城市道路标高不仅决定于道路本身，还决定于周边地块的性质、开发模式及开发强度。因此，道路竖向不仅要满足规范要求，还要有利于周边地块的开发；不仅要尽量减少道路本身的土石方量，更要减少周边地块因要与它衔接而产生的土石方量。很多从事道路交通事业的学者认为，要形成良好的道路立体线形应遵循以下原则：平曲线和竖曲线应尽量重合，以避免道路建成后所产生的视线诱导突变和排水困难等；平曲线和竖曲线大小要保持均衡；避免在凸形竖曲线的顶部、凹形竖曲线的底部规划小半径的平曲线和反向曲线的变曲点，否则会引起视线诱导错误而引发危险；多个平曲线内，必须避免纵断面线形的反复凹凸，即避免规划多个变坡点；避免把道路变坡点设置在交叉口处，否则会给道路交叉口设计带来不便。

（3）山地城市地质地貌复杂多变，道路规划工作者应掌握一定的工程地质学知识，尽量避开不良地质带，如崩塌带、滑坡带、岩溶等。在具体规划时，应结合所处地区的地质地貌条件，合理、灵活地处理具体问题，例如：当规划道路须经过构造型垭口时，若垭口为断层破碎带型或背斜张裂带型，由于岩体破碎，应明挖辅以支挡结构；若垭口为单斜软弱层型，由于岩性松软，风化严重，稳定性差，可考虑隧道方案。当规划道路须跨越不良地质带时，应规划好相应的工程措施，如防止土壤及岩石继续风化，切断水源，设挡土墙，避免切坡，保护坡脚。在用地规划中，还应确定滑坡地带与稳定用地边界的距离、深挖高填时的放坡距离，作为防护用地。

（4）在山地城市中，道路规划还应注意避免对自然形态和城市景观的破坏。因修建道路而产生的深切坡、高填方极大地破坏了城市形象。规划工作者应尽量采取综合治理措施来适应地形地貌特点，如横断面可采取错台式、阶梯式，既节约了工程造价，又不致过分影响城市景观。当遇到深挖情形时，尽量采用隧道方案，力求不破坏原始山体，还应结合用地规划，还绿于边坡，避免出现大面积灰白水泥荒坡。

3. 山地城市道路网络规划应注意的问题及对策

（1）山地城市由于地形限制，用地多被山峦或溪河等分割，用地难以成片。因此，路网布局不宜采用平原城市的棋盘式、放射式布局，而应追求自由式、组团式布局，根据地形地物条件划分为若干小组团，组团内自成道路系统，组团间再用城市快速干道、主干道等交通性干道加以联系，以达到各组团有机分离、有机结合的目的。如重庆市都市圈分为重庆主城和11个外围组团，每个组团内部又根据实际情况分为若干个小组团，形成大组团相对分离、大小组团相结合的城市布局形态。

（2）由于组团式结构本身存在组团间联系相对薄弱的问题，因此如何规划好组团间联系通道显得尤为重要。组团间联系通道可分为车流集散通道和人流集散通道。车流集散通道应规划为等级标准较高的城市环城高速公路、城市高架道路、城市主干道等交通性道路，再辅以一定的城市次干道，使得组团间的车行交通量能够快速、有效、安全地疏散。人流集散通道则包括轨道交通系统、步行系统、索道系统等。轨道交通由于具有容量大、快速、安全、节约城市用地等优势，在公共交通中应充分发挥其功效。据统计，地铁单向高峰小时运载30000人次～90000人次，轻轨单向高峰小时运载10000人次～30000人次，而有轨电车和公共汽车单向高峰小时载客量低于10000人次。由此可见，修建轨道系统将极大地减轻车行系统的交通量，可减少60%的沿线客流量，这对于缓解城市交通拥挤具有明显的作用。

（3）在每个小组团内部应合理规划城市支路，按照《城市道路交通规划设计规范》，支路网密度应达到3km/km²～4km/km²，必要时支路可规划成尽端路，以达到道路服务半径和起到交通末梢的作用。

（4）山地城市由于路网形态多呈组团式、自由式布局，难以形成方格网式，因此，通常在某地区或局部路段的重要复遣节点处交通转换点不多，交通量难以依托周围路网进行有效分流，即通常所说的"一根直肠子"。在这种情况下，道路负荷大，道路交叉口畸形，经常发生堵塞的情况。规划工作者除了尽量规划分流道路外，还要在地形地物困难地段，多采用立交方式提高道路通行能力。据调查，一般平面交叉口直行车辆为1800辆/小时~2000辆/小时即达到饱和，转弯车辆达到1700辆/小时～2100辆/小时即饱和，而全互通式立交总的通行能力可达10000辆～15000辆，比平面交叉口提高了6倍～8倍，车速可提高4倍～5倍，道路交通事故率减少2/3。这也是山地城市立交、桥梁、隧道等大型工程设施较多的原因。

参考文献

［1］肖秋生，徐吉谦. 城市总体规划原理［M］. 北京：人民交通出版社，1996.

［2］吴国难，王福建，李方. 公路平面线形曲线型设计方法［M］. 北京：人民交通出版社，1999.

［3］张庆贺，朱合华，庄荣. 地铁与轻轨［M］. 北京：人民交通出版社，2001.

［4］孙家，吴同雄，朱晓兵. 道路立交枢纽设计［M］. 北京：电子科技大学出版社，1996.

作者简介

陈星斗　　（1974–　），男，硕士，原重庆市规划设计研究院工程师。

山城步道
——比简单走路更具内涵和意义的步行空间

张妹凝　余　军

（发表于《风景园林》，2012年第6期）

摘　要： 本文力图探讨在山地城市中的步道及街巷公共空间设计的理念和方法。通过重庆渝中半岛步行系统及示范段设计项目这个案例，剖析在步道空间调查、设计和实施三个阶段如何通过"邀请"的行为学研究成果的应用，实现城市步道空间公共生活的回归和步行优先的绿色出行导向目标。

关键词： 山城步道；公共生活；邀请

重庆以"山城"而闻名于全国。作为山地城市的代表，重庆市民交通出行方式中，步行成为比较主要的方式之一。在重庆城市发源地渝中半岛区域，一直以来都是重庆城市商贸和金融中心。经过我们的调查统计，在这样的中心地区，步行出行方式占到了市民出行的53%左右，是最主要最受欢迎的方式。其原因在于，在渝中半岛地区拥有极其丰富的传统街巷系统，主要特色表现在：

1. 历史悠久，具有丰富的传统空间元素，每一条街巷都是一个故事，从而具有强烈的人文吸引力；

2. 适应重庆高低变化的地形特点，这些街巷往往成为联系上下台地的捷径；

3. 街巷不仅是人们步行的交通廊道，也是他们的公共生活空间。渝中半岛的传统街巷已经成为重庆城市符号和市民生活的一部分。

但是随着近年来旧城更新改造和机动车的不断增长，传统的街巷空间以及步行出行方式受到了严峻的挑战，一些曾经在重庆拥有很高知名度的街巷消失了，城市改造的资金更多地投向改善机动车道路和交通设施方面，街巷逐渐被人们遗忘，步行空间的品质下降，传统的街道生活方式正在受到挤压而逐步萎缩。因此，在渝中半岛步行系统规划和示范段设计中，如何在观念上改变对步行价值的认识，利用丰富的传统街道空间资源，引导绿色交通出行在渝中半岛城市中心区的回归，提升街巷步行空间的质量，恢复城市活力是我们这次设计的主要目标和任务。

图1　重庆传统的街巷空间

1. "邀请"是本次步道规划设计的核心理念

1.1 "邀请"的概念及对象

这里谈的"邀请"即城市空间与人的行为的互动关系。当城市致力于解决小汽车交通日益增长的问题，通过将所有可用、可获得、可利用的城市空间简单地填满小汽车的时候，通过建造更多的道路和停车库以缓解交通压力的时候，这些解决方式就是一种对购买和推动更多小汽车使用的直接性邀请和欢迎①。这种对驾驶者的"邀请"后果就是道路越多，交通越多，使我们力图解决的问题反而日益突出，成为一种不可持续的权宜之计。

那么当邀请对象发生变化的时候结果如何呢？纽约曼哈顿百老汇大街自行车道和人行道改造，时代广场将城市道路改造为步行区；旧金山把城市快速路变成平静祥和的城市街道；哥本哈根重新构建了街道网络，将机动车道路和停车场移走，创造了安全舒适的自行车交通环境；而伦敦则在城市中心区收取拥挤费；这些城市也是在做出邀请，是对步行者和骑车人群的诚心诚意的邀请，其结果是汽车交通量减少了，交通效率提升，城市公共空间品质得到极大改善，公共交往活动变得丰富多彩，新的城市空间和新的邀请作用带来了城市全新的使用模式，城市因此充满活力。

在渝中半岛地区解决交通和城市活力问题，实际上就是转换"邀请"对象的选择，即对步行者（因为地形原因，自行车交通在半岛地区很难实现）和步行空间环境的关系进行评估，在此基础上制定路权分配和质量品质提升的相关政策。这种看上去十分简单的观念转变在后来示范段步道设计实施过程中比我们想象的艰难。

1.2 "邀请"的三原则

在渝中半岛地区的步道规划和示范段设计中，我们提出针对"邀请"概念的三个基本原则

---

① ［丹麦］扬·盖尔. 人性化的城市. 欧阳文，徐哲文译. 北京：中国建筑工业出版社，2010.

及其空间质量评估标准。

1.2.1 安全性原则

内涵三个避免：避免犯罪和暴力，避免交通事故，避免不愉快的感官经历。这个是步道规划设计首先需要遵循的必要性原则。

避免犯罪和暴力	避免交通事故	避免不愉快的感官经历
·足够的照明	·交通事故	·风/阵风
·允许被动监视	·污染、尾气、噪声	·雨/雪
·功能在时间和空间上的重叠	·可视性	·寒冷/炎热
		·污染
		·灰尘、强光和噪声

公交设施与城市生活被隔离时，产生的不安全感（渝中半岛石板坡立交）。

图2　公交设施与城市生活的隔离

1.2.2 舒适性原则

6个舒适性评价标准，是步道规划与评价的核心内容。

提供步行的可能性	邀请人们站立/停留	邀请人们落座
·可步行的空间	·有吸引力和功能齐全的沿街面	·划定的坐处
·重要节点的可达性	·规定好的停留地点	·使优势最大化
·有趣的立面	·可以依靠或站立的物体	·优美的景观
·无障碍设计		·公共空间和咖啡座的完美结合
·优质的沿街面设计		

视觉、听觉和语言的联系	白天/傍晚/夜晚的活动	玩耍、休闲和互动
·统一的道路指示系统	·24小时的城市	·允许体育运动、游玩、互动和娱乐
·无视线的障碍	·全天功能的变化	·临时活动
·吸引人的景观	·窗户内射出的灯光	·可选择的活动
·照明	·混合使用	·为人们的互动创造机会
·低噪音水平	·人的尺度的灯光	

1.2.3 愉悦性原则

3个愉悦性评价标准：宜人的尺度、大自然的巧妙利用和审美情趣。

宜人的尺度	气候的正面影响	审美和感觉
·建筑和空间的尺寸应遵循重要的人的尺度，包括感觉、运动、大小和行为	·阳光/树荫 ·温暖/凉爽 ·微风/通风	·质量设计、细节优美、材料结实 ·景观/对景 ·美好的感官体验

愉悦性原则实际上应该成为步道规划与地方文化结合的指导性原则。

2. 步道空间质量和城市公共生活调查及评估——基于行为心理学原理的"邀请"特征调研

为了做出准确的"邀请"，本次规划实施的调查和评估是在邀请三原则指导下针对12个评价标准进行的数据收集和分析。调研的时间样本分别选取在周二至周四（周一和周五因为靠近周末，偶然性因素较多，故未纳入），周六或周日，即分别在工作日和周末进行样本采集。时间从早上8点至晚上12点，即人在一天内的有效活动时间。在这个时间段内，通过对在步道空间内活动的人的数量、年龄段、停留方式、停留时间以及与空间尺度的对应关系进行记录和分析，从而寻找具体的和针对性的解决方案。

调研总的分为两个部分：空间质量评估和居民出行统计。

图3 丹麦盖尔事务所的专家指导和参与本次山城步道的调研

2.1 空间质量的评估

2.1.1 结构尺度

将城市空间的结构尺度从小到大划分为以下五个类型：

街道：小规模空间，往往是有机的结构。在私人和公共空间之间有许多视线阻隔和传统的空间形式。适宜步行的城市应有大量此类型的空间。

街道和街区：小型局部区域的连接空间，连接私密空间和各种形式的建筑、街道。

街区：有着清晰几何形状和中等规模的公共集合空间，包含了各种功能。

街区和城市：大规模空间，一次可容纳许多人，周边

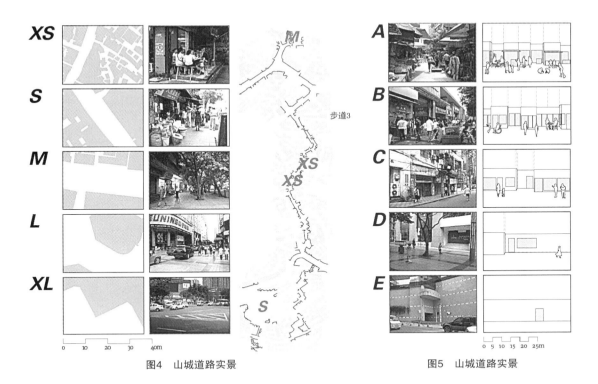

图4　山城道路实景　　　　　　　　　　　　图5　山城道路实景

是大型的、往往是单一功能的设施。

城市：超大规模空间，基本没有考虑人的尺度。每个城市仅需要几个这种类型的空间，用于特殊的活动。

沿珊瑚公园—枇杷山公园—大溪沟轻轨站—嘉陵江滨江带（下称第三步道）位于渝中半岛，属于城市老城区，结构尺度主要为街道、街区和街区类型。

2.1.2　沿街立面

城市沿街立面的处理，尤其是低层建筑物的处理，对于城市生活有着至关重要的影响。这是人们在城市内行走的地带，也是人们近距离看到和体验的建筑，是室内和户外生活的交接处，也是城市和建筑物交界的地方。

沿街面设计是保持和优化城市空间质量的重要手段，我们采取盖尔事务所开发的五类评估法（A~E）对底层沿街面进行评估，第三步道沿街立面中不活跃和非常不活跃立面占总量的54%。

A非常活跃：小单元，开敞度高，许多开门（每100米有15~20个门）；功能变化多样；有很多门面或开放的门面；非常丰富的立面；细节和材料优良。

B友好：单元相对较少（每100米有10~14个门）；功能变化不多；少数被遮挡和不活跃的单元；相对丰富的立面；许多细节。

C 混合：大单元和小单元混合（每100米有6～10个门）；少量功能变化；一些被遮挡和不活跃的单元；立面有变化；少数细节。

D 不活跃：大单元，开门少（每100米2～5个门）；几乎没有功能变化；许多被遮挡或毫无生趣的单元；较少或几乎没有细节。

E 非常不活跃：大单元，少数或没门（每100米0～2个门）；无功能变化；被遮挡或不活跃单元；统一的门面，没有细节，无可看性。

第三步道沿街立面类型分布

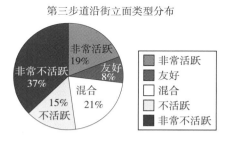

图6　第三步道沿街立面类型

2.2　出行调研

2.2.1　行人出行时段分布调研

选取城市主要的步行街区和广场进行调研得出：（1）重庆的早晨和傍晚是高峰时段，同时白天的生活比其他城市更活跃；（2）在重庆行人活动的时间段分布表现的趋势与西方城市有极大的不同。原因在于一是温暖的气候，早晨和夜晚在室外更宜人。二是工作时间的差异，重庆夏季普遍工作时间为8：30～18：00。此外，重庆与用来比对的城市相比，并不是一个旅游为主的城市，这也可能会影响白天的使用时间。因此，重庆的设计应考虑适应傍晚的活动。

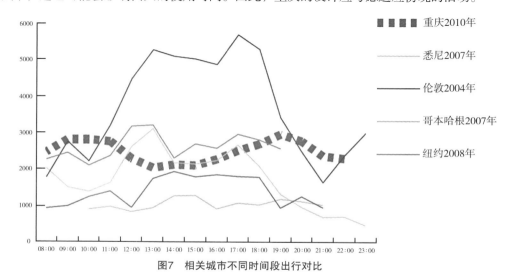

图7　相关城市不同时间段出行对比

2.2.2 停留活动

调研从早上8点到凌晨12点，每隔两小时记录人群停留活动数量以及活动的分布和类型，在示范段的第三步道，我们记录的结果如下：

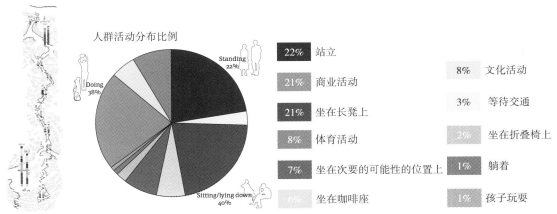

图8 人群活动分布

2.2.3 步道使用人群结构

重庆市人口平均年龄分段（2004年）0~14岁占总人口的20.88%，15~64岁67.69%，65岁及以上11.46%。

周六上午8点到下午7点时段内，对街上所有人的年龄和性别进行了调查。发现与城市平均年龄段相比，青年和老人的比例相当高，这说明空间的设计应满足所有居民的需求，尤其是老人。

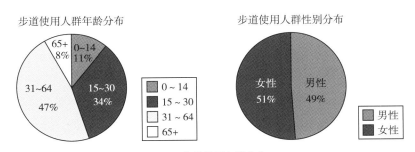

图9 步道使用人群分布

2.3 几个重要结论

——步道空间品质的好坏不由经过该空间的人数决定，而是由停留行为的时间长短来决定。

——层次丰富的柔性界面产生更加丰富的停留活动和更长的停留时间。

——在步道与机动车交通交叉区域，邀请行为对机动车绝对倾斜，或者对步行的邀请行为背离了他们的行为心理特点。因此产生的违反现行交规的行人过街行为比较普遍（例如忽略人行横道线、人行天桥和地下通道的过街行为非常普遍）。尤其在人和街路口更加明显和突出。

——老人的出行比重相对于重庆市平均人口比例的数据偏高，因此在第三步道规划设计中应该更加尊重这个人群的出行和行为特点。

——步道设施与设施周边的使用功能不匹配或者在有停留行为发生的空间中缺乏相应的设施配置。

——山城步道需要更多地考虑在傍晚的活动需求。

3. 符合人们行为特点和邀请驻留的设计与实施

基于行为学原理的调查分析，为我们揭示了在步道空间中活动的人群及其行为特点和停留行为发生的空间分布规律及时间节点。我们所要做的就是通过设计邀请更多的人来到步道，并提供给他们在步道空间生活和停留的更多的便利和更好的环境品质。

3.1 更强的可识别性

强烈的可识别性可以让人们在渝中半岛地区复杂曲折的街巷中找到自己的方位，并清楚地区分公共步行区域与私人空间的差别，从而界定出清晰的行为规范，得到安全的步行环境暗示。构成可识别性的元素主要包括：入口标志、步行道两边的标志线铺装、统一的灯具造型和色彩、统一的城市家具、适合于公共空间的铺装材料（色彩鲜艳、渗水、防滑）等等。

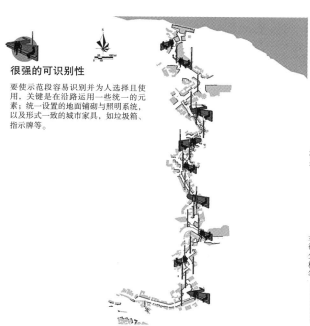

很强的可识别性

要使示范段容易识别并为人选择且使用，关键是在沿路运用一些统一的元素；统一设置的地面铺砌与照明系统，以及形式一致的城市家具，如垃圾箱、指示牌等。

设计要点

照明系统：沿路运用一些统一形式的照明元素，路灯、墙灯、地灯等最好用统一的款式，在广场等公共空间节点处可最多不多于两种款式。

城市家具：沿路运用一些形式统一的座椅、果皮箱等元素

步道铺装：铺装运用统一元素，强化步行空间的特征，同时也通过样式的变化体现空间界线，达到空间分隔及功能变化的效果。宜采用本土材质，如青石板、青砖等，强调其具有持久、防滑等功能。在广场等公共空间节点处可以有局部拼花及材质上的变化。

图10　步道设计示意

图11 步道两边的红砖及灰砖铺砌的标志线

3.2 符合多种人群需要的公共生活空间

在调研中我们发现越是品质好的公共步行空间，人们停留和公共交往的时间就越长，公共生活的方式更加多样化。不管老人、青年人、儿童都能找到自己的公共活动方式。在示范段步道中，我们找到了一些大大小小分布在不同标高地坪上的公共交往空间，而且随周边建筑功能的不同而形成不同的聚集和交往的人群。他们从事的公共活动也丰富多彩，有商贸活动（街边摊贩）、棋牌活动、健身锻炼、路边茶座、路边小吃等等。同时步道周边分布着养老院、街道诊所、幼儿园、小学等公共服务设施。这样积极、开放、活跃的公共生活需要各具特色的设计和配套设施予以"邀请"。

独特的场所精神

示范段沿线不同的场所空间具有不同的特质，不同的空间类型、不同的活动需求以及服务不同的人群：老人、小孩等，都会给路人不同的生活体验。

场所的功能分类

体育健身：提供篮球、舞蹈、器械健身等。

绿化休闲：通过绿化景观的配置提供人们修养身心的场所。

城市广场：提供公共城市室外活动的聚集性场所。

便捷通道：提供便捷、快速、安全的通行方式。

图12 步道设计示意

图13　解放碑商业步行街的高品质公共空间　　　　图14　步道实景

　　左图是一个"邀请"的例子。这是一所幼儿园的入口，每当幼儿园上学和放学期间都有很多家长来接送。因此这里的驻留行为活跃，而且老人比例很高。在改造前，门前只是一些花池和一道封闭的围墙，这里的行为没有得到环境的支持和配合。通过将花池改造为座椅，在围墙上增加为幼儿提供的书画作品展示栏，以及更多的座椅和照明设施的设置，明确地向这里的公共活动行为发出了"邀请"，赋予了这个空间特有的公共属性，有效地增加了公共活动和停留的时间，使得公共空间的质量有了很大的提升，居民反响热烈。

3.3　安全的人性化过街方式

　　人行交通如何跨越城市道路是这次渝中半岛步行系统规划和示范段设计的一个重要节点，

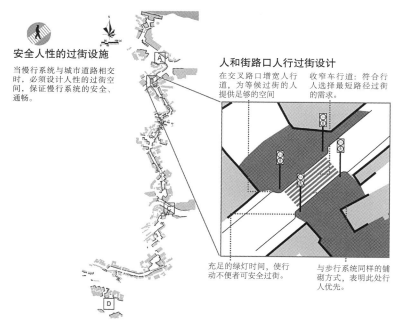

图15　步道设计示意

图16　步道实景

也是示范段"示范"的主要内容之一。在渝中半岛这样的城市中心区，示范其实就是我们对步行与车行谁具有优先性的价值观的碰撞，也是在实施过程中的一段最为复杂最为艰难的博弈。在本次设计中，我们选择了最为复杂的人和街口的过街路段作为试验节点，进行了深入细致的研究和方案比选。方案提出了两个主要的设计理念：人行道应该保持连续性，提供为各类人群适宜的步行或通过条件；过街方式应该符合人们的行为习惯，而不是简单地为他们提供天桥或是地道。

　　调研过程中我们注意到了这样一些现象：城市道路两边的人行道被各种机动车通道所分断，形成一个个连绵不断的凹陷，这里盲道被打断，突起的路沿石对残疾人、老人和负重的行人的步行或是轮椅的通行都是很大的障碍。

　　我们在解放碑步行街口的人行地道口做了一个简单的统计发现，90%的行人都没有使用地道而是直接穿越道路过街。这样的现象在其他很多城市也比较普遍。因此我们认为这不是简单

图17　步道实景

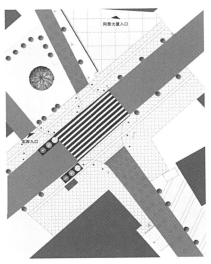

图18　人和街路口改造方案设计平面图

图19　人和街路口改造前

图20　人和街路口改造后

图21　人和街路口改造后效果

的人的素质问题，而是我们过去的设计理念出了问题。那就是我们没有对行人发出友善的邀请。

在人和街路口设计方案中，我们在这两个方面进行了突破，方案提出了5个措施：（1）拉平道路两边人行道；（2）人行过街部分直接连接两端而不是迂回设置斑马线；（3）过街部分标高与两边人行道拉平，在机动车道上形成隆起，并设置减速标线；（4）增加红绿灯信号；（5）在两端人车混行的步道上设置地面标识提醒驾驶员注意行人。

后因路口的地下管网检查井过多，取消了第三条措施，采用了彩色地面方式。

方案在报审过程中，我们与市、区两级交警部门、市政部门甚至施工方做了大量的解释和沟通工作，最终方案获得了通过并付诸实施。

4.　结语

渝中半岛步行系统规划及示范段设计实践是我们首次从行为学的角度探索步行空间的设计理念和方法，也是在重庆首次以步行行为作为邀请对象付诸实施的一个步道空间改造设计项目。在方案设计和实施过程中得到了丹麦扬·盖尔事务所和美国能源基金会北京宇恒交通研究中心专家的悉心指导和直接参与，扬·盖尔先生几十年对城市公共生活及空间的研究成果和实践经验在这个项目中得到了应用和验证，实施效果和社会反响也很热烈。通过这个项目我们希望能够在渝中半岛和重庆其他地区规划建设更多的人性化的城市步行空间，让更多的步行行为得到邀请，让城市公共生活更加丰富多彩。

参考文献

［1］［丹麦］扬·盖尔. 人性化的城市［M］. 欧阳文，徐哲文译. 中国建筑工业出版社，2006.

［2］Jan Gehl, Lars Gemzoe, Sia Kirknas & Britt Sternhagen Sondergaard. New City Life［J］. The Danish Architectural Press，2006.

［3］［加拿大］简·雅各布森. 美国大城市的生与死［M］. 金衡山译. 译林出版社，2006.

［4］何智亚. 重庆老巷子［M］. 重庆出版社，2000.

［5］何智亚. 重庆老城［M］. 重庆出版社，2010.

作者简介

张妹凝   （1983– ），女，硕士，重庆市规划设计研究院总工办主任助理，工程师。

余 军   （1967– ），男，重庆市规划设计研究院总工办主任，正高级工程师。

重庆市主城区泄洪通道系统规划思路初探

孙 黎

（发表于《规划师》，2011年第12期）

摘 要：本文基于笔者多年从事城市规划的相关工作经验，以重庆市主城区泄洪通道规划为研究背景，探讨了山地城市泄洪通道规划方案制定的思路方法，给出了重庆市主城区泄洪通道规划的结果，并提出了一定的保障思路，全文是笔者参与具体项目中的理论升华，相信对从事相关工作的同行能有所裨益。

关键词：城市规划；山地城市；泄洪通道；保障

1. 前言

由于重庆主城区具有"山城"和"江城"的特点，城市空间结构呈多中心、组团式布局，加之较为复杂的地形地貌，自然形成数量众多的排水流域。长期以来，重庆市主城区排洪系统不够健全，排水、排涝系统的建设未受到足够的重视而滞后于城市建设，特别是近十年在城市快速建设过程中，改变了原始的地形地貌，使自然排水流域发生很大改变；加上在城市开发建设中随意调整河流、溪沟的走向，随意渠化河道，随意填埋水库及冲沟，使其失去了原有的蓄洪、泄洪功能；城市的扩张，不透水地段的急剧增加等种种原因，导致主城区局部地段常年因大雨和暴雨发生洪涝灾害。种种因素迫切要求对城市的主要排水流域及泄洪通道进行梳理，编制具有系统性、可操作性的专项规划，提出切实可行的规划管理要求，合理利用雨水资源，形成良好的生态体系，从而减少或消除在极端气象情况下对城市造成的危害，保障城市安全正常运行。

为了创造宜居、安全的人居环境，提高和加强主城区预防、抵御洪涝灾害的总体能力，针对重庆在"8.4"、"7.17"洪涝灾害情况，2009年8月，在重庆市规划局、重庆市市政委组织下，编制完成了《重庆市主城区泄洪通道专项规划（2009–2020）》。

2. 城市泄洪现状及存在的主要问题

城市泄洪系统作为城市防灾减灾重要的组成部分，一直备受关注。城市泄洪设施是城市基础设施的重要组成部分，主要包括堤防、行洪排水设施、水库及其他设施。同时，完善配套的城市防洪排涝设施是城市经济持续快速发展的重要保障。我国城市防洪排涝的基础差，尽管各市都有一定的防洪设施，但真正有洪水时，并不能保障该市的生命线不受损害。重庆城市防洪现状及存在问题如下。

2.1 重庆特殊的自然气候考验城市泄洪系统

2009年8月4日（简称"8.4"），重庆市大部分地区持续暴雨到大暴雨，主城部分地区降雨量达230毫米，仅次于2007年7月17日的暴雨（简称"7.17"），造成包括主城区在内的全市各区县不同程度遭受暴雨洪灾袭击，并引发山洪、内涝、塌方、泥石流等地质灾害，给重庆市群众的生命财产造成严重损失。

由于重庆市中心城区所属的特殊地形地貌及山峡小气候特征，诱发了像"7.17"、"8.4"极端气候下的暴雨洪水，两次洪灾都为百年不遇的大暴雨，流量大，速度快，而城市排水系统普遍以常规的雨水设计标准考虑流量，使得大量洪水进入了城市市政管道，超过管道接纳能力，不能满足泄洪要求，造成灾害。

2.2 城市防洪标准较低

世界各国对洪灾都比较重视，并积极采取相应的防洪措施，许多著名的大城市都设定了较高的防洪标准。如波兰的大城市为1000年1遇，美国密西西比河为100～500年1遇，瑞士为100～500年1遇，保加利亚为100～200年1遇。而我国城市防洪标准却普遍较低，除上海按1000年1遇防洪标准设计外，许多大城市如武汉、合肥等防洪标准均不到100年1遇。更有一些城市，达不到国家的防洪标准，如南宁市，其防洪标准应为100～200年1遇，而现实却为7～8年1遇。

由于洪水的随机性、城市发展的动态性、人类对洪水认识能力的局限性，工程防洪措施在合理的技术经济条件下，只能达到一定的防洪标准。无论防洪标准定得多高，都有可能出现超标准的洪水。防洪标准定得过高，不但不经济，而且限于经济实力，也不可能完全实施，并不是防洪标准越高越合理，但也不是标准越低越经济，若设计标准过低，造成城市被淹的可能性就越大，造成生命财产巨大损失的概率就越高。目前，城市防洪规划中，经济防洪标准很少能做到真正合理。

2.3 城市运营与管理上存在缺陷

由于对现代城市水灾研究和成灾规律的不足，往往造成在城市前期规划和运营管理上的许多失误，从而引起或加重城市洪涝灾害。有些城市往往在做城市规划时，由于在该市设防与否、设防标准的问题上举棋不定，致使遭受重大灾害。

城市防洪泄洪工程是一个城市可持续发展的重要保障工程之一，高标准的防洪体系又是城市生命财产安全的重要保障基础，也是加快城市化进程的必需条件。重庆的防洪工程设施底子薄，施工比较简陋，更不能做到定期检修。许多防洪泄洪设施都遭到过不同程度的破坏，如天然河道被随意填埋、盖化，河道控制线上无法搭建房屋，非法取土取石，从而使洪水到来时，泄洪设施无法正常使用。如在我们实际现场调研过程中，重庆市沙坪坝区陈家桥镇、巴南区花溪河以及南岸区海棠溪等支流，由于疏于城市管理和控制，致使像"7.17"、"8.4"这样的洪灾来临时，房屋被淹，财产损失，甚至导致人员死亡。

近年来，重庆正处于城市快速发展阶段，大量的城市建设活动对原始地形地貌、冲沟、湖库、河道均有不同程度的改变，作为重要流域分水线的山体被随意大挖大填，促使原有流域排水方向和汇流面积被改变，造成局部地区泄洪能力超标；而在城市的地块和道路建设中，大量的地面被硬质化，城市的径流系数增大，过流时间缩短。同时，由于城市泄洪系统不完善，泄洪通道建设滞后，可以临时作为泄洪的河道、冲沟、管涵，因上游大量冲积而来的泥沙和垃圾堆积，造成通道堵塞，引起洪水上涨，一定程度影响城市泄洪。

3. 泄洪规划方案制定思路研究

3.1 界定泄洪通道

通常我们将排放洪水的江、河、湖、溪沟以及大型管渠等统称为泄洪通道，主要包括大江大河、次级河流及其支流，溪沟、湖库及具有泄洪功能的地下管涵等。城市在考虑泄洪方案时首先应充分考虑利用现有泄洪通道的排洪能力，通过改善通道水流条件，扩大通道过水断面，增加通道最大可通过流量，以作为通道最大控制流量。

近年来，城市在防洪规划和防洪建设方面做了大量的工作，结合重庆城市规划的快速发展，对重要的大江大河分别开展了防洪规划与工程建设，很大程度提高了城市防灾减灾能力。但是，城市的发展往往是全方位的，重要的河流受到了足够重视与资金投入，管理也较为成熟，在近年几次洪灾中均能很好地保障着城市的安全，然而处于城市建设中的小型河流、溪沟与地下管涵，往往重视不够，被随意改道、"瘦身"和堵塞。

基于此，在规划城市泄洪系统思路中，将城市泄洪系统梳理成大江大河、市政雨水管道和城市泄洪通道三个子系统。其中城市市政雨水管道系统主要收集流域面积小于2平方公里用地的雨水，而流域面积大于30平方公里的泄洪通道，已具有明显的河道特征，统一收集在大江大河系统中，并已全部纳入重庆市主城区防洪规划体系中统一部署和建设。而对于城市泄洪通道这个层次的系统，则作为本次方案中重点考虑对象，明确将流域面积在2~30平方公里城市建设用地的河流、溪沟以及流域内的大型管渠等划定为城市泄洪通道，纳入到城市规划管理中一并控制。

3.2 确定泄洪等级

确定城市泄洪通道的等级又是一个较为难点的话题。由于洪水的随机性、城市发展的动态性、人类对洪水认识能力的局限性，工程防洪措施在合理的技术经济条件下，只能达到一定的标准。无论泄洪标准定得多高，都有可能出现超标准的洪水。标准定得过高，不但不经济，而且限于经济实力，也不可能完全实施，并不是防洪标准越高越合理，但也不是标准越低越经济，若设计标准过低，造成城市被淹的可能性就越大，造成生命财产巨大损失的概率就越高。因此，重点考虑近期建设、适度超前发展作为确定重庆城市泄洪能力原则是合理的、恰当的，也得到一致意见。一方面考虑了尊重自然，人与自然和谐共生，另一方面又不失规划意识，适度超前，局部提高，达到可持续发展。

结合重庆城市空间规划发展战略，城市正在向多中心、组团式布局方面发展。在城市各组团发展过程中，不同区域发展的性质、功能各不相同。在确定泄洪通道等级时，同时引入城市综合防灾理念，根据城市不同区域防灾重要性、洪灾危险性、灾害造成的损失以及社会影响等多因子分析比较，提出了高于常规城市市政管道的配置标准，重点体现在暴雨参数取值不同，分别按5～20年不等的重现期考虑不同等级泄洪通道。并将城市划分为泄洪重点控制区、泄洪一般控制区。将城市总体规划确定的城市副中心、中央商务区和商业中心、市级体育中心、大型广场、会展中心等人口密集区、大型公共建筑密集区，重要工业仓储用地、重要基础设施等地区划定为泄洪重点控制区，提高一级标准进行控制。

3.3 制定规划管控指引

在规划管理控制中，分别确定遵循国家与地方标准、遵循自然生态一般规律、泄洪通道的属性须满足本区域泄洪功能，以及明确划分泄洪通道控制范围等管控原则和重点控制内容，并按照城市规划编制的常规方法，分别以彩版和黑白版分图形式进行规划控制，方便规划管理。在彩版分图中，重点强调泄洪通道在规划管理中具体的操作细则；而黑白版分图为泄洪通道主要的技术参数，也将为该通道在下一步深化设计时提供规划技术参考。

4. 主城区泄洪通道系统规划

结合主城区排水流域与用地特征，原则考虑主城山水特征，以长江、嘉陵江及四山为界来划分北部片区、中西部片区和南部片区三个工作单元。共有77个泄洪系统，233条泄洪通道，其中现状泄洪通道（主要为地下管涵）有36条，规划泄洪通道197条。其中：

北部片区主要有御临河、五宝、朝阳溪、鱼嘴、铜锣山、朝阳河、寸滩河、茅溪、溉澜溪、三洞桥、唐家桥、猫儿石、杨家河沟、玉带山、盘溪河、大小溪、曾家河、九曲河、礼嘉、张家沟、黄茅坪、张家溪、后河、东阳等24个泄洪系统，规划划定有66条泄洪通道。其中现状泄洪通道（含地下管涵）有18条，规划泄洪通道有48条。

中西部片区包括渝中区、九龙坡区、大渡口区、沙坪坝区、高新南区、北碚区北碚蔡家组团。范围内主要有梁滩河、蔡家、三溪口、童家溪、井口、双碑、磁器口、清水溪、化龙桥、储奇门、渝中嘉滨、龙凤溪、桃花溪、葛老溪、伏牛溪、跳蹬河、大溪河、西彭等18个流域泄洪通道系统，规划划定泄洪通道116条。其中现状泄洪通道（含地下管涵）有12条，规划泄洪通道有104条。

南部片区包括南岸区、巴南区和经济开发区南区。范围内主要有交通学院、白洋滩、观音寺、四南湖、桃园、海棠溪、南山、清水溪、小沙溪、大沙溪、鸡冠石、纳溪沟、兰草溪、温家溪、野水沟、洪家坡、茶园、苦溪北、苦溪南、迎龙、东港、大江、黄溪河、龙州湾、杨村凼、先锋、西流沱、八公里、土桥、炒油场、白鹤、鹿角、鹿角北、南彭、一品等35个泄洪通道系统，51条泄洪通道。其中现状泄洪通道（含地下管涵）有6条，规划泄洪通道有45条。

5. 规划实施保障思路研究

5.1 加强立法与执法，建设完善的城市泄洪体系

加强主城区泄洪通道保护的立法工作，建议制订并颁布《重庆市主城区泄洪通道管理办法》，进一步增强主城区泄洪通道规划管制的法制力度，建立和完善规划监督、审批执法责任制。建立和完善联合执法机制，加大管理力度，开展泄洪通道执法检查。市政、水利、环保、规划等部门每年应开展一次专项执法行动，严格查处随意侵占、渠化、盖化泄洪通道等违法建设，加强违法建设的监督检查和管理，加大查处难点、热点问题的力度。

5.2 合理规划，统筹泄洪通道空间控制与管理

随着城市建设的飞速发展，城市的地形地貌也发生了重大变化，原始自然形成的雨水分界线可能已发生变化，需要统筹制定城市排水管网体系规划，科学布局城市防洪排涝工程，优化雨水管网系统，合理确定雨水分界线和划分雨水系统分区，并根据我市历年来的暴雨资料合理确定城市内部泄洪标准，按照"全面规划、统筹兼顾、标本兼职、综合治理"的原则，采取综合治理措施，保障城区各小流域的泄洪能力。

5.2.1 确定空间控制的四大原则

结合重庆在防灾减灾规划方面的实际经验，遵循国家与地方相关法律、法规、规章与规范性文件；遵循自然生态规律；泄洪通道的属性须满足本区域泄洪功能以及明确泄洪通道控制范围应包括为保障泄洪通畅而必须控制的区域等这四大原则作为泄洪通道在空间管控要求的基本

前提。

5.2.2 制定泄洪通道控制的重点内容

在制定规划控制的主要内容上，将控制分为大江大河和自然溪沟、湖库及地下管涵等两大方面，针对不同类型作出规划控制。在河流管理上，明确将主城区河流不允许封盖作为强制性条款纳入规划管理，并严格按照主城区河道管理规定进行控制。在自然溪沟、湖库及地下管涵等类型中，这类通道最易在城市建设中被忽略。本规划重点对不同等级的泄洪通道，在建设过程中重大调整的控制（比如改变水系或封盖），具有泄洪功能的水库，地下管网系统的保护，处于城市永久性非建设用地中进行重点控制和管理，同时，在城市规划布局中，还对具有重要影响的排水流域分水岭自然山体做出强制性控制。

5.2.3 加强与城市控规动态管理的衔接

通常重庆城市建设是以城市控规管理平台为基础的，将编制完成后的泄洪通道成果纳入规划管理进行维护，为重庆城市防灾减灾工作的持续推动提供一个可操作性的规划框架，并在未来重庆城市规划编制管理中不断滚动推进、逐步完善。

5.3 强化、细化近期建设规划

城市规划是描绘城市未来发展的美好蓝图，如何按确定的规划实施是保障重庆朝未来"宜居"城市发展的重要步骤，它牵涉到城市中各个环节和部门。在本次规划中重点突出了近期建设，全面与相关部门密切配合，将近期建设规划与具体的实施工程密切结合起来，具有较强的操作性。在考虑近期建设规划中，确定了近期建设安排项目的类型，划分了相关部门的管理原则，根据具体的工程改造项目，合理地确定了适应重庆城市发展的近期建设规划。

5.4 加强公众参与及社会监督

本规划批准后，应及时向社会公布，以便于规划的实施和社会监督。建立规范的主城区泄洪通道保护相关信息发布和公众意见反馈渠道，扩大社会公众在参与主城区泄洪通道管理中的知情权、话语权，建立有偿举报机制，鼓励公众对涉及主城区泄洪通道的规划编制以及实施进行监督，对各种违法行为进行举报，对经查处的违法行为举报，在保护举报人权益基础上给予一定奖励。

充分发挥市规划委员会、各级政府部门、专家和市民的作用，建立重大问题的政策研究机制和专家论证制度，以及主城区泄洪通道重大建设项目公示与听证制度，加强社会各个层面的公众参与，强化规划决策和实施过程中的科学性和民主性。

6. 结语

本规划在编制过程中，得到了重庆市相关部门、领导和专家的支持和指导，为编制一个完善的泄洪专项规划提供了成熟的技术和管理支撑，在此表示衷心的感谢！本规划在目前国标、地方性标准对城市型泄洪通道还无明确界定情况下，作了一次大胆尝试，初步确定了城市泄洪通道的工作范围，也是排水专项规划系统规划编制的又一拓展。

同时，本规划基于重庆"7.17"、"8.4"两次特大洪灾之后，对城市防灾减灾方面的规划梳理，目的性、针对性较强，问题导向性较为明确，对从事城市规划的同行提供了一定的规划参考。

参考文献

［1］住房和城乡建设部.中华人民共和国城乡规划法.

［2］水利部.中华人民共和国防洪法.

［3］水利部.中华人民共和国河道管理条例.

［4］重庆市规划设计研究院.重庆市城乡总体规划（2007-2020）.2007.

［5］重庆市水利局.重庆市主城区城市防洪规划（2006-2020）.2006.

［6］朱思诚. 城市防洪规划中的控制要素［J］. 城市道桥与防洪. 2005（04）.

［7］周军，张新华. 城市交响 生态滨州——走进滨州城市规划展示馆［J］. 城市规划，2010（12）.

［8］文爱平. 张敬淦：二元人生放异彩［J］. 北京规划建设，2010（06）.

［9］倪云飞. 城市规划中城市景观设计方法初探——以吉安市中心城市总体规划为例［J］.井冈山学院学报. 2009（02）.

［10］Melville C.Branch，朱介鸣. 连续性城市规划［J］. 国外城市规划，1988（04）.

作者简介

孙　黎　（1972-　），女，重庆市规划设计研究院城市规划编制研究所副所长，正高级工程师。

城市规划中雨水利用的应用实例研究

吴君炜　刘　成　方　波

（发表于《给水排水》，2009年第2期）

摘　要：为充分发挥城市规划的引导与控制作用，有必要在城市规划中进行雨水利用规划来应对城市化引发的水危机。本文介绍了重庆某地的雨水利用规划实例，结合雨水利用现有研究成果提出了城市规划中雨水利用规划设计方法，总结了雨水利用工程规划用地指标，为城市大规模的雨水利用提供一些基础性规划资料。

关键词：城市规划；雨水调蓄；初期弃流；最优规模；雨水利用

1. 城市规划中雨水利用的必要性

随着城市化的不断推进，由城市化引发的水危机越来越突出，主要表现为水资源短缺，城市地表径流污染加重，城市洪涝灾害频发等方面。

近年来，国内外展开了各类研究应对水危机，其中对雨水进行综合利用是解决水危机的重要途径。雨水是城市低水质用水的理想水源：收集的雨水可以直接或适当处理后用于冲厕、洗车、浇庭院、洗衣、浇绿地、消防和回灌地下水，从而节约饮用水；对初期雨水的截留有利于控制水体污染，预防水体富营养化、水华或海域赤潮的发生；雨水渗透利于自然界的水循环，补偿地下水，对雨水的滞留利用可降低城市洪水压力和排水管网负荷[1]。

目前国内大多数城市对待城市雨水的问题仍然停留在"雨污分流"的老观念，对雨水以排除为主，雨水利用也仅在建筑小区或单体中小规模应用，尚未进入城市大规模应用阶段。随着雨水利用研究与应用的不断深入，大规模的雨水利用必将成为未来城市面对水资源困境时的优先选择。但目前的城市规划对这一趋势并未进行充分的考虑。为充分发挥城市规划的引导与控制作用，有必要在城市规划中进行雨水利用规划来应对城市化引发的水危机。

2. 规划区概况

规划区包括重庆市歇马镇及周边地区，位于梁滩河下游，是北碚组团的重要城市拓展区。规划区地貌为构造剥蚀丘陵，其中以浅丘为主，北段中部为中丘，地形总体趋势为四周低、中间高，大部分地区地形起伏小，中丘地形区起伏较大，地面高程206.10～338.36m。规划区多年平均降水量约1100mm，但时空分布不均，地表水系属嘉陵江流域，区内发育有嘉陵江一级干流—梁滩河支流—唐家河，流速缓慢，河面宽5～10m，沿途缺乏排水设施，该段河流已成为污水沟。区外南面为梁滩河，由于污水处理设施的缺乏，径流污染的加重以及上游大量污水的排放导致梁滩河污染非常严重，已经发生了严重的富营养化，水质沦为劣V类，基本丧失了水体的生态功能。

规划区面积764.5hm²，以居住及工业用地为主，致力将其打造为环境优美、配套完善的现代居住区以及可持续发展的高新技术产业区。规划区内供水由区外东北面约10千米处的北碚红工水厂供水，水源取自嘉陵江。规划区采用雨污分流制，根据区内竖向设计及地势沿东北至西南向布置排水系统，污水进入规划歇马污水厂，位于唐家河与梁滩河汇合处，雨水经积蓄利用后多余雨水就近排入唐家河及原雨水沟。

3. 雨水利用规划实例研究

3.1 雨水利用规划方案的选择

雨水利用方式可分为直接利用和间接利用。雨水直接利用是将城市雨水径流收集起来，根据用途要求，经混凝、沉淀、消毒等多种处理工艺或工艺组合进行不同程度处理后，用于绿化、洗车、道路喷洒、景观补水、冲厕等，即将雨水转化为产品水以代替自来水或用于景观水景。雨水间接利用是使用各种措施强化雨水就地入渗，使更多雨水留在城市境内并渗入地下以补充、涵养地下水[2]。

规划区处于丘陵地区，地形复杂，经分析，若采用雨水就地下渗可能导致场地、路基下陷或滑坡。规划区位于北部组团腹地，水源取自区外嘉陵江，随着用水量的增加，水价的逐步提升，有限的优质自来水将成为越来越珍贵的稀缺资源，有必要采用回用水替代自来水作为规划区内的低水质用水。另外由于梁滩河已严重污染，必须进行水环境综合整治，其中控制径流污染是必不可少的措施。综上所述，本规划中采用雨水直接利用方式，通过收集、调蓄、处理、储存、回用对雨水进行综合利用，以达到节约用水，控制径流污染，滞留削减洪峰的综合效益。

3.2 城市低水质用水量预测

根据《城市给水工程规划规范》将城市用水划分为居民生活用水、工业用水、公共设施用水及其他用水。按对用水水质要求划分，其中道路浇洒及绿化景观用水对水质要求较低。为节约水资源，宜将城市用水按水质要求高低划分，其中低水质用水可采用雨水等回用水。规划区内总用水量为51750m³/日，其中低水质用水量为3700 m³/日，占总用水量的7%。

3.3 城市降雨规律分析

规划区所在地1997~2007年的降雨统计资料如下表：

表1 规划区降雨统计表（单位：mm）

序号	大于某降雨量的年平均次数	序号	大于某降雨量的年平均次数	序号	大于某降雨量的年平均次数
0	139	17	18	34	6
1	98	18	17	35	6
2	81	19	16	36	6
3	69	20	15	37	6
4	60	21	14	38	6
5	53	22	13	39	5
6	48	23	12	40	5
7	44	24	11	41	5
8	40	25	10	42	4
9	36	26	10	43	4
10	33	27	9	44	4
11	30	28	8	45	4
12	28	29	8	46	4
13	25	30	8	47	4
14	23	31	8	48	4
15	21	32	7	49	4
16	20	33	7	50	3

对表1中降雨天数与多年平均日降雨量数据进行回归分析如图1。

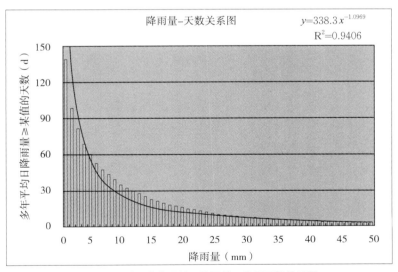

图1 歇马地区多年平均日降雨量—降雨天数关系图

得下式：

$$y = 338.3x^{-1.0969} \quad R^2 = 0.9406 \qquad （1）$$

x：日均降雨量；

y：一年中大于等于某日均降雨量对应的天数；

由此可见，降雨天数与多年平均日降雨量成幂函数关系，日均降雨量对大于等于该日均降雨量所对应的天数有显著的影响作用。

3.4 可利用降雨量

根据汇水表面的径流系数、降雨汇水面积和设计降雨量确定汇集的径流雨水量。

$$V=\psi\times（H-6）\times F\times 10 \tag{2}$$

V：可收集利用雨水量，m^3；

ψ：径流系数，由各种汇水面积的综合径流系数加权平均；

H：雨水调蓄池设计降雨量，mm；

6：初期雨水弃流量，一般对于城市路面控制6~8mm的初期径流量可有效控制径流带来的城市面源污染[3]；

F：汇水面积，hm^2；

10：单位换算系数。

根据各类城市用地其汇水面积的径流系数加权平均计算规划区的综合径流系数。

$$\psi=（\sum\psi i\times Fi）\div F \tag{3}$$

经计算本规划区内综合径流系数为0.65。

将式（1）中的日均降雨量及各参数代入式（2）可得规划区内可收集利用雨水量与全年降雨天数的方程式：

$$V=0.65\times 709.68\times 10\times 202.29\times y^{-0.9117}-27678$$

$$V=933148\times y^{-0.9117}-27678 \tag{4}$$

3.5 雨水调蓄池的最优规模

雨水调蓄池的工作过程为：集蓄—利用—再集蓄—再利用……，若每次集蓄后在两场雨的间隔期间所收集的雨水全部被利用，则每场雨的集蓄效率最高，否则，由于雨水调蓄池的规模限制，多余的雨水只能溢流排放[3]。简而言之，当雨水利用供需平衡时，其利用效率最高，规模最优。优化求解雨水的最优规模首先需假设雨水调蓄池满足如下条件：

①调蓄池每次蓄积的雨水在降雨间隔期间均被利用；

②雨水调蓄池在每年多雨季节能蓄满水的次数称为满蓄次数。满蓄次数等于多年平均日降雨量能灌满调蓄池的天数；

③集水面积一定。

歇马地区1971～2000年月均降雨量整编资料如下表：

表2　歇马地区1971～2000年月均降雨量

月份	1	2	3	4	5	6	全年
水量（mm）	18.5	19.2	36.8	108.9	155.0	174.6	
月份	7	8	9	10	11	12	1133.5
水量（mm）	188.4	136.0	136.2	90.4	45.7	23.8	

由上表可知，歇马地区每年4～10月为多雨季节，降雨量达989.5mm，占全年总雨量的87.3%。其余各月降雨量均较少，且均日降雨量更少，甚至难以达到设计初期雨水弃流量6mm，即全部降雨均被弃流，无法蓄满雨水调蓄池，因此仅将每年4～10月的210天作为雨水调蓄池满蓄的运行周期。

按上述假设，设某降雨量能灌满调蓄池的天数为y，则平均降雨间隔内规划区低水质需水量

$$Q=3700 \times (210 \div y)\,m^3 \qquad (5)$$

当雨水调蓄规模刚好等于需水量时即为最优规模，$V=Q$即得如下方程式：

$$933148 \times y^{-0.9117}-27678=3700\times(210 \div y)$$

$$933148 \times y^{-0.9117}-777000/y-27678=0 \qquad (6)$$

由式6进行试算迭代可求得多年平均日降雨量能灌满调蓄池的天数约为14.7天，取整为15天。将15天代入式1求解对应的降雨量为17.5mm。

由此可知，对于歇马地区雨水调蓄设施最优的设计降雨量为17.5mm，对应的满蓄次数为15次，该设计降雨量对应的平均降雨间隔为14天。

将设计降雨量17.5mm代入式（2）可得歇马地区雨水调蓄设施最优规模公式：

$$V=74.75 \times F \qquad (7)$$

按道路竖向坡度及原始地形标高将规划区划分为8个汇水区域，由此确定各汇水区域内雨水调蓄工程的最优规模，如下表所示。

表3　各汇水区域内雨水调蓄规模对照表

汇水区域	1	2	3	4	5	6	7	8	合计
面积（hm²）	45.21	9.26	23.66	97.65	77.62	159.28	157.87	139.13	709.68
雨水调蓄规模（m³）	3379	692	1769	7299	5802	11906	11801	10400	53049

3.6　雨水净化

一般城市地表径流的污染控制可分末端治理和源头控制，其中末端治理仅需在传统的雨水收集系统末端加设雨水调蓄处理设施即可，且便于分期实施与管理，因此本规划采用末端治理的方式集中对区内雨水进行收集利用。

典型雨水处理利用设施如图2。

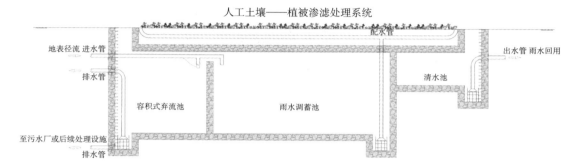

图2 雨水处理利用设施

本规划采用自然净化技术对蓄积的雨水进行处理回用。雨水自然净化有植被浅沟、生物滞留系统、土壤渗滤、人工湿地、生态塘、生物岛等多种技术，比较各技术特点并结合本规划区实际选用人工土壤—植被渗滤处理系统作为雨水净化系统。该系统把雨水收集、净化、回用三者结合起来，构成一个雨水处理与绿化、景观相结合的生态系统[3]，对于提升规划区的生态品质具有重要适用价值。

该技术实质是一种生物过滤，通过土壤—植被—微生物生态系统净化功能来完成净化过程[3]。其人工土壤的渗透系数可达$10^{-5} \sim 10^{-3}$m/s数量级，具有很强的净化能力。

土壤渗滤滤床面积可根据土壤渗滤速度及处理的雨水量、过滤周期按下式计算：

$$A=Q/（KJ）=V/（KTJ）\tag{8}$$

式中 A——滤床面积，m^2；

$\quad\quad Q$——渗滤流量，m^3/s；

$\quad\quad K$——土壤渗透系数，m/s；

$\quad\quad J$——水力坡降；

$\quad\quad V$——工作周期内所处理水量，m^3；

$\quad\quad T$——配水周期，s。

全年中大于6mm降雨量的天数为47.4天，其对应的平均降雨间隔为7.7天，即平均间隔7.7天雨水调蓄池便可蓄水。因此为更好地保护水环境，将雨水调蓄池的排空周期设为7天，也即后续净化存储设施运行周期按7天设计，各雨水调蓄池内所蓄雨水在7日内刚好处理1次。设计配水周期为0.5d，设计土壤渗透系数为1×10^{-4} m/s。由此可得各滤床面积公式为：

$$A=V/4.32\tag{9}$$

各雨水弃流池及调蓄设施设计深度均按2.5~5m计，则可求出各雨水利用设施所需用地面积，详见下表：

表4 各汇水区域内雨水利用设施占地面积对照表

汇水区域	1	2	3	4	5	6	7	8	合计
雨水调蓄规模（m³）	3379	692	1769	7299	5802	11906	11801	10400	53049
日处理量（m³/d）	483	99	253	1043	829	1701	1686	1486	7578
滤床面积（m²）	112	23	58	241	192	394	390	344	1754
雨水设施总占地面积（m²）	1126～2139	231～438	589～1120	2431～4621	1932～3673	3966～7537	3930～7471	3643～6584	17669～33583

分析上表数据可知，单位雨水调蓄量所需用地为0.33～0.63 m²/m³，因此可取0.33～0.63 m²/m³（调蓄水量）作为雨水调蓄处理设施规划用地参考指标。

根据雨水调蓄工程的最优规模及用地参考指标，可得出各汇水区域内雨水调蓄工程的占地面积，结合雨水工程规划，在各汇水区域雨水管道末端选取用地进行规划布局。如图3：

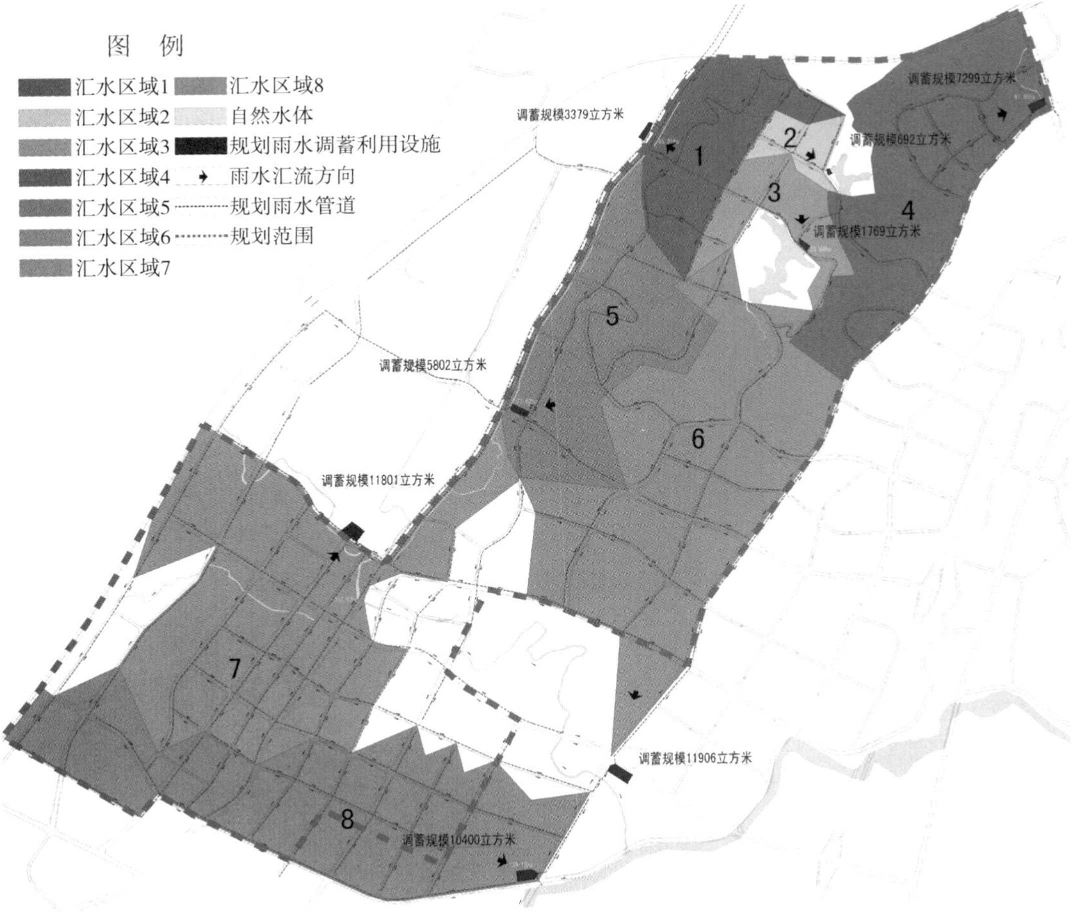

图3 雨水利用规划示意图

4. 雨水利用工程规划设计方法

通过对重庆歇马地区进行的雨水利用工程规划实例研究，提出如下设计方法可供重庆地区雨水利用规划作为设计参考。

（1）收集规划区的多年降雨资料，不少于10年。

（2）进行降雨规律分析得出降雨天数与多年平均日降雨量关系式，当无多年降雨资料时可参照本文中的式（1）。

（3）进行城市低水质用水水量预测。

（4）进行可利用雨水量估算。包括计算确定综合径流系数，合理确定初期弃流雨水量，根据道路及场地竖向规划合理划分汇水流域。

（5）确定雨水调蓄池的最优规模。

（6）根据最优规模，按本研究中的雨水利用单位用地指标确定雨水利用工程的占地面积。

（7）结合雨水工程规划设计，在各汇水流域内雨水管网末端选取合适的用地作为雨水调蓄利用工程设施用地。

（8）结合污水工程规划设计，对初期雨水弃流排出管的标高进行控制，尽可能采用重力自流排放，否则需设潜水泵提升排放初期雨水。

（9）进行雨水利用工程的综合效益分析，为投资决策者提供依据。

5. 结论

（1）重庆北碚地区大于某一降雨量的天数y与多年平均日降雨量x之间的关系可采用$y=338.3x^{-1.0969}$，日均降雨量对大于等于该日均降雨量所对应的天数有显著的影响作用。

（2）北碚地区雨水利用工程最优规模相关设计参数如下：设计降雨强度为17.5mm，一年中大于该降雨强度的次数为15次，平均降雨间隔为14天，雨水净化存储设施运行周期为7天。

（3）雨水利用设施规划用地指标可采用$0.33 \sim 0.63 \mathrm{m^2/m^3}$（调蓄水量）。

（4）雨水利用规划设计方法如下：收集当地多年降雨资料（不小于10年）；进行降雨规律分析得出多年平均日降雨量—降雨天数关系式；根据低水质用水需求量确定雨水调蓄的最优规模；根据最优规模确定雨水利用规划占地，结合雨水管网规划进行设施选址布局。

参考文献

［1］吴蓉芳. 城市雨水径流污染控制技术［J］. 工业安全与环保，2006，32（2）.

［2］汪慧贞. 城市雨水利用的技术与分析［J］. 工业用水与废水，2007，38（1）.

［3］ 车伍，李俊奇. 城市雨水利用技术与管理［M］. 北京：中国建筑工业出版社，2006.

作者简介

吴君炜 （1980– ），男，硕士，重庆市规划设计研究院规划二所，高级工程师。

刘 成 （1972– ），男，重庆市规划设计研究院规划二所副所长，高级工程师。

方 波 （1980– ），男，重庆市规划研究中心研究二部主任，高级工程师，原重庆市规划设计研究院规划二所工程师。

市政工程规划管理技术规定的经验借鉴和启示

刘亚丽　彭瑶玲　孟　庆　丁湘城

（发表于《规划师》，2010年第2期）

摘　要：在广泛收集国内主要大城市《规划管理技术规定》或《标准与准则》的基础上，围绕市政工程管理技术规定的定位、适用范围、内容框架展开了分析研究，为市政工程规划管理技术规定的修订和顺利实施提供经验借鉴：市政工程管理技术规定可单独制定或道路交通、市政管网工程管理技术规定单独成章；市政工程管理技术规定进一步系统化、精细化，以提高规划管理的可实施性和可操作性；重视市政工程与城市道路和建筑工程的协调；市政工程管理技术规定中，要注重构建环境友好型、资源节约型城市；在市政工程规划管理中重视先进技术的运用；根据城市发展需求制定相应市政管理对策。

关键词：规划管理；技术规定；标准与准则；市政工程

1. 引言

　　《规划管理技术规定》作为地方性法规的技术性配套规章，确立了城市空间规划建设管理的普适性规则，对规范城市开发建设行为、促进城市空间资源的合理配置、城市的高效有序运行以及城市空间形象的塑造起到了至关重要的基础性作用。许多城市已形成比较完整的《城市规划管理技术规定》[1]，并作为规划编制依据获得了成功[2-15]。

　　《中华人民共和国城乡规划法》、《中华人民共和国物权法》和《城市规划编制办法》等法律、法规的颁布实施，对城乡规划地方性法规建设提出新要求，许多大城市，如重庆市等根据立法计划，正在进行《城市规划管理技术规定》的修订；其他大城市，如天津市、合肥市等的《规划管理技术规定》的实施也在进一步探索中。

　　为了广泛汲取国内大城市《规划管理技术规定》的有益经验，促进国内相关城市《规划管理技术规定》修订或实施工作的顺利开展，在广泛收集国内14个主要大城市管理技术规定或标准与准则的基础上，围绕技术规定的定位、适用范围、内容框架、市政工程管理等重点内容展开了分析研究，为相关城市《规划管理技术规定》的修订和顺利实施提供经验借鉴。

　　市政工程规划管理作为城市的建设和发展的有力支撑，对于提升城市居民的人居环境，维护区域经济社会的可持续发展起着关键性作用，是城市规划管理的重中之重。本研究重点放在市政工程规划管理技术规定经验借鉴分析上，研究侧重于市政工程规划管理技术规定的框架结构、价值取向、编制修订思路和实施技术方法，力求做到既归纳出其共性规律，又找到各城市可资借鉴的特色内容。

2. 国内主要大城市《规划管理技术规定》编制概况

本研究对重庆、上海、天津、广州、香港、南京、杭州、宁波、青岛、厦门、成都、合肥等城市的《规划管理技术规定》或《标准与准则》编制情况进行调查，共收集相关资料14份[2-15]。

2.1 颁布时间

从发布时间看，天津市[4]和合肥市[12]的规定是在《城乡规划法》2008年1月1日实施后颁布施行的，厦门市[5]和宁波市[6]的相关规定是在新的《城市规划编制办法》实施后颁布施行的，具有较强的时效性和参考价值。其他城市《规划管理技术规定》颁布的时间与重庆市相差不多，均是在20世纪初，随着规划法制建设深化的需要，在地方规划管理条例基础上启动编制的配套文件，并作为日常规划管理的重要技术依据发挥作用。

2.2 制定目的

以上海[3]、合肥[12]、杭州[8]为代表的一大批城市，《规划管理技术规定》编制的目的大都强调是为了规划管理和实施的需要，而新近修订颁布的一些城市的《规划管理技术规定》都有意识增加了社会化和法制化目的，强调其在维护公共利益和公众合法权益中的作用，香港则强调公平和影响政府分配土地和财政资源。全国多数城市的《规划管理技术规定》定位为地方规章，香港标准与准则，定位是非强制性的指引。

2.3 适用范围

《规划管理技术规定》的适用范围一般都明确为城市规划区范围，上海市[3]、天津市[4]和合肥市[13]的《规划管理技术规定》适用范围为行政辖区，强调全覆盖。天津、上海和合肥等地在总则中还排除了适用时的例外情况，强调特定区域和特殊项目按有关规定执行，为特别地区的《规划管理技术规定》留出了空间。特定区域是指"在土地使用和建筑管理上有特别要求，需作特殊规定的地区，一般包括：历史文化保护区、自然保护区等"。对特定地区规划管理适用特殊技术要求，通过特定区域划定，加强对重要地区的建设用地管理。

《规划管理技术规定》与相关规划的法律关系归纳起来一般分为三种情况，一种为《规划管理技术规定》优先，强调所有从事与城市规划有关的建设管理活动"均应符合本规定"，如合肥[12]、重庆[2]和天津[4]等。第二种是平行关系，如宁波强调按照经批准的详细规划和本规定执行。第三为经批准的相关规划优先，如上海和厦门市。

2.4　内容和篇章结构

从内容和篇章结构上可以看出各地对城市规划"管理技术"的理解是不同的。2006年前各地《规划管理技术规定》的核心内容为三大板块，即：土地管理、建筑管理和市政工程管理。近年随着内涵理解的变化，将"规划管理技术"的概念范围延伸到规划编制、规划审批等规划管理涉及的全部技术范畴，例如天津就在传统内容的基础上增加了不同层次和类型的法定规划编制和审批管理的技术要求，包括对城乡规划法新增的村庄建设规划进行了规定。青岛市将测绘管理、环境工程设施管理也纳入了规划管理技术内容。厦门将城市防灾作为专章（共22条）纳入到《规划管理技术规定》的范畴。随着城乡统筹战略的提出，宁波对村庄建设也以专章的形式进行了规定。

3.　相关城市市政工程规划管理内容比较与分析

市政工程规划管理是《规划管理技术规定》中传统的重点内容，一般包括城市道路交通和市政管网工程两大板块。目前，这两大内容有独立成章并细化的趋势，为便于比较，现就两大内容分别进行分析研究。

3.1　城市道路交通规划管理内容的比较与分析

3.1.1　规划管理的重点

城市道路交通是一个复杂的大系统，涉及内容相当庞杂，如何把握其不同于一般技术标准的管制重点，从各城市涉及的相关内容来分析，其认识非常不一致。各城市对道路交通规划管理的重点，认识差异较大。一类是以重庆、上海、杭州为代表，重点是从控制建筑工程与道路交通的关系来着手管制，重点在确保建筑与道路之间必要的安全和卫生防护距离（注：上海城市综合交通规划中的城市道路规划由上海市市政工程管理局负责组织编制，另制定有《上海市城市道路管理条例》）。青岛[7]从场地交通组织的角度来管制，内容亦相类似。另一类以天津、成都为代表，管制内容涉及城市道路分类、道路绿化、道路横断面、交通影响评价、沿线用地单位道路开口、道路交叉口、道路绿化、轨道交通、人行交通、广场、公共交通、公共停车场、公共首末站、河堤和河道桥梁等，内容全面，反映出系统控制的思想。

3.1.2　表达方式

一些城市以专章表述道路交通规划管理相关规定。成都市[10]单独制定了《成都市市政工程管理技术规定》；在天津市、成都市的《规划管理技术规定》中，道路交通规划管理均为专章；广州市[13]、宁波市[6]、厦门市[5]的道路交通规划管理内容被合编入市政工程规划管理篇章中；上海市、杭州市、青岛市、合肥市市政与道路交通规划管理相关内容被合编入建筑工程规划管理篇章中。

3.1.3　内容创新

城市道路规划管理的内容有了新的拓展。旧版《规划管理技术规定》的道路交通规划管理一般包括建筑工程对高速公路、铁路、桥梁的退让管理，建设用地交通组织与城市道路出入口管理、道路净空管理、公交停车港设置管理等内容。一些新近颁布修订版《规划管理技术规定》的城市如天津、厦门、宁波，对这项核心内容进行了系统化和细化，内涵与外延都有了新的拓展。如天津，该项内容包括一般规定、道路网布局、城市道路、城市道路交叉口、道路横断面、道路净高、其他规定七大方面。就内容的细化而言，例如，随着新的交通方式、交通设施的出现，一些城市如天津、上海、杭州、厦门等对建筑工程后退交通线路的管理进一步细化，除传统内容外，还进一步制定了建筑工程对城市高架桥、磁悬浮交通线、地下、地上轨道交通线、城市道路交叉口和城镇范围外的各级别公路的退让，为了方便管理，一些城市还采用表格的形式予以细化表达。

（1）轨道交通规划管理成为新的重点。今后20～30年是我国轨道交通发展的加速期。轨道交通作为大容量、高效率的公共交通工具将日益成为大城市交通的骨干。如何统筹协调城市空间布局，确保轨道交通设施用地，是规划管理的新的重点内容之一，天津市在"第六编 道路交通规划管理"中，以独立篇章"城市轨道交通"，从线路选线、线路敷设方式、车站分布与选址、车站建筑及设施、车辆段与综合基地、运营控制中心、防灾中心、交叉工程七个方面对轨道交通规划管理进行了详细规定。

（2）道路交通设施规划管理得到更大重视。旧版《规划管理技术规定》规划管理内容，一般只涉及公交停车港等少量站场工程规划管理内容，随着城市机动车的高速增长，以及公交优先战略的实施，急需相应的管理制度出台，一些城市如天津、宁波、厦门、成都[10]，在《规划管理技术规定》中，以较大篇幅对公交站场、长途客运站场、公交停车场（库）、加油、加气站进行了详细规定。

（3）人行系统的规划管理受到一些城市重视。天津、成都市都以独立小节篇幅对公共人行系统（交通）进行了规定。内容主要包括人行道、人行天桥、人行地道、人行横道、步行街等的设置标准和要求。许多城市都对城市道路的无障碍设施设置进行了原则规定，其中厦门市[5]做出了以下四项详细规定：①人行道在交叉路口、单位出入口、街坊路口、广场入口、人行横道、人行天桥和隧道等路口应设缘石坡道；②城市主要道路、建筑物、人行天桥和人行地道，应设轮椅坡道和安全梯道；在坡道和梯道两侧应设扶手。城市中心地区用地条件特别困难时，可设垂直升降机取代轮椅坡道；③城市道路、广场、步行街、桥梁、隧道、立体交叉及主要建筑物地段的人行道应设连续的盲道；④人行天桥、人行地道、人行横道及公交停靠站及须改变行进方向的位置均应设提示盲道。重庆市正在加紧宜居城市的建设，而且作为山地城市，传统步行交通系统较为发达，建议在本次《规划管理技术规定》的修订中增加相关内容。

3.1.4　与城市规划的协调关系

注重道路绿化与城市用地布局相协调，以及对城市环境和景观的影响。厦门市规定道路绿化应符合行车视线和行车净空要求，且应与市政公用设施及地下管线的相互位置统筹安排，既要保证树木有必要的立地条件与生长空间，同时保证市政公用设施与地下管线有合理的位置。

成都市规定了道路绿化规划应遵循的原则，同时规定25米及以上宽度规划道路两侧的规划绿化带（防护绿地除外）在道路交叉口相交时，应在道路交叉口切角处设置切边绿带，其宽度不小于较宽一条道路绿化带的宽度，以有利于交通组织和美化城市环境。成都市在道路绿化规划应遵循的原则中提出：道路绿化应以乔木、灌木、地被植物相结合，不得裸露土壤；植物种植应适地适树，并符合植物间伴生的生态习性；不宜绿化的土质，应改善土壤再进行绿化；修建道路时，宜保留有价值的原生树木，对古树名木应予以保护。这些均体现了符合时代精神的先进理念。

3.1.5　道路竖向规划

部分城市对道路竖向规划进行专门规定。天津市、厦门市、成都市对道路竖向规划进行了专门规定。天津市道路竖向独立成节，规定道路竖向应当与城市地形、地貌相协调，避免大规模的填挖；建筑物室外地坪标高，应当以周边规划道路交叉口的标高为依据；道路跨越河道、明渠、暗沟等过水设施，应当满足通航、防洪等要求。成都市要求道路标高的确定应充分结合沿线用地控制高程、地形地物、地下管线、地质和水文条件等综合考虑。

3.2　公用工程规划管理内容的比较与分析

3.2.1　框架结构和内容的分析对比

各城市《规划管理技术规定》中公用工程规划管理的内容一般按给水、排水、供电、通信、燃气、环卫、管线综合的逻辑顺序进行编写。天津市、成都市以独立篇幅表述，内容系统全面；厦门市、宁波市、广州市市政工程与道路工程规划管理合编为一章，并占较大的篇幅；上海市、青岛市、合肥、杭州市则未占独立章节。

各城市根据行政授权范围确定公用工程管理技术规定内容。公用工程管理专业性强，涉及多个强势的政府行业管理部门，如何正确把握规划管理的行政管辖范围，既不缺位，又不越位，这是在搭建内容框架时各城市首先考虑的问题。由于行政执法范围不同，各城市的市政管网工程规划管理内容各有特点和侧重。一些城市市政工程规划管理专属于城市市政管理部门的行政管理范畴，如上海市、杭州市，其《规划管理技术规定》的内容仅限于土地使用和建筑管理，市政和道路交通内容融入用地和建筑管理之中。公用工程规划管理由城市规划管理部门和城市市政管理部门共同承担的重庆市、宁波市、广州市，注重管线综合规划，体现了规划的综合协调职能。对于管理权限相对较宽的天津市、厦门市，其《规划管理技术规定》中的市政工程规划管理内容则全面、系统。

3.2.2 电力工程

进一步明确架空电力线路与建筑物的关系。各个城市在市政和管线规划中均突出了对高压电力走廊的保护，并从垂直和水平两个方向考虑架空电力线路与建筑物间距；天津市强调架空电力线路走廊宽度、架设原则、电力架空线与铁路、公路、河流、索道、建筑物的水平、垂直距离，内容更加深入细致。各城市电力走廊保护规定中均体现出结合当地不同的资源环境的特点，如重庆市人口密度相对较大，而且作为特大山地城市，用地相对紧张，对高压线路与建筑物的距离控制相对较小；天津由于地处平原地区，用地宽裕，对高压走廊宽度控制较宽。

3.2.3 燃气工程

新增燃气工程设施规划和输油管道工程规划管理内容。旧版《规划管理技术规定》一般未涉及城市燃气工程和输油管道工程规划管理，新近颁布《规划管理技术规定》的天津市、厦门市、成都市[10]对此进行了明确规定。天津市燃气工程规划管理技术规定主要包括燃气工程设施、燃气管线布置技术规定。同时天津对城市输油管道工程技术规定提出特别要求：规定输油管道线路走向，应当根据沿途地区的地形、地貌、地质、水文、气象等自然条件，结合城镇、工矿企业、交通、电力、水利设施等建设现状与规划确定；输油管道一般不得穿越城镇、城市水源地、飞机场、火车站、码头、军事设施、国家重点文物保护单位和国家级自然保护区。厦门市、成都市较为注重燃气管线的合理布置。

3.2.4 给水工程

给水工程规划更趋向于全面系统，注重水源保护和供水的安全可靠。天津市[4]对给水工程及其设施的规划原则、地表水厂及其规模确定、城市输配水系统规划布局、消防供水管理技术进行规定。厦门市注重城市水源保护、供水管网规划以及保持城市中水系统的独立性。

3.2.5 排水工程

注重划分排水流域、合理布局排水工程设施，同时重视优化利用中水资源。天津市[4]排水工程规划管理技术规定最为系统详尽，包括排水体制规划，流域划分和布局，污水处理厂选址、规模、防护带的确定，排水泵站的技术规定，排水管网规划布局。厦门市除了对排水工程设施规划布局、污水处理达标排放进行原则规定，还提倡合理利用中水资源。

3.2.6　中水利用

根据资源节约型城市建设的要求，一些城市对中水利用提出强制性规定。一些城市以独立篇章对再生水的利用进行了专门规定。如天津市是我国严重缺水城市，因此对于再生水的回用非常重视：对于再生水厂、再生水管道的建设都进行明确规定。厦门市[5]对于再生水的回用系统控制管理相当严格。同时对再生水的回用规模下限进行了规定，提倡对水资源的优化利用，提出：城市污水处理厂应考虑中水处理系统用地，城市中水处理厂（站）规模应符合厦门市中水系统规划的规定，没有规定的，中水处理规模不得小于污水处理规模的20%，并要求城市道路建设应同步建设中水管网系统。

3.2.7　供热工程

注重传统供热工程规划与新技术相结合。广州市鼓励使用清洁能源，鼓励发展热、电、冷联产技术，鼓励发展分布式热源供应系统，提高热能综合利用效率。积极支持发展燃气—蒸汽联合循环热电联产[13]。

3.2.8　环卫设施

因地制宜地选择城市垃圾转运和处理方式，注重保护城市环境和景观。厦门市在环卫设施规划中提出设置清洁楼，因地制宜地进行垃圾的合理储存和运转；江苏省除了对环卫设施布局进行技术规定，还对城市垃圾处理场的选址和防护提出严格要求；广州市对市政环卫设施规划管理进行了规定，同时提出尽量选择焚烧的方式处理城市垃圾。

3.2.9　市政附属设施

对市政附属设施规划提出特别要求。天津市对于闸井、检查井、工井等管道设施的位置进行规定。新建市政管线附属构筑设施，不得设置在红线、绿线内；燃气、热力管线的交汇井或者转弯井一般不得设置在道路交叉口用地范围内。厦门市规定新建、改建、扩建建筑工程时，各种市政配套设施必须与主体工程同步设计、同步施工、同步验收。

3.2.10　管线综合

统筹管理市政工程管线，注重工程管线之间，工程管线与建筑工程、道路交通工程的协调。本次调查研究的所有城市在《规划管理技术规定》中都对管线综合给予高度重视，进行较为系统的阐述。其中天津市以表格的方式对城市道路公共管道布置方式进行表述；明确规定了各类管线的平面和竖向排列次序，覆土深度、平面和竖向间距等。天津市、厦门市、成都市从工程管线规划的管理技术着手，统筹规划城市市政基础设施；宁波市不仅对市政管道规划进行原则规定，而且注重与道路、建筑工程的相互协调；广州市对110KV、220KV电缆下地埋设范围进行分区，注重因地制宜地确定电力线路下地埋设范围。

4. 市政工程《规划管理技术规定》编制借鉴与启示

4.1 制定形式

建议单独制定《市政工程管理技术规定》或道路交通、公用工程管理技术规定单独成章。道路交通和公用工程设施是支撑城市健康、高效、有序运行和城市可持续发展的重要基础设施，甚至是生命线设施，确保其供应的充足和运行的安全可靠是城市规划管理调整的重要职责之一，该项管理内容涉及面广，内容复杂，因此建议在《规划管理技术规定》中，根据规划管理重点，以专门篇幅，系统地规定相关内容。

4.2 提高规划管理的可实施性和可操作性

建议市政工程《规划管理技术规定》进一步系统化、精细化，深化细化市政工程管理技术规定，能够使一般管理人员经过《规划管理技术规定》简单培训后，胜任相应的规划管理工作。建议公用工程与道路交通部分的修订工作可以更多地参考天津市、厦门市、成都市的《规划管理技术规定》，使管理内容进一步系统化、精细化，便于规划管理的实施和操作。

4.3 重视市政工程与城市道路和建筑工程的协调

天津、厦门、宁波、广州[12]等城市通过管线综合规划管理，统筹公用工程与道路、建筑工程等，实现相互协调，优化用地布局，提高城市用地效率，美化城市环境景观。

4.4 注重构建环境友好型、资源节约型城市

天津市要求完善再生水回用系统规划建设，注重节约能源和宝贵的水资源；成都市强调河道的生态保护；广州市[13]要求尽量采用先进无污染的工艺处理垃圾，这些内容和思路值得在修订工作中加以借鉴。

4.5 在市政工程规划管理中重视先进技术的运用

广州市[13]鼓励使用清洁能源，鼓励发展热、电、冷联产技术，鼓励发展分布式热源供应系统，提高热能综合利用效率；随城市的飞速发展，上海市对交通线路的退让提出了新的内容：建筑物沿高架道路主线边缘线后退距离，道路交叉口四周建筑物后退道路红线距离，铁路两侧建筑工程与轨道中心线距离，后退磁悬浮交通线轨道中心线距离，货运装卸泊位后退道路中心线距离等，这些与时俱进、融入高新技术的思维理念值得学习借鉴。

4.6　根据城市发展需求制定相应市政管理对策

例如，近年部分大城市已规划了1000千伏特高压线，而在现行的各城市《规划管理技术规定》中关于1000千伏高压走廊控制管理未加以明确规定。因此制定城市规划管理法律法规时，应根据城市发展需求制定相应市政管理对策；尚无相关的技术管理规定内容的，应加以增补。

5.　结语

《城市规划管理技术规定》是为加强城市规划区城市规划实施操作管理，确保城市规划得到有效实施，由各级城市人民政府根据《中华人民共和国城乡规划法》和各省、自治区、直辖市的《城市规划实施办法》以及现行的相关法律、法规和强制性技术规范，结合各城市的实际所制定的城市规划管理技术性规定[1]，是城市规划建设行政主管部门进行城市规划管理最有效的技术性保障措施，是进行规范化城市规划管理的必备手段，也是体现一个城市规划管理水平的标志。市政工程规划管理是城市规划管理的重要组成部分。因此，编制、修订和完善《城市规划管理技术规定》对于规划实践具有重要的现实意义。

参考文献

［1］曹珠朵.《城市规划管理技术规定》的编制与实施［J］. 规划师，2007，12（23）：
　　 76-78.

［2］重庆市人民政府. 重庆市城市规划管理技术规定（渝府令第193号）［S］. 2006.

［3］上海市人民政府. 上海市城市规划管理技术规定（上海市人民政府令第12号）［S］.
　　 2003.

［4］天津市人民政府. 天津市城市规划管理技术规定（天津市人民政府令）［S］. 2008.

［5］厦门市人民政府. 厦门市城市规划管理技术规定（厦门市人民政府令）［S］. 2006.

［6］宁波市人民政府. 宁波市城市规划管理技术规定（宁波市人民政府）［S］. 2007.

［7］青岛市人民政府. 青岛市城市规划管理技术规定（青岛市人民政府令）［S］. 2003.

［8］杭州市人民政府. 杭州市城市规划管理技术规定（杭州市人民政府令）［S］. 2005.

［9］上海市人民政府. 上海市城市规划管理技术规定（杭州市人民政府令12号）［S］.
　　 2003.

［10］成都市人民政府. 成都市城市规划管理技术规定（成都市人民政府令）［S］. 2008.

［11］江苏省人民政府. 江苏省城市规划管理技术规定（江苏省人民政府令）［S］. 2004.

［12］合肥市人民政府. 合肥市城市规划管理技术规定（合肥市人民政府第104次会议通过）
　　 ［S］. 2008.

［13］广州市人民政府. 广州市城市规划管理技术规定（广州市人民政府令）［S］. 2005.

［14］广州市人民政府. 广州市城市规划管理技术标准与准则——市政规划篇（广州市人民政府令）［S］. 2006.

［15］香港特别行政区人民政府. 香港规划标准与准则［S］. 2003.

作者简介

刘亚丽 （1974– ），女，博士，重庆市规划设计研究院城乡发展战略研究所，正高级工程师，注册城市规划师。

彭瑶玲 （1963– ），女，硕士，重庆市规划设计研究院总工程师，正高级工程师，享受国务院特殊津贴专家。

孟 庆 （1967– ），男，硕士，重庆市规划设计研究院城乡发展战略研究所副所长，注册城市规划师。

丁湘城 （1978– ），男，博士，重庆市江津区规划局副局长，原重庆市规划设计研究院城乡发展战略研究所高级工程师。

城市安全与生态空间规划

城市绿色生态空间保护与管制的规划探索
——以《重庆市缙云山、中梁山、铜锣山、明月山管制分区规划》为例

彭瑶玲　邱　强

（发表于《城市规划》，2009年第11期）

摘　要： 城市绿色生态空间，是城市赖以生存的自然生态基础，是城市能持续获得自然生态服务和城市生态环境的安全保障。本文以重庆市缙云山、中梁山、铜锣山、明月山管制分区规划为例，针对城市绿色生态空间规划和建设面临的突出问题，着重从区划依据、区划方法、空间管制的对策和措施以及建立管制的长效机制等方面对绿色空间管制规划进行了探索。

关键词： "四山"地区；生态基础设施；空间管制；管制分区规划

1. 引言

　　城市绿色生态空间是城市赖以生存的自然生态基础，是城市社会经济可持续发展的关键和重要保障，如何通过制定科学的规划对绿色空间实施有效管理，最大限度地保护好这些重要的生态空间，是近年来城乡规划界所关注的热点课题。2006年7月，在重庆市政府的领导下，以规划为先导，重庆开展了一场声势浩大的"四山""保卫战"。有别于传统的以关注城市建设用地空间发展为主导的规划，《重庆市缙云山、中梁山、铜锣山、明月山管制分区规划》从保护的角度对非建设用地的建设管制进行了探索。重庆地处世界地理学上最典型的褶皱山地——川东平行岭谷地区。这些由北至南绵亘的条状山岭是维系重庆生态安全的重要绿色空间。缙云山、中梁山、铜锣山、明月山"四山"地区（图1）是重庆都市区及邻近区域内森林覆盖率最高的区域，2004年森林覆盖率约50%。"四山"由华蓥山主峰逶迤南下，楔入城市中心区，成为独具特色的城市绿色背景，由于其海拔平均高出主城区300m，成为人们俯瞰山城美景，登高览胜的天然观景台。"四山"地区以森林为主体的生态系统在保持水土、涵养水源、净化空气、制造氧气和负氧离子、调节气候和抗御自然灾害、降低城市热岛效应、美化城市景观等方面都发挥着重要效用，被誉为"都市绿肺"。以"四山"为主体的绿脉，为野生生物的栖息繁衍、迁徙活动提供了绿色通廊，为生物多样性保护奠定了生态基础。同时，"四山"地区良好的生态环境和丰富的人文胜迹，也成为吸引人们休闲、度假、避暑、健身和开展都市区近郊旅游的胜地。

图1 重庆缙云山、中梁山、铜锣山、明月山"四山"地区卫星影像

2. "四山"地区现状及存在问题

2.1 现状概况

"四山"管制区面积共约2376.15km²，森林面积约1178km²，涉及北碚区、沙坪坝区、九龙坡区等14个区县118个街道（镇、乡）（图2）。"四山"地区内现有缙云山、华蓥山、安澜3处市级以上自然保护区，缙—北—钓、南山—南泉等7处市级以上风景名胜区，歌乐山、尖刀山等9处市级以上森林公园。"四山"地区还蕴藏有丰富的非金属矿产，主要有石灰岩、砂岩、煤炭等。除规划城市建成区外，尚有相当数量的农业人口分布其中。农业人口中，多数已经不再从事传统种植业，人口分布呈现"小集中、大分散"的特征，农村居民点建设标准普遍较低。

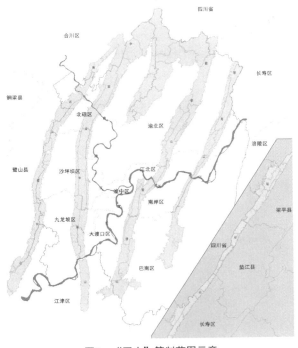

图2 "四山"管制范围示意

2.2　存在的主要问题

2.2.1　各类房地产开发已开始在"四山"局部地区蔓延，加剧了对生态环境的破坏

由于交通条件的改善和良好的景观生态环境，"四山"地区成了房地产开发的热土。根据调研，"四山"地区局部区域别墅、娱乐场所、农家乐等建设严重开发过度。不少房地产开发项目都存在着毁林建房的问题，一些项目还缺少法定手续，属于违规开发。除别墅外，农家乐和度假中心量多面广，使一些区域成了宁静山区中的"闹市区"。大量的房地产开发，一方面使"四山"地区良好的森林植被资源、生物多样性特征遭到破坏，另一方面，增加了大量的常住人口，使"四山"地区面临更大的环境承载压力。

2.2.2　散布在"四山"之中的一些工厂企业对环境造成了污染和破坏

"四山"地区污染企业主要是以"四山"资源为原料的建材企业，矿石开采产生的粉尘、矿渣，以及大量的货运交通，对"四山"地区森林植被、景观环境造成了极大污染破坏，严重影响了"四山"、"城市绿肺"正常生态功能的发挥。

2.2.3　部分地区毁林和开山采石挖矿屡禁不止

"四山"地区开山采石现象较为突出，虽历经整治，始终未根本遏止。在采矿集中的山顶槽谷地带，昔日的青山翠谷，已是伤痕累累，满目疮痍，坑洞、危岩遍布，令人触目惊心。成规模的开山采石以及毁林开荒等破坏行为，使"四山"地区森林植被受到严重破坏，水土流失加剧，部分山体逐步石漠化，生态服务功能被弱化。

2.2.4　集体土地上的建设项目量大面广，无序建设现象严重

"四山"地区多为集体土地，尚有大量村民居住在这一地区。近年来，因生产生活需要和受经济利益驱动，"四山"地区出现了大量村民自建房屋。这些建筑物虽然大多单体建筑面积不大，但由于其数量多、分布乱、形象差，对"四山"地区的生态环境和自然景观造成了极大的不良影响。有的村社集体经济组织擅自将集体土地租赁给他人修建厂房或变相进行房地产开发，加剧了"四山"地区无序开发建设的势头。

2.3　导致问题的主要原因

2.3.1　受传统发展建设模式影响，重发展轻保护

"四山"地区生态极其敏感，建立在发展导向基础上的传统建设用地布局规划，无疑有悖"生态优先"的基本规划原则。"四山"地区，地方政府从发展经济的角度出发，大多力图增大人口和规划建设用地规模、降低建设项目准入门槛，导致现有规划中不少建设用地规模过大，建设量过大，在建、拟建项目侵林占绿现象普遍。

2.3.2　规划繁多，但缺乏统筹和有效衔接

"四山"地区涉及规划、国土、建设、林业、环保、旅游、园林、水利等数十家职能部门

和众多的相关地方政府，各部门从自身的角度出发，都组织编制了规划。虽然所有的规划都以保护资源、保护环境、合理开发利用为原则，但由于专业不同，保护要求不具体，操作性不强；同时，有关建设内容不明确，对所确定的建设项目大都未限定具体的建设地点和建设规模，导致实施时随意性很大。有些区域还存在多头规划、多头审批的现象。如南山—南泉风景名胜区总体规划、植物园规划、南山森林公园规划，分别由市规划局、市园林局和市林业局组织编制，各自确定了规划用地规模和建设规模，叠加后发现总规模偏大。

2.3.3 盲目建设情况较为突出，部门监管不到位

根据国家和重庆市有关法律法规以及城市总体规划的要求，对国家级自然保护区、风景名胜区等区域都有禁止建设或限制建设的规定。但是，部分建设业主单位受利益驱动，为了抢占资源，不依据法律、法规和规划规定，在禁止建设和限制建设的区域进行建设。经核实，有的还位于自然保护区、风景名胜区明文禁止建设的范围内，但却未能得到及时制止和查处。

3. 管制区划方法与管制对策措施

如何科学地划定管制范围，如何结合不同区域的资源和现状特征，确立适宜的管制强度和管制措施是管制规划能否指导"四山"地区未来保护和发展，能否具有可操作性的关键。

3.1 区划思路与方法

结合"四山"管制区森林植被等资源现状、建设现状和已发红线项目情况以及各类已批规划要求，按照切实保护森林资源及其他珍贵的自然和人文资源的总体要求划定分区。

3.1.1 确立生态优先，保护为主的总体思路

"四山"建设管制区是保护森林植被资源和生物多样性特征，维护城市生态安全格局和"多中心、组团式"布局形态的重要生态廊道和生态基础设施，因此必须坚持生态优先保护为主的总体思路。管制规划中，共划定禁建区2243.367km^2，占整个管制区的94.41%；重点控建区107.75km^2，占整个管制区的4.53%；一般控建区25.033km^2，占整个管制区的1.06%（图3）。在规划范围的划定上将"四山"地区涉及的自然保护区、风景名胜区、森林公园、林地尽可能完整地纳入到管制的范围，维护森林生态系统的完整性和系统性。

3.1.2 因地制宜，制定分类管制的保护策略

管制区地域广阔，现状复杂，涉及上百个街道镇乡，规划结合现状及资源评定，划定不同级次的管制区，因地制宜，实行分类管制的策略。通过综合分析，规划确定自然保护区的核心区和缓冲区，风景名胜区的核心景区，森林公园的生态保护区，饮用水源一级保护区，国家重点保护野生动物的栖息地及其迁徙廊道，文物保护单位的保护范围，森林密集区，城市组团

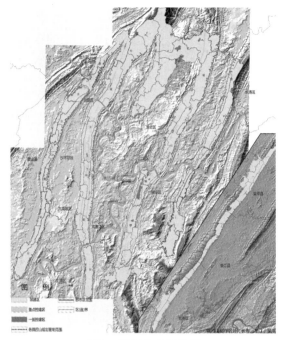

图例
重点控建区
一般控建区
各级四山规划管制图

图3 "四山"管制区划

隔离带，因保护、恢复生态环境和自然景观需要禁止开发建设的其他区域为禁建区。自然保护区的实验区及外围保护地带，风景名胜区的一般景区，饮用水源二级保护区，现有林地、绿地，因保护、恢复生态环境和自然景观需要重点限制开发建设的其他区域为重点控建区。除禁建区和重点控建区以外的其他因保护生态环境和自然景观需要限制开发建设的区域，为一般控建区。根据管制类别，分别制定了总体管制措施和分类管制措施，对开发建设活动分别实行严格管制、重点管制和一般管制，使规划既有利于切实保护"四山"地区的生态环境，同时又兼顾了"四山"地区的经济发展。

3.1.3 以法律为依据，为依法治山奠定坚实法制基础

国家颁布的相关法律、法规、规范性文件是管制区划的重要依据，规划共梳理了26部国家和重庆市地方的相关法律、法规及规范，依法划定管制区范围，制定管制的对策措施，为依法治山奠定坚实的法律基础。

3.1.4 多要素综合分析，使管制分区界定具有科学合理性

规划通过多因子叠加分析的方法，判定对"四山"地区环境影响的程度，为科学合理确定管制类别提供了技术依据。根据"四山"地区规划建设实际，共提取了自然保护区、风景名胜区、森林公园、饮用水源保护区、国家重点保护野生动物栖息地及其迁徙廊道、文物保护单位、地形坡度、森林植被、组团隔离带、生态景观敏感区10个要素因子，进行分要素叠加，合理确定管制类别。

3.1.5 借助高新信息技术，使管制分区划定具有充分的技术依据

由于规划区范围大，地形地貌复杂，规划在分析过程中，特别是在对森林边界判定上，大量运用了卫星遥感影像分析、GIS三维空间数据分析等高新信息技术，如通过卫星遥感影像分析、GIS三维空间数据分析，分别对中高林地、中低林地以及低林地等4种不同标准的林地进行解译，并结合实地踏勘手段，相互校核，再结合国土、林业专家的咨询意见进行判读，增加了结论的技术可信度。

3.1.6 编制系列分图图则，使规划实施具有较强的可操作性

为便于规划实施管理，以1∶10000电子地形图为底图，规划共编制了73张分图图则（图4）。图则结合镇、街区行政管理辖区，按山系、分段、分地块编号，因地制宜进行编制，使管制规划成果有较强的可操作性。

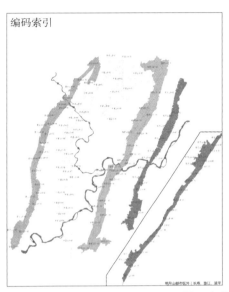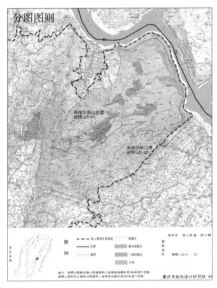

图4　规划分图图则

3.2 建设管制的思路与对策措施

3.2.1 加强对管制区内各类建设活动的管制

管制区内的各类建设活动必须与管制区生态环境保护要求相协调，严格控制开发规模、强度、建筑体量和风格。

3.2.2 严格控制管制区内常住人口的机械增长

管制区内城镇及农村居民点应严格控制常住人口的机械增长，积极鼓励和引导居民向管制区外的城镇建设区迁移，村民自用住宅建设用地标准和建筑面积，必须符合国家和重庆市相关规定。

3.2.3 管制区内的建设活动，应尽可能减少对原生环境的破坏

管制区内，在进行必要的建筑、构筑物建设和进行必需的道路、管网等重大基础设施的建设时，应注意保护野生动物栖息生境，预留野生动物迁徙廊道。

3.2.4 森林植被等生态资源是保护管制的重点

规划重点保护"四山"地区森林生态系统的完整性、连贯性，通过保护和生态恢复，营造适宜生物多样性发展的环境，更有效地发挥"四山"的生态服务功能。管制区内，除对划入禁建区内的森林密集区进行严格保护外，要求对重点控建区、一般控建区内的林木也加强保护，

不得随意砍伐。规划还针对三类管制分区的具体情况，因地制宜，提出分区管制措施建议，实行分区管理、分级控制，避免规划管理的一刀切。

4.　探索建立"四山"管制的长效机制

4.1　开展了相关规划和建设项目的清理，使规划更加符合"四山"的实际

为使规划具有较强的针对性和可操作性，在规划编制的同时，市规划局同步组织开展了"四山"地区有关规划和建设项目的清理（图5）。对清理出的195项规划分别提出了继续执行、继续审批、继续编制、重新调整四类处置意见，解决了规划的统一协调问题；对清理出的371个在建、拟建的非村民自建自用房屋的建设项目，分别提出了继续建设、查处违法行为、继续审批、调整后再审批、终止审批五类处置意见，解决了建设项目的历史遗留问题，及时地扼制了"四山"地区开发建设的势头。

4.2　以规划为基础，对"四山"地区进行立法保护

以规划为基础制定的《重庆市"四山"地区开发建设管制规定》已经重庆市人民政府审议通过，成为重庆市的地方性规章得到施行，为规划的实施提供了强有力的法律制度保障。由市规划局和市政府法制办牵头，成立了有市监察、发展改革委、规划、国土、建设、林业、环保、园林等相关部门组成的市"四山"清理工作领导小组，统一负责指导、协调"四山"建设管制区内有关规划和建设工程审批及建设项目的清理工作，从组织机构、职责划分、运作机制、实施监督等方面对"四山"地区规划建设进行约束；同时明确市级部门与区县政府各自责

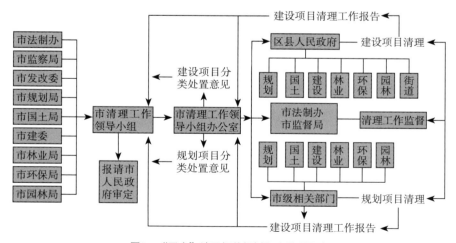

图5　"四山"地区相关规划和建设项目清理

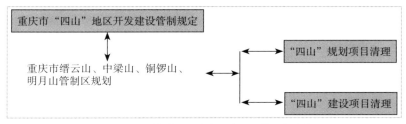

图6　"四山"清理工作领导小组工作组织流程

任，形成了属性管理与属地管辖相结合的执法联动和合力机制，有力地保障了"四山"地区从规划到建设的规范化（图6）。

4.3　协调多头规划、形成管制合力

为了形成管制合力，减小长期以来存在的各类规划交叉重叠，多头规划，多头审批现象，重庆市人民政府依据颁布的《重庆市"四山"地区开发建设管制规定》，以"四山"管制区规划和重点控建区和一般控建区控制性详细规划为基础，将"四山"地区规划建设纳入统一口径进行管制。市规划局组织开展"四山"地区控制性详细规划的编制工作，为具体建设项目的审批提供依据。

4.4　制定了切实可行的规划实施保障措施

规划提出建立和完善执法责任制，由管制区所在地人民政府组织对管制区内建设实施监督检查，以利于及时发现违法行为并及时查处。由市政府统一设立"四山"建设管制区相关界线标识，使管制范围落地，以便于规划的实施和社会监督。规划建议启动建立"四山"建设管制区专项地理空间数据库，构建集现状、规划及建设信息一体化的管理平台，利用卫星影像数据解译，对规划实施情况进行实时跟踪、监督和评价。目前，重庆市规划局地理信息中心利用遥感技术已完成了"四山"禁建管制区土地利用动态变化监测平台建设。它利用管制实施前后两年的高分辨率卫星影像数据，采用先进的遥感动态变化检测技术，监测出"四山"管制区范围内的林地以及建设情况的动态变化，并分析变化发生的类型、原因及分布，同时对"四山"地区的重点控建、一般控建区及禁建区的林地和建设用地的变化情况进行统计分析。

5.　结语

《重庆市缙云山、中梁山、铜锣山、明月山管制分区规划》的完成仅仅意味着维护城市生态系统良性循环的相关基础工作的启动。"四山"管制规划的实施，是一项政策性、综合性、社

会性极强的艰巨工作，相对于建设用地的拓展规划，它具有逆向工作的特点，难度较大，必须政府主导、多管齐下、群策群力，还需要从加强规划编制与规划统筹、严格规划许可、综合执法、加强公众参与及社会监督、建立实施监控机制等方面加以保障，从而使管制落实到位。

（《重庆市缙云山、中梁山、铜锣山、明月山管制分区规划》项目总工：彭瑶玲；项目负责人：邱强;项目组成员：刘敏、于林金、石力、黄芸璟。）

参考文献

［1］黄光宇，陈勇. 生态城市理论与规划设计方法［M］. 北京：科学出版社，2002.

［2］刘贵利. 城市生态规划理论与方法［M］. 南京：东南大学出版社，2002.

［3］曹伟. 城市生态安全导论［M］. 北京：中国建筑工业出版社，2004.

［4］重庆市规划设计研究院. 重庆市缙云山、中梁山、铜锣山、明月山管制分区规划［Z］. 2007.

［5］邱强."反规划"理念在山地城市空间拓展中的应用［J］. 规划师，2006，（4）.

作者简介

彭瑶玲　　（1963–　　），女，硕士，重庆市规划设计研究院总规划师，正高级工程师，享受国务院特殊津贴专家。

邱　强　　（1975–　　），男，博士，重庆市规划设计研究院规划编制研究所副所长，高级工程师，注册城市规划师。

生态修复工程与生态城市建设的模式选择

刘　俭

（发表于《城乡建设》，2011年第8期）

生态城市，这一概念在20世纪70年代联合国教科文组织发起的"人与生物圈"计划研究过程中提出后，立刻就受到全球的广泛关注。从生态学的观点，城市是以人为主体的生态系统，是一个由社会、经济和自然三个子系统构成的复合生态系统。生态修复技术指的是在城市工程建设中采用相关的生态方式，在特定环境条件下混合配置后，对开挖或填方所形成的边坡进行生态恢复的一种综合技术应用方案，它包含了绿化景观、固土保水、防止浅层滑坡和塌方等生态环境保护的基本内容。

1. 生态修复技术的种类

在城市工程建设中，可供选择的生态修复技术方案大体有普通绿化、普通喷播、挂网喷播、香根草技术等几种，以下分别介绍其内容和特点。

1.1 普通绿化生态修复技术

普通绿化指在相对平缓和规整的土质边坡上铺贴草皮，使之加快达到绿色景观的一种绿化技术方案。其适用于土质边坡稳定、平缓、规整，土壤营养成分中等水平，无特殊要求的普通绿化带。如行政办公与住宅区域、城市广场、道路的土质边坡等地方。普通绿化主要材料为冷季型草坪或暖季型草坪，如西南地区的混合型草坪草、南方地区的台湾草、马尼拉草等。普通绿化具有如下特点：施工方法简单、快速；成坪时间快、景观效果明显，工程造价成本低，固土保水能力强，不容易被雨水冲，铺贴时与土壤接触紧密，不易干枯死亡，在坡度较大或岩石较多的地方都能使用。

1.2 普通喷播生态修复技术

普通喷播指在不易铺贴草皮、有一定坡度比或强风化岩石地区，采用草种、黏合剂、营养液、纤维质等物质混合后喷播植草的一种技术方案。其适用于土质边坡稳定、有一定坡度、但不规则，土壤和强风化岩石成分较多，土质营养成分要求不高，如道路两侧未经平整的普通边坡等地方。普通喷播主要材料为冷季型草坪或暖季型草坪如黑麦草、早熟禾等。普通喷播施工简单，对施工区土壤的平整要求不高，景观效果整齐、统一，成坪时间快慢和功能可以选择和调整，工程造价成本低，固土保水能力强，不容易形成径流沟和侵蚀。

1.3　挂网喷播生态修复技术

挂网喷播指在弱风化的岩石地区，且工程面大于70°的高陡边坡上采用挂网，再将草种、纤维质、营养基质、保水剂等物质混合后高压喷植草坪的一种技术方案。其适用于弱风化岩石边坡、坡度陡峭大于70°以上，土壤和营养成分极少。如开挖的岩石边坡等地方。挂网喷播主要材料为铁丝网、土工格、固钉、黏合剂、纤维质、保水剂等。挂网喷播生态修复技术施工技术相对较难，工程量较大，解决了普通绿化达不到的施工工艺效果；不受地质条件的限制，喷播的基质材料厚度较厚，不容易被太阳照晒后产生"崩壳"脱落，喷播的基质材料厚度较薄重量轻，挂网不容易下掉。

1.4　香根草生态修复技术

香根草技术指由香根草与其他根系相对发达的辅助草混合配置后，按正确的规划和设计种植，很快形成高密度的地上绿篱和地下高强度生物墙体的一种综合应用技术。其适用于土质或破碎岩层不稳定边坡，坡度较大介于20°～70°之间，表层土易形成冲沟和侵蚀、容易发生浅层滑坡和塌方的地方。如山区、丘陵地带开挖或填方所形成的上、下高陡边坡。香根草技术主要材料为香根草、百喜草、百慕大草、土壤改良剂、香根草专用肥等。

香根草生态修复技术特点：根系发达、高强，能防止浅层滑坡与塌方，生长速度快，极耐水淹，固土保水能力强，抗冲刷能力强，叶面具有巨大的蒸腾作用，能尽快排除土壤中的饱和水，无性繁殖特点，不会形成杂草，施工不受季节影响，工程造价适中，比传统浆砌石低。

2.　生态城市建设模式应用方案的选择

资源节约、环境友好、体现地域特色和时代特征、生态宜业宜居的综合功能新区是生态城市建设的本质核心。

2.1　生态城市建设的基本要素选择

地质条件良好、地形不复杂、坡度比较平缓、土壤成分较多的地方，通常可选用铺贴草皮与喷播绿化；地质条件差、弱风化或未风化岩石多、坡度大于70°以上的地方，常采用挂网喷播；介于上面两者之间和地质条件不稳定、容易出现浅层滑坡或塌方的地方，则选择香根草技术，以部分替代或完全替代传统的浆砌石挡墙、菱形水泥杆或固体喷浆护坡工艺。生态功能条件选择，用于绿化景观时，通常选用根草技术生态技术方案；用于水土保持时，可以选择喷播绿化等生态技术方案；挂网生态修复方案主要是调整植物品种，选用具有水土保持功能的草种；用于固土护坡效果和防治浅层滑坡与塌方时只能选择香根草技术方案，这种方案常用于黄河以南的地区。

工程造价选择，生态技术方案的工程造价是保质保量的基础价格，它包含了基本的材料、人工税费、利润成本、施工难度与设计调整的幅度范围，但未包含植物材料的死亡损耗和远程施工的费用。因此，在工程项目建设中的设计和预算时要参考工程数据。

图1　生态城市建设实景照片

2.2　以生态城市建设规划为先导

建设生态城市的目的之一就是促进节能减排、环境友好的两型社会的建设，要达到这样的目的，应以生态城市建设规划为先导。从城市建设规划对人口、环境、资源影响的角度阐明建设生态城的意义，生态、自然的承受能力是有限的，超过了她的承受能力，就会遭到大自然的惩罚。

城市规划必须对资源、环境、生态、人口综合考虑，对城市的功能、性质、规模容量等进行详细的论证，怎样布局，怎样协调生产、生活的关系都要认真论证。否则就会造成重复建设、布局不合理的城市建设，生态城市建设必须依据详尽、可实施的规划。

3. 树立生态文明观念，促进生态思想建设

共建生态文明，共享绿色未来是重庆市未来一个时期经济又好又快发展的必然方向，是全

市各阶层的共同责任，是在相当时期内使生态得以修复，生态环境得以迅速改善的必由之路，一个没有良好自然生态的城市是不可想象的。党的十七大提出建设生态文明，是全面贯彻落实科学发展观，坚持以民为本，执政为民的重大举措。

3.1 加强生态文明理念建设

2010年是实施"十二五"规划的第一年，起好步，开好局是贯彻落实党的十七届五中全会有关生态文明建设，将生态文明和经济、政治、文化和社会建设结合的关键之年。要按照中国特色社会主义事业总体布局，紧密围绕今年中央经济会议关于"大力发展绿色经济，加强和完善政府节能减排目标责任考核评价体系，进一步发挥市场作用，健全激励和约束机制，增强企业和全社会节能建设，大力发展循环经济和环保产业，加快低碳技术研发应用；加强重点流域、区域、行业污染治理，加快建设生态补偿机制"来开展工作。

要以解决严重危害群众健康的环境问题为重点，进一步落实"以奖促治、以奖代补"措施，集中治理一批污染严重的村镇，大力推广农村面源污染治理技术，继续实施垃圾集中处理，土壤污染防治和畜禽养殖污染防治示范工程，控制和减少面源污染，鼓励绿色农业发展，提高环境与发展综合决策水平，按照"十二五"经济社会发展规划要求，把重点放在新能源、清洁能源、新材料和绿色经济上面，重点支持节能环保产业，为保增长、调结构、转方式提供新经验、新方法。

3.2 以生态文明建设为契机，提升环保工作水平

按照环境保护工作总体思路，深入贯彻落实科学发展观，以创建环保模范城为载体，着力解决危害群众健康和阻碍可持续发展的突出问题为重点，以污染物减排、生态文明建设为抓手，以环境基础设施建设、环境监管能力为保障，改善城乡环境质量，维护环境安全，提升可持续发展能力，发挥环保的重要作用。

做好环保模范城创建的前期准备，创建环保模范城市，要在最短的时间内完成机构建设，同时作好考核标准和各相关部门职责，确保实现通过验收。扎实完成污染减排和总量控制任务，围绕"强化结构减排，实现管理减排"制定措施，完善目标考核体系，控制增量。加快重点建设乡镇污水处理设施建设，大力提高治污设施环境绩效。继续做好建设项目审批，严格环境准入和服务工作，城市环境质量改善上加大投入和工作力度，全面完成今年结构减排、工程减排各项任务。

4. 结语

我国引进实施了多种国际上最先进的生态修复技术，根据修复地貌特点，因地制宜发展

种植观光园区、养殖园区、河道生态公园等土地开发利用项目。建设了多个资源节约、环境友好、体现地域特色和时代特征、生态宜业宜居的综合功能新区。建设生态城，与国家、民族未来利益的制高点紧密相连，未来的时代是生态低碳的时代，建设生态城市是前奏，是一个新的制高点，政府应该站在占领未来发展制高点的高度看待生态城市建设的问题。中国的优势在于生态城市建设契合中国两型社会的发展，要形成自己的理论，必须提出适合我国实际的观点。如果只靠外来引进，那就会永远要跟在别人后面。中国生态城的规划建设应以中华文明中"天人合一"的生态观为主干，探索社会、经济、生态三者平衡发展的解决方案，发展指导人类行为的生态道德体系和思想基础理论。

作者简介

刘　俭　（1970-　），男，重庆市规划设计研究院副院长，正高级工程师，注册城市规划师。

山城风貌及其保护规划

彭远翔

（收录于《97年山地人均环境可持续发展国际研讨会论文集》）

摘　要：本文结合重庆的山水自然景观和历史文化遗迹保护规划的特点与需求，论述了城市风貌保护的重要性和紧迫性。

关键词：城市风貌保护规划

城市风貌，即城市的风格和面貌。

城市风貌是城市形象特征的表现，是一个城市区别于其他城市的突出的或独有的性质特征，也是人们对一个城市的最初感性认识。每个城市都有自己的风貌，如北京的古都风貌、深圳的特区风貌、青岛的海滨风貌、拉萨的高原风貌、苏州的江南水乡风貌、桂林的山水甲天下风貌、昆明的春城风貌，重庆的山城风貌等等。每个城市都以自己的风貌各放异彩、各显风骚。

城市风貌是自然因素和人类活动综合作用的结果，主要包括地质、地貌、气候、水文、植被、历史、文化、民族、经济、技术等。各个城市都是在其特定的自然地理环境中，随着社会的发展，经过长期的历史演变，创造出自己的城市风貌。城市风貌代表着城市的个性。如果一个城市能顺应所处的自然地理环境、能继承和发扬那里的历史文化传统和地方民族特色、能合理地表现城市的性质、功能和时代精神，那么，这个城市就能形成整体和谐、环境优美、文化素养高的城市风貌。生活在这种城市里的居民就会因此而产生自豪感和凝聚力，城市的知名度和感染力也会随之增强，它对推动城市的经济繁荣和社会稳定起到积极作用。

然而，前段时间在城市规划建设中，忽视城市风貌，致使城市风貌单调，缺少特色的现象较为普遍。有的城市不顾自己的自然地理环境，不顾历史的传统文化和地方民族风情，不顾自己的社会经济状况，一味追求时髦，盲目生搬硬套，破坏了城市原有的风貌。这种"千城一面，似曾相识"的现象，不能不引起我们的重视。本文从重庆的自然地理环境和历史文化环境两个方面，探讨山城风貌及其保护规划。

重庆城市坐落在中梁山和真武山之间的丘陵地带、长江和嘉陵的交汇处。市中区建在以枇杷山、鹅岭为主体的"半岛"上，城市周围众山环抱、重峦叠嶂，建成区分布在山丘纵横、相对高差约200m的两江台地上。"山中有城，城中有山"。重庆人早就用山丘地形命名了很多街道。如岩、坡、坎、梯、坪、坝、岗、垭、十字、梁子等，反映了重庆是一座久负盛名的山城。长江、嘉陵江分别由西南和西北向东蜿蜒穿过市区，"城中有江，江中建城"。建成区沿江延绵45km左右。"山"和"江"把城市自然分割成几部分，使城市呈分散布局形态，形成有机松散分片集中的"多中心组团式布局结构"。"山"和"江"使城市交通结构多样化，不仅有一般城市的车和船，而且还有坡上的缆车、江上的空中索道。道路系统形成自由式结构，随山就势，弯弯曲曲。山地城市高低差落的布局迥然不同。城市依山建设，房屋参差层叠，"山、水、城"浑若一体，构成了自己独特的山地城市风貌。

众所周知，海洋、江河、湖泊、山岳、高原、牧场、森林、植被、气候等自然地理环境是城市风貌的固有的原始景观，保护自然景观，顺应自然地理环境，使城市融合在自然环境中，把自然美引入城市、装点城市、美化城市。"四面荷花三面柳，一城山色半城湖"反映了泉城济南与自然融为一体的情境。为了突出山环水抱，山、水、城交融的城市风貌，保护城市的基本格局，积极为城市社会经济的发展提供合理空间。在规划中，我们尽量借自然山水。丰富城市景观，以"两江、一岛，两山、一线"为保护重点。

两江：即长江和嘉陵江。它们是重庆赖以生存和发展的命脉，建成区大多分布在两江沿岸的台地上，规划中重视沿江两岸的环境治理，防止废水、废渣对两江的污染，保护水质。充分发挥滨河绿化的优势，因地制宜，分层绿化，使两江沿岸成为美观的滨江绿带。

一岛：即两江围合的市中区半岛。它是城市的核心，是全市政治、商贸、金融中心和水陆客运交通枢纽。它集中体现了"山、水、城"融为一体的古城风貌，山峦、楼宇、道路、绿地交织错落，完全是座主体化城市。规划中重视城市轮廓线和制高点的保护，注意高层建筑对城市景观的影响，保护城市建筑的层次感，体现山城的主体景观。注意两江沿岸的风貌保护。结合滨江路的开拓，新建滨江公园。沿江地段要敞开视线，让人们接近大自然。

两山：即南山和歌乐山。它是城市的绿色屏障，交通便捷，风光秀丽，对调节城市气候，提供游憩场所，丰富城市背景有着重要意义。规划提倡大力植树造林，恢复昔日林木繁荣、鸟语花香的自然风光、保护山体植被，不得破坏城市自然背景和天际轮廓线。严格控制各种建设项目，防止造成环境污染。

一线：即城市中心轮廓线。山体是城市轮廓线的主题，自朝天门—大梁子—打枪坝—枇杷山—两路口—鹅岭—佛图关—虎头岩—平顶山，这条鱼脊形山体线构成了城市中心轮廓线。它对城市的视觉景观十分重要，轮廓线上的制高点是观赏山城夜景和眺望山城风光的理想之地；轮廓线上的绿地是城市的一条中心绿带。规划对这条城市中心轮廓线分段进行保护。轮廓线上的大型公建相对集中成几个组团，建成疏密有度、高低错落，使轮廓线具有韵律感。轮廓线两翼的建筑物应随自然致形，与整体景观相协调，具有一定的层次感，防止遮掩视景走廊。轮廓线周围的公园和荒坡绿地不得侵占，25°以上坡地停建还林，扩大绿地面积，丰富城市景观。

重庆是一座3000多年历史的古城。在源远流长的发展过程中，留下许多珍贵的历史遗迹。

市内保存的文物古迹中，国家级、省级重点文物保护单位各二处，市级文物保护单位五十五处。除周朝的巴蔓子墓、汉代的无名阙等古墓葬、古遗址、古建筑、古石刻外，为数众多的是近现代重要史迹。辛亥革命时期，重庆是同盟会的重要根据地之一，1911年11月22日同盟会在重庆建立了第一个省级革命政权——蜀军政府，有力地促进了辛亥革命运动在四川的发展。邹容、张培爵、喻培伦都是同盟会的著名人物，存有他们的纪念碑。抗战时期，重庆作为国民政府的战时首都和陪都，中共南方局、八路军办事处所在地，在这里做出和开展过许多关于抗战全局的重大决策和战日民族统一战线的重要活动。众多现代中国的主要著名历史人物活跃在这里，留下大量的历史遗迹。重庆在中国抗战史上和二次大战史上的地位、作用和影响，为世界所瞩目，由此而产业的陪都抗战文化在三千年的重庆历史文化进程中有着特别显著的地位。在建筑艺术上，重庆人民创造出独树一帜的建筑擒法和风格，巧妙地应用"错层、错位、吊层、吊脚、挑层、抬基、帖坎"等，建造出层层叠叠，多姿多彩，别具一格的建筑组群。这种建筑随高低错落的地形和自然环境。屋宇重叠、柱脚下吊、廊台上挑、踏道盘旋，具有鲜明的地方特色，形成了山城建筑的独特风格。

　　城市的历史文化包括的内容极为广泛，文物古迹、建筑艺术仅是其中的一部分。城市的风貌不是短时期形成的，要经过若干世纪、若干朝代，逐渐演变、发展，需要漫长风月的筛选、提高、积聚而形成。今天是历史发展的继续，只有深入地了解过去，才能清楚地认识现在，进而准确地规划和展望将来。国务院对北京市总体规划《批复》中规定："北京的规划和建设，要反映出中华民族的历史文化、革命传统和社会主义国家首都的风貌"。我们为了体现和发展山城的历史文化传统，突出陪都抗战文化和山城建筑艺术。规划中以"八片、二街"为重点保护。

　　八片：即红岩村、烈士墓、林园、黄山、南泉、上清寺、七星岗、解放东路八个文物古迹保护片。红岩村保护片重点保护中共中央南方局及八路军重庆办事处旧址、红岩公墓和新华日报馆等文物保护单位；烈士墓保护片以重庆"11．27"烈士墓及"中美合作所"集中营旧址为主要保护对象。上述两保护片建设成为弘扬红岩精神、培育一代新人的爱国主义教育基地。林园、黄山和南泉保护片，应结合风景名胜区和公园的规划。重点保护片内抗战陪都遗址，将黄山干休所改建成为陪都纪念馆，重温中华民族团结抗战，促进祖国和平统一。上清寺、七星岗和解放东路保护片，应结合旧城改造，严格保护包括周公馆、桂园、重庆谈判旧址，新华日报营业部，韩国临时政府旧址、巴蔓子墓、东华观藏经楼等文物单位以及人民大礼堂、市体育馆等典型近现代建筑。它们是文物古迹相对集中的地区。保护以"点"为主，适当考虑"片"的环境风貌。文物点的保护不仅要保护文物古迹本身，而且要保护其历史环境、景观环境和自然环境。根据其价值、所处区位和保护的实际需要，划定绝对保护区和建设控制区。在绝对保护区内，严禁任何新建项目，不得改变和破坏历史上形成的格局和风貌；对旧建筑的维修必须保护历史原状，修旧如旧，不得任意改变其外貌。在建设控制区内，不得建设对文物古迹有危害的项目；新建项目的性质、规模、高度、体重、造型、色调等均要与保护对象相协调，不得破坏历史文化环境。

二街：即东水门和磁器口两个传统街区。东水门街区主要保护东水门城墙及城门、湖广会馆，具有代表性的清代民居；磁器口街区从沙磁公路桥头起，包括清水河两岸独具特色的三条传统街道及宝轮寺。这两个街区历史上都是依托水运发展起来的，依山傍水、地形起伏、建筑层叠有序，体现了山城建筑的特点和风格，具有较高的历史价值和建筑艺术价值。街区内的一切建筑，凡新建、改建，必须按统一的规划实施，其高度、体重、造型上与传统风貌相协调，外形尽可能按原样修建，着重体现地方味、山城味。

保护历史遗产，是为了继承历史文化传统的基础上加以创新。古为今用，吸收创作营养，展现艺术精华，突出历史价值，扩大文化影响，使之具有新生命力。对于城市规划师来说，创造独特的城市风貌是市民对我们的期望，是历史赋予我们的责任，让我们从自然角度、民族的角度、社会的角度、经济的角度、美学的角度、发展的角度，探讨和研究城市风貌，把我们的城市规划建设得更美好。

作者简介

彭远翔　　（1945-　），男，重庆市城市规划协会秘书长，正高级工程师。

城乡规划的安全评价探讨

陈治刚

（发表于《规划师》，2009年第5期）

摘　要： 在结合近年来国内外发生的一些重大突发性灾害及其次生灾害对城乡人民生命与财产安全造成的重大损失进行的分析检讨中，指出城乡规划安全评价的必要性，分析当前规划编制与审批环节的普遍做法与局限，提出安全评价的基本思路，初步建立分类分级的城乡规划安全评价框架，确定城市安全目标，对城乡规划的用地布局、生命线工程等面对不同影响源的应急保障能力、恢复能力等进行评价；分级划定安全设施（生命线工程）的等级；提出相应的规划减灾措施、空间管制措施。

关键词： 城乡规划；安全；评价

公元2008年5月12日汶川发生8.0级大地震，损失惨重，举国悲恸，据截至2009年4月25日统计共计有69000多人死亡，近18000人失踪，受伤37万多人，城镇受到毁灭性打击和重创的有北川、青川、汶川、什邡、都江堰、绵竹、平武、茂县等50余个县市，仅重灾区面积就达10万平方公里，地震发生还诱发地质灾害如滑坡，泥石流等，甚至导致34处堰塞湖，威胁下游上百万人口安全。痛定思痛之余，我们非常有必要从安全角度审视城乡规划，应该借鉴对规划进行环境影响评价的思路，对城乡规划进行安全评价，本着规划的科学性和严肃性，明确规划区面临主要的灾害威胁和风险程度，为制定抗灾救灾安全体系提供技术支撑。

1. 城乡规划安全评价的必要性

1.1　城乡规划的作用与法律法规的要求

城乡规划的作用主要体现在三个方面：一是对城乡空间发展具有指导作用；二是对城乡经济和社会发展有促进作用；三是对城乡形态面貌具有引导作用。城市规划是政府调控城市空间资源、指导城乡发展与建设、维护社会公平、保障公共安全和公众利益的重要公共政策之一[1]。城乡规划法第四条明确规定："制定和实施城乡规划，应当遵循城乡统筹、合理布局、节约土地、集约发展和先规划后建设的原则，改善生态环境，促进资源、能源节约和综合利用，保护耕地等自然资源和历史文化遗产，保持地方特色、民族特色和传统风貌，防止污染和其他公害，并符合区域人口发展、国防建设、防灾减灾和公共卫生、公共安全的需要。"[2] 以上要求说明规划法已明确要求城乡规划要符合防灾减灾、公共安全的需要。

1.2 历史上重大突发安全事件对城市的影响

我们还可以看看中外历史发生的大型灾害，其中不乏城市受到毁灭性打击的例子。2000多年前的古罗马附近的庞贝古城据考证是由于火山爆发而毁灭。1976年中国唐山7.8级大地震，顷刻间使这座具有百万人口的大城市遭受灭顶之灾：死24万多人，重伤16万多人，建筑物多数被毁；1939年黄河花园口决堤89万余人死于水淹与饥饿；2005年9月美国新奥尔良遭受大飓风卡特里娜袭击陷于一片汪洋，它是自1900年得克萨斯州加尔维斯敦遭受飓风以来美国最大的一次自然灾害，当年有8000至12000人丧生，洪水吞没了城市80%的地区，全城断电，湖滨机场和庞恰特雷恩高速公路都浸在水中。需要注意的是新奥尔良这个兴建于密西西比河与庞恰特雷恩湖所形成的低洼地带的城市。

近年来，极端气候屡屡出现，如1998年全国大范围长时间降雨，导致长江、淮河、松花江频发洪水险情，长江中下游数座大城市受严重威胁，造成损失约3000亿。2004年印度洋海啸，致东南亚沿海一带死亡20余万人。2006年川渝地区大旱百年一遇，2007年重庆、武汉、北京等地又遭遇百年不遇的暴雨袭击，城市多处内涝，排水不畅。2008年1～2月，南方冰雪灾害百年不遇，多座城市交通、电力几乎瘫痪，导致数千万人滞留不能回家。2008年4月，缅甸沿海遭遇罕见风暴，仅死亡人数达到7.7万余人。

1.3 城乡规划的安全评价的必要性

中外城市发展的历史一直伴随着重大灾害等突出公共安全事件，在事后的总结与评价中总会看到关于城乡规划面临灾害的不足的研究。据统计，在发达国家自然灾害损失占GDP的0.5%左右，而我国1949年以来灾害损失相当于GDP的5.09%[3]。我国有60%的国土、一半以上的大中城市位于地震基本烈度6度及6度以上的地区，45%的城市位于地震基本烈度7度及7度以上的地区。我国大江大河的中下游地区还有800多个县市处于洪水水位线以下，占全国县市总数的34%。综上所述，重大突发安全事件对城市的影响有高有低，在用地布局规划与防灾工程规划等方面有值得检讨的地方。城乡规划最重要的是用地布局和基础设施布局，由于城镇的用地布局事关国民经济命脉，而城乡的基础设施如交通、能源、通信、供水、供电、供气等皆是城市生命线工程的重要组成部分，事关人民日常生活和城市功能的正常运转。因此，非常有必要对我们的城乡用地布局是否科学合理；生命线工程是否具备抗灾能力和救灾能力；城市重要枢纽设施是否具备较高的可靠性等，均须进行科学评价。

通过对城乡规划进行安全评价，可以收到以下效果：①可以明确城市面临的主要危险因素，便于宣传和提高公众和全社会的防灾意识；②可以对规划方案进行评价，判断规划方案面对安全危险威胁时抵抗程度和受灾损失情况，为编制防灾减灾综合预案提供参考和依据；③可以检验城乡生命线工程的薄弱环节，从而提出修改和完善的意见，敦促生命线工程的运营单位提高相应关键性工程设施的抗灾标准；④可以检验城乡规划的疏散避难空间是否有足够数量，分布是否科学合理；⑤可以为灾后恢复和重建提供关键性的要素保护。一旦经评价确认为属于灾后恢复和重建的关键性要素，则需在平时应予以重点保护，从规划的用地布局和设施布局规划上要给予足够的安全空间，不得挤占。在具体项目建设阶段提供规划保护依据，避免不必要的空间侵占和功能受损，如消防部门对消防通道的保护一样。

2. 当前规划编制与审批环节的普遍做法与局限

2.1 当前规划编制的普遍做法

目前，我国绝大部多数规划编制沿袭传统规划的套路，最多就是结合地方特点在个别内容上有所侧重而已。这本身并无不对，从规划编制角度似乎只能如此。一方面，缺乏必要的可供指引的防灾规划细则，另一方面，要严格执行国家的法律、法规，即是要严格按照《城乡规划法》及城市规划编制办法的有关要求来执行。事实上，由于新版规划法是到2007年1月1日才开始执行，而新版的城市规划编制办法亦缺乏实施细则，目前多数单位在防灾方面是凭着自己经验在摸索前行。当前的普遍做法是将防灾部分有了独立的篇章。比如在总规层面，即是将其分成消防、人防、防洪、防震、防地质灾害等几个章节，极少有将其视作为一个整体，而且内容多数极为原则和空泛，与城市用地布局、生命线工程等相关内容联系不大。只是单纯的有内容和形式上的完善，说严重一点不过是装点门面而已。审查方面，由于防灾规划内容不够具体，相关专业部门多难以提出有针对性和可操作性的具体意见，导致综合性的规划在防灾方面的审查流于形式。

2.2 规划编制办法的局限

结合目前的机制成果来看，普通具有以下两个方面的不足，一是内容分散，多数仅有孤立的分项的初步的规划方案，缺乏系统性；二是较空洞，缺乏强制性和具体的要求，特别缺乏空间布局上的联系。此方面，其实规划界应向设计界借鉴做法，如在各项具体的工程设计中，仅涉及的抗震安全设计的规范就多达10多项[4]，而且有些要求已上升到法律层面，如在防震减灾法中明确规定："重大建设工程和可能发生严重次生灾害的建设工程必须进行地震安全性评价；并根据地震安全性评价的结果，确定抗震设防要求，进行抗震设防"[5]，相比之下可以说，规划方面还有相当多的工作需要做。

3. 安全评价的基本思路

3.1 借鉴先进做法

城乡规划和安全评价，安全可以借鉴消防方面的火灾影响评价及环保部门作的环境影响评价的思路和一些技术方法。

城乡规划的安全评价是一种风险管理。比如消防安全管理主要就是火灾的风险管理。其主要思路是：分析、确定城市或区域的灾害分布状况及发展趋势，评价可能的灾害风险，从而在风险管理的科学在决策中起着重要作用。一般来说，分析、评价灾害风险（类型、大小、技能、趋势、受灾可能性、受灾损失程度等）有不同的办法。客观地说：一个完全精确地测度灾害风险的结果和办法是不可能的，但我们可以通过研究将测试风险的安全评价做到相对较优和尽量客观。这其中有一些研究[6]如《城市火灾风险评价指标体系设计》中有一些探讨。

再看环境影响评价。于2003年9月1日实行的环境影响评价法以立法形式要求要对规划进行环境影响评价。明确谁组织编制规划，由谁组织对规划草案进行环境影响评价，并且明确目的。应当对规划实施后可能造成的环境影响作分析、预测和评价，提出预防或者减轻不良环境影响的对策和措施，作为规划草案的部分报送审批机关。第十五条规定："对环境有重大影响的规划实施后，编制机关应当及时组织环境影响的跟踪评价，并将评价结果报告审批机关，发现有明显不良环境影响后，应当及时提出改进措施。"我们同样可以立法形式要求规划进行安全评价。

3.2 建立分类分级的安全评价框架

综合相关学者做出的一些研究和分析，笔者初步设想出一个规划的安全评价体系，其目的是对城乡规划进行测评，提出规划在安全评价方面的基础情况，找出薄弱环节，提出整改意见，为规划的科学性提供安全方面的技术支撑。

应根据城市的性质、规模等级分别分类科学确定城市的安全目标，同时还要对安全目标中的设防标准进行投入效益评价[4]。设想的基本工作框图如下：

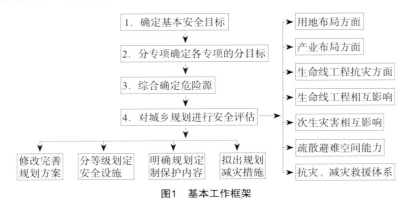

图1　基本工作框架

3.2.1 科学确定安全目标

主要是在广泛和科学的论证后确定基本安全目标，并分解出分项的安全目标。城乡各级主要城镇和农村居民点、重点工矿企业的安全一般应遵循以下原则：一是分类分级原则，即对城乡按照受灾后影响程度不同，确定类别；二是依法合规原则，提出根据已有的规范标准来确定。可以制定出一个表格来确定目标如下，当然实际每个城市的各类灾害的具体情况不同，因此每个城市的具体设防目标可以不同，并应综合论证来选定。此处只是举例而已。

表1　某城市分类分级设防标准（目标）

设防标准（目标）		地震设防烈度	洪涝设防标准		
			江河洪水	山洪	内涝
城市		S	P	P	P
镇		S	P-1	P-1	P-1
村庄		S	P-1	P-1	P-2
独立工矿企业		S	P-1	P-1	P-1
重要工程设施	水库	S+2			
	化危品仓库	S+2	P+2	P+2	P+2
	重大污染源	S+2	P+2	P+2	P+2
	环卫设施	S+1	P+1	P+1	P+2
生命线工程	主线	S+2	P+2	P+2	P+2
	支线	S+1	P+1	P+1	P+1
	重点医院	S+2	P+2	P+2	P+2
	生命救援物资储备	S+2	P+2	P+2	P+2
	安全指挥中心	S+3	P+3	P+3	P+3
重要公共设施	学校教学楼	S+1	P+1	P+1	P
	机关	S+1	P+1	P+1	P
	银行	S+2	P+1	P+1	P+1
	粮油储备库	S+2	P+2	P+2	P+2
	一般医院	S+1	P	P	P

注：S—代表按规范规定的抗震设防标准，S+1代表设防标准提高一挡，S+2代表设防标准提高二挡，依次类推；
P—代表按国家标准确定的防洪排涝标准，P+1、P+2含义同上。

3.2.2 对灾害源进行危害等级评定，确定风险指数

应结合规划范围内面临的各种可能的灾害威胁，结合历史情况，周边区域历史情况和影响的可能性，科学分析和论证后，综合专门的风险指数，初步设想如下：①可以将灾害发生的概率与发生时的强度及对城市的影响范围来作为一组变量来近似定量的构建灾害的风险指数：D=f

（C×P，F），其中：D代表灾害风险指数，C代表灾害发生几率，P代表灾害发生强度，F代表影响范围。通过对历史上的相关灾害分析在综合分析的基础上，得出在不同等级的灾害情况下的风险指数。在分析过程中要注意以下问题：①地震震中多发生在地震断裂带附近，根据地震震中与城市的最不利位置来进行假设，制定城市受灾受损情况；②最大受灾面积与范围是根据前述最不利灾害点暴发灾害后的评价。③最大受灾人口数是根据前述最不利灾害发生后的现实经验可能性，实际情况可能差别非常大，仅仅是估计值。

3.2.3 对城乡规划的用地布局、生命线工程等面对不同灾害的抗力强度、应急保障能力、恢复能力等的评价

主要采用得分法或指标法，依据前述制定的规划目标，对规划的城乡用地布局、产业布局、生命线工程、应急保障能力、恢复能力等进行综合评价，值得一提的是，我国目前还没有初步的标准来规定各系统的救灾能力。笔者个人以为，一个系统的抗灾能力评价应包括以下几个主要指标：

（1）不同级别灾害的破坏程度。按全部瘫痪、大部分瘫痪、一半丧失功能、小部分丧失功能来分别。

（2）灾后恢复时间，按灾后恢复枢纽功能、主线功能、次干线功能、支线功能或按前述服务范围正常功能恢复来界定。

（3）应急保障能力，各系统应有独立自主不受相邻设施影响的备用应急保障能力。如以洪水为例，受灾时100%不能供水时为全面瘫痪，这种情况一般为系统全停电，或所有水厂遭到破坏，有＞75%的范围不能供水时，则为大部分瘫痪，有＞50%的范围则为一半功能丧失，＜25%则为小部分功能丧失。例如可将给水生命线保障能力量化，并以此对生命线系统提出硬性要求，结合人们生产生活耐受力程度，受灾后应有一定的最低标准的供水保障能力，这个能力可以依托现供水系统也可以完全和现有市政系统没有关系，如：改用桶装、车载送水这样的情况，保障50%的人具有5升/日的饮用水供给。以某地城市的供水系统抗灾能力评价为例，见表2。

表2　某城市给水系统供水系统抗灾能力评价

受灾程度	受灾时功能丧失程度	100%	＞75%	＞50%	＜50%
	不同受灾程度功能丧失可能性（时间概率）	500年	200年	100年	20年
受灾后功能恢复能力	受灾后功能恢复程度	＞90%	＞75%	＞50%	＞25%
	受灾后功能恢复时间（日）	7d	72h	48h	24h
	应急保障时限（小时）	5h	24h	48h	72h
	应急保障用水指标（升/人·日）	3	5	10	20

对生命线工程设施，可以采用故障树分析法[7]等方法来确定其可靠性。一般是假设在某种概率的灾害达到某种强度时，系统工程遭受的可能破坏程度（用丧失功能的程度不同或面积指标）以及系统恢复时间，维持生命必需的低用量的保障水平等指标[8]。在此方面，目前比较缺乏深入研究。本文只是试图提出一个可以比较的数值。

3.2.4 分级划定安全设施（生命线工程）的等级

分级划定安全设施的等级，制定相应的规划空间管制措施，在经过以上的安全评价后，根据安全设施系统中各级各类设施提出相应的安全等级，如可参照消防规范中对建筑物特点相应的防火等级的标准，可将系统各项设施按其在系统安全中的作用取权重系数[9]，并初步确定安全等级。例如：在供电系统中，可将特别重要的电源点如发电厂（起安全保障作用的）、枢纽变电站和输电线路，极端灾害事故情况下（最不利工况下）根据安全规划仍须保证发挥正常功能的设施作为甲等安全设施；次之的系统一般性电源，一般性变电站和输配电线路作为乙等安全设施，片区、局部地区级的设施，因其受损指数对全局的影响面小于25%的设施，可划分为丙等设施，其余社区级设施如低压配电房、配电线网等可划为丁等设施。并在图上用不同颜色予以区分。

3.2.5 提出相应的规划减灾措施、空间管制措施

在划定了工程设施安全等级后，需要结合有关规范要求，制定相应的空间管制措施。如对于甲等设施，必须保证在灾害发生时，相邻建构物不得致使其功能受损，平时也应严禁占压其安全空间。例如消防通道的保护一样。另一方面，也应划出一定的禁建区，在此区域范围内，禁止建设具有甲等安全级别的设施。例如在易发生地质灾害的地区，在易受洪水淹没的地区，软弱地基、沉陷地基集中的地域易燃易爆威胁区等地区，应禁止建设特别重要的生命线工程设施项目。规划学术界在此方面可以联合专业部门进行大量的科学研究和试验；从而明确制定出一套实用、操作性强的标准。

4. 结语

在大力提倡落实科学发展观的新时期，城乡规划必须以人为本，规划编制要将人民的生命和财产安全提到重中之重。一是要争取立法，将城乡规划的安全评价纳入法律的强制性要求；二是要重新审视现有的各项安全标准，在当今的科学技术手段和经济社会条件下，重新评价和论证，并进行必要的调整，如我国的建筑抗震设防标准就有调整的必要；三是尽快建立城乡规划的安全评价制度，开展相关评价指标体系及相应评价方法、重要参数的科学研究；四是城乡规划中的城镇体系、产业布局、用地空间布局、生命线工程、次生灾害等方面是安全评价的工作重点，其规划方案必须对安全影响评价做出规划响应。

参考文献

［1］　城市规划编制办法［Z］. 2006.

［2］　中华人民共和国城乡规划法［Z］.2008.

［3］　江见鲸，徐志胜.防灾减灾工程学［M］. 北京：机械工业出版社，2005.

［4］　葛学礼，朱立新，蔡晓月，苏子倩.生命线工程受灾的破坏机制——减灾对策及投入效益估计［J］. 中国减灾，1998（2）：29-32.

［5］　中华人民共和国防震减灾法［Z］. 1998.

［6］　易立新. 城市火灾风险评价的指标体系设计［J］. 灾害学，2000（12）：90-94.

［7］　陈宏毅. 论城市生命线工程系统的防火灾可靠度分析［J］. 重庆建筑大学学报，1998（2）：92-96.

［8］　童林旭. 城市生命线系统的防灾减灾问题——日本阪神大地震生命线震害的启示［J］. 城市发展研究，2000（3）：8-12.

［9］　张风华，谢礼立. 城市防震减灾能力指标权数确定研究［J］. 自然灾害学报，2002（11）：23-29.

作者简介

陈治刚　　（1965- ），男，重庆市规划设计研究院副总工程师，正高级工程师，注册城市规划师。

农居环境的现状调研及变化趋势浅析

赵洪文 牟 峰 邓 磊 钱江林

（发表于《重庆山地城乡规划》，2006年第2期）

1. 现状调研与分析

现状的调研与分析，是提高设计质量、使设计成果更加贴近现实情况的主要手段。因此，在进行社会主义新农村建设研究之前，应尽可能地收集掌握了一些基础资料，对现状、环境等进行了较深入的调查和分析，在这个过程中，逐渐发现当前在社会主义新农村建设实施过程中的一些特点和普遍存在的一些问题。

特点一：农村住宅设计思想的出发点是适用性重于一切

住房是农民安身之本，拥有一幢称心的住房是农民心中挥之不去的情结。从经济意义上看，农民住房既是生活资料，又是生产资料，它是农民用以遮风避雨的生活设施，同时又是生产劳动的直接或间接场所。农民的住房投资理念和方式取决于农民家庭的经济基础和家庭需求，除了对农民本身的生活、居住质量产生直接影响外，也在很大程度上影响了生产资料购置和日常生活消费，并最终影响了农村的生产组织方式和生产力发展水平。因此，农村住房问题是农村经济生活中一个极其重要的组成部分。

通常情况下，农村住宅的建设从设计到施工都是由农民自己，并协同当地工匠共同完成，通过一代代的积累，逐渐形成了自己的一套做法。设计中很少讲究程式化的设计规则，也不去刻意追求某种新奇的表现手法，即使有一些看起来不可思议的地方，但也许这正是他们生活必需的方式，其次才是美观。他们以他们自己的审美观点来确定怎样建造，很少有因为外观而放弃局部功能的做法。农民考虑的一点，就是怎么样少花钱，建最适用的房子，因此，农村住宅的设计必须是建立在与他们

图1 重庆走马镇某自建农宅——面砖、搓沙灰墙面、坡瓦屋面混用

审美需求、经济水平以及地域特征相适应的基础上。

"适用的房子，经济的房子，美观的房子"——在脱去附加的装饰之后，怎么把功能、建造方式、经济以及美观结合起来，这就是普通农民住宅设计的基本出发点。

特点二：农村宅基地的合理转换是所有问题的根源

从某种层面上说，农村进行大规模的集中居住安置工作中所遇到的最复杂且又无法回避的难点就是宅基地的合理转换问题。农村宅基地是农民世代居住的地方，长久以来，由于农村住宅建设大多缺乏有效的规划引导，因此农村宅基地建设基本处于自然状态，呈现出分布散乱、空置率高、非法转让时有发生的特点，诱发这些现象的因素很多，综合起来主要有以下几个方面：

（1）规划相对滞后

规范农村住宅建筑的设计，必须有一个切实可行的总体规划。为了节约、整合有限的土地资源，将农村人口集中安置居住是一种行之有效的方式，但是在当前的动拆迁工作中，往往存在缺少动迁安置房建设用地、无法按法定程序取得安置房建设用地等问题，影响了动迁农民的住房安置，也带来了各种违规操作的可能。而造成这些问题的一个重要原因是，到目前为止，中心村的规划模式、行政区划的调整、农村宅基地有偿转换等问题尚没有一个长期的、适合今后发展的总体规划。这势必会影响农民居住地向城镇集中或农村住宅集中安置的进程。

（2）补偿标准不一

对农村宅基地的拆迁补偿，有关部门制订了相关标准。但由于地理位置差异、土地使用性质不同等原因，形成了不同的补偿办法，补偿金额也因此相差较大，特别是基础设施与工业开发的拆迁补偿相差更大。这会引起农民的不平衡心理，影响拆迁安置工作的顺利进行。

（3）保障水平过低

低水平的社会保障，使农民顾虑重重，一旦真正脱离土地，基本生活就无法保障。在现有生产力条件下，土地仍然是农民的基本保障。这是大多数农民不愿离开宅基地的根本原因。

图2　统一规划的重庆走马镇大石农民新村

（4）安置力度不够

要解决离土农民的出路问题，重要措施是促进农民非农就业。农村集体土地被征用后，应按相关规定妥善安置农民，实现非农就业，但由于大部分农民文化水平和劳动技能素质偏低，也没有受到较好的培训，使农村劳动力难以向非农领域转移。农民无法实现非农就业，就意味着依然要靠务农为生，就不可能离土离乡，而集中安置的农民住宅往往距离农民的承包地过远，不方便居住而不被普通农民接受。

特点三：农民特殊的生活模式对建筑设计的要求多样化

特定的生活习惯，决定了一定的居住模式；居住模式又反过来影响着当地农民的生活习惯，最终形成特定的生活模式。归纳起来，重庆市农村居民具有如下生活特性：

（1）以务农为主业的农民普遍倾向于独门独户住宅，能够满足其养猪、储粮、晒谷、农具堆放、夜间纳凉等使用要求。

（2）位于旅游区周边或道路沿线的农民住宅倾向底层设置门面，通过发展餐饮、小商品零售等增加经济收入。

（3）室内空间功能属性具有一定的不确定性和多用途性，公共空间、半公共空间、私密空间互相混杂的情况较多。

（4）厨、厕、畜舍等集中设置，满足功能的相对集中。

（5）部分农户设有沼气池等，便于解决伐木烧柴等问题。

（6）垃圾、粪便等多数自行处理，缺乏卫生、有效的收集处理措施。

特点四：村镇较薄弱的物质基础是限制农宅建设水平提高的瓶颈

这主要存在于两个层面：

1）市政规划层面

重庆市周边村镇一般规模较小，布局比较分散，普遍存在着基础设施、特别是环卫设施不

图3 复合养猪、储粮、农具堆放功能的厨房

图4 底层商业门面

图5　传统分散自由建设的农宅　　　　　　　图6　重庆冷家湾永安5社

足的情况。虽然近年来由于经济发展，一些村镇面貌发生了很大变化，但仍存在着道路系统分工不清、电力及给排水设施不齐全、公共设施标准较低等问题。针对这些实际情况，当地有关部门也提出了如突破同村同社建设观念、整体统筹考虑，基础设施建设费用强调各级分层解决原则，以最终达到节约用地、市政设施集中配置、优化公共配套设施等目的。

2）设计施工层面

由于各种客观原因，农民自建自用住宅缺乏科学的规划，布局混乱，建筑设计缺乏指导。主要表现为：

（1）设计落后，功能结构不合理。个别农户还存在人畜混居的现象，厕所简陋，卫生状况较差，更没有相应的污水处理和其他配套设施。

（2）建设质量得不到保证。农民建房多由农民自己找施工队或找几个工匠施工修造，所用的建设图纸不规范，或根本没有建设图纸完全凭经验施工，有的新房用的是旧房子拆下的建筑材料，这种情况下建造的房子，10年左右就又要翻新，从而造成重复建设的怪圈。

（3）农村建筑材料质量差。土木建材比重大，抗灾性能差。

（4）占地无序。相当多地区建房占用耕地，并趋向沿交通线建房，最终导致村落空间格局走向分散。

农村住房状况与城市住房状况差距很大，对农民提高生活质量带来不利影响。究其原因，一是农村生产力水平落后，农民经济收入不高；二是住房布局缺乏指导，住房设计沿袭祖辈传统模式；三是农村自然条件

图7　重庆冷家湾传统村落格局

较差，交通不便，饮水困难，部分有钱的农户不愿意在农村建房；四是农村没有物美价廉的新型建材供选择。针对以上问题，有关部门也提出了一些解决措施，如根据具体情况，因地制宜选准建设开发定位点；在统一指导思想下，实行自建或集中建设等，虽然取得了一定的成效，但上述问题仍未从根本上得以解决。

2. 农村住宅建设出现的新趋势

1）设计市场逐渐规范化

随着对村镇建设重视程度的提高和规划意识的加强，村镇住宅的形态经历了从20世纪80年代初期的无管理、无规划、无设计的状态到目前逐步实行统一规划、集中居住、统一建设的阶段。农村住宅建设由原先的缺少规划，重复建设转变为高起点统一规划、统一建设。以往的农民住房建设，农民个人建造的房子分散零星，大量的附属设施占用了不少耕地，土地被分割得零零碎碎。为了改变上述状况，合理利用土地，重庆市在多个乡镇都进行了试点，由统一设计、统一规划建造农民新村，这样的新式农民新村，可节约耕地，减少环境污染、有利于环境保护等。

2）人口向镇区集中的态势明显加快，农村建房增量将会减少

随着城市化水平的逐步提高，直接从事农业生产的农村居民人口将会逐年减少，农民外出做生意、求学、打工，农村剩余劳动力向城市转移，最终落户于城市的人数近几年呈明显上升趋势，从而在一定程度上降低了农村住房总需求。

3）农民对房屋的质量和功能的要求将会提高

随着城镇化进程加快，促使农村产业结构调整力度加大，向第二、第三产业发展，提高了农业劳动生产率，增加农民收入，农民有钱了就想在条件较好城镇购买商品房，不愿在农村修建房屋，因而引起农村新建或改造房屋逐年减少，购买城镇商品房逐年增长。但农民建房总量从建筑面积上看将逐渐减少，而单体工程造价则会随着农民收入的增加和对居住环境、居住条件、居住质量的要求不断提高。具体表现在以下九个方面：

（1）住宅类型和面积标准的"多类型化"

农村产业结构的变化，农民职业的多样化，导致住宅类型和面积要求发生相应变化：由以往兼具生产和生活双重功能的农户住宅发展到满足农业户、专业个体户、职工户和综合户等不同需求的户型。

（2）户规模的"小型化"与家庭结构的"多代

图8 重庆半山齐团农转非安置房

图9　重庆走马镇大石农民新村

图10　统一安装的暗敷管线和新型插头

合住化"

从目前我国农村家庭结构的实际情况分析，以三口之家的核心户和以五口之家的主干户保持较多比例，核心户与主干户属于农村稳定户型，可见，农村家庭户规模趋于"小型化"和"多代合住化"成为必然。

（3）家庭生活行为与居住方式趋向"多样化"

居住方式的"多样化"根源于家庭生活行为模式的诸多变化：一是家庭成员职业的多样化；二是家务劳动的社会化；三是社会交往的扩展化。而引发的"多样化"又体现在：一是房间使用功能的新变化；二是房间布局方面要求的强化；三是住宅空间增添了新的内容。

（4）住宅室内设备设施的"完善化"

随着住宅面积标准的提高和功能空间的改善，相应的设施水平也将有较大幅度的提高。主要体现在厨房、卫生间、室内供水、排水、供电、电讯、燃气等综合布置设计。

（5）住宅的适应性要求所带来的"个性化"

由于使用对象的差异性，对于"居住意识和要求"差异各不相同，自然条件、经济文化、生活习俗的差别，反映在居住行为模式上，则是"个性化"的倾向。

（6）适用技术的开发与应用的"一体化"

农民新村建设从长远发展需要来看，应逐步形成其独立的建筑结构体系。并从节地、节能、节材等原则出发，开发一批农村急需的、适用的和科技含量高的新技术、新产品，充分运用到建筑设计和建设中去。

（7）用地的集约化和住宅建设的"集合式"

在总体规划指导下，根据实际情况进行区位分析，对具体建设条件、住宅需求量、建造费用及环境设施等情况进行综合分析，制定与社会经济文化发展水平相适应的规划设计。节约用地与用地集约化一般通过：一是在分级控制规模和合理布局原则下提高建筑密度与容积率；二

图11　砖木混合结构的农民新村

图12　重庆走马镇沿街农转非安置房

是充分利用现有建筑与设施；三是内部公共设施应集中配置；四是对户均宅基占地、人均建设用地和总用地平衡等指标严格控制。

（8）基础设施和公共服务设施的"配套化"

农民新村应注重居住环境的改善和各项设施的配套建设，特别是给水、排水、电力、垃圾收集等与生活息息相关的配套设施，并应处理好发展与现实需求的关系，解决好资金投入的问题，力求达到设施完备、经济合理。

（9）统一开发建设和住宅趋向"商品化"

统一开发建设有利于：一是保证整体规划布局的协调性，有利于平衡农用地与建设用地间的矛盾；二是能够保证建筑设计、施工与环境质量；三是能够注重其特有区位条件，通过设计实际反映对农民生活水平提高的关注。而"商品化"道路能够引导经济条件较好的农民按需购房，分批解决农民农转非问题。

作者简介

赵洪文　（1967－　），男，原重庆市规划设计研究院院长助理，建筑所所长，高级工程师。

牟　峰　（1968－　），男，硕士，重庆市规划设计研究院副院长，高级工程师，一级注册结构工程师，二级注册建筑师。

邓　磊　（1975－　），男，硕士，重庆市规划设计研究院雅凯斯凯建筑所方案策划部副主任，高级工程师。

钱江林　（1974－　），男，原重庆市规划设计研究院雅凯斯凯建筑所，高级工程师。

体育场周边景观与视线高度控制方法研究
——以重庆市袁家岗体育场为例

甘　朗　赵洪文　江　宁

（ 发表于《规划师》，2004年第9期 ）

摘　要： 重庆市袁家岗体育场周边景观与视线高度控制规划，以"分区控制""分级控制""最不利控制"为规划原则，采取平面扇形分区控制和视线剖面分析的规划方法，运用"总量平衡"等策略协调各方矛盾，对体育场周边景观与视线高度进行控制。

关键词： 重庆；袁家岗体育场；高度控制

1. 前期现状分析

重庆市袁家岗体育场周边景观与视线高度控制规划是以在袁家岗体育场的观众为主体，研究体育场周边建筑对场内视线的影响情况，以体育场北看台围墙，南看台电视转播间，东、西看台弧形网架雨篷为前景，要求背景建筑的天际轮廓线尽量简洁，不高出视线以上。

由于袁家岗体育场的东、西看台与体育场长轴平行，东、西看台范围较广，而南、北看台范围相对较小，加上南、北看台后几乎没有可新建项目用地，因此，体育场高度控制规划主要以东、西看台的视点为研究对象。作视点选择时，选取了东、西看台中间、两端等10个有典型代表性的位置来分析最不利视点（因为袁家岗体育场的看台是360°的环状看台，随着观众在场内位置的不同，视点也会不同，所以，在作视点选择时，首先要找到最不利视点）。以这些视点发散出去的视线与前景遮挡物共形成3个主要扇形视面：以北看台围墙为前景形成的扇形平视面；以南看台电视转播间为前景形成的扇形平视面；以弧形网架雨篷为前景形成的三维扇形视面。在此基础上建立空间轴测图可真实地反映出拟建建筑对场内视线的影响情况，即扇形视面以上部分的建筑都将对场内视线产生影响。在以上的定性分析后，对背景建筑物高出视线以上的总量做出定量统计。通过数据的比较，并根据周边建筑对各个视点影响的强弱程度，选择了观众所在区域最频繁、视点最高、周边建筑对场内视线影响最大的A_0点（西看台最上层中心最高点）、B_0点（东看台最上层中心最高点）分别作为特征视点控制体育场周边建筑的高度。

2. 高度控制原则

2.1 "分区控制"原则

在体育中心的修建性详细规划中，以体育场为核心，周边环绕跳水游泳馆、综合馆、体育馆、室内田径场、篮排球重竞技房等场馆建筑，与室外体育练习场共同组成体育中心的竞技区，体育中心东侧、西侧和南侧沿外围道路部分用地是商业开发区，道路外侧有较多住宅开发项目。在这种用地组织结构下，根据建筑与体育场由近及远的空间关系和影响程度的差异，将规划区内用地划分为3个区域，并对各个分区提出不同的控制要求。①禁止建设区：以体育场南北轴线为界，以A_0、B_0点为圆心，以400m为半径作圆弧所形成的椭圆形范围。这个区域是体育中心的主要竞技区，禁止建设除场馆及配套设施外的任何建（构）筑物。②控制建设区：以体育场南北轴线为界，以A_0、B_0点为圆心，以400m与800m为半径作圆弧所形成的椭圆环以内范围。该区域内有较多商业开发项目，其环境绿化布置、建筑平面、立面和屋顶形式等要求与体育中心整体风格协调一致，建筑体量高度不得影响体育场内的视线景观，建筑高度须满足高度控制要求。③协调建设区：以体育场南北轴线为界，以A_0、B_0点为圆心，以800m与1000m为半径作圆弧形成的椭圆环以内范围。这个区域离体育场相对较远，视线影响较小，其中的建设项目，在满足建筑立面、屋顶形式控制要求的前提下，还应满足高度控制的要求。

2.2 "最不利控制"原则

高度控制规划应是对建筑高度制定最严格的控制要求，实际操作中将"最严格"转化为"最不利"，即对所有数据取最低限值来进行控制。这些"最不利"包括：①最不利视点—选择的视点是最高看台上受周边建筑影响程度最大的位置；②前景物最低点—由于弧形网架雨篷中间高、南北两端低，对每个三维视角扇面内的建筑高度控制作视线剖面分析时，均是以雨篷的最低标高为目标点；③视线敏感区重点控制—南看台上的电视转播屏幕是观众与传媒视线聚焦的敏感部位，规划对该区域后的建筑采取局部重点控制；④剖面最低标高控制—将A_0、B_0区域视点与目标点的连线向后延伸形成的各个视线剖面中，对每100m内的高度进行控制时，是以剖面上最低绝对标高值作为高度控制值；⑤屋顶最不利标高—高度控制要求新建建筑物及构筑物的屋顶最高绝对标高值（含电梯机房、水箱间及屋顶构架）均不得超出所在区域的高度控制值。

2.3 "分级控制"原则

规划范围内建设情况复杂，对已建、拟建、新建项目应采取分级对待的原则以区别控制。已建项目主要分布在体育中心周边科园六路、袁茄路、谢陈路、袁石路的外侧，针对各现状建

筑相对体育场的位置而对各建筑采取不同的外立面整治措施。拟建项目主要位于体育中心的商业开发用地和东北地块内，大部分已通过方案或初步设计，根据对体育场内视线的影响程度，可采取调整、保留原方案或进行严格的高度控制等不同的处置措施。新建项目则应严格满足高度控制的规划要求。

3. 高度控制方法

高度控制规划实际是对空间三维物体在高度方向上的控制。规划应采取将三维量度的问题转化至二维平面上解决的方法，即采用平面扇形分区与视线剖面分析相互结合的方法，编制高度控制规划。

3.1 高度控制平面分区

以体育场南北轴线为中轴线，分别对体育场东、西两侧建筑进行高度控制：经过视点与视线分析，确定A_0、B_0点为特征视点，A_0点地面标高为314.46m，加上人眼高度1.7m，即可得出视标高316.16m为体育场东侧特征视点；同理，亦可得出视标高316.16m为体育场西侧特征视点。

如前文所述，由于前景遮挡物的不同，从视点发散出去的视线形成以北看台围墙为前景、以南看台电视转播间为前景、以弧形屋顶网架为前景的3个主要的扇形视面。由于弧形屋顶网架最高处距地59.4m，最低处距地7m，高差较大，为了使分析数据更精确，对由于网架雨篷遮挡所产生的三维扇形视面再以10°夹角对其进行划分，使其分成若干个三维扇形视面。

上述范围还不能形成一个封闭的图形，对南北两端的空白区域，还应分别以C点（北看台最上层中心最高点）、D点（南看台最上层中心最高点）为控制视点，从D点观察以北看台围墙为前景形成的扇形平视面控制北侧未封闭区域；从C点观察以南看台电视转播间为前景形成的扇形平视面控制南侧未封闭区域。C点、D点地面标高为297.2m，加上人眼高度1.7m，可得出视标高298.9m。

以A_0、B_0点为圆心，分别以400m、500m、600m、700m、800m、900m、1000m为半径作半圆弧，形成若干圆环。

以上区域的叠加所形成的若干高度分区地块，共同组合成360°椭圆形环状封闭控制区域。

3.2 高度控制视线剖面分析

以平面分区的每一个扇形视面为研究对象，可以做出一一对应的视线剖面分析图，方法如下：以每个扇形视面区域与前景遮挡物相交的最低标高为目标点，与A_0、B_0视点形成连线并向后延伸得到各个视线剖面，作与A_0、B_0的视点距离为400m、500m、600m、700m、800m、

900m、1000m的辅助线，使之与视线相交，则视线上每个控制区的最低绝对标高就是该区域高度控制的数值。

4. 各种利益间的平衡与协调

由于拟建项目的存在，规划中遇到的最大难题是公众利益与商业开发利益之间的冲突对峙。一方面，建筑高度需达到高度控制的要求，满足城市景观的需求；另一方面，作为已批准方案或初步设计的建设项目，又应保证开发的总量不变。如何解决两者之间的矛盾？

在规划协调进程中，采取了"总量平衡""异地平衡"的策略。总量平衡，是指方案调整在保持总建筑面积不变的前提下，对地块较小的单体建筑可采用增大地下面积、增大覆盖率、改变原有建筑体量等方法，使建筑高度满足控制要求；对用地面积较大的住宅开发区，在整个地块内综合平衡，增加及减少部分建筑高度，保持总量不变。异地平衡则针对那些必须减量的项目，采用对同一开发商的其他用地的开发项目进行建筑面积补偿的方法，以补偿其在此处进行商业开发的损失。

规划协调过程中，应采用"逐幢控制"的方法，分别对每幢建筑进行视线剖面分析，使建筑高度尽可能达到"减层最少"和"增层最大"。

作者简介

甘　朗　（1978–　），女，原重庆市规划设计研究院，高级工程师。

赵洪文　（1967–　），男，原重庆市规划设计研究院院长助理，建筑所所长，高级工程师。

江　宁　（1979–　），男，重庆市规划设计研究院规划编制研究所，高级工程师。

挑生精细信息化

李路人

可编程序计算器在结构计算中的应用

邬华清

（发表于《建筑结构》，1995年第9期）

摘　要：本文根据《混凝土结构设计规范》（GBJ10—89）的有关公式，并参考了《建筑结构》
1992年第4期中的有关文章，用可编程序计算器编制了圆形截面偏心受压材及取向偏心受压
矩形柱正截面承载力的计算程序，大大提高了设计工效，并提出了当前某些混凝土设计用
表中相关章节存在的问题。

关键词：偏心受压；线性插值法（弦截法）；迭代初始值

1. 前言

在《混凝土结构设计规范》（GBJ10—89）[1]，中，砼构件截面计算多为解高次方程或超越
方程，需根据复杂的公式，进行频繁迭代计算，费工费时，使得计算周期较长、而有些计算，
又是手算几乎无法完成的，必须借助微机或袖珍机编制程序才能解决。为此，笔者在用可编程
序计算器开发结构计算程序方面作了一些尝试，取得了较为满意的效果。

本文着重将一般手算很困难的偏心受压圆柱及双向偏心受压矩形柱正截面承载力计算程序
作一介绍。

2. 偏心受压圆柱正截面承载力计算

2.1　程序编制依据

对于沿周边均匀配筋的圆形截面偏心受压构件，当其截面内纵向钢筋数量不少于6根时，其
正截面受压承载力可按规范（GBJ10—89）第4.1.19中的有关公式计算。

$$N \leq \alpha f_{or} A \left(1 - \frac{\sin 2\pi\alpha}{2\pi\alpha}\right) + (\alpha - \alpha_1) f_y A \tag{1}$$

$$N\eta e_1 \leq \frac{2}{3} f_{cra} A r \frac{\sin^3 \pi\alpha}{\pi} + f_y A_s r_r \frac{\sin\pi\alpha + \sin\pi\alpha_r}{\pi} \tag{2}$$

因为式（1）、（2）均为超越方程不能用公式直接求出α、A的值，而必须用数值方法反复迭
代逼近求解为此，需将式（1）、（2）联立，先求出α，再求A的公式分别如下：

$$f(o)=\frac{2}{3}f_{cm}Ar\frac{\sin\pi\alpha}{\pi}+f_r\frac{\sin\pi\alpha+\sin\pi\alpha_1}{\pi}\times\frac{N-af(o)A(1\frac{\sin2\pi\alpha}{2\pi\alpha})}{(\alpha-\alpha_1)f_y}N\eta\gamma \qquad (3)$$

$$A_s=\frac{N-af_{cm}A(1\frac{\sin2\pi\alpha}{2\pi\alpha})}{(\alpha-\alpha_1)f_3} \qquad (4)$$

2.2　程序编制要点

本程序用fx-4500P编制完成，由于计算器内存小，速度慢，要想尽可能少地占用程序，最大限度地提高运算速度，就必须对计算方法、初始参数等进行优化处理。

本程序在编制时考虑了以下几个方面的问题。

2.2.1　数值方法的确定：

由于数值插值法即弦截法收敛速度与牛顿法相似而不需求导，计算过程又与对分法相似而容易理解，占用程序步少而运算速度快，故本程序选用弦截法迭代求解α值。其迭代公式为：

$$X_c=X_B\frac{X_B-X_A}{f(X_B)-f(X_A)}f(X_P) \qquad (5)$$

2.2.2　函数迭代初始值的确定：

选择了适当的数值方法后，如何确定迭代初始值X_{A0}、X_{B0}则是一个重要的环节。X_{A0}、X_{B0}必须满足两个条件：一是X_{A0}、X_{B0}之间存在超越函数的零点，即应有$f(X_{A0})\cdot f(X_{B0})\leq0$；二是$X_{A0}$、$X_{B0}$应尽可能地靠近零点左右，减少迭代次数。

在本问题中，函数$f(\alpha)$的解的范围为：$0<\alpha\leq1$；

故一般微机程序取迭代初始值为$X_{A0}=0$，$X_{B0}=0$。或与0、1很接近的相邻值。但用计算器编程时，需频繁交替调用式（3）、（5），而用式（3）、（5）两式计算耗费时间，在（0，1]内迭代次数也较多，故应设法缩小迭代初始值范围，以减少迭代次数。设砼受压区面积为A′经推导有：

$$A'=\pi r^2\alpha-\frac{1}{2}r\sin2\pi\alpha \qquad (6)$$

故砼受压区面积与圆截面面积的比值为

$$A'/A=\frac{\pi r^2\alpha-0.5r^2\sin2\pi\alpha}{\pi r^2}=\alpha-\frac{\sin2\pi\alpha}{2\pi} \qquad (7)$$

当$\alpha=0.1$，0.2时，相应有$A'/A=0.006$，0.049。

故当$\alpha\leq0.2$时，95.1%以上的砼面积均处于受拉状态，就一般情况而言，已不宜按偏心受压情况处理。故本程序取函数迭代初始值为$X_{A0}=0.2$是合适的，并按迭代步长$\triangle X=0.1$，由$X_{i+1}=X_i+0.1$，先调用式（7）逐步搜索，当求得$f(X_1)\cdot f(X_{i+1})<0$时，就得到函数$f(\alpha)$真解两端最接近的迭代初始值$X_A=X_i$，$X_B=X_{i+1}$，且有$X_B-X_A=0.1$，以下采用弦截法迭代公式（5），很快就可以求出α来。

2.2.3　函数 $f(\alpha)$ 表达式的影响

超越函数迭代收敛速度除取决于数值方法及其迭代初始值的正确选择外，函数表达式本身的确定也有较大影响，如图1所示。

由图1可知在同一区间 $[X_A, X_B]$ 内，且有相同实根 X_0 时，用弦截法迭代，$f_2(X)$ 比 $f_1(X)$ 收敛得快，一般而言，用弦截法求解超越函数的零点时，若 $f(X)$ 的形状愈接近于直线，其收

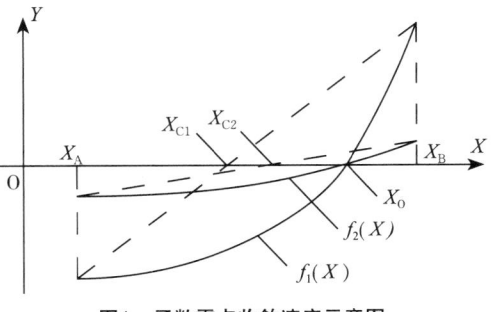

图1　函数零点收敛速度示意图

敛速度也就越快，将式（4）代入式（2）两端同乘以 π/f_{cm} 并经移项合并有：

$$f(\alpha)=\alpha-\frac{\sin2\pi\alpha}{2\pi}-\frac{N}{f_{cm}A}+(\alpha-\alpha_1)\frac{\dfrac{\pi N\eta e_i}{f_{cm}A}-\dfrac{d\sin^3\pi\alpha}{3}}{r_s(\sin\pi\alpha+\sin\pi\alpha_1)} \qquad (8)$$

式（8）即为本程序采用的超越函数 $f(\alpha)$ 的计算公式，由于式（8）的曲线远比式（3）的曲线平缓，故其收敛性要好得多。经多数例题考核，收敛时间相应缩短一半以上。我们由式（8）可知：当 $\alpha=1$，$\alpha_i=0$ 时，有 $\sin\pi\alpha+\sin\pi\alpha_i=0$，出现了分母为零的异常情况，为了避免此种现象，本程序实际采用的迭代初始值 $X_{A0}=0.19$，迭代步长 $\Delta X=0.1$ 不变。

2.2.4　关于采用近似公式 $1-2(\alpha-1)^2$ 代替 $\alpha[1-(\sin2\pi\alpha)/2\pi\alpha]$ 的误差讨论

笔者在编制本程序时，为便于考核，曾与文献[2]进行对照。由于该书作者采用近似公式 $1-2(\alpha-1)^2$ 代替 $\alpha[1-(\sin2\pi\alpha)/2\pi\alpha]$，故计算结果与采用精确公式的本程序相差很大。其原因，是由 $1-2(\alpha-1)^2$ 代替 $\alpha[1-(\sin2\pi\alpha)/2\pi\alpha]$ 的误差所形成的，设 $X_1=1-2(\alpha-1)^2$，$X_2=\alpha(1-\dfrac{\sin2\pi\alpha}{2\pi\alpha})$，当 α 相同时，两公式形成的面积差为：

$$\Delta A_S=A_S(X_2)-A_S(X_1)=\frac{f_{cm}A}{f_y}\cdot\frac{3\alpha-1-2\alpha^2+\dfrac{\sin2\pi\alpha}{2\pi}}{\alpha-\alpha_1} \qquad (9)$$

若设 $K_{AS}=\dfrac{3\alpha-1-2\alpha^2+\dfrac{\sin2\pi\alpha}{2\pi}}{\alpha-\alpha_1}$ 则有：

$$\Delta A_S=K_{AS}\frac{f_{cm}A}{f_y}（mm^2） \qquad (10)$$

可得表1。

表1

α	0.10	0.20	0.30	0.40	0.50
X_1	−0.620	−0.280	0.020	0.280	0.500
X_2	0.006	0.049	0.149	0.306	0.500
K_{AS}	0.659	0.506	0.368	0.529	0.000
α	0.60	0.70	0.80	0.90	1.00
X_1	0.680	0.820	0.920	0.980	1.000
X_2	0.694	0.851	0.951	0.994	1.000
K_{AS}	−0.025	−0.045	−0.039	−0.015	0.000

从表1我们可以看出：在区间（0，0.40）内ΔA_S相差较大。以f_{cm}=11N/mm^2，d=300mm，f_y=310N/mm^{2}为例，有ΔA=2508.21×K_{AS}（mm^2）。当α=0.3、0.4时，有ΔA=923、1327mm^2，面积误差是相当大的。

事实上，用文献［2］与本程序精确计算对照考核，当α<0.4时，一般误差在10%至40%左右。而当本程序改用近似公式时，计算结果则与文献［2］完全一致。

因此，规范（GBJ10–89）未推荐近似公式是正确的。我们编制程序或实际手算时均不宜采用近似公式。

2.3 程序实施及效果

根据以上几点讨论，本程序最后由主程序Prog R及两个子程序Prog E、prog F共三段程序构成，仅用350个程序步就较好地解决了圆形截面偏心受压正截面承载力的计算问题。各段程序的主要功能介绍如下：

ProgR——输入圆柱直径D，调用ProgE，调用ProgF，搜索最佳函数迭代初始值X_A、X_B。，再调用ProgF，用弦截法求解α值，输出α及配筋面积A_S。

ProgE——输入l_0，M，N，求初始偏心距e_1，求偏心距增大系数η。

ProgF——求α_1，求函数$f(\alpha)$的值。

算例：本文取文献［4］中例一、二进行核算，结果一致。

当迭代误差$\Delta X \leqslant 10^{-5}$时，用fx–4500P求解时间平均25秒左右。若用fx–4000P求解只需10秒左右。其求解速度是相当快的。本程序经半年多的使用，并与建研院结构所微机程序GJ对照考核，计算结果精度完全一致。

3. 双向偏心受压柱正截面承载力计算

3.1 程序编制依据

本程序是根据兰宗建同志提出来的方法[3]及规范（GBJ10-89）中附录五的公式并参考林春哲同志文章[4]而编制的。

3.2 程序编制实施

本程序共由8段子程序构成。所有输入参数及输出结果均有明确提示，使用极为方便。现重点将备段程序的主要功能介绍如下：

Prg 0——输入矩形柱截面尺寸b，h。

Prg 1——输入l_0，N，M_R，M_y，调用子程序Prg 1.分别算出η_x，e_x及η_y，e_y后，调用子程序Prg 2，当柱截面相同时，可反复调用本子程序，求得l_0，N，M_x，M_y，不同时的配筋A_{sex}，A_{sey}，A_S及A_{swx}，A_{swy}。

Prg 2——计算并输出分配系数φ_0，计算N_{ex}，N_{ey}，并将b、h交替互换，调用子程序Prg3，Prg 5，计算并输出A_{sex}，A_{sey}，调用子程序Prg 6。

Prg 3——为本程序中的核心迭代子程序，主要计算A_{sex}，A_{sey}。

Prg 4——利用b，h及M_x，M_y，互换，计算η_x，e_x及η_y，e_y。

Prg 5——计算h_0，b_0，h_0—α_x，b_0—α_y，$0.5h$—α_x，$0.5b$—α_y。

Prg 6—输入角点钢筋直径d并输出

角点钢筋面积A_s，利用b_1，h_1及$\eta_x e_x$，$\eta_y e_y$

互换调用子程序Prg 7、Prg 8，输出A_{sex}，A_{sey}

Prg 7——确定A_{sex}，A_{sey}的折算系数

Prg 8——确定A_{sex}，A_{sey}

本程序图充分利用变量参数互换，变量参数输出，调用公共子程序等方法。故仅用了350个程序步就解决了手算难于解决的较为复杂的双向偏心受压柱正截面承载力计算问题，且计算速度很快，计算一道题平均时间不超过20秒，计算精度也相当高。这里需特别说明的是本程序是用于fx-4000P的，稍加改变即可用于fx-4500P。

4. 结论

通过以上两个编程实例，我们可以得出以下结论：

（1）在混凝土结构计算中，为减轻设计人员计算工作量，提高计算功效和计算精度。利用

微机，袖珍机编程序计算外，可编程序计算器的应用也是一种高效实用的途径。

（2）由于可编程序计算器价格低廉一次性投资少（每台仅200~300元），功能较强，与微机袖珍机相似，携带和使用更方便，不受时间、地点及电源的影响，无论是大型设计院，还是中、小设计室，都有条件做到结构设计人员人手一台，具有比微机、袖珍机更高的普及性及实用性。

（3）结构设计人员在应用可编程序计算器和使用过程中，除能起到事半功倍的作用外，也可以进一步加深对规范公式的理解，并学到不少程序编制的基本知识，为普及设计人员计算机应用理论，为进一步操作微机打下良好的基础。

以上所述，如有不当之处，敬请同行指正。

参考文献

［1］国家标准. 混凝土结构设计规范（GBJ10-89）［R］. 北京：中国建筑工业出版社.

［2］施岚青. 傅德炫混凝土结构设计规范计算用表［R］. 北京：地震出版社.

［3］兰宗建. 钢筋混凝土双向偏心受压构件正截面承载力简捷计算法［J］. 工程建设，1990.

［4］林春哲. 双向偏心受压构件正截面承载力简捷计算法［J］. 建筑结构，1990（4）.

作者简介

邬华清　　（1947-　），男，原重庆市规划设计研究院信息所所长，高级工程师。

两种CAD协同设计模式的比较研究

李　乔　牟　峰

（发表于《重庆山地城乡规划》，2009年第4期）

摘　要： 协同设计是CAD技术发展的必然趋势，目前已成功实施的图层级协同和模型级协同两种模式各有其优缺点，通过比较研究为勘察设计企业根据自身特点选择适合需要的协同设计模式提供了有益的借鉴。

关键词： 协同设计；模式

1. 协同设计的概念与发展

随着计算机辅助设计（CAD）在工程设计中的普及，如何能按照信息化的要求，使设计企业各部门之间的工作关系由孤立地处理自己的业务变为相互影响、相互监督的团队合作关系，从而进一步提高工程设计的效率和质量，全面提升设计企业的管理水平，已经成为各个设计单位所面临的迫切问题。

协同设计是指企业内不同设计部门、不同专业方向上或者同一项目的不同设计企业之间进行协调和配合，随着企业信息化的发展，跨专业、跨地域的基于网络化协同设计，可以极大地缩短产品设计和研发周期，快速的研发适应市场变化和需求的产品，提高企业的竞争能力。国内外优秀企业产品开发工作，已由个体化、串行流程的产品研发模式，转向上下游多方协同的并行产品设计。

协同应用的开展，可以使业务人员随时随地进行业务操作，而不受地域与时间的限制，管理者可以随时监控各项业务的执行情况，及时解决流程执行中发生的问题，提高业务执行的效率，还可规范化企业的业务执行流程，提高企业业务执行的成熟度。协同设计已经逐渐成为CAD应用的下一个焦点。

协同设计的开展与企业信息化发展水平紧密相关。CAD的发展通常可以划分为4个阶段：第一阶段是只能用于二维平面绘图、标注尺寸和文字的简单系统；第二阶段是将绘图系统与几何数据管理结合起来，包括三维图形设计及优化计算等其他功能接口；第三阶段是以工程数据库为核心，包括曲面和实体造型技术的集成化系统；而第四阶段是基于产品信息共享和分布计算、并辅以专家系统及人工神经网络的智能化、网络协同CAD系统。目前，我国勘察设计行业的CAD应用正处于第二阶段向第三阶段的发展时期，大部分的CAD产品，由一些基础的设计绘图平台，结合专业方面的规范和数据进行二次开发，并且集成相关的计算、分析等其他软件，形成了设计人员独自完成设计工作的专业集成化工具。为适应协同设计的需要，国内外的软件企业也开发了一些专门的CAD产品，实现了集设计工具、知识管理、专家系统于一体，具有一定协同工作能力的智能化集成系统。从CAD协同设计的实践看，现阶段协同设计的工作模式主要有图层级协同和模型级协同两种。

2. 图层级协同的实现机制

图层级协同又称作基于"图层"的协同设计，是利用标准化设计的原理，在统一的图层、规范的图纸组织和制图标准的约束下，将文件存储、外部参照、互提资料、打印出图等工作纳入标准化模版，并与设计环境、设计过程融为一体。设计人员在这种标准化环境中工作，按照统一的规则进行沟通和交流，可以大大降低沟通、协作的难度与消耗，使整个设计过程保持并行推进，提高了设计效率。

图层级协同的基本原理可以概括为五大方面：统一标准、有序沟通、网络协作、并行设计、实时监控。实现协同设计的前提是建立统一的制图标准、规范的设计作业程序、集中式文件存储和高效稳定的网络环境。对于图层级协同的开发实践，大多可采用图纸传导型或图纸引用型两种方式。

2.1　图纸传导型

图纸传导型设计模式是在个人计算机和服务器上分别存储两套设计文件，设计人员通过互相提资的方式完成文件的上传和下载，制图工作完全在个人电脑上完成，各设计专业之间分别引用各自的设计文件进行参照比对，最终依靠统一的制图标准来完成数据的整合。采用图纸传导的方式开展协同设计，设计人员的工作可以既分又合，工作推进较灵活；由于大量的制图工作不完全依赖服务器，对网络环境的要求较低，即使在偶尔断网的情况下也能继续工作，但每个设计人员的制图工作量相对较大。

2.2　图纸引用型

图纸引用型设计模式是利用CAD外部引用功能建立各专业的图纸引用关系之后，在协同设计平台中完成所有图档信息的传递。这样，任何一个专业、一张图档的改变，会立即自动通知到所有相关的人员。总工在任何时间打开总图，都可以看到各专业最新的进展，看到所有图档组装的效果。最终达到无须人员干预、自动、实时的无缝专业协同。

　　各专业设计人员按照设计内容进行分工，各自负责完成相应内容的制图工作，最后由专业负责人通过外部参照将所有设计人员分别执行的设计内容即数据文件进行综合协调和控制，叠加后完成整体的图纸文件。所有设计内容只需创建一次，相同的设计内容可以重复使用，各专业设计人员以外部参照的方式组合引用所需的图纸图件，设计人员的制图工作量较小。由于图纸引用型设计模式必须将全部文件存放到服务器中，网络负担较重，对网络稳定性要求也高；而且各设计人员的工作必须同步推进，才能实现图纸的统一拼装，因此对设计团队的协调工作量大。

3. 模型级协同的实现机制

　　模型级协同可以看作是基于"图元"的协同设计，是以建筑信息模型（Building Information Model，简称BIM）为基础的协同设计手段。BIM模型是美国Autodesk公司于2002年首先提出的，是对建筑设计和施工的创新。它以三维数字技术为基础，集成了建筑工程项目各种相关信息的工程数据模型，能够在项目的设计和建造过程中创建和使用内部一致、互相协调的可运算信息，成为消除"信息孤岛"的重要手段之一，并直接影响建筑生命周期的后续各阶段。

　　基于BIM的解决方案，Autodesk公司推出了Revit软件，Revit是完整的、针对特定专业的建筑设计和文档系统，支持所有阶段的设计和施工图纸。从概念性研究到最详细的施工图纸和明细表，它可以自动协调在任何位置（例如在模型视图或图纸、明细表、剖面、平面图中）所做的更改。利用Revit开展建筑设计，基础是构建"图元"。简单地说，"图元"是指在建筑图纸中具有单一专业属性的元素，如：结构竖向构件，建筑砌体墙、门、窗，电气设备箱体，给排水管线，暖通预留洞等。每个"图元"都由一个专业负责，一处设计，其他专业处处引用；一处修改，处处修改。这样就形成了各专业作为一个整体共同创建同一个建筑物内各自责任范围的图元；而各专业最终完成的结果是抽取与自己专业相关的图元而组成的图纸，并以符合国家标准的出图形式打印。这就改变了以往设计中专业内个人归个人设计，专业间各自独立设计的模式，从而将设计内容进行拆分，由多人协作完成设计。

　　模型级协同中，图纸和模型的界线逐渐模糊了。在使用Revit软件制图时，先以关系数据库建立三维建筑模型，包括模型图元、视图图元、注释图元等不同类型的图元；而项目图纸文件的编制变成了三维模型的副产品，平面图、视图、表格等均可以由三维模型直接表达生成，从而保证了建筑设计和三维模型及图纸间的一致性。建筑方案设计可以与图纸编制同步进行，从而减少了由于数据交换造成的信息丢失；同步设计也能与施工管理融为一体，自然减少了返工。

4．两种协同模式的比较

显而易见，图层级协同的最大优点是设计人员可以在保持现有的CAD设计软件继续使用的情况下，享受协同设计带来的便捷，降低了协同设计应用的门槛。图层级协同的数据基础仍然是CAD文件，由于缺乏设计数据的关联，若对某一张图纸进行了修改，设计人员则必须对相关的其他一系列图纸逐一进行改动和更新，并从新传递给项目组其他成员。而以BIM技术为核心的协同设计，为消除传统建设工程实践所造成的"信息孤岛"提供了一个解决途径，使参与工程项目的各个方面能充分利用所需要的信息并互相实现完全的信息交流和共享，因此项目文件更加完整，错误和相应的成本减少，项目的整体质量提高。但是，模型级协同由于需要基于BIM模型的新的软件技术支撑，设计人员必须重新学习和掌握软件使用功能，改变原有设计习惯，因而在实际工作中受到较大的限制和阻力。

无论何种形式的协同设计，都是CAD技术的发展的必然趋势，设计行业中协同设计的应用最终一定会逐步地推广和普及。勘察设计企业应根据自身特点和业务需求，选择最适合的协同设计模式，才能使信息技术在勘察设计中发挥更大的作用。

作者简介

李　乔　（1975-　），男，硕士，重庆市规划设计研究院信息档案中心主任，高级工程师，注册城市规划师。

牟　峰　（1968-　），男，硕士，重庆市规划设计研究院副院长，高级工程师，一级注册结构工程师，二级注册建筑师。

多数据源城市规划信息的整合研究
——"重庆市市域重大基础设施现状整合信息系统"介绍

黄国玎　李　乔　谢宗阳

（发表于《规划师》，2007年第9期）

摘　要：基于城市规划成果的多样性和重庆直辖市的特征，"重庆市市域重大基础设施整合信息系统"主要对重庆市市域范围重大基础设施及相关规划设计成果按专业类别、地域、时间、空间和保护控制等属性进行数据整合，结合对各项相关规划特别是一些重大项目在环境、经济和技术方面的分析，得出项目是否可行或需要调整、修改等综合性结论，利用ArcGIS软件系统，形成一个覆盖全市域和涉及各专业的信息系统，为政府及相关部门决策提供理论和技术支持。

关键词：多数据源；城市规划；信息整合，基础设施

1. 城市规划信息的多源性

我国的城市规划包括城镇体系规划、城市总体规划、分区规划、控制性详细规划和修建性详细规划多个层次。不同层次城市规划对规划内容深度和基础地形图比例要求的不同，使同一地区完成的各种城市规划成果具有多样性和多尺度。另外，由于规划编制的主体不同，各相关职能部门编制的专项规划多从其行业自身需求进行考虑，导致各项规划相互间不协调、建设项目与城市规划的整体性较差甚至重复建设，以及城市规划信息的多源性等问题，因此在城市规划的实施和管理过程中，为了更好地利用各种城市规划成果，就必须将多种来源的城市规划信息进行数据整台，建立统一的信息平台来管理数据源不同的城市规划信息，以为规划管理工作提供准确、可靠的数据资料和科学、实用的应用工具。

2. 重庆市城市规划工作的特殊性

重庆市直辖面积达8.24万平方公里，包含40个区县（市），具有显著的省域特征，因而重庆市城市规划工作相比其他单列市更具复杂性和特殊性，需要研究省域特征的城镇体系规划和跨区域的基础设施布局规划，以对其所辖区、县（相当于省级行政区划中独立的省级市、地级市）

的规划工作进行有效指导和监督。

重庆被设为直辖市以来，在各项城市基础设施建设方面都呈快速增长趋势，如目前已完成设计和开工建设的重庆市"二环八射"高速公路系统，已开工建设的合川双槐发电厂、彭水水电站，即将通车的渝怀铁路等。近两年，重庆除完成了《重庆市城市总体规划》外，还完成了远郊31个区、县的城镇体系规划、城市总体规划及市域高速公路网规划、重庆市铁路网规划、市域内河航运发展规划、嘉陵江等流域开发利用规划、三峡库区及其上游（重庆段）水污染防治规划等；正在编制的还有《重庆市轨道交通规划》、《重庆市电力规划》、《重庆市加油加气站布点规划》等。这些规划对指导全市社会经济发展起到了重要作用，但由于上述规划多为战略性规划，且分别由各相关部门牵头完成，因此也就存在规划项目之间协调性较差、规划项目的空间布局和定位不明确等问题，对规划实施的指导性不强；远郊各区、县的城市总体规划、城镇体系规划与重庆市市域范围较大空间的结合性较弱、区域间协调性较差，特别在涉及跨区域重大基础设施方面存在较多问题，对各区、县的区域性经济建设的协调发展产生诸多不利影响和制约因素；在建设项目的建设管理中出现诸多问题，严重影响了城市的健康发展，甚至造成了较大的经济损失。

因此，对各相关部门专项规划及各区、县城市总体规划和城镇体系规划进行整合，协调、深化和完善是十分必要的，这也是亟须在近期解决的突出问题。

3. "重庆市市域重大基础设施现状整合信息系统"介绍

3.1 系统特点

要落实和深化《重庆市城市总体规划》，使之更加有效地服务于城市规划建设管理，就要对各项规划成果进行整合、协调和完善，建立一套内容完善、便于查询、可及时维护和更新的市域重大基础设施规划管理信息系统。该系统应有助于实现各区、县的规划建设在重庆市市域范围内的统筹和科学发展，预留大型区域性基础设施及其走廊，整合各类设施，有效保护生态环境等。项目的实施除了能够更好地指导城市建设外，还应有利于合理利用土地资源；有利于对各项设施特别是重大基础设施的通道、站点和枢纽地区实施规划许可管理，解决和强化远郊地区规划许可依据不足的问题；有利于协调解决各项设施在布局上的矛盾，使各类设施的规划和建设能够有序进行。为此，重庆市规划局着手建设了"重庆市市域重大基础设施整合信息系统"，将各类相关的资源和规划成果统一整合到一个信息平台上，以便在规划的许可管理中能及时获取准确的规划信息，避免在建设过程中各种不协调问题的再次出现。

"重庆市市域重大基础设施整合信息系统"主要对重庆市市域范围重大基础设施及相关规划设计成果进行数据整合，利用ArcGIS软件系统形成一套覆盖全市域和涉及各专业的信息系统。

该系统充分利用ArcGIS软件在空间、地域和时间等方面的分析功能，对整合内容按专业类别、地域、时间、空间和保护控制等属性，结合对各项相关规划特别是一些重大项目在环境、经济和技术方面的分析，得出项目是否可行或是否需要调整、修改等综合性结论为政府及相关部门决策提供理论和技术支持。

（1）综合性。

系统基本包括了市域范围内众多领域的各类主要基础设施，同时，还将在建立信息整合平台的基础上进行拓展，将涉及防灾（主要为地质灾害和防洪）、生态安全、旅游、历史文化遗产、文物遗址和建筑、自然风景名胜保护区等一些与主要基础设施关系较密切、相互影响较大的其他专项规划成果纳入其中。

（2）完整性。

系统覆盖全市域范围，通过整合将所有可以涉及的项目在市域范围内实现"规划落地"。

（3）协调性。

系统将特别注重在全市域内各相关部门之间，各区、县之间，同类设施之间，各类设施之间的布局和通道、枢纽站点布设方面的整体协调性。

（4）扩充性。

整合的成果在信息系统中按不同专业属性分为若干子项目，每个子项目可独立编制，并最终整合到一个平台。现有数据集成完成后，重庆市规划行政主管部门还将规范和制定"重庆市市域城镇体系规划实施信息集成系统"的统一技术标准，使今后不断扩充的其他信息也能相互兼容。

（5）控制性。

系统对各类主要基础设施实现"规划落地"，做到定点、定位、定线，并确定其保护控制空间属性，以使各级规划行政主管部门在规划管理中查询快捷、使用方便，并以此作为依据对城乡规划建设进行有效管理。

（6）动态性。

系统还具备长期性特点，因此在其编制过程中预先充分考虑了今后实施过程中的动态维护、更新和调整。在对系统的维护和更新中还必须将一些重大基础设施的战略性规划进行深化和"落地"，并对整合中发现的问题及时提出解决办法。

（7）先进性。

系统在覆盖范围之大、空间跨度之广、涉及专业之多等方面均位居全国规划信息整合工作之首。同时，系统建立在ArcGIS空间数据库平台上，技术手段先进，将使重庆市规划行政主管部门在实施规划许可管理方面走在全国各省、直辖市前列。该成果与管理信息系统的有机结合，将使重庆市在规划建设方面特别是涉及重大建设项目的规划建设中目标更趋合理、更符合科学发展观，手段更先进。这也将对其他省、自治区、直辖市的建设和一些跨地域的重、特大基础设施建设的协调发展具有一定的启示作用。

3.2 数据构成

系统主要内容是对现状重大基础设施、部分已编制完成的重大基础设施专项规划和已编制完成的各区、县总体规划成果进行数据整合。然后对整合中和整合后所发现的问题进行分析并提出解决思路。系统涉及众多相关部门，其资料的数据信息量十分庞大，除全市各区、县编制完成的城市总体规划外，主要还包括交通（包括公路、铁路、港口，航空），电力设施（220 kV及以上等级为主），石油天然气（包括天然气井、储气站、长输气管道、输油管道等），以及GPS基准点、垃圾处理厂和污水处理厂等重大基础设施的现状和规划信息（表1）。

3.3 数据整合方案

整个信息平台以1∶50000地形图作为构建空间地理信息的基础，但由于重庆市域范围覆盖1∶50000地形图（高斯克吕格投影）的两个分度带，而分度带交界拼接处会存在极大的误差，不能保证统一信息平台坐标的准确性和完整性，因此在数据整合中，采用了基于Lambert投影、以经纬度为坐标的坐标系统，但这也产生了需对其他数据资料进行坐标转换的巨大工作量。此外，由于交通、市政、燃气等部门在设计、施工中大量采用虚拟的独立坐标系，与北京54坐标系统缺乏转换，因此导致我们在工作中不能直接利用其成果，而只有通过大量的手工转换工作，才能使主要数据统一按经纬度完成定位和"落地"。

随着计算机技术的普及，城市规划设计工作已经实现了CAD制图，使用CAD制作的规划图纸，虽然图面表达效果相同，但其电子文档所包含的信息却不尽相同。不同规划设计单位制作的规划成果在CAD文件的图层、颜色、线型上都有很大的差异，这也给信息整合工作造成了困难。为此，重庆市规划局已经开始着手制定《重庆市城市规划编制成果电子文档数据标准》，以对各个规划设计单位使用CAD制作规划图纸的行为进行规范，同时，"重庆市市域重大基础设施整合信息系统"以SDE空间数据库为载体，所有的CAD设计成果均能够成功转换为地理空间数据库，并赋予库内信息相应的属性。

表1 主要数据源的构成情况

类别	主要内容	坐标系统	信息来源
基础地形图	1∶50000地形图	北京54坐标系统	重庆市地理信息中心
城市总体规划	31个区县（市）总体规划成果	（不一）	重庆市规划局
电力资料	主要电厂（站），220KV、500KV线路及变电站	GPS坐标	重庆市电力公司

续表

类别	主要内容	坐标系统	信息来源
交通资料	铁路、高速公路、港口、机场	（不一）	重庆市发改委、交通委员会、机场总公司
市政资料	垃圾处理场、污水处理厂	（不一）	重庆市各区、县建设委员会和规划局
石油、天然气资料	长输气管线、气井、储气站、一级调压站、油库、输油管道、加油加气站	（不一）	包括中国石油天然气集团公司在内的多家石油天然气公司

4. 结语

　　"重庆市市域重大基础设施整合信息系统"充分体现了建立信息共享机制的紧迫性和必要性。该信息系统的完善还需要纳入大量的城市规划和设计成果进行充实。因此，应结合总体信息系统的建设，建立起一套可实现各行业相关规划成果共享的机制，以促进各行业的规划成果被纳入该系统，从而在一定范围内和一定程度上实现各相关部门（如重庆市发改委、重庆市经济委员会、重庆市交通委员会、重庆市水利局、中国石油天然气集团公司和中国石油化工集团公司在重庆的相关公司、重庆市电力公司等）间的互通有无和资源共享。

　　"重庆市市域重大基础设施整合信息系统"所涉及的数据资料，除电力资料是采用GPS测量、坐标采用经纬度，成果数据可快捷、准确定位于地形图，以及高速公路、长输气管线等少量设计成果和现状是采用北京54坐标系统，其坐标经修正后能够准确地完成定位工作外，其余资料均不同程度地存在坐标系统的转换问题，这也导致了本次数据整合中一些信息定位仍存在不够准确而直接影响该项目成果的完整性的问题。这就要求建立一个全市统一的基础地理空间信息系统，它应包含从1：10000到1：250000的地形图基础信息，并能为各行业、各部门方便地使用，使其他各项专业规划设计可建立在此地理空间信息的基础上，以保证所有地理空间数据的坐标统一，也为信息资源的交流和共享创造有利条件。

　　本次数据整合工作中暴露出的另一个问题是各类规划和设计成果技术标准缺乏规范。目前，国家标准层面还没有针对CAD文件或GIS数据库制定专门的技术规范，各地方也才刚开始研究各自的标准和规范。重庆市规划局先后颁布实施的《重庆市控制性详细规划编制技术规定》、《重庆市城市设计编制技术导则》、《重庆市控制性详细规划成果电子文档技术标准》等多个地方性规范文件，为重庆各规划设计单位更好地完成控制性详细规划和城市设计工作进行了指导和规范。这一系列技术标准的执行，为建设规划行业数据仓库和实现信息的共享、交换创造了良好的基础条件。

　　数据整合工作在逐步完善、整合信息系统的同时，还应充分利用ArcGIS软件的分析功能，对各项重大基础设施之间、基础设施与各项城市规划之间及各行业规划之间的关系进行分析，对设施布局的合理性和经济性、对环境的影响及对技术方面的先进性进行分析，并由此得出建设项目是否可行或是否需要调整、修改等结论，以为政府及相关职能部门的决策提供技术和理论支持，使城市建设项目特别是重大基础设施项目的建设目标更加合理、手段更加先进。

作者简介

黄国玎　　（1962–　），男，重庆市规划设计研究院规划三所副所长，正高级工程师，注册城市规划师。

李　乔　　（1975–　），男，硕士，重庆市规划设计研究院信息档案中心主任，高级工程师，注册城市规划师。

谢宗阳　　（1982–　），男，重庆市规划设计研究院规划编制研究所，高级工程师。

真3维下的道路红线GIS

江成云　李　乔　何　波

（发表于《测绘通报》，2001年第4期）

摘　要：阐述了道路红线规划设计及管理过程中存在的问题；从系统开发的角度，论述了解决问题的方法、措施。介绍了道路红线管理系统的开发平台，思路及具体功能。

关键词：道路红线；GIS；管理系统

1.　前言

　　道路红线是道路用地和两侧建筑用地的分界线，即道路横断面中各种用地总宽度的边界线。

　　近两年，重庆市规划设计研究院已陆续完成了重庆主城区北部、西部和南部地区的道路红线规划工作，由于在规划设计过程中直接采用AutoCAD R 14绘制图形，未进行二次开发；加之规划区面积大。规划设计由多人共同完成，因此将规划成果应用于规划管理过程时，发现存在以下问题：①CAD图形文件图层不统一；②数据冗余大，文件没有精简；③文件数据量大，给日常规划管理工作带来操作的不便；④地形图调阅不便；⑤无法实现空间数据和属性数据的查询检索；⑥红线图修改不便。

　　针对上述问题。重庆市规划设计研究院从重庆"山城"特点出发，按照国家标准和规范的要求，总结道路规划设计实践经验，针对我院具体操作方式。在AutoCAD Map2000软件平台上进行了二次开发，完成了真3维下的道路红线GIS的研究工作，并在实际工作中运行检验，不断改进。

2.　在3维坐标下的道路红线的规划设计与管理

　　在传统的城市道路规划中，一般只考虑了道路的走向及（x，y）2维坐标，而标高Z只能事后人为输入，道路纵坡则需手工计算，工作量大且容易出错。如果将道路看作3维空间中的实体，制图中就使所有的道路对象具有了真3维坐标，那么坡度值自然成了道路对象的一个属性，这为整个道路红线系统的操作带来很大的方便。通过二次开发，实现了在3维坐标下进行道路红线的规划设计工作，（x，y，z）作为一个整体被赋予道路的交叉点、变坡点和其他控制点，坡度计算成为自动过程。这些数据作为道路红线的基本属性又可以输出到数据库，进行查询、统计。

传统的CAD由于不能与数据库进行关联，致使规划设计与GIS系统建设的脱节；加之制图过程中的不规范操作，导致大量的CAD图形数据无法被GIS系统所直接利用，因此在实际工作中造成人力、物力的大量浪费。GIS要实现系统的不断更新，就必须保证从规划设计的CAD图形中能够获得稳定的数据来源途径。

Auto CAD作为广泛使用的制图软件。已为广大设计人员和管理人员所掌握。AutoCAD Map 2000则是在Auto-CAD 2000基础上建立的GIS软件。它包含了所有Auto CAD2000的功能，并同时提供了强大的专业化地图、图形设计、数据转换、属性数据管理、查询分析等一系列GIS功能，从而在精密的图形环境中创建、维护、生产地图，并提供了全面的地图制图、编辑和专业的GIS功能。应用Auto CAD Map 2000可将图形空间数据和属性数据完整的结合在一起，可根据不同元素的空间位置进行分析和处理，并具有一定的空间分析功能。因此，选择AutoCAD Map 2000作为道路红线GIS的基础平台。可以很方便地进行GIS的数据生产，实现了在规划设计的同时就完成空间数据库的初步建立。

通过系统开发，使管理人员只需从全市道路的轮廓线中选取所需范围，系统自动适用该范围内的道路红线图和地形图，大大提高了图形文件的使用效率，并且设置权限，保证数据安全。

3. 真 3 维道路红线 GIS 的实现

3.1 系统目标

重庆市道路红线管理系统是一个为道路红线规划设计、管理、决策服务的，以计算机网络为载体，GIS软件为平台的应用型技术系统。为了满足工作需要，能够调取所需位置的详细红线图和地形图，能够查询图形对象的对象数据和外部数据，以及对道路红线的规划设计。

3.2 系统结构

系统必须满足设计目标中的要求，遵循系统整体性、先进性、可扩充性原则。建立实用、成熟、先进、安全、开放、扩展的系统设计方案。考虑实际应用和操作习惯的基础上，设计了如下系统体系结构（图1）。

3.3 系统功能

（1）图库管理

本系统可使用多种图形数据源：各种比例尺的地形图、道路红线图、光栅图等，为满足系统维护和用户的多种查询需求，因此系统提供了设置基础图、地形图、规划圈、红线图、光栅图等各类图形的存放路径和索引，以便系统管理，不致产生混乱。

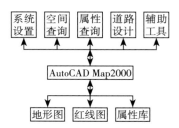

图1 重庆市道路红线GIS系统结构框架图

另外，为管理好多种比例尺的地形图，系统提供了灵活的管理工具，可根据图幅号的命名规则和地形图文件名的关系。按照地形图比例尺、图幅大小、dwg文件名、左下角坐标、图形描述等内容。自动进行dwg文件、图幅号和重庆市独立坐标的双向转换。

（2）辅助规划设计

针对道路红线规划设计和日常管理工作中遇到的重点、难点问题。通过开发实现了一次性绘制道路中心线、隔离带、路缘线、道路红线和建筑后退红线，自动绘制停车港。以及对这些线条的同时修改等功能；能对道路交叉口和弯道进行自动倒角、自动标注；在绘制过程中，道路长度、宽度和平曲线半径等要素作为道路基本属性自动存入数据库，并可随时附加道路的其他属性，如名称，等级和相关图片、声音、录像等多媒体数据，实现了图文一体输入。

在设计人员输入变坡点标高后，系统能自动计算相关控制点标高和整条道路的坡度，并能对控制点坐标、标高和道路坡度、弧半径进行自动标注；在设计人员修改某一控制点标高后，系统可自动修正相邻道路的坡度。坐标（x，y）和标高成为控制点的整体属性，并与道路坡度自动相关，真正实现了3维下的道路红线规划。大大减轻了设计人员的劳动强度，提高了规划成果的质量和精度。

（3）空间查询

根据空间位置关系，系统提供了方便灵活的空间查询手段，能查找用户所需查看的道路红线图和地形图。既可直接在全市的道路索引图上选取范围，查询该范围内的图形（包括道路红线和地形）；也可按地形图分幅表，输入地形图图幅号或直接点取某幅地形图。就能查询出该幅地形图及其范围内的红线图；如果选择一条道路，可以输入道路两侧缓冲区宽度来查询缓冲区范围内的红线图和地形图。

随着全市道路数据库的逐步建立，通过查询道路的名称、宽度等属性可以实现对查询结果的空间定位，属性数据与图形对象之间也能够双向互动显示。

（4）属性查询

在绘制道路红线过程中已经实现了真3维的操作。因此。道路红线各图形元素的基本要素，如起止点坐标（x，y，z）、长度、坡度、平曲线半径等能在屏幕上动态显示出来。使管理人员在日常管理工作中可以很方便地查询道路红线的各种属性，避免了因为图上标注不清造成的混乱。在道路红线的规划设计的同时，系统已经将道路红线的这些属性数据输入数据库，可以直接预览这些属性数据表，查看与空间数据相联系的图片、声音、录像等多媒体。并可利用外部数据库软件（如Access，FoxPro等）进行编辑和统计分析，为规划决策提供科学依据。

（5）数据更新

AutoCAD Map 2000提供了图形局部打开和局部修改回存的机制，不需要将整幅红线图打开，可以通过空间查询手段打开所需的局部红线图，并可另存为新文件进行操作；系统自动将修改后的道路红线存回到原红线图中，而不必在整幅红线图上进行操作，极大地提高了工作效率，增强了数据的保密性。

3.4 系统特点

重庆市道路红线管理系统，具有以下一些特点：

（1）提供了目标地形的符号、代号库、地物地貌的绘制工具，提供了常用城市规划道路红线的快速绘制工具和图库。

（2）城市规划道路红线数据属性的定义及附加，界面简明，内容严谨合理，使用简单方便。

（3）将图形类别严格分开。不同类别的图分别存储；其次建立了严格的图层逻辑，在每张图中又将不同类别的物体分层控制，根据用户的实时意愿，可动态要求系统在显示范围及类别上任意确定，极大地提高显示速度及视图质量。

（4）对图形位置的定位查询，可分别由坐标定位、道路定位、图幅定位等多种模式，极大地方便定位查询。

（5）对图中任一点的坐标可精确查询或标注。提供方便的红线绘制，面积计算，精确定位，坡度标注，标高标注等相关专业功能。

参考文献

[1] 祁芬中. 协同论 [J]. 社联通讯，1988（6）：65.

[2] 沈小峰，郭治安. 协同学的方法论问题 [J]. 北京师范大学学报，1984（1）：93.

[3] 钟彪，盛涌. 基于系统协同论的城乡交通一体化分析 [J]. 交通节能与环保，2013（1）：97.

[4] 王景新，李长江等. 明日中国:走向城乡一体化 [M]. 北京：中国经济出版社，2005.

[5] 余颖，唐劲峰. "城乡总体规划"：重庆特色的区域规划 [J]. 规划师，2008（4）:89-90.

[6] 腾飞. 重庆市统筹城乡发展路径研究 [D]. 重庆工商大学，2012：24-38.

［7］ 余颖，扈万泰. 紧凑城市——重庆都市区空间结构模式研究［J］. 城市发展研究，
　　　2004，11（4）:59-61.

［8］ 朱铁臻. 建设现代化城市与保护历史文化遗产［C］. 地区现代化理论与实践——第
　　　二期中国现代化研究论坛论文集. 北京, 2004.

作者简介

江成云　　（1967-　），男，硕士，原重庆市规划设计研究院高级工程师。

李　乔　　（1975-　），男，硕士，重庆市规划设计研究院信息档案中心主任，高级工程
　　　　　　师，注册城市规划师。

何　波　　（1971-　），男，硕士，重庆市规划设计研究院副总工程师，正高级工程师。